10章 透明度
制作时尚杂志内页
视频位置：光盘/教学视频/第10章

16章 外观与效果的应用
使用外观制作发光文字
视频位置：光盘/教学视频/第16章

16章 外观与效果的应用
立体文字放射海报
视频位置：光盘/教学视频/第16章

11章 文字
可爱风格LOGO设计
视频位置：光盘/教学视频/第11章

10章 透明度
使用不透明蒙版制作倒影效果
视频位置：光盘/教学视频/第10章

16章 外观与效果的应用
使用 Photoshop 效果制作欧美海报
视频位置：光盘/教学视频/第16章

16章 外观与效果的应用
使用外观制作卡通招牌
视频位置：光盘/教学视频/第16章

08章 填充和描边
使用渐变填充制作智能手机界面
视频位置：光盘/教学视频/第08章

04章 对象的基本操作
使用自由变换工具制作书籍封面
视频位置：光盘/教学视频/第04章

10章 透明度
使用透明度制作水晶花朵
视频位置：光盘/教学视频/第10章

21章 画册样本设计
中餐厅菜谱样本设计
视频位置：光盘/教学视频/第21章

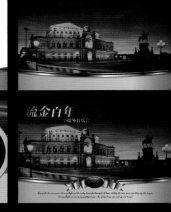

流金百年
小提琴音乐会

20章 招贴与插画设计
音乐会宣传海报
视频位置：光盘/教学视频/第20章

22章 产品与包装设计
茶叶礼盒包装设计

08章 填充和描边
渐变打造华丽红宝石

04章 对象的基本操作
使用"粘贴"命令、镜像工具与比例缩放工具制作矢量人物海报
视频位置：光盘/教学视频/第04章

13章 创建与编辑图表
制作堆积柱形图和饼图
视频位置：光盘/教学视频/第13章

11章 文字
使用路径文本与区域文本排版
视频位置：光盘/教学视频/第11章

03章 绘制基本图形
使用形状工具制作卡通海报
视频位置：光盘/教学视频/第03章

02章 文档的基本操作
嵌入位图制作混合插画
视频位置：光盘/教学视频/第02章

Fashion
Eray studio

20章 招贴与插画设计
韩国风格时装插画
视频位置：光盘/教学视频/第20章

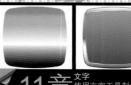 

22章 产品与包装设计
薯片包装设计
视频位置：光盘/教学视频/第22章

11章 文字
使用文字工具制作钟表
视频位置：光盘/教学视频/第11章

22章 产品与包装设计
牛奶包装设计
视频位置：光盘/教学视频/第22章

20章 招贴与插画设计
快餐店宣传单
视频位置：光盘/教学视频/第20章

   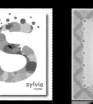

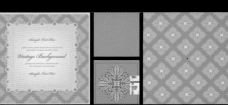

14章 图层与剪切蒙版
使用剪切蒙版制作名片
视频位置：光盘/教学视频/第14章

05章 对象管理
使用"对齐"与"分布"命令制作淡雅底纹卡片
视频位置：光盘/教学视频/第05章

22章 产品与包装设计
化妆品包装设计
视频位置：光盘/教学视频/第22章

08章 填充和描边
使用图案制作甜品海报
视频位置：光盘/教学视频/第08章

11章 文字
水晶质感描边文字
视频位置：光盘/教学视频/第11章

11章 文字
制作唯美艺术文字
视频位置：光盘/教学视频/第11章

08章 填充和描边
VIP贵宾卡设计
视频位置：光盘/教学视频/第08章

07章 对象的高级操作
房地产X型展架
视频位置：光盘/教学视频/第07章

22章 产品与包装设计
制作白酒包装
视频位置：光盘/教学视频/第22章

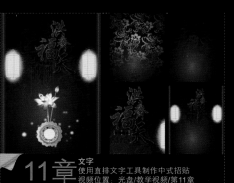

11章 文字
使用直排文字工具制作中式招贴
视频位置：光盘/教学视频/第11章

21章 画册样本设计
邀请函封面设计
视频位置：光盘/教学视频/第21章

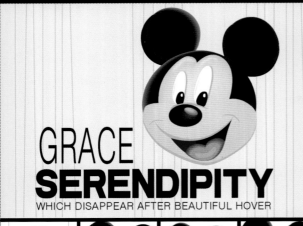

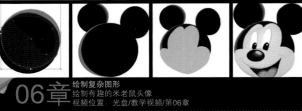

06章　绘制复杂图形
绘制有趣的米老鼠头像
视频位置：光盘/教学视频/第06章

07章　对象的高级操作
使用路径查找器制作现代感LOGO
视频位置：光盘/教学视频/第07章

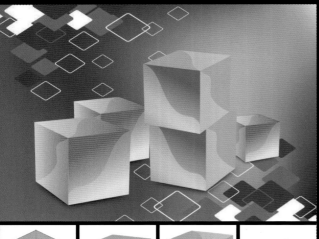

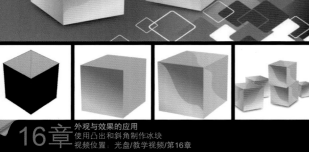

16章　外观与效果的应用
使用凸出和斜角制作冰块
视频位置：光盘/教学视频/第16章

22章　产品与包装设计
MP3播放器
视频位置：光盘/教学视频/第22章

20章 招贴与插画设计
绘制可爱卡通娃娃
视频位置：光盘/教学视频/第20章

07章 对象的高级操作
利用混合工具制作多彩的花朵

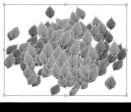

12章 符号
使用符号工具制作大树
视频位置：光盘/教学视频/第12章

11章 文字
创建文本绕排

20章 招贴与插画设计
时尚促销广告

03章 绘制基本图形
利用形状工具绘制徽章

08章 填充和描边
使用渐变工具制作花朵按钮

03章 绘制基本图形
使用椭圆工具与圆角矩形工具制作图标

09章 实时描摹与实时上色
使用实时上色工具制作水晶LOGO

06章 绘制复杂图形
卡通游乐场标志设计

11章 文字
使用文字工具进行杂志的排版

07章 对象的高级操作
使用合并命令制作质感星形

06章 绘制复杂图形
使用钢笔工具绘制卡通小鸟

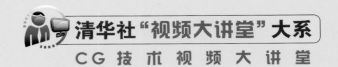

清华社"视频大讲堂"大系

CG 技 术 视 频 大 讲 堂

Illustrator CS5
从入门到精通

80集大型高清同步视频讲解

☑资深讲师编著　☑海量精彩实例　☑多种商业案例　☑超值学习套餐

亿瑞设计 编著

清华大学出版社

北 京

内 容 简 介

《Illustrator CS5从入门到精通》一书共分为22个章节，在内容安排上基本涵盖了日常工作所使用到的全部工具与命令。前18个章节主要介绍Illustrator CS5软件的使用，主要内容包括初识Illustrator、文档的基本操作、图形的绘制、对象的操作、对象管理、对象的填充和描边、实时描摹与实时上色、文字和符号工具的使用、图表的创建和编辑、图层和剪切蒙版、图形样式、外观和效果、Web图形与切片以及打印与输出等核心功能与应用技巧。后4个章节则从Illustrator的实际应用出发，着重针对VI设计、招贴与插画设计、画册样本设计以及产品与包装设计四个方面进行案例式的针对性和实用性实战练习，不仅使读者巩固了前面学到的Illustrator中的技术技巧，更是为读者在以后实际学习工作进行提前"练兵"。

本书适合于Illustrator的初学者，同时对具有一定Illustrator使用经验的读者也有很好的参考价值，还可作为学校、培训机构的教学用书，以及各类读者自学Illustrator的参考用书。

本书和光盘有以下显著特点：

1. 80集大型高清同步自学视频，涵盖全书所有实例，让学习更轻松、更高效！

2. 作者系经验丰富的专业设计师和资深讲师，确保图书"实用"和"好学"。

3. 讲解极为详细，中小实例达到80个，为的是能让读者深入理解、灵活应用！

4. 书后边给出不同类型的综合商业案例，以便积累实战经验，为工作就业搭桥。

5. 21类经常用到的设计素材，总计1106个。《色彩设计搭配手册》和常用颜色色谱表，平面设计色彩搭配不再烦恼。104集Photoshop CS6视频精讲课堂，囊括Photoshop基础操作所有知识。

图书在版编目（CIP）数据

Illustrator CS5从入门到精通 /亿瑞设计编著.—北京：清华大学出版社，2013.5（2018.8 重印）

（清华社"视频大讲堂"大系CG技术视频大讲堂）

ISBN 978-7-302-29480-1

I. ①I… II. ①亿… III. ①图形软件 IV. ①TP391.41

中国版本图书馆CIP数据核字（2012）第162997号

责任编辑：赵洛育
封面设计：文森时代
版式设计：文森时代
责任校对：王国星
责任印制：董　瑾

出版发行：清华大学出版社
　　　　网　　　址：http://www.tup.com.cn，http://www.wqbook.com
　　　　地　　　址：北京清华大学学研大厦A座　　　　　　邮　　编：100084
　　　　社 总 机：010-62770175　　　　　　　　　　　　邮　　购：010-62786544
　　　　投稿与读者服务：010-62776969，c-service@tup.tsinghua.edu.cn
　　　　质 量 反 馈：010-62772015，zhiliang@tup.tsinghua.edu.cn
印 刷 者：北京鑫丰华彩印有限公司
装 订 者：三河市溧源装订厂
经　　销：全国新华书店
开　　本：203mm×260mm　　印　张：32.5　　插　页：7　　字　数：1358千字
　　　　（附DVD光盘1张）
版　　次：2013年4月第1版　　　　　　　　　　　　　　印　次：2018年8月第11次印刷
定　　价：98.00元

产品编号：043917-01

前　言

Illustrator是Adobe公司推出的基于矢量的图形制作软件，涵盖了出版、多媒体、标识、卡片、角色设计、商业插画、VI设计、网页设计、广告、包装、产品设计、展示设计等诸多领域。

本书内容编写特点

1. 零起点、入门快

本书以入门者为主要读者对象，通过对基础知识细致入微的介绍，辅以对比图示效果，结合中小实例，对常用工具、命令、参数，做了详细的介绍，同时给出了技巧提示，确保读者零起点、轻松快速入门。

2. 内容细致、全面

本书内容涵盖了Illustrator CS5几乎全部工具、命令的相关功能，是市场上内容最为全面的图书之一，可以说是入门者的百科全书，有基础者的参考手册。

3. 实例精美、实用

本书的实例均经过精心挑选，确保例子实用的基础上精美、漂亮，一方面熏陶读者朋友的美感，一方面让读者在学习中享受美的世界。

4. 编写思路符合学习规律

本书在讲解过程中采用了"知识点+理论实践+实例练习+综合实例+技术拓展+技巧提示"的模式，符合轻松易学的学习规律。

本书显著特色

1.同步视频讲解，让学习更轻松更高效

80集大型高清同步自学视频，涵盖全书所有实例，让学习更轻松、更高效！

2.资深讲师编著，让图书质量更有保障

作者系经验丰富的专业设计师和资深讲师，确保图书"实用"和"好学"。

3.大量中小实例，通过多动手加深理解

讲解极为详细，中小实例达到80个，为的是能让读者深入理解、灵活应用！

4.多种商业案例，让实战成为终极目的

书后边给出不同类型的综合商业案例，以便积累实战经验，为工作就业搭桥。

5.超值学习套餐，让学习更方便更快捷

21类经常用到的设计素材，总计1106个。《色彩设计搭配手册》和常用颜色色谱表，平面设计色彩搭配不再烦恼。104集Photoshop CS6视频精讲课堂，囊括Photoshop基础操作所有知识。

本书光盘

本书附带一张DVD教学光盘，内容包括：

（1）本书中实例的视频教学录像、源文件、素材文件，读者可看视频，调用光盘中的素材，完全按照书中操作步骤进行操作。

（2）平面设计中经常用到的21类设计素材总计1106个，方便读者使用。

（3）104集Photoshop CS6视频精讲课堂，囊括Photoshop CS6基础操作所有知识，让读者在Photoshop CS5和Photoshop CS6之间无缝衔接。

（4）附赠《色彩设计搭配手册》和常用颜色色谱表，平面设计色彩搭配不再烦恼。

本书服务

1.Illustrator CS5软件获取方式

本书提供的光盘文件包括教学视频和素材等，没有可以进行图像处理的Illustrator CS5软件，读者朋友需获取Illustrator CS5软件并安装后，才可以进行图像图片处理等，可通过如下方式获取Illustrator CS5简体中文版：

（1）购买正版或下载试用版：登录http://www.adobe.com/cn/。

（2）可到当地电脑城咨询，一般软件专卖店有售。

（3）可到网上咨询、搜索购买方式。

2.交流答疑QQ群

为了方便解答读者提出的问题，我们特意建立了如下QQ群：

平面设计 技术交流QQ群：206907739。（如果群满，我们将会建其他群，请留意加群时的提示）

3.YY语音频道教学

为了方便与读者进行语音交流，我们特意建立了亿瑞YY语音教学频道：62327506。（YY语音是一款可以实现即时在线交流的聊天软件）

4.留言或关注最新动态

为了方便读者，我们会及时发布与本书有关的信息，包括读者答疑、勘误信息，读者朋友可登录亿瑞设计官方网站：www.eraybook.com。

关于作者

本书由亿瑞设计工作室组织编写，瞿颖健和曹茂鹏参与了本书的主要编写工作。在编写的过程中，得到了吉林艺术学院副院长郭春方教授的悉心指导，得到了吉林艺术学院设计学院院长宋飞教授的大力支持，在此向他们表示诚挚的感谢。

另外，由于本书工作量巨大，以下人员也参与了本书的编写及资料整理工作，他们是：杨建超、马啸、李路、孙芳、李化、葛妍、丁仁雯、高歌、韩雷、瞿吉业、杨力、张建霞、瞿学严、杨宗香、董辅川、杨春明、马扬、王萍、曹诗雅、朱于振、于燕香、曹子龙、孙雅娜、曹爱德、曹玮、张效晨、孙丹、李进、曹元钢、张玉华、鞠闯、艾飞、瞿学统、李芳、陶恒斌、曹明、张越、瞿云芳、解桐林、张琼丹、解文耀、孙晓军、瞿江业、王爱花、樊清英等，在此一并表示感谢。

由于时间仓促，加之水平有限，书中难免存在错误和不妥之处，敬请广大读者批评和指正。

编　　者

目　录

Contents

80节大型高清同步视频讲解

第1章 初识Illustrator CS5 ······················ 1

1.1 进入Adobe Illustrator CS5的世界 ············· 2
1.2 Illustrator CS5的应用 ························· 2
1.3 Illustrator CS5的安装与卸载 ················· 5
　1.3.1 安装Illustrator CS5 ····················· 5
　1.3.2 卸载Illustrator CS5 ····················· 6
1.4 图像与色彩的基础知识 ······················· 7
　1.4.1 认识位图与矢量图 ······················· 7
　重点 答疑解惑——矢量图形主要应用在哪些领域? ·· 8
　1.4.2 什么是分辨率 ··························· 8
　重点 技术拓展: "分辨率"的相关知识 ·········· 9
　1.4.3 图像的颜色模式 ························· 9
1.5 熟悉Illustrator CS5界面 ···················· 10
　1.5.1 熟悉Illustrator CS5的界面布局 ·········· 10
　重点 技术拓展: 展开与折叠面板 ·············· 10
　重点 技术拓展: 拆分与组合面板 ·············· 11
　1.5.2 预设工作区 ··························· 11
　1.5.3 自定义工作区布局 ····················· 12
　1.5.4 更改屏幕模式 ························· 12
　1.5.5 自定义快捷键 ························· 13
　1.5.6 工具箱 ······························· 13
　1.5.7 面板堆栈 ····························· 17
1.6 首选项设置 ······························· 18
　1.6.1 常规 ································· 18
　1.6.2 选择和锚点显示 ······················· 19
　1.6.3 文字 ································· 19
　1.6.4 单位 ································· 19
　1.6.5 参考线和网格 ························· 20
　1.6.6 智能参考线 ··························· 20
　1.6.7 切片 ································· 20
　1.6.8 连字 ································· 21
　1.6.9 增效工具与暂存盘 ····················· 21
　重点 答疑解惑——什么是暂存盘? ············· 21
　1.6.10 用户界面 ··························· 21
　1.6.11 文件处理与剪贴板 ···················· 22
　1.6.12 黑色外观 ··························· 22
1.7 浏览图像 ································· 22
　1.7.1 使用"视图"命令浏览图像 ·············· 22
　1.7.2 使用工具浏览图像 ····················· 23
　重点 技术拓展: 如何调整缩放倍数 ············ 24

　1.7.3 使用"导航器"面板浏览图像 ············ 24
　1.7.4 创建参考窗口 ························· 25

第2章 文档基础操作 ···················· 26

2.1 新建文件 ································· 27
　2.1.1 "新建"命令 ························· 27
　重点 技术拓展: 多个画板排列方式设置详解 ······ 28
　2.1.2 从模板新建 ··························· 28
2.2 打开文件 ································· 29
　2.2.1 "打开"命令 ························· 29
　2.2.2 最近打开的文件 ······················· 29
　2.2.3 在Bridge中浏览打开文件 ················ 29
2.3 存储文件 ································· 30
　2.3.1 "存储"命令 ························· 31
　重点 技术专题——常用矢量格式详解 ·········· 31
　2.3.2 "存储为"命令 ······················· 32
　2.3.3 "存储副本"命令 ····················· 32
　2.3.4 存储为模板 ··························· 32
　2.3.5 存储为Web和设备所用格式 ·············· 33
　2.3.6 存储选中的切片 ······················· 33
　2.3.7 存储为Microsoft Office所用格式 ········· 34
2.4 置入与导出文件 ··························· 34
　2.4.1 置入文件 ····························· 34
　重点 实例练习——嵌入位图制作混合插画 ······ 35
　重点 技术拓展: 嵌入和链接的区别 ············ 35
　2.4.2 导出文件 ····························· 36
　重点 技术专题——常用格式详解 ·············· 36
2.5 关闭文件 ································· 37
2.6 恢复图像 ································· 37
2.7 文档设置 ································· 37
2.8 使用画板 ································· 38
　2.8.1 使用画板工具 ························· 38
　2.8.2 使用"画板"面板 ····················· 40
2.9 辅助工具 ································· 41
　2.9.1 标尺 ································· 41
　2.9.2 网格 ································· 42
　重点 技术专题——"网格"相关参数设置 ······ 43
　2.9.3 参考线 ······························· 43
　2.9.4 智能参考线 ··························· 44

第3章 绘制基本图形 ···················· 45

3.1 线型绘图工具 ··············· 46
　3.1.1 直线段工具 ··············· 46
　3.1.2 弧形工具 ··············· 47
　3.1.3 螺旋线工具 ··············· 48
　3.1.4 矩形网格工具 ··············· 49
　3.1.5 极坐标网格工具 ··············· 50
3.2 形状绘图工具 ··············· 51
　3.2.1 矩形工具 ··············· 52
　重点实例练习——利用矩形工具绘制留言板 ··· 52
　3.2.2 圆角矩形工具 ··············· 53
　3.2.3 椭圆工具 ··············· 54
　重点实例练习——使用椭圆工具与圆角矩形工具
　制作图标 ··············· 55
　3.2.4 多边形工具 ··············· 57
　重点技术拓展：多边形制作螺旋效果 ··· 58
　3.2.5 星形工具 ··············· 58
　3.2.6 光晕工具 ··············· 59
　重点综合实例——利用形状工具绘制徽章 ··· 60
　重点综合实例——使用形状工具制作卡通海报 ··· 63
　重点答疑解惑——如何使用网格工具改变形状的颜色？··· 63
　重点答疑解惑——如何建立剪切蒙版？··· 64
　重点综合实例——使用形状工具制作设计感招贴 ··· 65

第4章 对象的基础操作 ··············· 68
4.1 选择工具的使用 ··············· 69
　4.1.1 选择工具 ··············· 69
　4.1.2 直接选择工具 ··············· 70
　4.1.3 编组选择工具 ··············· 71
　4.1.4 魔棒工具 ··············· 72
　4.1.5 套索工具 ··············· 72
4.2 "选择"菜单命令的应用 ··············· 72
4.3 还原与重做 ··············· 74
4.4 剪切对象 ··············· 74
4.5 复制对象 ··············· 75
4.6 粘贴对象 ··············· 76
　4.6.1 粘贴 ··············· 76
　4.6.2 贴在前面 ··············· 76
　4.6.3 贴在后面 ··············· 77
　4.6.4 就地粘贴 ··············· 77
　4.6.5 在所有画板上粘贴 ··············· 77
4.7 清除对象 ··············· 77
4.8 移动对象 ··············· 78
　4.8.1 使用选择工具移动对象 ··············· 78
　4.8.2 微调对象 ··············· 79
　4.8.3 使用"移动"命令精确移动 ··············· 79
4.9 旋转对象 ··············· 79
　4.9.1 使用旋转工具旋转对象 ··············· 80

　4.9.2 精确旋转对象 ··············· 80
　重点实例练习——使用选择工具和旋转工具制作花朵钟 ··· 80
4.10 镜像对象 ··············· 82
　4.10.1 使用镜像工具镜像对象 ··············· 82
　4.10.2 精确镜像对象 ··············· 82
4.11 缩放对象 ··············· 82
　4.11.1 使用比例缩放工具缩放对象 ··············· 82
　4.11.2 精确缩放对象 ··············· 83
　重点实例练习——使用"粘贴"命令、镜像工具与比例
　缩放工具制作矢量人物海报 ··············· 83
4.12 倾斜对象 ··············· 84
　4.12.1 使用倾斜工具倾斜对象 ··············· 84
　4.12.2 精确倾斜对象 ··············· 84
　4.12.3 使用"变换"面板倾斜对象 ··············· 85
4.13 使用整形工具改变对象形状 ··············· 85
4.14 变换对象 ··············· 86
　4.14.1 使用自由变换工具变换对象 ··············· 86
　重点实例练习——使用自由变换工具制作书籍封面 ··· 87
　4.14.2 使用"变换"命令变换对象 ··············· 88
　4.14.3 使用"再次变换"命令变换对象 ··············· 88
　4.14.4 使用"分别变换"命令变换对象 ··············· 89
　4.14.5 使用"变换"面板精确变换对象 ··············· 89
　重点实例练习——使用"复制"、"粘贴"命令和比例
　缩放工具制作时尚名片 ··············· 90

第5章 对象管理 ··············· 93
5.1 对象的排列 ··············· 94
　5.1.1 使用命令更改对象排列 ··············· 94
　5.1.2 使用"图层"面板更改堆叠顺序 ··············· 95
5.2 对齐与分布 ··············· 95
　5.2.1 对齐对象 ··············· 95
　5.2.2 分布对象 ··············· 96
　5.2.3 调整对齐依据 ··············· 98
　5.2.4 按照特定间距分布对象 ··············· 98
　重点实例练习——使用"对齐"命令制作记事本 ··· 99
5.3 对象的成组与解组 ··············· 101
　5.3.1 成组对象 ··············· 101
　5.3.2 取消编组 ··············· 101
5.4 锁定与解锁 ··············· 102
　5.4.1 锁定对象 ··············· 102
　5.4.2 解锁对象 ··············· 102
5.5 隐藏与显示 ··············· 103
　5.5.1 隐藏对象 ··············· 103
　5.5.2 显示对象 ··············· 104
　重点实例练习——使用"对齐"与"分布"命令制作淡
　雅底纹卡片 ··············· 104
　重点实例练习——制作西餐菜单 ··············· 106

第6章 绘制复杂图形 ⋯⋯⋯⋯⋯⋯⋯ **111**

6.1 钢笔工具组 ⋯⋯⋯⋯⋯⋯⋯⋯⋯⋯ 112
　　6.1.1 了解路径 ⋯⋯⋯⋯⋯⋯⋯⋯ 112
　　6.1.2 钢笔工具 ⋯⋯⋯⋯⋯⋯⋯⋯ 112
　　6.1.3 添加锚点工具 ⋯⋯⋯⋯⋯⋯ 114
　　6.1.4 删除锚点工具 ⋯⋯⋯⋯⋯⋯ 114
　　6.1.5 转换锚点工具 ⋯⋯⋯⋯⋯⋯ 115
　　重点实例练习——使用钢笔工具绘制卡通小鸟 ⋯ 115
　　重点答疑解惑——如何删除多余的锚点? ⋯ 116
6.2 画笔工具 ⋯⋯⋯⋯⋯⋯⋯⋯⋯⋯ 117
　　6.2.1 认识画笔工具 ⋯⋯⋯⋯⋯⋯ 117
　　6.2.2 认识"画笔"面板 ⋯⋯⋯⋯⋯ 117
　　重点技术拓展：画笔类型详解 ⋯⋯ 118
　　6.2.3 使用画笔库 ⋯⋯⋯⋯⋯⋯⋯ 118
　　6.2.4 应用画笔描边 ⋯⋯⋯⋯⋯⋯ 118
　　6.2.5 清除画笔描边 ⋯⋯⋯⋯⋯⋯ 119
　　6.2.6 将画笔描边转换为轮廓 ⋯⋯ 119
6.3 铅笔工具组 ⋯⋯⋯⋯⋯⋯⋯⋯⋯ 119
　　6.3.1 铅笔工具 ⋯⋯⋯⋯⋯⋯⋯⋯ 119
　　重点实例练习——使用铅笔工具制作手绘感卡片 ⋯ 120
　　6.3.2 平滑工具 ⋯⋯⋯⋯⋯⋯⋯⋯ 121
　　6.3.3 路径橡皮擦工具 ⋯⋯⋯⋯⋯ 122
6.4 斑点画笔工具 ⋯⋯⋯⋯⋯⋯⋯⋯ 122
6.5 橡皮擦工具组 ⋯⋯⋯⋯⋯⋯⋯⋯ 123
　　6.5.1 橡皮擦工具 ⋯⋯⋯⋯⋯⋯⋯ 124
　　6.5.2 剪刀工具 ⋯⋯⋯⋯⋯⋯⋯⋯ 125
　　6.5.3 美工刀工具 ⋯⋯⋯⋯⋯⋯⋯ 125
6.6 透视图工具 ⋯⋯⋯⋯⋯⋯⋯⋯⋯ 125
　　6.6.1 透视网格工具 ⋯⋯⋯⋯⋯⋯ 126
　　6.6.2 调整透视网格状态 ⋯⋯⋯⋯ 126
　　6.6.3 使用透视网格预设 ⋯⋯⋯⋯ 126
　　重点技术拓展：透视类型详解 ⋯⋯ 126
　　6.6.4 平面切换构件 ⋯⋯⋯⋯⋯⋯ 127
　　6.6.5 在透视网格中创建对象 ⋯⋯ 127
　　6.6.6 透视选区工具 ⋯⋯⋯⋯⋯⋯ 127
　　6.6.7 将对象加入透视网格 ⋯⋯⋯ 128
　　6.6.8 在透视网格中移动对象 ⋯⋯ 128
　　6.6.9 释放透视对象 ⋯⋯⋯⋯⋯⋯ 129
　　重点实例练习——卡通游乐场标志设计 ⋯ 129
　　重点答疑解惑——如何填充透明渐变? ⋯ 129
　　重点答疑解惑——制作透明渐变中黑白渐变
　　是如何分配的? ⋯⋯⋯⋯⋯⋯⋯⋯ 131
　　重点实例练习——绘制有趣的米老鼠头像 ⋯ 133
　　重点实例练习——云端的房子 ⋯⋯ 135

第7章 对象的高级操作 ⋯⋯⋯⋯⋯ **138**

7.1 变形工具组 ⋯⋯⋯⋯⋯⋯⋯⋯⋯ 139

　　7.1.1 宽度工具 ⋯⋯⋯⋯⋯⋯⋯⋯ 139
　　7.1.2 变形工具 ⋯⋯⋯⋯⋯⋯⋯⋯ 139
　　7.1.3 旋转扭曲工具 ⋯⋯⋯⋯⋯⋯ 140
　　7.1.4 缩拢工具 ⋯⋯⋯⋯⋯⋯⋯⋯ 141
　　7.1.5 膨胀工具 ⋯⋯⋯⋯⋯⋯⋯⋯ 141
　　7.1.6 扇贝工具 ⋯⋯⋯⋯⋯⋯⋯⋯ 142
　　7.1.7 晶格化工具 ⋯⋯⋯⋯⋯⋯⋯ 142
　　重点实例练习——使用晶格化工具制作栀子花 ⋯ 143
　　7.1.8 皱褶工具 ⋯⋯⋯⋯⋯⋯⋯⋯ 144
7.2 网格工具 ⋯⋯⋯⋯⋯⋯⋯⋯⋯⋯ 145
　　7.2.1 创建渐变网格 ⋯⋯⋯⋯⋯⋯ 145
　　7.2.2 编辑渐变网格 ⋯⋯⋯⋯⋯⋯ 146
　　重点实例练习——使用渐变网格绘制卡通兔子 ⋯ 147
7.3 混合工具 ⋯⋯⋯⋯⋯⋯⋯⋯⋯⋯ 149
　　7.3.1 创建混合 ⋯⋯⋯⋯⋯⋯⋯⋯ 149
　　7.3.2 设置混合参数 ⋯⋯⋯⋯⋯⋯ 150
　　7.3.3 编辑混合图形 ⋯⋯⋯⋯⋯⋯ 150
　　7.3.4 扩展与混合图形 ⋯⋯⋯⋯⋯ 151
　　7.3.5 释放混合对象 ⋯⋯⋯⋯⋯⋯ 151
　　重点实例练习——利用混合工具制作多彩的花朵 ⋯ 151
7.4 形状生成器工具 ⋯⋯⋯⋯⋯⋯⋯ 152
　　7.4.1 设置形状生成器工具选项 ⋯ 152
　　7.4.2 使用形状生成器工具创建形状 ⋯ 153
7.5 高级路径编辑 ⋯⋯⋯⋯⋯⋯⋯⋯ 154
　　7.5.1 连接 ⋯⋯⋯⋯⋯⋯⋯⋯⋯⋯ 154
　　7.5.2 平均 ⋯⋯⋯⋯⋯⋯⋯⋯⋯⋯ 154
　　7.5.3 轮廓化描边 ⋯⋯⋯⋯⋯⋯⋯ 155
　　7.5.4 偏移路径 ⋯⋯⋯⋯⋯⋯⋯⋯ 155
　　7.5.5 简化 ⋯⋯⋯⋯⋯⋯⋯⋯⋯⋯ 155
　　7.5.6 添加锚点 ⋯⋯⋯⋯⋯⋯⋯⋯ 155
　　7.5.7 减去锚点 ⋯⋯⋯⋯⋯⋯⋯⋯ 156
　　7.5.8 分割为网格 ⋯⋯⋯⋯⋯⋯⋯ 156
　　7.5.9 清理 ⋯⋯⋯⋯⋯⋯⋯⋯⋯⋯ 156
　　重点实例练习——制作放射背景 ⋯ 156
7.6 封套扭曲 ⋯⋯⋯⋯⋯⋯⋯⋯⋯⋯ 158
　　7.6.1 用变形建立 ⋯⋯⋯⋯⋯⋯⋯ 158
　　7.6.2 用网格建立 ⋯⋯⋯⋯⋯⋯⋯ 159
　　7.6.3 用顶层对象建立 ⋯⋯⋯⋯⋯ 159
　　7.6.4 设置封套选项 ⋯⋯⋯⋯⋯⋯ 159
　　7.6.5 释放或扩展封套 ⋯⋯⋯⋯⋯ 160
　　7.6.6 编辑内容 ⋯⋯⋯⋯⋯⋯⋯⋯ 160
　　重点实例练习——利用封套扭曲制作绚丽光带 ⋯ 160
7.7 路径查找器 ⋯⋯⋯⋯⋯⋯⋯⋯⋯ 162
　　7.7.1 路径查找器命令详解 ⋯⋯⋯ 162
　　7.7.2 设置路径查找器选项 ⋯⋯⋯ 163
　　7.7.3 创建复合形状 ⋯⋯⋯⋯⋯⋯ 163
　　7.7.4 释放和扩展复合形状 ⋯⋯⋯ 163

重点实例练习——使用合并命令制作质感星形 ………… 163

重点实例练习——使用路径查找器制作现代感LOGO 165

重点答疑解惑——如何编辑渐变色？ ………… 166

重点实例练习——房地产X型展架 ………… 167

第8章 填充和描边 ………… 173

8.1 什么是填充与描边 ………… 174
8.1.1 标准颜色控制组件 ………… 174
8.1.2 使用"拾色器"面板 ………… 174

8.2 单色填充 ………… 176
8.2.1 使用"颜色"面板 ………… 176
8.2.2 使用"色板"面板 ………… 177
重点技术专题——详解色板类型 ………… 178
8.2.3 使用色板库 ………… 179

8.3 渐变填充 ………… 181
8.3.1 熟悉"渐变"面板 ………… 181
重点实例练习：渐变打造华丽红宝石 ………… 182
8.3.2 使用渐变工具 ………… 185
重点实例练习——使用渐变工具制作花朵按钮 ………… 186
重点实例练习——华丽金属质感LOGO ………… 187
重点技术专题——常用的排列快捷键 ………… 188

8.4 图案填充 ………… 188
重点技术专题——Illustrator 拼贴图案的方式 ………… 189
8.4.1 使用图案填充 ………… 189
8.4.2 创建图案色板 ………… 190
重点实例练习——使用图案制作甜品海报 ………… 190

8.5 为路径描边 ………… 193
8.5.1 快速设置描边 ………… 194
8.5.2 使用"描边"面板 ………… 194
重点技术专题——虚线制作详解 ………… 195
重点实例练习——使用填充与描边制作炫彩跑车 ………… 195

8.6 添加多个填充或描边 ………… 197
重点实例练习——使用渐变填充制作智能手机界面 ………… 197
重点答疑解惑——如何建立网格、定义渐变
网格的颜色？ ………… 199
重点实例练习——VIP贵宾卡设计 ………… 200

第9章 实时描摹与实时上色 ………… 207

9.1 实时描摹 ………… 208
9.1.1 快速描摹图稿 ………… 208
9.1.2 快速编辑描摹图稿 ………… 208
9.1.3 自定义描摹预设 ………… 209
9.1.4 扩展描摹对象 ………… 210
9.1.5 释放描摹对象 ………… 210
重点实例练习——使用实时描摹制作欧美风海报 ………… 210

9.2 实时上色 ………… 212
9.2.1 建立、扩展和释放实时上色组 ………… 213
9.2.2 使用实时上色工具 ………… 214

9.2.3 使用实时上色选择工具 ………… 216
重点实例练习——使用实时上色工具制作水晶LOGO … 217
重点实例练习——使用实时上色工具制作像素画 ………… 220
重点答疑解惑——什么是像素画？ ………… 222

第10章 透明度 ………… 223

10.1 调整对象透明度 ………… 224
10.1.1 认识"透明度"面板 ………… 224
10.1.2 调整对象透明度 ………… 224

10.2 调整对象混合模式 ………… 225
10.2.1 混合模式详解 ………… 225
10.2.2 更改对象的混合模式 ………… 226
重点实例练习——使用透明度制作水晶花朵 ………… 227

10.3 不透明蒙版 ………… 230
10.3.1 创建不透明蒙版 ………… 231
10.3.2 取消链接或重新链接不透明蒙版 ………… 231
10.3.3 停用与删除不透明蒙版 ………… 231
重点实例练习——使用蒙版制作宝宝大头贴 ………… 232
重点实例练习——使用不透明蒙版制作倒影效果 ………… 233
重点实例练习——制作时尚杂志内页 ………… 236
重点答疑解惑——如何制作光斑？ ………… 241

第11章 文字 ………… 242

11.1 导入与导出文本 ………… 243
11.1.1 打开包含所需要文本的文件 ………… 243
11.1.2 置入文本 ………… 244
11.1.3 将文本导出到Word或文本文件 ………… 244
11.1.4 标记要导出到 Flash 的文本 ………… 244

11.2 创建文本 ………… 245
11.2.1 使用文字工具创建文本 ………… 245
重点实例练习——使用文字工具制作文字海报 ………… 246
重点实例练习——使用文字工具制作钟表 ………… 247
重点答疑解惑——如何将新添加的锚点转换成圆角？ … 248
11.2.2 使用区域文字工具创建文本 ………… 250
11.2.3 使用路径文字工具创建文本 ………… 252
11.2.4 使用直排文字工具创建文本 ………… 253
11.2.5 使用直排区域文字工具创建文本 ………… 253
11.2.6 使用直排路径文字工具创建文本 ………… 253
11.2.7 串接对象之间的文本 ………… 254
11.2.8 创建文本绕排 ………… 255
重点实例练习——使用路径文本与区域文本排版 ………… 256

11.3 编辑文字 ………… 258
11.3.1 更改字体 ………… 258
11.3.2 更改大小 ………… 259
11.3.3 字形 ………… 259
11.3.4 复合字体 ………… 260
11.3.5 避头尾法则设置 ………… 261
11.3.6 标点挤压设置 ………… 262

11.3.7 适合标题 ………………………………… 263
11.3.8 创建轮廓 ………………………………… 263
重点 实例练习——制作唯美艺术文字 …… 263
11.3.9 查找字体 ………………………………… 265
11.3.10 更改大小写 …………………………… 265
11.3.11 智能标点 ……………………………… 266
11.3.12 视觉边距对齐方式 …………………… 266
11.3.13 显示隐藏字符 ………………………… 266
11.3.14 文字方向 ……………………………… 266
11.3.15 旧版文字 ……………………………… 266
11.3.16 查找/替换文本 ……………………… 267
11.3.17 拼写检查 ……………………………… 267
11.3.18 清理空文字 …………………………… 268
重点 实例练习——可爱风格LOGO设计 …… 268
重点 答疑解惑——如何删除多余的锚点？ … 268
重点 答疑解惑——如何创建曲线？ ………… 269
重点 实例练习——使用直排文字工具制作中式招贴 … 270
11.4 "字符"面板 ………………………………… 274
11.5 "段落"面板 ………………………………… 275
11.5.1 对齐文本 ……………………………… 275
11.5.2 缩进文本 ……………………………… 276
11.6 "字符样式"/"段落样式"面板 ………… 276
11.6.1 创建字符或段落样式 …………………… 277
11.6.2 编辑字符或段落样式 …………………… 277
11.6.3 删除覆盖样式 …………………………… 277
11.7 "制表符"面板 ……………………………… 277
11.7.1 设置"制表符"面板 …………………… 277
11.7.2 重复制表符 ……………………………… 278
11.7.3 使用"制表符"面板来设置缩进 ……… 278
11.8 OpenType选项 ……………………………… 278
重点 实例练习——制作彩色文字 …………… 279
重点 实例练习——水晶质感描边文字 ……… 280
重点 实例练习——使用文字工具进行杂志的排版 … 282
重点 答疑解惑——如何制作透明渐变？ …… 283

第12章 符号 …………………………………… 291
12.1 了解Illustrator中的"符号" ……………… 292
12.2 认识"符号"面板 ………………………… 292
12.2.1 更改"符号"面板的显示效果 ………… 292
12.2.2 使用"符号"面板置入符号 …………… 293
重点 实例练习——使用"符号"面板制作夏日沙滩 … 293
12.2.3 创建新符号 ……………………………… 294
12.2.4 断开符号链接 …………………………… 294
12.3 认识符号库 ………………………………… 295
12.4 符号工具组 ………………………………… 296
12.4.1 符号工具选项设置 ……………………… 296
12.4.2 使用符号喷枪工具 ……………………… 296

重点 技术拓展：符号喷枪工具参数设置 …… 297
12.4.3 使用符号移位器工具 …………………… 297
12.4.4 使用符号紧缩器工具 …………………… 298
12.4.5 使用符号缩放器工具 …………………… 298
重点 技术拓展：符号缩放器工具参数设置 … 299
12.4.6 使用符号旋转器工具 …………………… 299
12.4.7 使用符号着色器工具 …………………… 299
12.4.8 使用符号滤色器工具 …………………… 299
12.4.9 使用符号样式器工具 …………………… 300
重点 实例练习——使用符号工具制作大树 … 300

第13章 创建与编辑图表 ……………………… 302
13.1 创建图表 …………………………………… 303
13.1.1 输入图表数据 …………………………… 303
13.1.2 创建图表 ………………………………… 303
13.1.3 调整列宽或小数精度 …………………… 304
13.2 图表工具 …………………………………… 304
13.2.1 柱形图工具 ……………………………… 304
13.2.2 堆积柱形图工具 ………………………… 305
13.2.3 条形图工具 ……………………………… 305
13.2.4 堆积条形图工具 ………………………… 305
13.2.5 折线图工具 ……………………………… 305
13.2.6 面积图工具 ……………………………… 305
13.2.7 散点图工具 ……………………………… 306
13.2.8 饼图工具 ………………………………… 306
13.2.9 雷达图工具 ……………………………… 306
重点 实例练习——制作堆积柱形图和饼图 … 306
13.3 编辑图表 …………………………………… 310
13.3.1 定义坐标轴 ……………………………… 310
13.3.2 不同图表类型的互换 …………………… 310
13.3.3 常规图表选项 …………………………… 310
13.4 自定义图表工具 …………………………… 311
13.4.1 改变图表中的部分显示 ………………… 311
13.4.2 定义图表图案 …………………………… 312
13.4.3 使用图案来表现图表 …………………… 312
13.4.4 设计标记 ………………………………… 313

第14章 图层与剪切蒙版 ……………………… 314
14.1 认识"图层"面板 ………………………… 315
重点 技术拓展：图层面板选项设置详解 …… 315
14.2 编辑图层 …………………………………… 315
14.2.1 选择图层 ………………………………… 316
14.2.2 选中图层中的对象 ……………………… 316
14.2.3 创建图层 ………………………………… 316
14.2.4 复制图层 ………………………………… 316
14.2.5 删除图层 ………………………………… 317
14.2.6 调整图层顺序 …………………………… 317
14.2.7 编辑图层属性 …………………………… 317

14.3 合并图层与拼合图稿 ················ 317
　　14.3.1 合并图层 ························ 317
　　14.3.2 拼合图稿 ························ 318
14.4 锁定与解锁图层 ···················· 318
　　14.4.1 锁定图层 ························ 318
　　14.4.2 解锁图层 ························ 318
14.5 显示与隐藏图层 ···················· 318
　　14.5.1 隐藏图层 ························ 318
　　14.5.2 显示图层 ························ 319
14.6 剪切蒙版 ·························· 319
　　14.6.1 创建剪切蒙版 ···················· 320
　　14.6.2 编辑剪切蒙版 ···················· 320
　　14.6.3 释放剪切蒙版 ···················· 321
　　重点 实例练习——使用剪切蒙版制作完整画面 321
　　重点 实例练习——使用剪切蒙版制作名片 ··· 322
　　重点 答疑解惑——如何释放剪切蒙版层？ ··· 324
　　重点 综合实例——制作输入法皮肤 ········ 325

第15章 图形样式 ·················· 329

15.1 关于图形样式 ···················· 330
15.2 "图形样式"面板 ·················· 330
　　15.2.1 "图形样式"面板概述 ············· 330
　　15.2.2 更改面板中列出图形样式 ·········· 330
15.3 创建图形样式 ···················· 331
　　15.3.1 创建图形样式 ··················· 331
　　15.3.2 基于现有图形样式来创建图形样式 ··· 331
15.4 编辑图形样式 ···················· 331
　　15.4.1 复制图形样式 ···················· 331
　　15.4.2 删除图形样式 ···················· 332
　　15.4.3 断开样式链接 ···················· 332
15.5 样式库面板 ······················ 332
　　15.5.1 认识样式库面板 ·················· 332
　　15.5.2 使用样式库 ······················ 332
　　15.5.3 从其他文档导入所有图形样式 ······ 333
　　15.5.4 保存图形样式库 ·················· 333
　　重点 实例练习——使用图形样式制作晶莹文字 ····· 333

第16章 外观与效果的应用 ·········· 336

16.1 "外观"面板 ····················· 337
　　16.1.1 认识"外观"面板 ················ 337
　　16.1.2 使用"外观"面板调整属性的层次 ··· 338
　　16.1.3 使用"外观"面板编辑或添加效果 ·· 338
　　16.1.4 使用"外观"面板复制属性 ········ 339
　　16.1.5 删除"外观"属性 ··············· 339
　　16.1.6 使用"外观"面板隐藏属性 ········ 339
16.2 使用"效果"菜单命令 ·············· 339
　　16.2.1 应用"效果"命令 ················ 340

16.2.2 应用上次使用的效果 ················ 340
16.2.3 栅格化效果 ························ 340
16.2.4 修改或删除效果 ···················· 341
16.3 3D效果组 ························· 341
　　16.3.1 "凸出和斜角"效果 ·············· 342
　　重点 实例练习——使用凸出和斜角制作冰块 ··· 343
　　重点 实例练习——制作立体动感齿轮 ······ 345
　　重点 实例练习——使用凸出和斜角制作3D星形 ··· 346
　　重点 实例练习——立体文字放射海报 ······ 348
　　16.3.2 "绕转"效果 ···················· 351
　　16.3.3 "旋转"效果 ···················· 351
　　重点 实例练习——使用"绕转"制作花瓶 ····· 351
16.4 使用"SVG效果" ················· 352
　　16.4.1 认识"SVG效果" ··············· 353
　　16.4.2 编辑"SVG效果" ··············· 353
　　16.4.3 自定义"SVG效果" ············· 353
16.5 "变形"效果 ····················· 354
16.6 "扭曲和变换"效果组 ·············· 355
　　16.6.1 "变换"效果 ···················· 355
　　16.6.2 "扭拧"效果 ···················· 355
　　16.6.3 "扭转"效果 ···················· 356
　　16.6.4 "收缩和膨胀"效果 ·············· 356
　　16.6.5 "波纹"效果 ···················· 356
　　16.6.6 "粗糙化"效果 ·················· 357
　　16.6.7 "自由扭曲"效果 ················ 357
16.7 裁剪标记 ························ 357
16.8 "路径"效果组 ···················· 358
　　16.8.1 "位移路径"效果 ················ 358
　　16.8.2 "轮廓化对象"效果 ·············· 358
　　16.8.3 "轮廓化描边"效果 ·············· 359
16.9 "路径查找器"效果组 ·············· 359
　　重点 技术拓展：详解"陷印" ············ 361
16.10 "转换为形状"效果组 ············· 361
　　16.10.1 "矩形"效果 ··················· 362
　　16.10.2 "圆角矩形"效果 ··············· 362
　　16.10.3 "椭圆"效果 ··················· 362
　　重点 实例练习——使用外观制作卡通招牌 ··· 363
16.11 "风格化"效果组 ················· 365
　　16.11.1 "内发光"效果 ················· 365
　　16.11.2 "圆角"效果 ··················· 366
　　16.11.3 "外发光"效果 ················· 366
　　重点 实例练习——使用外观制作发光文字 ··· 366
　　16.11.4 "投影"效果 ··················· 367
　　16.11.5 "涂抹"效果 ··················· 368
　　16.11.6 "羽化"效果 ··················· 368
16.12 Photoshop效果与"效果画廊" ·········· 369

16.13 "像素化"效果组 ················ 370
　16.13.1 "彩色半调"效果 ············ 370
　16.13.2 "晶格化"效果 ············· 370
　16.13.3 "点状化"效果 ············· 370
　16.13.4 "铜版雕刻"效果 ··········· 371

16.14 "扭曲"效果组 ················ 371
　16.14.1 "扩散亮光"效果 ··········· 371
　16.14.2 "海洋波纹"效果 ··········· 372
　16.14.3 "玻璃"效果 ··············· 372

16.15 "模糊"效果组 ················ 372
　16.15.1 "径向模糊"效果 ··········· 372
　16.15.2 "特殊模糊"效果 ··········· 373
　16.15.3 "高斯模糊"效果 ··········· 373

16.16 "画笔描边"效果组 ············ 374
　16.16.1 "喷色"效果 ··············· 374
　16.16.2 "喷色描边"效果 ··········· 374
　16.16.3 "墨水轮廓"效果 ··········· 374
　16.16.4 "强化的边缘"效果 ········· 375
　16.16.5 "成角的线条"效果 ········· 375
　16.16.6 "深色线条"效果 ··········· 376
　16.16.7 "烟灰墨"效果 ············· 376
　16.16.8 "阴影线"效果 ············· 376

16.17 "素描"效果组 ················ 377
　16.17.1 "便条纸"效果 ············· 377
　16.17.2 "半调图案"效果 ··········· 377
　16.17.3 "图章"效果 ··············· 377
　16.17.4 "基底凸现"效果 ··········· 378
　16.17.5 "塑料效果"效果 ··········· 378
　16.17.6 "影印"效果 ··············· 379
　16.17.7 "撕边"效果 ··············· 379
　16.17.8 "水彩画纸"效果 ··········· 379
　16.17.9 "炭笔"效果 ··············· 380
　16.17.10 "炭精笔"效果 ············ 380
　16.17.11 "粉笔和炭笔"效果 ········ 380
　16.17.12 "绘图笔"效果 ············ 381
　16.17.13 "网状"效果 ·············· 381
　重点 实例练习——使用Photoshop效果制作欧美海报 ··· 382

16.18 "纹理"效果组 ················ 383
　16.18.1 "拼缀图"效果 ············· 383
　16.18.2 "染色玻璃"效果 ··········· 383
　16.18.3 "纹理化"效果 ············· 384
　16.18.4 "颗粒"效果 ··············· 385
　16.18.5 "马赛克拼贴"效果 ········· 385
　16.18.6 "龟裂缝"效果 ············· 386

16.19 "艺术效果"效果组 ············ 386
　16.19.1 "塑料包装"效果 ··········· 386
　16.19.2 "壁画"效果 ··············· 386

16.19.3 "干画笔"效果 ·············· 387
16.19.4 "底纹效果"效果 ············ 387
16.19.5 "彩色铅笔"效果 ············ 388
16.19.6 "木刻"效果 ················ 388
16.19.7 "水彩"效果 ················ 389
16.19.8 "海报边缘"效果 ············ 389
16.19.9 "海绵"效果 ················ 390
16.19.10 "涂抹棒"效果 ············· 390
16.19.11 "粗糙蜡笔"效果 ··········· 391
16.19.12 "绘画涂抹"效果 ··········· 391
16.19.13 "胶片颗粒"效果 ··········· 392
16.19.14 "调色刀"效果 ············· 393
16.19.15 "霓虹灯光"效果 ··········· 393

16.20 "视频"效果组 ················ 394
　16.20.1 "NTSC颜色"效果 ·········· 394
　16.20.2 "逐行"效果 ··············· 394

16.21 "锐化"效果组 ················ 394

16.22 "风格化"效果组 ··············· 395

第17章 Web图形与切片 ··············· 396

17.1 Web图形 ····················· 397
　17.1.1 Web图形输出设置 ··········· 397
　17.1.2 使用Web安全色 ············· 399
　17.1.3 Web文件大小与质量 ········· 400

17.2 切片 ························· 400
　17.2.1 使用切片工具 ··············· 400
　17.2.2 调整切片的尺寸 ············· 400
　17.2.3 平均创建切片 ··············· 401
　17.2.4 删除切片 ··················· 401
　17.2.5 定义切片选项 ··············· 401
　17.2.6 组合切片 ··················· 402
　17.2.7 保存切片 ··················· 402

第18章 任务自动化与打印输出 ········ 403

18.1 任务自动化 ··················· 404
　18.1.1 认识"动作"面板 ··········· 404
　18.1.2 批量处理 ··················· 405

18.2 输出为Web图形 ················ 406

18.3 输出为PDF文件 ················ 406
　18.3.1 Adobe PDF 选项 ············ 406
　18.3.2 设置输出选项卡 ············· 407

18.4 打印设置 ····················· 408
　18.4.1 打印 ······················ 408
　18.4.2 "打印"对话框选项 ········· 408

第19章 企业VI设计 ················· 411

19.1 VI设计相关知识 ··············· 412

19.1.1 什么是VI ································ 412
19.1.2 VI设计的一般原则 ····················· 412
19.2 综合实例——科技公司VI方案 ············ 413
　　1. 基本版式设计 ························· 413
　　2. 画册封面设计 ························· 414
　　3. 基础部分——标志设计 ··············· 415
　　4. 基础部分——组合规范应用 ··········· 417
　　5. 基础部分——墨稿和反白稿 ··········· 418
　　6. 基础部分——标准化制图 ············· 418
　　7. 基础部分——标准色 ················· 419
　　8. 应用部分——名片 ··················· 420
　　9. 应用部分——传真纸 ················· 421
　　10. 应用部分——信封 ·················· 422
　　11. 应用部分——信纸 ·················· 424
　　12. 应用部分——纸杯 ·················· 425
　　13. 应用部分——手提袋 ················ 426

第20章 招贴与插画设计 ················· 430
20.1 关于招贴海报设计 ····················· 431
20.1.1 招贴海报的分类 ····················· 431
20.1.2 招贴海报设计表现技法 ················ 433
20.2 综合实例——时尚促销广告 ············· 435
　重点 答疑解惑——如何在"透明度"面板中
设置不透明度？ ·························· 437
20.3 综合实例——音乐会宣传海报 ··········· 440
20.4 综合实例——快餐店宣传单 ············· 445

20.5 关于插画设计 ························· 451
20.5.1 插画设计的几大要素 ················· 451
20.5.2 插画的应用 ························· 452
20.6 综合实例——绘制可爱卡通娃娃 ········· 453
20.7 综合实例——韩国风格时装插画 ········· 456
　重点 答疑解惑——如何建立网格、定义
渐变网格的颜色 ·························· 457

第21章 画册样本设计 ··················· 462
21.1 画册样本设计相关知识 ················· 463
21.2 综合实例——邀请函封面设计 ··········· 463
21.3 综合实例——杂志封面设计 ············· 465
21.4 综合实例——养生保健画册 ············· 471
21.5 综合实例——中餐厅菜谱样本设计 ······· 474

第22章 产品与包装设计 ················· 479
22.1 包装设计相关知识 ····················· 480
22.2 综合实例——MP3播放器 ··············· 481
　重点 答疑解惑——如何在"渐变"面板
中设置透明渐变？ ························ 484
22.3 综合实例——牛奶包装设计 ············· 485
22.4 综合实例——化妆品包装设计 ··········· 489
22.5 综合实例——薯片包装设计 ············· 494
22.6 综合实例——制作白酒包装 ············· 497
22.7 综合实例——茶叶礼盒包装设计 ········· 504

第1章

初识Illustrator CS5

Illustrator是由Adobe公司开发的一款优秀的图形软件，一经推出，便以强大的功能和人性化的界面深受用户的欢迎，并迅速占据了全球矢量插图软件市场的大部分份额，广泛应用于出版、多媒体和在线图像等领域。据不完全统计，全球约有67%的设计师在使用Adobe Illustrator进行艺术设计。

本章学习要点：
- 学会Adobe Illustrator CS5的安装与卸载方法
- 了解图像与色彩的基础知识
- 掌握在 Illustrator CS5中浏览图像的方法

1.1 进入Adobe Illustrator CS5的世界

　　Illustrator是由Adobe公司开发的一款优秀的图形软件，一经推出，便以强大的功能和人性化的界面深受用户的欢迎，并迅速占据了全球矢量插图软件市场的大部分份额，广泛应用于出版、多媒体和在线图像等领域。据不完全统计，全球约有67%的设计师在使用Adobe Illustrator进行艺术设计。

　　随着版本的不断升级，其功能也越来越强大。新近推出的Illustrator CS5（如图1-1所示）在继承之前版本的基础上，又进行了一些优化，功能更丰富，界面更简洁（如图1-2所示），使用更方便。

　　作为创意软件套装Creative Suite的重要组成部分之一，Illustrator可以与Adobe公司的其他产品（如Adobe Photoshop、Pagemaker等）协调工作，实现无缝链接。此外，它还可以将文件输出为Flash格式。因此，可以通过Illustrator让Adobe公司的产品与Flash实现链接。

图1—1

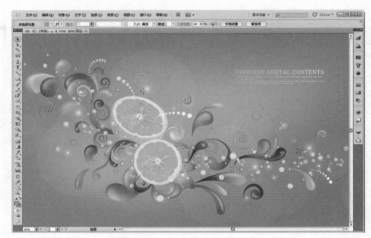

图1—2

1.2 Illustrator CS5的应用

　　作为一款优秀的矢量绘图软件，Illustrator在平面设计中的应用非常广泛，覆盖标志设计、VI设计、海报招贴设计、画册样本设计、版式设计、书籍装帧设计、包装设计、界面设计、数字绘画等众多领域。

　　● 标志设计：标志是表明事物特征的记号，具有象征和识别功能，是企业形象、特征、信誉和文化的浓缩。如图1-3所示为几幅优秀的标志设计作品。

图1—3

　　● VI设计：VI全称Visual Identity，即视觉识别，是企业形象设计的重要组成部分。如图1-4所示为两幅优秀的VI设计作品。

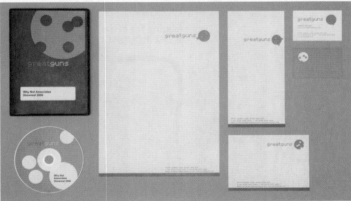

图1—4

- **海报招贴设计**：所谓招贴，又名"海报"或宣传画，属于户外广告，是广告艺术中比较大众化的一种体裁，用来完成一定的宣传、鼓动任务，主要为报道、广告、劝喻和教育服务。如图1-5所示为几幅优秀的海报招贴设计作品。

图1—5

- **画册样本设计**：画册主要是作为企业公关交往中的广告媒体，为市场营销活动服务。画册按照用途和作用可分为形象画册、产品画册、宣传画册、年报画册和折页画册，如图1-6所示。

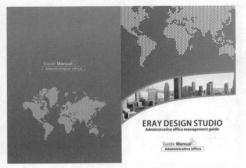

图1—6

- **版式设计**：版式即版面格式，具体指的是开本、版心和周围空白的尺寸，正文的字体、字号、版形式（横排或竖排，通栏或分栏等），字数、排列地位（包括占行和行距），还有目录和标题、注释、表格、图名、图注、标点符号、书眉、页码以及版面装饰等项的排法。如图1-7所示为几幅优秀的版式设计作品。
- **书籍装帧设计**：书籍装帧是书籍存在和视觉传递的重要形式。书籍装帧设计是指通过特有的形式、图像、文字色彩向读者传递书籍的思想、气质和精神的一门艺术。优秀的装帧设计都是充分发挥其各要素之间的关系，达到一种由表及里的完美，如图1-8所示。

图1—7

图1—8

- ◎ **包装设计**：包装设计是指选用合适的包装材料，运用巧妙的工艺手段，对所销售的商品进行容器结构造型美化装饰设计，从而达到在竞争激烈的商品市场上提高产品附加值、促进销售、扩大产品影响力等目的。如图1-9所示为几幅优秀的包装设计作品。

图1—9

- ◎ **界面设计**：界面也就是通常所说的UI（User Interface，用户界面的简称）。界面设计虽然是设计中的新兴领域，但越来越受到重视。使用Illustrator进行界面设计是非常好的选择，如图1-10所示。
- ◎ **数字绘画**：Illustrator不仅可以针对已有图像进行处理，还可以用来创造新的图像。Illustrator提供了众多功能强大的绘画工具，可以进行各种风格的数字绘画，如图1-11所示。

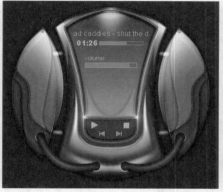

图1-10

图1-11

1.3 Illustrator CS5的安装与卸载

想要学习和使用Illustrator CS5，首先要正确安装该软件；当不再需要该软件时，则需要掌握其正确的卸载方法。Illustrator CS5的安装与卸载过程并不复杂，与其他应用软件大致相同。

1.3.1 安装Illustrator CS5

❶ 将Illustrator CS5安装光盘放入光驱中，然后在光盘根目录Adobe CS5文件夹中双击Setup.exe文件（或从Adobe官方网站下载试用版，然后运行Setup.exe文件）运行安装程序。完成初始化后，在打开的"欢迎使用"窗口中单击"接受"按钮，如图1-12所示。

❷ 打开"请输入序列号"窗口，选中"提供序列号"单选按钮，输入购买时提供的序列号，并选择合适的语言类型，然后单击"下一步"按钮，如图1-13所示。

图1-12

图1-13

③ 如果没有购买安装光盘，可选中"安装此产品的试用版"单选按钮（试用版的使用期限为一个月，一个月之后必须重新激活才能使用），并选择合适的语言类型，然后单击"下一步"按钮，如图1-14所示。

图1—14

④ 在打开的"输入Adobe ID"窗口中单击"创建Adobe ID"按钮，在线注册一个ID号（注册后可以获取Adobe提供的产品信息支持）；也可以单击"跳过此步骤"按钮直接跳到下一步，如图1-15所示。

图1—15

⑤ 系统开始安装，并实时显示安装进度和剩余时间，如图1-16所示。

图1—16

⑥ 安装完成后，在桌面上双击Illustrator CS5的快捷方式图标，即可启动Illustrator CS5，如图1-17所示。

图1—17

1.3.2 卸载Illustrator CS5

执行"开始>设置>控制面板"命令，在打开的控制面板中双击"添加或删除程序"图标，在弹出的"添加或删除程序"窗口中选择Adobe Illustrator CS5，单击"删除"按钮，即可将其卸载，如图1-18所示。

图1—18

1.4 图像与色彩的基础知识

在正式讲解Illustrator CS5之前，有一些概念是必须要了解的。这些概念并不是Illustrator 软件所独有的，通过了解这些概念，可以在学习图形图像处理的整个过程中受益。

1.4.1 认识位图与矢量图

位图图像（简称"位图"）是由大量的像素组成的。每个像素都分配有特定的位置和颜色值。在处理位图图像时，所编辑的是像素，而不是对象或形状。位图图像是连续色调图像最常用的电子媒介，因为它们可以更有效地表现阴影和颜色的细微层次。

矢量图形是由称做矢量的数学对象定义的直线和曲线构成的，根据图像的几何特征对图像进行描述。

1. 位图图像

如果将一幅位图图像放大到原来的8倍，可以发现该图像会发虚；当放大到若干倍时，则可清晰地观察到图像中有很多小方块，这些小方块就是构成图像的像素（这是位图最显著的特征），如图1-19所示。

位图图像在技术上被称为栅格图像，也就是通常所说的"点阵图像"或"绘制图像"。位图图像由像素组成，每个像素都会被分配一个特定位置和颜色值。相对于矢量图形，在处理位图图像时所编辑的对象是像素而不是对象或形状。

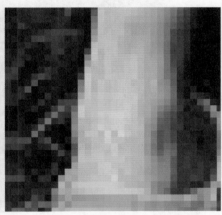

图1-19

技巧提示

位图图像与分辨率有关，也就是说，位图包含了固定数量的像素。缩放位图尺寸会使原图变形，因为这是通过减少或增加像素来使整个图像变小或变大的。因此，如果在屏幕上以高缩放比率对位图进行缩放或以低于创建时的分辨率来打印位图，就会丢失其中的细节，并且会出现锯齿现象。

2. 矢量图形

矢量图形（简称"矢量图"）也称为矢量形状或矢量对象，在数学上定义为一系列由线连接的点。比较有代表性的矢量绘图软件有Adobe Illustrator、CorelDRAW、CAD等。如图1-20所示为两幅优美的矢量绘图作品。

与位图图像不同，矢量图形的元素称为对象。每个对象都是一个自成一体的实体，具有颜色、形状、轮廓、大小和屏幕位置等属性。因此，矢量图形与分辨率无关，任意移动或修改矢量图形都不会丢失细节或影响其清晰度。当调整矢量图形的大小、将矢量图形打印到任何尺寸的介质上、在PDF文件中保存矢量图形或将矢量图形导入到基于矢量的图形应用程序中时，矢量图形都将保持清晰的边缘。如图1-21所示是将矢量图形放大5倍以后的效果，可以发现其仍然保持清晰的颜色和锐利的边缘。

图1-20

图1-21

答疑解惑——矢量图形主要应用在哪些领域？

　　矢量图形在设计中应用得比较广泛。例如，在常见的室外大型喷绘中，为了保证放大数倍后的喷绘质量，又要在设备能够承受的尺寸内进行制作，矢量软件成为最好的选择。又如，目前网络中比较常见的Flash动画，正是因为应用了矢量图形，才能以其独特的视觉效果以及较小的空间占用量而广受欢迎。

1.4.2 什么是分辨率

　　这里所说的分辨率是指图像分辨率。图像分辨率主要是用于控制位图图像中的细节精细度，测量单位是像素/英寸（ppi）。每英寸的像素越多，分辨率越高。一般来说，图像的分辨率越高，印刷出来的质量就越好。如图1-22所示是两幅尺寸相同、内容相同的图像，图1-22（a）的分辨率为300ppi，图1-22（b）的分辨率为72ppi，可以观察到其清晰度有着明显的差异，即图1-22（a）的清晰度明显要高于图1-22（b）。

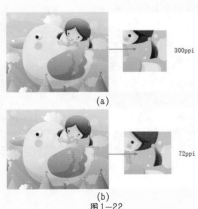

300ppi

（a）

72ppi

（b）

图1-22

技术拓展： "分辨率"的相关知识

其他行业里也经常会用到"分辨率"这一概念，那么它具体指什么呢？分辨率（Resolution）是衡量图像品质的一个重要指标，它有多种单位和定义。

○ 图像分辨率：指的是一幅具体作品的品质高低，通常都用像素点（Pixel）多少来加以区分。在图像内容相同的情况下，像素点越多，品质就越高，但相应的记录信息量也呈正比增加。

○ 显示分辨率：表示显示器清晰程度的指标，通常是以显示器的扫描点（Pixel）多少来加以区分，如 800×600、1024×768、1280×1024、1920×1200等，它与屏幕尺寸无关。

○ 扫描分辨率：指的是扫描仪的采样精度或采样频率，一般用PPI或DPI来表示。PPI值越大，图像的清晰度就越高。在此要注意的是，扫描仪通常有光学分辨率和插值分辨率两个指标，光学分辨率是指扫描仪感光器件固有的物理精度，而插值分辨率仅表示了扫描仪对原稿的放大能力。

○ 打印分辨率：指的是打印机在单位距离上所能记录的点数，因此一般也用 PPI 来表示分辨率的高低。

1.4.3 图像的颜色模式

使用计算机处理图形、图像时，经常会涉及"颜色模式"这一概念。图像的颜色模式是指将某种颜色表现为数字形式的模型，或者说是一种记录图像颜色的方式。使用Illustrator进行设计时，主要用到的是RGB颜色模式和CMYK颜色模式。

 1．RGB颜色模式

RGB颜色模式是最常使用到的一种模式，RGB模式是一种发光模式（也叫"加光"模式）。RGB分别代表Red（红色）、Green（绿色）、Blue（蓝），如图1-23所示。在"通道"调板中可以查看到3种颜色通道的状态信息。RGB颜色模式下的图像只有在发光体上才能显示出来，如显示器、电视等，该模式所包括的颜色信息（色域）有1670多万种，是一种真色彩颜色模式。

可以使用基于 RGB 颜色模型的 RGB 颜色模式处理颜色值。在 RGB 模式下，每种 RGB 成分都可使用 0（黑色）～255（白色）的值。例如，亮红色的 R值246、G值20、B值50。当3种成分的值相等时，将产生灰色阴影；当所有成分的值均为 255 时，结果是纯白色；当所有成分的值均为 0 时，结果是纯黑色。

2．CMYK颜色模式

CMYK颜色模式是一种印刷模式，CMY是3种印刷油墨名称的首字母，C代表Cyan（青色）、M代表Magenta（洋红）、Y代表Yellow（黄色），而K代表Black（黑色），如图1-24所示。CMYK模式也叫"减光"模式，该模式下的图像只有在印刷体上才可以观察到，例如纸张。CMYK颜色模式包含的颜色总数比RGB模式少很多，所以在显示器上观察到的图像要比印刷出来的图像亮丽一些。

可以使用基于 CMYK 颜色模型的 CMYK 颜色模式处理颜色值。在 CMYK 模式下，每种 CMYK 四色油墨可使用 0% ～ 100% 的值。为最亮颜色指定的印刷色油墨颜色百分比较低，而为较暗颜色指定的百分比较高。例如，亮红色可能包含 2% 青色、93% 洋红、90% 黄色和 0% 黑色。在 CMYK 对象中，低油墨百分比更接近白色，高油墨百分比更接近黑色。

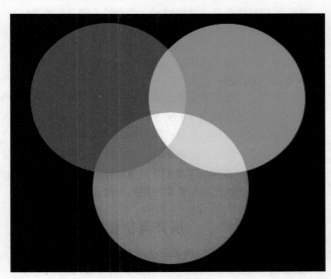

图1-23

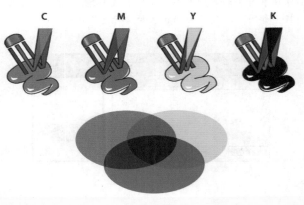

图1-24

1.5 熟悉Illustrator CS5界面

在系统学习Illustrator CS5之前，必须对其工作环境有所了解，熟练掌握各个界面元素的基本使用方法。

1.5.1 熟悉Illustrator CS5的界面布局

随着版本的不断升级，Illustrator CS5的工作界面布局也更加合理、更具人性化。启动Illustrator CS5，首先显示的是其欢迎界面，随后进入其工作界面。该工作界面由菜单栏、控制栏、文档栏、工具箱、绘图窗口、属性栏、面板堆栈和面板等多个部分组成，如图1-25所示。

下面对主要组成的部分做一简介。

- 🔘 **菜单栏**：其中包括"文件"、"编辑"、"对象"、"文字"、"选择"、"效果"、"视图"、"窗口"和"帮助"9个菜单项，单击任一菜单项，在弹出的下拉菜单中选择所需命令，即可执行相应的操作。

- 🔘 **文档栏**：打开文件后，在文档栏中会自动显示该文件的名称、格式、窗口缩放比例以及颜色模式等信息。

- 🔘 **工具箱**：其中集合了Illustrator CS5的大部分工具。工具箱可以折叠显示或展开显示，单击工具箱顶部的折叠图标，可以将其折叠为双栏；单击▶▶图标又可还原回展开的单栏模式，如图1-26所示。将光标放置在▶▶图标上，然后按住鼠标左键拖拽，还可将图标工具箱设置为浮动状态。

图1-25   图1-26

- 🔘 **控制栏**：主要用来设置工具的参数选项，不同工具的控制栏也不同。

- 🔘 **属性栏**：其中提供了当前文档的缩放比例和显示的页面，并且可以通过调整相应的选项，调整Version Cue状态、当前工具、日期和时间、还原次数和颜色配置文件的状态。

- 🔘 **绘图窗口**：所有图形的绘制、编辑都是在该窗口中进行的，可以通过缩放操作对其尺寸进行调整。

- 🔘 **面板堆栈**：该区域主要用于放置收缩起来的面板。通过单击该区域中的面板按钮，可以将相应面板完整地显示出来，从而实现了面板使用和操作空间的平衡。

🐘 **技术拓展**：**展开与折叠面板**

在默认情况下，面板处于展开状态。单击面板右上角的"折叠"图标◀◀，可以将面板折叠起来，同时"折叠"图标◀◀会变成"展开"图标▶▶（单击该图标可以展开面板）。单击"关闭"图标✕，可以关闭面板。如图1-27所示为面板展开与折叠的效果。

图1-27

- 🔘 **面板**：在菜单栏中单击"窗口"菜单项，在弹出的下拉菜单中可以看到Illustrator CS5提供的所有面板，这些面板主要用来配合图像的编辑、对操作进行控制以及设置参数等。每个面板的右上角都有一个▼≡图标，单击该图标可以打开该面板的设置菜单，如图1-28所示。

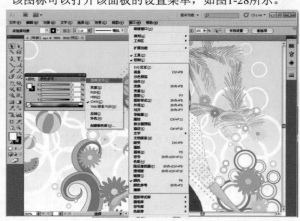

图1-28

技术拓展： **拆分与组合面板**

在默认情况下，面板是以面板组的形式显示在工作界面中。例如，"颜色"面板和"色板"面板就是组合在一起的。如果要将其中某个面板分离出来形成一个单独的面板，可以将光标放置在面板名称上，然后按住鼠标左键将其拖拽出面板组，如图1-29所示。

图1-29

如果要将一个单独的面板与其他面板组合在一起，可以将光标放置在该面板的名称上，然后按住鼠标左键将其拖拽到要组合的面板名称上，如图1-30所示。

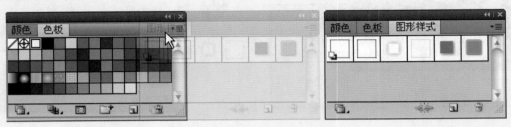

图1-30

 读书笔记

1.5.2 预设工作区

在工作界面顶部的程序栏中单击"基本功能"按钮，在弹出的下拉菜单中可以选择系统预设的工作区；也可以通过"窗口>工作区"子菜单来选择合适的工作区，如图1-31所示。

图1-31

1.5.3 自定义工作区布局

在使用Illustrator CS5进行平面设计时，既可以采用系统提供的预设工作区，也可按照自己的相应自定义工作区，以方便操作。

在自定工作区时，应首先按照实际需要设置工作区布局，然后执行"窗口>工作区>存储工作区"命令，在弹出的对话框中为新的工作区设置一个名称，最后单击"确定"按钮，即可将当前工作区存储为预设工作区，如图1-32所示。

在工作界面顶部单击切换预设工作区按钮图即可选择刚刚存储的工作区，如图1-33所示。

图1-32

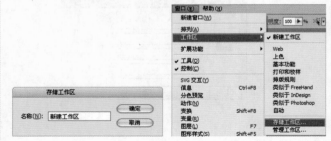

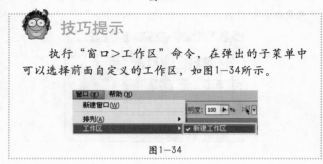

图1-33

> **技巧提示**
>
> 执行"窗口>工作区"命令，在弹出的子菜单中可以选择前面自定义的工作区，如图1-34所示。
>
> 图1-34

读书笔记

1.5.4 更改屏幕模式

单击工具箱底部的"切换屏幕模式"按钮，在弹出的下拉菜单中可以选择屏幕显示模式，如图1-35所示。

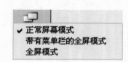

图1-35

- 正常屏幕模式：在标准窗口中显示图稿，菜单栏位于窗口顶部，滚动条位于两侧，如图1-36所示。
- 带有菜单栏的全屏模式：在全屏窗口中显示图稿，在顶部显示菜单栏，带有滚动条，如图1-37所示。
- 全屏模式：在全屏窗口中显示图稿，不带菜单栏，如图1-38所示。

图1-36

图1-37　　　　　　　　　　　　　　　　　　　　图1-38

 技巧提示

在全屏模式下，将光标放在屏幕的左边缘或右边缘，可将工具箱显示出来。

1.5.5　自定义快捷键

执行"编辑>键盘快捷键"命令，打开"键盘快捷键"对话框。在顶部的"键集"下拉列表中选择"自定义"，在其下方的下拉列表框中选择要修改"菜单命令"的快捷键还是"工具"的快捷键，然后在下方列表框中选择所需工具或命令，单击"快捷键"列中显示的快捷键，在显示的文本框输入新的快捷键，最后单击"确定"按钮，即可完成快捷键的自定义，如图1-39所示。

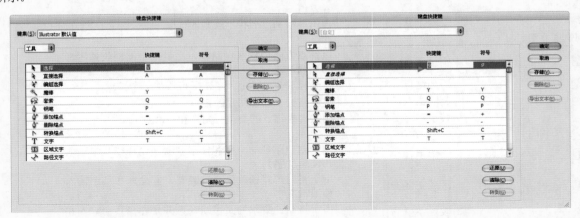

图1-39

 技巧提示

如果输入的快捷键已指定给另一个命令或工具，在该对话框的底部将显示警告信息。此时，可以单击"还原"按钮以还原更改，或单击"转到"按钮以转到其他命令或工具并指定一个新的快捷键。在"符号"列中，可以输入要显示在命令或工具的菜单或工具提示中的符号。

1.5.6　工具箱

默认状态下，工具箱显示在界面的左侧边缘处。可以通过拖动来移动工具箱，也可以通过执行"窗口>工具"命令来显示或隐藏工具箱。使用工具箱中的工具可以在 Illustrator 中选择、创建和处理对象。在工具箱中单击某一工具按钮，即可选中该工具。如果工具按钮的右下角带有三角形标志，则表示这是一个工具组。在该工具按钮上单击鼠标右键，即可打开看工具组，所有隐藏的工具都会显示出来，如图1-40所示。

图1-40

工具箱中所有工具的说明如表1-1所示。

表1-1

按　　钮	工 具 名 称	说　　　明	快　捷　键
直接选择工具组			
	选择工具	用来选择整个对象。	V
	直接选择工具	用来选择对象内的锚点或路径	A
	编组选择工具	用来选择组内的对象或子组	无
快速选择工具组			
	魔棒工具	使用魔棒工具在图像中单击，即可选取颜色差别在容差值	Y
	套索工具	自由地绘制出形状不规则的选区	Q
钢笔工具组			
	钢笔工具	以锚点方式创建区域路径，主要用于绘制矢量图形和选取对象	p
	添加锚点工具	将光标放在路径上，单击即可添加一个锚点	（+）
	删除锚点工具	删除路径上已经创建的锚点	（-）
	转换锚点工具	用来转换锚点的类型（角点和平滑点）	Shift+C
文字工具组			
	文字工具	用于创建单独的文字和文字容器（允许在其中输入和编辑文字）	T
	区域文字工具	用于将封闭路径改为文字容器，并允许在其中输入和编辑文字	无
	路径文字工具	用于将路径更改为文字路径，并允许在其中输入和编辑文字	无
	直排文字工具	用于创建直排文字和直排文字容器（允许在其中输入和编辑直排文字）	无
	直排区域文字工具	用于将封闭路径更改为直排文字容器，并允许在其中输入和编辑文字	无
	直排路径文字工具	用于将路径更改为直排文字路径，并允许在其中输入和编辑文字	无
直线段工具组			
	直线段工具	用于绘制各种直线段	\（反斜线）
	弧形工具	用于绘制各种凹入或凸起曲线段	无
	螺旋线工具	用于绘制顺时针和逆时针螺旋线	无
	矩形网格工具	用于绘制矩形网格	无
	极坐标网格工具	用于绘制极坐标网格（在绘制过程中，如果按住Shift键，则将绘制圆形网格）	无

形状工具组			
	矩形工具	用于创建长方形路径、形状图层或填充像素区域	M
	圆角矩形工具	用于创建圆角矩形路径、形状图层或填充像素区域	无
	椭圆工具	用于创建正圆或椭圆形路径、形状图层或填充像素区域	L
	多边形工具	用于创建多边形路径、形状图层或填充像素区域	无
	星形工具	用于绘制星形	无
	光晕工具	用于创建类似镜头光晕或太阳光晕的效果	无
画笔工具和铅笔工具组			
	画笔工具	用于绘制书法效果、点状效果、艺术效果和图案效果的路径线条	B
	铅笔工具	用于绘制和编辑自由线段	N
	平滑工具	用于平滑处理贝塞尔路径	无
	路径橡皮擦工具	用于从对象中擦除路径和锚点	无
	斑点画笔工具	所绘制的路径会自动扩展和合并堆叠顺序中相邻的具有相同颜色的书法画笔路径	Shift+B
橡皮擦工具组			
	橡皮擦工具	用于擦除拖动到的任何对象区域	Shift+E
	剪刀工具	用于在特定点剪切路径	C
	美工刀工具	可剪切对象和路径	无
旋转与镜像工具			
	旋转工具	可以围绕固定点旋转对象	R
	镜像工具	可以围绕固定轴翻转对象	O
宽度工具组			
	宽度工具	可以创建不同宽度的描边效果	Shift+W
	变形工具	可以随光标的移动塑造对象形状	Shift+R
	旋转扭曲工具	用于创建旋转扭曲效果	无
	缩拢工具	可通过向十字线方向移动控制点的方式收缩对象	无
	膨胀工具	可通过向远离十字线方向移动控制点的方式扩展对象	无
	扇贝工具	可以向对象的轮廓添加随机弯曲的细节	无
	晶格化工具	可以向对象的轮廓添加随机锥化的细节	无
	皱褶工具	可以向对象的轮廓添加类似于皱褶的细节	无
模糊锐化工具组			
	比例缩放工具	可以围绕固定点调整对象大小	S
	倾斜工具	可以围绕固定点倾斜对象	无
	整形工具	可以在保持路径整体细节完整无缺的同时，调整所选择的锚点	无
自由变换工具			
	自由变换工具	可以对所选对象进行比例缩放、旋转或倾斜等操作	E
上色工具组			
	形状生成器工具	可以合并多个简单的形状以创建自定义的复杂形状	Shift+M
	实时上色工具	用于按当前的上色属性绘制"实时上色"组的表面和边缘	K
	实时上色选择工具	用于选择"实时上色"组中的表面和边缘	Shift+L
透视工具组			
	透视网格工具	使用"透视网格"可以在透视中创建和渲染图稿	Shift+P
	透视选区工具	可以在透视中选择对象、文本和符号，移动对象以及在垂直方向上移动对象	Shift+V
渐变与辅助工具			
	网格工具	用于创建和编辑网格和网格封套	U

	渐变工具	用于调整对象内渐变的起点和终点以及角度，或者对象应用渐变	G
	吸管工具	用于从对象中采样以及应用颜色、文字和外观属性	I
	度量工具	用于测量两点之间的距离与角度	无
	混合工具	可以创建混合了多个对象的颜色和形状的一系列对象	W
符号工具组			
	符号喷枪工具	用于将符号样本（或称实例）喷到图稿上	Shift+S
	符号位移器工具	用于更改符号组中符号的堆叠顺序	无
	符号紧缩器工具	用于改变符号间距，使之集中或分散	无
	符号缩放器工具	用于调整符号的大小	无
	符号旋转器工具	用于旋转符号，改变符号的方向	无
	符号着色器工具	用于为符号着色。使用该工具在符号上单击，可在符号上叠加工具箱中设置的当前填充色	无
	符号滤色器工具	用于调整符号的透明度	无
	符号样式器工具	用于将图形样式应用到符号上	无
柱形图工具组			
	柱形图工具	创建的图表可用垂直柱形来比较数值	J
	堆积柱形图工具	创建的图表与柱形图类似，但是它将各个柱形堆积起来，而不是互相并列。这种图表类型可用于表示部分和总体的关系	无
	条形图工具	创建的图表与柱形图类似，不过它是水平放置条形而不是垂直放置柱形	无
	堆积条形图工具	创建的图表与堆积柱形图类似，但是条形是水平堆积而不是垂直堆积	无
	折线图工具	创建的图表使用点来表示一组或多组数值，并且对每组中的点都采用不同的线段来连接。这种图表类型通常用于表示在一段时间内一个或多个主题的趋势	无
	面积图工具	创建的图表与折线图类似，但是它强调数值的整体和变化情况	无
	散点图工具	创建的图表以X轴和Y轴为数据点坐标轴，在两组数据相交处形成坐标点，坐标点之间用直线连接。散点图可用于识别数据中的图案或趋势，它们还可表示变量是否相互影响	无
	饼图工具	创建圆形图表，其楔形表示所比较数值的相对比例	无
	雷达图工具	创建的图表可在某一特定时间点或特定类别上比较数值组，并以圆形格式表示。这种图表也称为网状图	无
视图调整工具			
	画板工具	创建用于打印或导出的单独画板	Shift+O
	切片工具	用于将图稿分割为单独的Web图像	Shift+K
	切片选择工具	用于选择Web切片	无
视图调整工具			
	抓手工具	使用该工具在画面中单击并拖动鼠标，可以移动画面，以观察图像的不同部分	H
	打印拼贴工具	可以调整页面网格以控制图稿在打印页面上显示的位置	无
	缩放工具	用来缩放视图窗口显示倍率	Z
颜色设置工具			
	前景色/背景色	单击该按钮，在打开的拾色器中可以设置填充色/描边色	无

	切换前景色和背景色	切换所设置的填充色和描边色	无
	默认前景色和背景色	恢复默认的填充色和描边色	无
颜色设置工具			
	颜色	单击该按钮，可以设置填充色/描边色为当前颜色	无
	渐变	单击该按钮，可以设置填充色/描边色为当前渐变色	无
	无	单击该按钮，可以去除填充色/描边色	无
颜色设置工具			
	正常绘图	单击该按钮，将切换到正常绘图模式	无
	背景绘图	单击该按钮，将切换到背景绘图模式	无
	内部绘图	单击该按钮，将切换到内部绘图模式	无
屏幕模式			
	正常屏幕模式	切换到带有菜单栏的全屏模式	无

1.5.7 面板堆栈

Adobe Illustrator CS5中包含31个面板，这些面板主要用来配合图形的修改、编辑、参数设置以及对操作进行控制等。在菜单栏中单击"窗口"菜单项，在弹出的下拉菜单中选择所需命令，即可打开相应的面板，如图1-41所示。

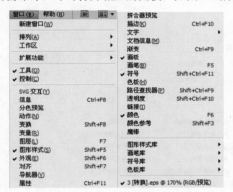

图1—41

默认情况下，Illustrator CS5中的面板将以图标的形式停放在右侧的面板堆栈中，如图1-42所示。从中单击相应的面板按钮，可以临时显示出该面板。使用完毕后，该面板将自动收回到面板堆栈中。

图1—42

如果对Adobe Illustrator CS5的面板图标不是很熟悉，无法快速、准确地找到所需面板，可以通过拖拽面板堆栈左侧的边缘将该区域扩大，将各图标对应的画板名称显示出来，如图1-43所示。

图1—43

若要将面板全部显示出来，可以单击面板堆栈右上角的 图标；若要将展开的面板收回，可以单击 图标，如图1-44所示。

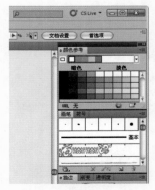

图1—44

1.6 首选项设置

执行"编辑>首选项"命令，在弹出的子菜单（如图1-45所示）中选择任一命令，即可打开"首选项"对话框，在该对话框中，可以对"常规"、"选择和锚点显示"、"文字"、"单位"、"参考线和网格"、"智能参考线"、"切片"、"连字"、"增效工具和暂存盘"、"用户界面"、"文件处理和剪贴板"和"黑色外板"等系统首选项（即默认选项）进行设置。

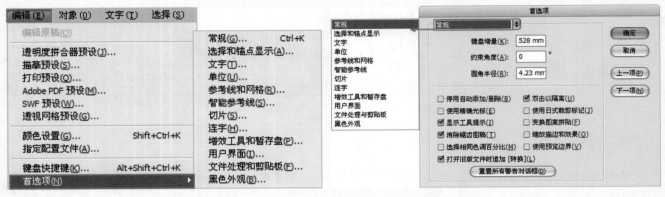

图1—45

1.6.1 常规

在"首选项"对话框左上角的下拉列表框中选择"常规"选项，可以对Illustrator的一些常用参数进行设置，如图1-46所示。

- 键盘增量：在该文本框中可以更改轻移的距离。当更改默认增量时，按住 Shift 键可轻移指定距离的 10 倍。
- 约束角度：该文本框用于设置在按住Shift键进行移动、旋转或其他操作时，约束的角度数值。
- 圆角半径：该文本框用于设置在默认情况下绘制圆角矩形对象时的圆角半径尺寸。
- 其他选项：用于设置Illustrator的一些常用功能。

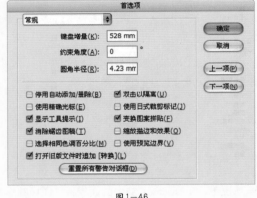

图1—46

读书笔记

1.6.2 选择和锚点显示

在"首选项"对话框左上角下拉列表框中选择"选择和锚点显示"选项，"首选项"对话框变为如图1-47所示。

○ **容差**：指定用于选择锚点的像素范围。较大的值会增加锚点周围区域（可通过单击将其选定）的宽度。

○ **仅按路径选择对象**：指定是否可以通过单击对象中的任意位置来选择填充对象，或者是否必须单击路径。

○ **对齐点**：选中该复选框，可将对象对齐到锚点和参考线；其后的文本框用于指定在对齐时对象与锚点或参考线之间的距离。

○ **锚点**：指定锚点的显示状态。

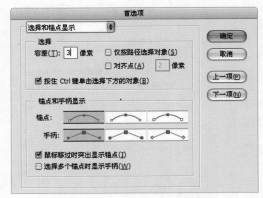

图1—47

- 将选定和未选定的锚点显示为较小的点。
- 将选定的锚点显示为较大的点，而将未选定的锚点显示为较小的点。
- 将选定和未选定的锚点显示为较大的点。

○ **手柄**：指定手柄终点（方向点）的显示状态。

- 将方向点显示为一个小的实心圆圈。
- 将方向点显示为一个大的实心圆圈。
- 将方向点显示为一个开口十字线。

○ **鼠标移过时突出显示锚点**：突出显示位于鼠标指针（或称光标）正下方的锚点。

○ **选择多个锚点时显示手柄**：当使用直接选择工具或编组选择工具选择对象时，在所有选定的锚点上显示方向线。

1.6.3 文字

在"首选项"对话框最上角的下拉列表框中选择"文字"选项，"首选项"对话框变为如图1-48所示。

○ **大小/行距**：以文本的行距值作为文本首行基线和文字对象顶部之间的距离。

○ **字距调整**：该文本框用于设置特定字符对之间的间距。

○ **基线偏移**：该文本框用于设置所选字符相对于周围文本的基线上下移动的距离。

 **读书笔记**

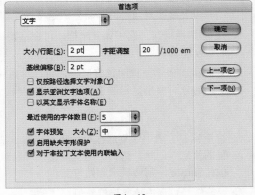

图1—48

1.6.4 单位

在"首选项"对话框左上角的下拉列表框中选择"单位"选项，"首选项"对话框变为如图1-49所示。

○ **常规**：在该下拉列表框中选择不同的选项，可以影响标尺度量点之间的距离、移动和变换对象、设置网格和参考线间距以及创建形状等。

○ **描边**：在该下拉列表框中选择不同的选项，可以更改描边的度量单位。

○ **文字**：在该下拉列表框中选择不同的选项，可以定义调整文字字号的单位。

○ **亚洲文字**：在该下拉列表框中选择不同的选项，可以定义调整CJK文字的单位。

1.6.5 参考线和网格

在"首选项"对话框左上角的下拉列表框中选择"参考线和网格"选项，"首选项"对话框变为如图1-50所示。

- 参考线：在该选项组中可以设置参考线的颜色和样式。
- 网格：在该选项组中可以设置网格的颜色、样式、网格线间隔以及次分割线的数量。

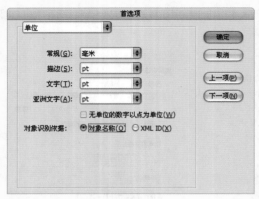

图1—49

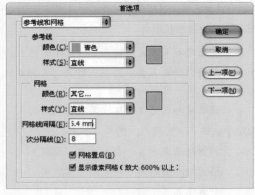

图1—50

1.6.6 智能参考线

在"首选项"对话框左上角的下拉列表框中选择"智能参考线"选项，"首选项"对话框变为如图1-51所示。

- 颜色：指定参考线的颜色。
- 对齐参考线：选中该复选框，可显示沿着几何对象、画板、出血的中心和边缘生成的参考线。当移动对象、绘制基本形状、使用钢笔工具以及变换对象等时，将生成这些参考线。
- 锚点/路径标签：选中该复选框，可在路径相交或路径居中对齐锚点时显示信息。
- 对象突出显示：选中该复选框，可在对象周围拖移时突出显示指针下的对象。突出显示颜色与对象的图层颜色匹配。

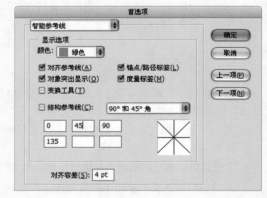

图1—51

- 度量标签：选中该复选框后，将光标置于某个锚点上时，可为许多工具（如绘图工具和文本工具）显示有关光标当前位置的信息。创建、选择、移动或变换对象时，可显示相对于对象原始位置的X轴和Y轴偏移量。如果在使用绘图工具时按住Shift键，则将显示起始位置。
- 变换工具：选中该复选框，可在比例缩放、旋转和倾斜对象时显示信息。
- 结构参考线：选中该复选框，可在绘制新对象时显示参考线。此时可以指定从附近对象的锚点绘制参考线的角度，最多可以设置6个角度。在选中的角度文本框中输入一个角度、从"结构参考线"复选框右侧的下拉列表框中选择一组角度或者从下拉列表框中选择一组角度并更改文本框中的一个值以自定一组角度。
- 对齐容差：指定使"智能参考线"生效的指针与对象之间的距离。

1.6.7 切片

在"首选项"对话框左上角的下拉列表框中选择"切片"选项，"首选项"对话框变为如图1-52所示。

- 显示切片编号：选中该复选框，可以将隐藏的切片编号显示出来。
- 线条颜色：用于设置切片线条颜色。

1.6.8 连字

在"首选项"对话框左上角的下拉列表框中选择"连字"选项，"首选项"对话框变为如图1-53所示。

⊙ 默认语言：要使用连字词典，可在该下拉列表框中选择一种默认语言。

⊙ 新建项：要向"连字例外项"列表框中添加单词，可在"新建项"文本框中输入单词，然后单击"添加"按钮。

⊙ 删除：要从"连字例外项"列表框中删除单词，可选择该单词，然后单击"删除"按钮。

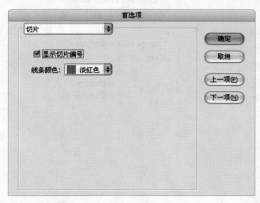

图1—52

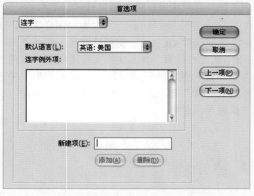

图1—53

1.6.9 增效工具与暂存盘

在"首选项"对话框左上角的下拉列表框中选择"增效工具和暂存盘"选项，"首选项"对话框变为如图1-54所示。

⊙ 其他增效工具文件夹：选中该复选框，单击"选取"按钮，可以选取其他增效工具文件夹中的特殊效果。

⊙ 暂存盘：设置作为暂存盘的计算机驱动器。

 答疑解惑——什么是暂存盘？

暂存盘是指运行Illustrator时文件暂存的空间。选择的暂存盘空间越大，可以运行的文件大小也越大。

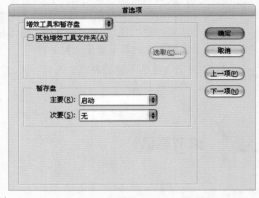

图1—54

1.6.10 用户界面

在"首选项"对话框左上角的下拉列表框中选择"用户界面"选项，"首选项"对话框变为如图1-55所示。

⊙ 亮度：拖动此滑块，可以调整界面元素的亮度深浅。此控件影响所有面板，其中包括"控制"面板。

⊙ 自动折叠图标面板：选中该复选框，在远离面板的位置单击时，将自动折叠展开的面板图标。

⊙ 以选项卡方式打开文档：选中该复选框后，图形文档将以选项卡的形式显示；反之，则以浮动的形式显示打开的图形文档。

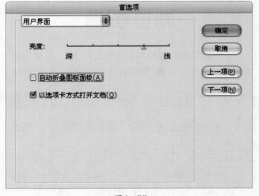

图1—55

1.6.11 文件处理与剪贴板

在"首选项"对话框左上角的下拉列表框中选择"文件处理与剪贴板"选项，"首选项"对话框变为如图1-56所示。

◉ **链接的 EPS文件用低分辨率显示**：如果在放置 EPS 时性能受到负面影响，则需要降低预览分辨率。

◉ **更新链接**：默认情况下，Illustrator 在源文件更改时将提示更新链接。在该下拉列表框中可以选择更新链接的方式。

◉ **PDF 和 AICB（不支持透明度）**：选中PDF复选框，可以将文件复制为PDF格式；选中AICB（不支持透明度，复选框，可以将文件复制为AICB格式。在选择 AICB（不支持透明度）复选框的前提下，选中"保留路径"单选按钮，可以放弃复制图稿中的透明度；选中"保留外观和叠印"单选按钮，则可以拼合透明度、保持复制图稿的外观并保留叠印对象。

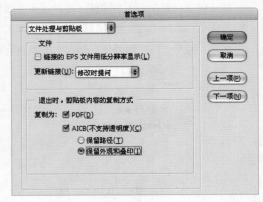

图1—56

1.6.12 黑色外观

在"首选项"对话框左上角的下拉列表框中选择"黑色外观"选项，"首选项"对话框变为如图1-57所示。

◉ **屏幕显示**：在该下拉列表框中选择不同的选项，可以定义屏幕显示的方式。选择"精确显示所有黑色"选项时，纯CMYK黑将显示为深灰（用户可以查看单色黑和多色黑之间的差异）；选择"将所有黑色显示复色黑"选项时，纯CMYK黑将显示为墨黑（此时纯黑和复色黑在屏幕上的显示效果一样）。

◉ **打印/导出**：在该下拉列表框中选择不同的选项，可以定义打印输出黑色时的处理方式。

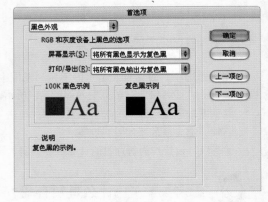

图1—57

1.7　浏览图像

使用Illustrator打开多个文件时，选择合理的查看方式可以更好地对图像进行浏览或编辑。查看方式有多种，如更改图像的缩放级别、调整图像的排列形式、更换多种屏幕模式、通过导航器查看图像、使用抓手工具查看图像等。

1.7.1 使用"视图"命令浏览图像

在Illustrator CS5的"视图"菜单中，提供了几种图像浏览方式，如图1-58所示。

理论实践——放大/缩小

执行"视图>放大"命令，或按Ctrl++键，即可放大图像显示比例到下一个预设百分比；如果执行"视图>缩小"命令，或按Ctrl+－键可以缩小图像显示比例到下一个预设百分比，如图1-59所示。

图1-58   图1-59

理论实践——按照画板大小缩放

执行"视图>画板适合窗口大小"命令，可将当前画板按照屏幕尺寸进行缩放，如图1-60所示。

理论实践——按照窗口大小缩放

执行"视图>全部适合窗口大小"命令，可以查看窗口中的所有内容，如图1-61所示。

理论实践——按照实际大小显示

要以100%比例显示文件，可以执行"视图>实际大小"命令，如图1-62所示。

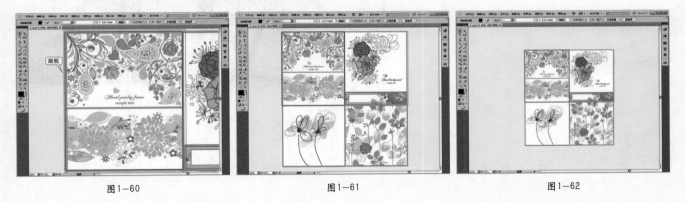

图1-60   图1-61   图1-62

1.7.2 使用工具浏览图像

在Illustrator CS5中提供了两个用于浏览视图的工具，一个是用于图像缩放的缩放工具，另一个是用于平移图像的抓手工具。

理论实践——使用缩放工具

单击工具箱中的"缩放工具"按钮，当光标变为中心带有加号的放大镜形状时，单击要放大区域的中心，即可放大显示。按住Alt键，当光标变为中心带有减号的放大镜形状时，单击要缩小区域的中心，即可缩小显示。缩放时，每单击一次，视图便放大或缩小到上一个预设百分比，如图1-63所示。

使用缩放工具在需要放大的区域单击并拖拽出虚线方框，释放鼠标，即可显示框选的图像部分，如图1-64所示。

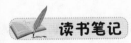

读书笔记

图1—63 图1—64

技术拓展：**如何调整缩放倍数**

在打开的图像文件窗口的左下角位置上（即属性栏），有一个"缩放"文本框，在该文本框中输入相应的缩放倍数，按Enter键，即可直接调整到相应的缩放倍数，如图1-65所示。

图1—65

理论实践——使用抓手工具浏览图像

当图像放大到屏幕不能完整显示时，可以使用抓手工具在不同的可视区域中进行拖动，以便于浏览。单击工具箱中的"抓手工具"按钮，在画面中单击并向所需观察的图像区域移动即可，如图1-66所示。

 读书笔记

图1—66

1.7.3 使用"导航器"面板浏览图像

执行"窗口>导航器"命令，打开"导航器"面板。在该面板中，通过滑动鼠标可以查看图像的某个区域。其中红色边框内的区域与绘图窗口中当前显示的区域相对应，如图1-67所示。

：在该文本框中输入缩放数值，然后按Enter键确认，即可完成缩放操作，如图1-68所示。

图1—67 图1—68

"缩小"按钮 ▬▬ /"放大"按钮 ▬▬：单击"缩小"按钮 ▬▬，可以缩小图像的显示比例；单击"放大"按钮 ▬▬可以放大图像的显示比例，如图1-69所示。

要在"导航器"面板中的画板边界以外显示图稿，可单击右上角的 ▬ 按钮，在弹出的下拉菜单中取消选中"仅查看画板内容"命令，如图1-70所示。

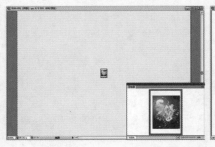

图1—69 图1—70

要更改代理查看区域的颜色，可单击该面板右上角的 ▇ 按钮，在弹出的下拉菜单中选择"面板选项"命令，打开"面板选项"对话框，从"颜色"下拉列表框中选择一种预设颜色（也可双击颜色框，在弹出的"颜色"窗口中自定义颜色），如图1-71所示。

在"导航器"面板中单击右上角的 ▇ 按钮，在弹出的下拉菜单中选择"面板选项"命令，在弹出的"面板选项"对话框中的"假字显示阈值"文本框中输入相应的数值，单击"确定"按钮。当该面板中的文字小于该数值时，将以灰条进行显示。

要在"导航器"面板中将文档中的虚线显示为实线，可单击右上角的 ▇ 按钮，在弹出的下拉菜单中选择"面板选项"命令，在弹出的"面板选项"对话框中选中"将虚线绘制为实线"复选框，如图1-72所示。

图1—71 图1—72

1.7.4 创建参考窗口

在进行一些细微的局部操作，且需要同时查看这一局部在整个图像中的效果时，可以为当前的图像创建一个新的参考窗口。一个窗口中查看放大的局部效果，另一个窗口中查看全局的效果。

首先选中要创建新的参考窗口的图像，然后执行"窗口>新建窗口"命令，即可创建一个新的窗口。在其中一个窗口中进行编辑时，另一个窗口中会实时显示相同的效果，如图1-73所示。

图1—73

 读书笔记

25

Chapter 02
第2章

文档基础操作

在处理已有的图像时，可以直接在Illustrator CS5中打开相应文件。如果需要制作一个新的文件，则需要从"新建文档"开始执行。

本章学习要点：
- 掌握文件新建、打开、存储、关闭等常用操作方法
- 掌握文件置入与导出的方法
- 掌握辅助工具的使用方法

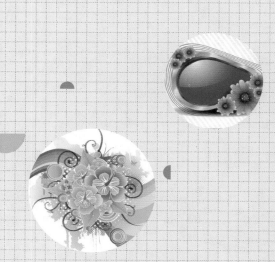

2.1 新建文件

在处理已有的图像时，可以直接在Illustrator CS5中打开相应文件。如果需要制作一个新的文件，则需要从"新建文档"开始执行。如图2-1所示为使用Illustrator CS5制作的作品。

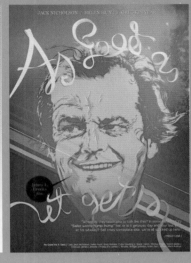

图2-1

 技巧提示

默认情况下启动Illustrator CS5时都会弹出"欢迎屏幕"窗口，在该窗口中既可以打开最近使用过的文件，也可从右侧提供了多个选项的"新建"选项组中创建不同用途的新文档。如果选中"不再显示"复选框，那么再次启动Illustrator CS5时不会弹出"欢迎屏幕"窗口。另外，执行"帮助>欢迎屏幕"命令也可以打开该窗口，如图2-2所示。

图2-2

2.1.1 "新建"命令

执行"文件>新建"命令或使用快捷键Ctrl+N，在弹出的"新建文档"对话框中可以进行相应参数的设置，如图2-3所示。

- 名称：在该文本框中可以设置文档的名称。
- 新建文档配置文件：在该下拉列表中提供了打印、Web（网页）和基本RGB选项直接选中相应的选项，文档的参数将自动按照不同的方向进行调整。如果这些选项都不是要使用的，可以选中"浏览"选项，在弹出的对话框中进行选取。
- 画板数量：指定文档的画板数，以及它们在屏幕上的排列顺序。

图2-3

技术拓展：多个画板排列方式设置详解

- 按行设置网格：在指定数目的行中排列多个画板。从"行"菜单中选择行数。如果采用默认值，则会使用指定数目的画板创建尽可能方正的外观。
- 按列设置网格：在指定数目的列中排列多个画板。从"列"菜单中选择列数。如果采用默认值，则会使用指定数目的画板创建尽可能方正的外观。
- 按行排列：将画板排列成一个直行。
- 按列排列：将画板排列成一个直列。
- 更改为从右到左布局：按指定的行或列格式排列多个画板，但按从右到左的顺序显示它们。

- 间距：指定画板之间的默认间距。该设置同时应用于水平间距和垂直间距。
- 列数：在该数值框中设置相应的数值，可以定义排列画板的行数或列数。
- 大小：在该下拉列表中选择不同的选项，可以定义一个画板的尺寸。
- 取向：当设置画板为矩形状态时，需要定义画板的取向，在该选项中单击不同的按钮，可以定义不同的方向，此时画板高度和宽度中的数值进行交换。
- 出血：指定画板每一侧的出血位置。要对不同的侧面使用不同的值，单击"锁定"图标 ，将保持4个尺寸相同。

通过单击"高级"按钮，可以进行颜色模式、栅格效果、预览模式等参数的设置，如图2-4所示。

- 颜色模式：指定新文档的颜色模式。通过更改颜色模式，可以将选定的新建文档配置文件的默认内容（色板、画笔、符号、图形样式）转换为新的颜色模式，从而导致颜色发生变化。在进行更改时，请注意警告图标。

图2—4

- 栅格效果：为文档中的栅格效果指定分辨率。准备以较高分辨率输出到高端打印机时，将此选项设置为"高"尤为重要。默认情况下，"打印"配置文件将此选项设置为"高"。
- 预览模式：为文档设置默认预览模式。
- 使新建对象与像素网格对齐：如果选中该复选框，则会使所有新对象与像素网格对齐。因为该选项对于用来显示 Web 设备的设计非常重要。

2.1.2 从模板新建

Illustrator 中除了可以创建空白文档外，还可以按照不同的制作方向选中一个模板文档，在该模板的基础上创建一个含有一些对象的文档，通过修改和添加新元素，最终得到一个新的文档。执行"文件>从模板新建"命令或使用快捷键Shift+Ctrl+N，在弹出的"从模板新建"对话框中选中要使用的模板选项，如图2-5所示。

设置完毕后，单击"新建"按钮，创建新的文档，新文档中包含相应的对象，如图2-6所示。

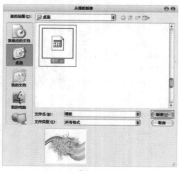
图2—5

图2—6

2.2 打开文件

要对已有的文件进行处理就需要将其在Illustrator中打开。Illustrator CS5既可以打开使用Illustrator创建的矢量文件，也可以打开其他应用程序中创建的兼容文件，例如AutoCAD制作的.dwg格式文件，Photoshop创建的.psd格式文件等，如图2-7所示。

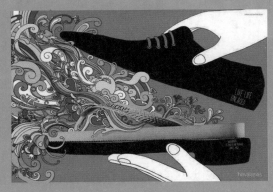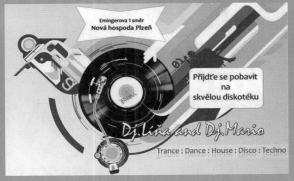

图2—7

2.2.1 "打开" 命令

要打开现有的文件，执行"文件>打开"命令或使用快捷键Ctrl+O，在弹出的"打开"对话框中选中要打开的文件，然后单击"打开"按钮，软件会自动将相应的文档打开，如图2-8所示。

2.2.2 最近打开的文件

要打开最近存储的文件，可以执行"文件>最近打开的文件"命令，在子菜单中会显示出最近打开过的一些文档，直接选中相应的选项即可打开该文档，如图2-9所示。

图2—8　　　　　　　　　　　　　　　　　　图2—9

2.2.3 在Bridge中浏览打开文件

通常情况下，常用的位图浏览软件是不能够预览矢量文件的，而只凭文件名称进行搜寻不如通过浏览缩览图的方式更加直观。使用Adobe Bridge可以解决这个问题，Adobe Bridge可以快速查找、组织以及浏览素材资源。

要使用 Adobe Bridge 打开并预览文件，可以单击Illustrator CS5菜单栏上的Adobe Bridge 图标，也可以执行"文件>在Bridge 中浏览"命令或使用快捷键Ctrl+Alt+O。在Adobe Bridge中打开相应路径即可浏览该路径下的文件缩览图，选中需要打开的文件，然后执行"文件>打开方式>Adobe Illustrator CS5"命令即可在Illustrator中打开，如图2-10所示。

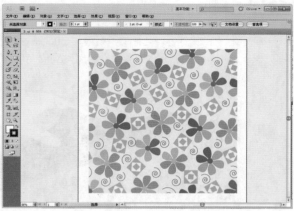

图2-10

从 Adobe Bridge 中可以执行下列任一操作。

- 管理图像、素材以及音频文件：在 Bridge 中可以预览、搜索和处理文件以及对其进行排序，无须打开各个应用程序。也可以编辑文件元数据，并使用 Bridge 将文件放在文档、项目或合成中。

- 管理照片：从数码相机存储卡中导入并编辑照片，通过堆栈对相关照片进行分组，以及打开或导入 Photoshop® Camera Raw 文件并编辑其设置，而无须启动 Photoshop。

- 执行自动化任务，如批处理命令。

- 在 Creative Suite 颜色管理组件之间同步颜色设置。

- 启动实时网络会议以共享桌面和审阅文档。

2.3 存储文件

在Illustrator CS5中完成作品的创作或暂停编辑时需要将文件进行保存，以便进行移动、预览、修改或调用。当存储或导出图稿时，Illustrator会将图稿数据写入到文件。数据的结构取决于选择的文件格式。在Illustrator CS5中可将图稿存储为5种基本文件格式，即AI、PDF、EPS、FXG 和 SVG。它们可保留所有 Illustrator 数据，包括多个画板，如图2-11所示。

图2-11

2.3.1 "存储"命令

在Illustrator中需要进行存储文件时，可以执行"文件>存储"命令或使用快捷键Ctrl+S。首次对文件进行存储时会弹出"存储为"对话框，在其中可以选择存储文件的位置。在"文件名"文本框中可以重新对文件进行命名。在"保存类型"下拉列表中选择要进行保存文件的格式选项，单击"保存"按钮保存文件，如图2-12所示。

 读书笔记

图2-12

 技术专题——常用矢量格式详解

- **FXG**：在 Illustrator 中创建 Adobe Flexr®使用的结构化图形时，可将文件存储为 FXG 格式。FXG 是基于 MXML（由 FLEX 框架使用的基于 XML 的编程语言）子集的图形文件格式。

- **AI**：如果文档包含多个画板并且希望存储到以前的 Illustrator 版本中，可以选择将每个画板存储为一个单独的文件，或者将所有画板中的内容合并到一个文件中。

- **PDF**：便携文档格式（PDF）是一种通用的文件格式，这种文件格式保留在各种应用程序和平台上创建的字体、图像和版面中。

- **EPS**：该格式保留许多使用 Adobe Illustrator 创建的图形元素，这意味着可以重新打开 EPS 文件并作为 Illustrator 文件编辑。因为 EPS 文件基于 PostScript 语言，所以它们可以包含矢量和位图图形。

- **AIT**：模板包含表示元素，这些元素包括文本文字、HTML和数据绑定表达式，以及表示 ASP.NET 服务器控件的元素。

- **SVG**：是一种可产生高质量交互式 Web 图形的矢量格式。SVG 格式有两种版本：SVG 和压缩 SVG (SVGZ)。SVGZ 可将文件大小减小 50% 至 80%；但是Illustrator 不能使用文本编辑器编辑 SVGZ 文件。

接着会弹出"Illustrator选项"对话框，在这里可以对文件存储的版本、选项、透明度等参数进行设置，设置完毕后单击"确定"按钮完成操作，如图2-13所示。

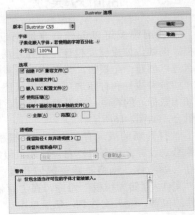

- **版本**：指定希望文件兼容的 Illustrator 版本。旧版格式不支持当前版本 Illustrator 中的所有功能。因此，当选择当前版本以外的版本时，某些存储选项不可用，并且一些数据将更改。务必阅读对话框底部的警告，这样可以知道数据将如何更改。

- **子集化嵌入的字体，若使用的字符百分比**：指定何时根据文档中使用的字体的字符数量嵌入完整字体。

- **创建 PDF 兼容文件**：在 Illustrator 文件中存储文档的 PDF 演示。如果希望 Illustrator 文件与其他 Adobe 应用程序兼容，则选中该复选框。

- **包含链接文件**：嵌入与图稿链接的文件。

- **嵌入 ICC 配置文件**：创建色彩受管理的文档。

- **使用压缩**：在 Illustrator 文件中压缩 PDF 数据。使用压缩将增加存储文档的时间，因此如果现在的存储时间很长（8～15 分钟）则取消选中复选框。

- **将每个画板存储为单独的文件**：将每个画板存储为单独的文件，同时还会单独创

图2-13

建一个包含所有画板的主文件。触及某个画板的所有内容都会包括在与该画板对应的文件中。如果需要移动画稿以便可以容纳到一个画板中，则会显示一条警告消息来通知。如果不选中该复选框，则画板会合并到一个文档中，并转换为对象参考线和裁剪区域。用于存储的文件的画板基于默认文档启动配置文件的大小。

○ 透明度：确定当选择早于 9.0 版本的 Illustrator 格式时，如何处理透明对象。选中"保留路径"单选按钮可放弃透明度效果并将透明图稿重置为 100% 不透明度和"正常"混合模式。选中"保留外观和叠印"单选按钮可保留与透明对象不相互影响的叠印。与透明对象相互影响的叠印将拼合。

 技巧提示

只在第一次创建文件时，执行"存储"命令会弹出"另存为"对话框，再次存储将不弹出"另存为"对话框。执行"存储为"命令，也会弹出"另存为"对话框。

2.3.2　"存储为"命令

如果要将文件保存为另外的名称或其他格式，或者更改存储位置时，可以执行"文件>存储为"命令，或使用快捷键 Shift+Ctrl+S，在弹出的"存储为"对话框中可以对名称、格式、路径等选项进行更改并将文件另存，如图2-14所示。

2.3.3　"存储副本"命令

如果想要将当前编辑效果快速保存并且不希望在原始文件上发生改动，可以执行"文件>存储副本"命令或使用快捷键Ctrl+Alt+S，在弹出的"存储副本"对话框中可以看到当前文件名被自动命名为"原名称+_复制"的格式，使用该对话框存储了当前状态下文档的一个副本，而不影响原文档及其名称，如图2-15所示。

图2-14

图2-15

2.3.4　存储为模板

使用模板可以创建共享通用设置和设计元素的新文档。例如，如果需要设计一系列外观和质感相似的名片，那么可以创建一个模板，为其设置所需的画板大小、视图设置（如参考线）和打印选项。该模板还可以包含通用设计元素（如徽标）的符号，以及颜色色板、画笔和图形样式的特定组合，如图2-16所示。

打开新的或现有的文档。从模板创建的新文档中根据意愿来设置文档窗口，它包括放大级别、滚动位置、标尺原点、参考线、网格、裁剪区域和视图菜单中的选项。执行"文件>存储为模板"命令，在"存储为"对话框中选择文件的位置，输入文件名，然后单击"保存"按钮，如图2-17所示。

图2-16

图2—17

2.3.5 存储为Web和设备所用格式

　　将Illustrator文件保存为Web和设备所用格式，它确保Illustrator正确地保存文件，以备Web使用。通过该选项可选择各种设置。执行"文件>存储为Web和设备所用格式"命令或使用快捷键Ctrl+Shift +Alt+S，弹出"存储为Web和设备所用格式"对话框，如图2-18所示。

　　在"存储为Web和设备所用格式"对话框中看到的选项卡有原稿、优化、双联和四联。第一个选项卡"原稿"展示了原始状态下的文件；第二个选项卡"优化"展示了当前优化设置下的文件预览效果。"双联"和"四联"选项卡分别展示了原始状态下的图及1和3个其他不同选项设置下的图，用户从中可以确定哪个选项最能满足需要。

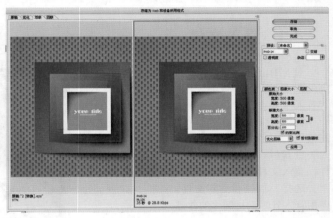

图2—18

2.3.6 存储选中的切片

　　使用"存储选中的切片"命令可以导出和优化选中的切片图像。该命令会将选中的切片存储为单独的文件并生成显示切片所需的HTML或CSS代码。首先需要使用"切片选择工具"选中需要存储的切片，然后执行"文件>存储选中的切片"命令，设置参数并单击"保存"按钮，选择存储位置及类型，如图2-19和图2-20所示。

图2—19

图2—20

2.3.7 存储为Microsoft Office所用格式

使用"存储为 Microsoft Office 所用格式"命令，可以创建一个能在 Microsoft Office 应用程序中使用的 PNG 文件。执行"文件>存储为 Microsoft Office 所用格式"命令，在弹出的"存储为 Microsoft Office 所用格式"对话框中选择文件的位置，并输入文件名，然后单击"保存"按钮，如图2-21所示。

图2-21

读书笔记

2.4 置入与导出文件

2.4.1 置入文件

使用Illustrator进行平面设计时经常会用到外部素材，这时就会使用到"置入"命令，"置入"命令是导入文件的主要方式，因为该命令提供有关文件格式、置入选项和颜色的最高级别的支持。使用"置入"命令不仅可以导入矢量素材，还可以导入位图素材以及文本文件。置入文件后，可以使用"链接"面板来识别、选择、监控和更新文件。如图2-22所示为使用置入外部素材制作的作品。

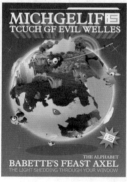

图2-22

执行"文件>置入"命令，在弹出的"置入"对话框中单击"文件类型"右侧的小箭头，即可打开文件类型下拉列表，可以看到置入文件的类型。在"置入"对话框中选择要置入的文件，选中"链接"复选框可创建文件的链接，取消选中"链接"复选框可将图稿嵌入 Illustrator 文档，如图2-23所示。

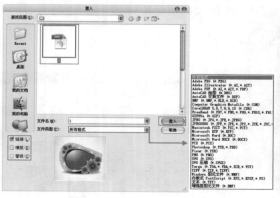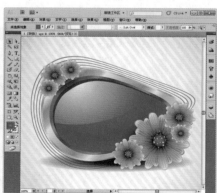

图2-23

实例练习——嵌入位图制作混合插画

案例文件	实例练习——嵌入位图制作混合插画.ai
视频教学	实例练习——嵌入位图制作混合插画.flv
难易指数	★★★★★
知识掌握	"置入"命令

案例效果

案例效果如图2-24所示。

操作步骤

步骤01 使用快捷键Ctrl+O打开素材文档，如图2-25所示。

图2-24　　　　　　图2-25

步骤02 执行"文件>置入"命令，打开"置入"面板，选择需要置入的素材文件，单击"置入"按钮完成操作，如图2-26所示。

图2-26

步骤03 可以看到所选图片已经被置入到画板中，单击工具箱中的"选择工具"按钮，选中人像素材文件，再单击控制栏中的"嵌入"按钮，将图片嵌入到文件中，如图2-27所示。

图2-27

步骤04 由于人像照片挡住了原文件中的花纹，所以需要在人像素材上单击鼠标右键，在弹出的快捷菜单中执行"排列>置于底层"命令，将人像置于最底层位置，如图2-28所示。

图2-28

步骤05 最终效果如图2-29所示。

图2-29

2.4.2 导出文件

文件制作完成之后，使用"存储"命令可以将工程文件进行存储，但是通常情况下矢量格式文件不能直接上传到网络或进行快速预览以及输出打印等操作，所以将作品导出为适合的格式就可以使用到"导出"命令。使用"导出"命令可以将文件导出为多种格式，以便于在Illustrator以外的软件中使用。这些文件包括AutoCAD、BMP、Flash（SWF）、JPEG、Macintosh PICT、Photoshop（PSD）、PNG、Targa（TGA）、TIFF和Windows等。

 技巧提示

在实际应用时建议先以Illustrator的ai格式存储图稿，这样方便以后修改，再将图稿导出为所需要的格式。

执行"文件>导出"命令，在弹出的"导出"对话框中选择需要导出的位置，输入文件名后，选择需要导出的文件类型。单击"保存"按钮，选择不同的导出格式，弹出所选格式参数设置对话框也各不相同，设置各相关选项后，单击"确定"按钮，如图2-30所示。

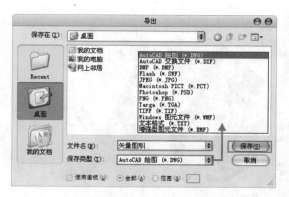

图2-30

技术专题——常用格式详解

● AutoCAD绘图和AutoCAD交换文件（DWG和DXF）：AutoCAD绘图是用于存储AutoCAD中创建的矢量图形的标准文件格式。AutoCAD交换文件是用于导出AutoCAD绘图或从其他应用程序导入绘图的绘图交换格式。

● BMP：标准 Windows 图像格式。可以指定颜色模型、分辨率和消除锯齿设置用于栅格化图稿，以及格式（Windows或OS/2）和位深度用于确定图像可包含的颜色总数（或灰色阴影数）。对于使用Windows格式的4位和8位图像，还可以指定 RLE 压缩。

● Flash（SWF）：基于矢量的图形格式，用于交互动画Web图形。可以将图稿导出为 Flash（SWF）格式，以便在Web设计中使用，并在任何配置了Flash Player 增效工具的浏览器中查看图稿。

● JPEG：常用于存储照片。JPEG格式保留图像中的所有颜色信息，但通过有选择地扔掉数据来压缩文件大小。JPEG是在Web上显示图像的标准格式。

● Macintosh PICT：与Mac OS图形和页面布局应用程序结合使用，以便在应用程序间传输图像。PICT在压缩包含大面积纯色区域的图像时特别有效。

● Photoshop（PSD）：标准Photoshop格式。如果图稿包含不能导出到Photoshop 格式的数据，Illustrator 可通过合并文档中的图层或栅格化图稿，保留图稿的外观。

● PNG（便携网络图形）：用于无损压缩和Web上的图像显示。与GIF不同，PNG 支持 24 位图像并产生无锯齿状边缘的背景透明度；但是，某些Web浏览器不支持PNG 图像。PNG保留灰度和RGB图像中的透明度。

● Arga（TGA）：设计其在Truevision®视频板的系统上使用。可以指定颜色模型、分辨率和消除锯齿设置用于栅格化图稿，以及位深度用于确定图像可包含的颜色总数（或灰色阴影数）。

● TIFF（标记图像文件格式）：用于在应用程序和计算机平台间交换文件。TIFF 是一种灵活的位图图像格式，绝大多数绘图、图像编辑和页面排版应用程序都支持这种格式。

● Windows 图元文件（WMF）：16 位 Windows 应用程序的中间交换格式。几乎所有 Windows 绘图和排版程序都支持 WMF 格式。但是，它支持有限的矢量图形，在可行的情况下应以 EMF 代替 WMF 格式。

● 文本格式（TXT）：用于将插图中的文本导出到文本文件。

● 增强型图元文件（EMF）：Windows 应用程序广泛用作导出矢量图形数据的交换格式。Illustrator 将图稿导出为 EMF 格式时可栅格化一些矢量数据。

2.5 关闭文件

处理完一个文件后，可以通过将文件关闭为其他文件或程序的运行释放出更多的空间。

理论实践——关闭文件

执行"文件>关闭"命令或使用快捷键Ctrl +W，可以关闭当前文件；也可以直接单击文档栏中的 ⊠ 按钮进行关闭。

如果文件已经进行了保存，文件将自动关闭。如果该文件还没有保存，将弹出Illustrator对话框，可以在该对话框中进行相应的处理。在该对话框中单击"是"按钮，将文件保存后关闭文件；单击"否"按钮，将不对文件进行保存，直接关闭文件，如图2-31所示。

理论实践——退出文件

执行"文件>退出"命令或使用快捷键Ctrl +Q可以退出Illustrator。如果运行的文件全部都保存完成了，那么文件将依次进行关闭，并退出Adobe Illustrator软件。如果其中包含未保存的文件，在关闭相应的文件时会弹出Illustrator对话框，可以在该对话框中进行相应的处理，如图2-32所示。

在该对话框中单击"是"按钮，将文件保存后关闭文件；单击"否"按钮，将不对文件进行保存，直接关闭文件。

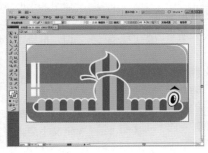
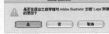

图2-31   图2-32

2.6 恢复图像

执行"文件>恢复"命令或使用快捷键F12，可以将文件恢复到上次存储的版本。但如果已关闭文件，再将其重新打开，则无法执行此操作，如图2-33所示。

图2-33

2.7 文档设置

执行"文件>文档设置"命令或单击控制栏中的"文档设置"按钮，在弹出的"画板选项"对话框中可以随时更改文档的默认设置选项，如度量单位、透明度网格显示、背景颜色和文字设置（例如，语言、引号样式、上标和下标大小以及可导出性），如图2-34所示。

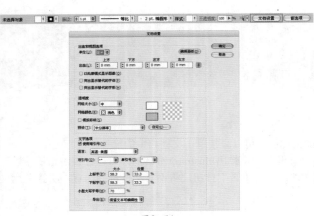

图2-34

- 在"单位"下拉列表中选择不同的选项，定义调整文档时使用的单位。

- 在"出血"选项组的4个文本框中，设置上方、下方、左方和右方文本框中的参数，重新调整"出血线"的位置。通过单击"连接"按钮，可以统一所有方向的"出血线"的位置。

- 通过单击"编辑画板"按钮，可以对文档中的画板进行重新调整，具体的调整方法会在相应的章节中进行讲述。

- 当选中"以轮廓模式显示图像"复选框时，文档将只显示图像的轮廓线，从而节省计算的时间。

- 选中"突出显示替代的字体"复选框时，将突出显示文档中被代替的字体。

- 选中"突出显示替代的字形"复选框时，将突出显示文档中被代替的字形。

- 在"网格大小"下拉列表中选择不同的选项，可以定义透明网格的颜色，如果列表中的选项都不是要使用的，可以在右侧的两个颜色按钮中进行调整，重新定义自定义的网格颜色。

- 如果计划在彩纸上打印文档，则选中"模拟彩纸"复选框。

- 在"预设"下拉列表中选中不同的选项，可以定义导出和剪贴板透明度拼合器的设置。

- 当选中"使用弯引号"复选框时，文档将采用中文中的引号效果，并不是使用英文中的直引号，反之则效果相反。

- 在"语言"下拉列表中选中不同的选项，可以定义文档中文字的检查语言规则。

- 在"双引号"和"单引号"下拉列表中选择不同的选项，可以定义相应引号的样式。

- 在"上标字"和"下标字"两个选项中，调整"大小"和"位置"中的参数，从而定义相应角标的尺寸和位置。

- 在"小型大写字母"文本框中输入相应的数值，可以定义小型大写字母占原始大写字母尺寸的百分比。

- 在"导出"下拉列表中选择不同的选项，可以定义导出后文字的状态。

2.8 使用画板

在Illustrator中画板表示包含可打印图稿的区域。根据大小的不同，每个文档可以有 1 ～100 个画板。可以在最初创建文档时指定文档的画板数，在处理文档的过程中可以随时添加和删除画板，如图2-35所示。

Illustrator CS5 还提供了使用"画板"面板重新排序和重新排列画板的选项，而且还可以为画板指定自定义名称，并为画板设置参考点。

图2-35

2.8.1 使用画板工具

使用"画板工具"按钮 可以随意创建不同大小的画板，也可以调整画板大小，并且可以将画板放在屏幕上的任何位置，甚至可以让它们彼此重叠。双击工具箱中的"画板工具"按钮 ，或者单击画板工具，然后单击控制栏中的画板选项按钮 ，弹出"画板选项"对话框，在该对话框中进行相应的设置，如图2-36所示。

- 预设：指定画板尺寸。这些预设为指定输出设置了相应的视频标尺像素长宽比。

图2-36

- 宽度和高度：指定画板大小。
- 方向：指定横向或纵向页面方向。
- 约束比例：如果手动调整画板大小，则保持画板长宽比不变。

- X和Y：根据 Illustrator 工作区标尺来指定画板位置。要查看这些标尺，需选择"视图>显示标尺"命令。
- 显示中心标记：在画板中心显示一个点。
- 显示十字线：显示通过画板每条边中心的十字线。
- 显示视频安全区域：显示参考线，这些参考线表示位于可查看的视频区域内的区域。需要将用户必须能够查看的所有文本和图稿都放在视频安全区域内。
- 视频标尺像素长宽比：指定用于视频标尺的像素长宽比。
- 渐隐画板之外的区域：当画板工具处于现用状态时，显示的画板之外的区域比画板内的区域暗。
- 拖动时更新：在拖动画板以调整其大小时，使画板之外的区域变暗。如果未选中该复选框，则在调整画板大小时，画板外部区域与内部区域显示的颜色相同。
- 画板：指示存在的画板数。

理论实践——创建画板

① 要创建自定画板，单击工具箱中的"画板工具"按钮 ▣，然后在工作区内拖动以定义画板的形状、大小和位置，如图2-37所示。

图2-37

② 在现用画板中创建画板，需要按住Shift键并使用画板工具在当前画板内拖动创建出新画板，如图2-38所示。

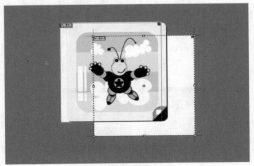

图2-38

③ 要复制现有画板，可以使用画板工具单击选择要复制的画板，再单击控制栏中的"新建画板"按钮，然后在工作区中单击确定新画板的放置位置，如图2-39所示。

图2-39

技巧提示

如果要复制多个画板，可以按住Alt键单击多次直到获得所需的数量。或者使用画板工具，按住Alt键拖动要复制的画板，如图2-40所示。

❹ 要复制带内容的画板，需要单击控制栏中的"移动/复制带画板的图稿"按钮，按住Alt键，然后拖动，如图2-40所示。

图2-40

理论实践——如何删除面板

单击画板并按住Delete键，单击控制栏中的"删除"按钮 ，或单击画板右上角的"删除"按钮 ⊠。可以只保留一个画板，而删除其他所有画板，如图2-41所示。

2.8.2 使用"画板"面板

在"画板"面板中可以对画板进行添加、重新排序、重新排列和删除画板、重新排序和重新编号、在多个画板之间进行选择和导航等操作。执行"窗口>画板"命令，打开"画板"面板，如图2-42所示。

读书笔记

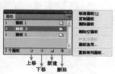

图2-41　　　　　　　图2-42

理论实践——使用"画板"面板新建画板

单击"画板"面板底部的"新建画板"图标，或从"画板"面板菜单中选择"新建画板"选项，如图2-43所示。

理论实践——删除一个或多个画板

选择要删除的画板，若要删除多个画板，按住Shift键单击"画板"面板中列出的画板。然后单击"画板"面板底部的"删除画板"图标，或选择"画板"面板菜单中的"删除画板"选项。若要删除多个不连续的画板，按住Ctrl键并在"画板"面板上单击画板，如图2-44所示。

图2-43　　　　　　　图2-44

理论实践——使用"画板"面板复制画板

选择要复制的一个或多个画板，将其拖动到"画板"面板的"新建面板"按钮上，即可快速复制一个或多个画板。或在"画板"面板菜单中执行"复制画板"命令，如图2-45所示。

图2-45

Illustrator CS5 从入门到精通

理论实践——重新排列画板

若要重新排列"画板"面板中的画板，可以执行"画板"面板菜单中的"重新排列画板"命令，在弹出的对话框中进行相应的设置，如图2-46所示。

图2-46

- 按行设置网格：在指定的行数中排列多个画板。在"行"文本框中指定行数。如果采用默认值，则会使用指定数目的画板创建尽可能方正的外观。

- 按列设置网格：在指定的列数中排列多个画板。从"列"菜单中选择列数。如果采用默认值，则会使用指定数目的画板创建尽可能方正的外观。

- 按行排列：该选项会将所有画板排列为一行。

- 按列排列：该选项会将所有画板排列为一列。

- 更改为从右到左的版面/更改为从左到右的版面：该选项将画板从左至右或从右至左排列。默认情况下，画板从左至右排列。

- 间距：指定画板间的间距。该设置同时应用于水平间距和垂直间距。

- 无论何时画板位置发生更改，均可选中"随画板移动图稿"复选框来移动图稿。

2.9 辅助工具

常用的辅助工具包括标尺、网格、参考线等，借助这些辅助工具可以进行参考、对齐、对位等操作，能够在绘制精确度较高的图稿时提供很大的帮助。如图2-47所示为可以使用到辅助工具制作的作品。

图2-47

2.9.1 标尺

标尺可帮助设计者准确定位和度量插图窗口或画板中的对象。

理论实践——使用标尺

在默认情况下标尺处于隐藏状态，执行"视图>标尺>显示标尺"命令或使用快捷键Ctrl+R，可以在画板窗口中显示标尺，标尺出现在窗口的顶部和左侧。如果需要隐藏标尺，可以执行"视图>标尺>隐藏标尺"命令或使用快捷键Ctrl+R，如图2-48所示。

理论实践——全局标尺和画板标尺

在Illustrator中包含两种标尺：全局标尺和画板标尺。若要在画板标尺和全局标尺之间切换，执行"视图>标尺>更改为全局标尺"命令或"视图>标尺>更改为画板标尺"命令即可。默认情况下显示画板标尺，因此"标尺"子菜单中默认为显示"更改为全局标尺"选项，如图2-49所示。

全局标尺显示在插图窗口的顶部和左侧，默认标尺原点位于插图窗口的左上角。而画板标尺的原点则位于画板的左上角，并且在选中不同画板时，画板标尺也会发生变化，如图2-50所示。

图2-48

图2-49

图2-50

理论实践——调整标尺原点

在每个标尺上显示0的位置称为标尺原点。要更改标尺原点，将鼠标指针移到左上角，然后将鼠标指针拖到所需的新标尺原点处。当进行拖动时，窗口和标尺中的十字线会指示不断变化的全局标尺原点，如图2-51所示。

要恢复默认标尺原点，双击左上角的标尺相交处，如图2-52所示。

读书笔记

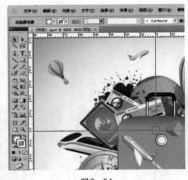
图2-51

图2-52

理论实践——调整标尺单位

在标尺中只显示数值，没有相应的单位，但是单位还是存在的。如果要调整单位，可以在任意标尺上单击鼠标右键，在弹出的快捷菜单中选中要使用的单位选项，此时标尺中的数值随之发生变化，如图2-53所示。

图2-53

2.9.2 网格

Illustrator中的网格显示在插图窗口中的图稿后面，用于帮助对象对齐的辅助对象，在输出或印刷时是不可见的。

理论实践——使用网格

执行"视图>显示网格"命令或使用快捷键Ctrl +'，可以将网格显示出来。如果要隐藏网格，执行"视图>隐藏网格"命令或使用快捷键Ctrl +'。显示网格后，可以执行"视图>对齐网格"命令，当移动网格对象时，对象就会自动对齐网格，如图2-54所示。

图2-54

2.9.3 参考线

参考线可以帮助对齐文本和图形对象。可以创建垂直或水平的标尺参考线，也可以将矢量图形转换为参考线对象。与网格一样，参考线也是虚拟的辅助对象，输出打印时是不可见的。

理论实践——创建参考线

❶ 执行"视图>显示标尺"命令显示标尺，将指针放在左边标尺上以建立垂直参考线，或者放在顶部标尺上以建立水平参考线。然后将参考线拖移到适当位置上，如图2-56所示。

图2-56

❷ 通过选中矢量对象的方法，首先选择一个矢量图形，执行"视图>参考线>建立参考线"命令或使用快捷键Ctrl+5，将矢量对象转换为参考线，如图2-57所示。

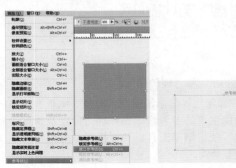

图2-57

理论实践——锁定参考线

使用选择工具将鼠标指针放置到相应的参考线上，单击鼠标并拖动即可移动相应的参考线。从这一特性可以看出，参考线非常容易因为误操作导致位置发生变化，遇到这种情况，可以执行"视图>参考线>锁定参考线"命令，将当前的参考线锁定。此时可以创建新的参考线，但是不能移动和删除相应的参考线。

理论实践——隐藏参考线

当要暂时将参考线隐藏时，执行"视图>参考线>隐藏参考线"命令，可以将参考线暂时隐藏，再次执行该命令可以将参考线重新显示出来。

理论实践——删除参考线

执行"视图>参考线>清除参考线"命令可以删除所有参考线。如果要将某一条参考线删除,可以使用选择工具,将相应的参考线拖到图像以外的区域,或按下Delete键即可,如图2-58所示。

技巧提示

当删除参考线时,必须在没有锁定参考线的情况下,否则无法删除。

 读书笔记

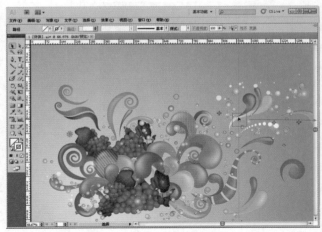

图2-58

2.9.4 智能参考线

智能参考线的出现可以帮助用户精确地创建形状、对齐对象,轻松地移动和变换对象。执行"编辑>首选项>智能参考线"命令,在打开的智能参考线对话框中进行相应的设置,如图2-59所示。

图2-59

- 颜色:指定参考线的颜色。

- 对齐参考线:显示沿着几何对象、画板和出血的中心和边缘生成的参考线。当移动对象以及执行绘制基本形状、使用钢笔工具以及变换对象等操作时,会生成这些参考线。

- 锚点/路径标签:在路径相交或路径居中对齐锚点时显示信息。

- 对象突出显示:在对象周围拖移时突出显示指针下的对象。突出显示颜色与对象的图层颜色匹配。

- 度量标签:当将光标置于某个锚点上时,为许多工具显示有关光标当前位置的信息。创建、选择、移动或变换对象时,显示相对于对象原始位置的X 轴和 Y 轴偏移量。如果在使用绘图工具时按Shift键,将显示起始位置。

- 变换工具:在比例缩放、旋转和倾斜对象时显示信息。

- 结构参考线:在绘制新对象时显示参考线。指定从附近对象的锚点绘制参考线的角度。最多可以设置6个角度。在选中的"角度"文本框中输入一个角度,从"角度"弹出菜单中选择一组角度,或者从弹出菜单中选择一组角度并更改文本框中的一个值以自定一组角度。

- 对齐容差:指定使"智能参考线"生效的指针与对象之间的距离。

理论实践——使用智能参考线

默认情况下,智能参考线是打开的。执行"视图>智能参考线"命令,可以切换智能参考线的开启或关闭,如图2-60所示。

技巧提示

"对齐网格"或"像素预览"选项打开时,无法使用"智能参考线"。

图2-60

Illustrator CS5 从入门到精通

Chapter 03
第3章

绘制基本图形

在平面设计中线型对象无处不在，在Adobe Illustrator软件中包括5种线型绘图工具：直线段工具、弧形工具、螺旋线工具、矩形网格工具和极坐标网格工具。使用这些工具既可以快速准确地绘制出标准的线型对象，也可以绘制出复杂的对象。

本章学习要点：
- 掌握线型绘图工具的使用方法
- 掌握图形绘图工具的使用方法
- 使用多种绘制工具制作复杂对象

3.1 线型绘图工具

在平面设计中线型对象无处不在，在Adobe Illustrator软件中包括5种线型绘图工具：直线段工具、弧形工具、螺旋线工具、矩形网格工具和极坐标网格工具。使用这些工具既可以快速准确地绘制出标准的线型对象，也可以绘制出复杂的对象。如图3-1所示为使用到这些工具制作的作品。

图3-1

单击工具箱中的"直线段工具组"按钮 右下角的三角号，可以看到这5种线型工具按钮，单击工具右侧的三角号按钮，可以使隐藏工具以浮动窗口的模式显示，如图3-2所示。

图3-2

3.1.1 直线段工具

使用直线段工具可以进行任意直线的绘制，也可以通过使用对话框精确地绘制相应的直线对象，如图3-3所示。

图3-3

理论实践——绘制直线对象

可以单击工具箱中的"直线段工具"按钮，或使用快捷键"\"，将指针定位到端点线段开始的地方，然后拖拽到另一个端点位置上释放鼠标，可以看到绘制了一条直线，如图3-4所示。

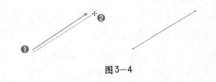

图3-4

理论实践——绘制精确方向和长度的直线

单击工具箱中的"直线段工具"按钮，在要绘制直线的一个端点位置上单击，弹出"直线段工具选项"对话框。在该对话框中进行长度和角度的设置后，单击"确定"按钮可创建精确的直线对象，如图3-5所示。

图3-5

- 长度：在该文本框中输入相应的数值来设定直线的长度。
- 角度：在该文本框中输入相应的数值来设定直线和水平轴的夹角，也可以在控制栏中调整软件的句柄。

- 线段填色：选中该复选框时，将以当前的填充颜色对线段填色。

> **技巧提示**
>
> 在绘制的同时按住Shift键，可以锁定直线对象的角度为45°的倍值，就是45°、90°，依此类推，如图3-6所示。

图3-6

3.1.2 弧形工具

使用弧形工具可以绘制出任意弧度的弧线或精确的弧线。如图3-7所示为使用弧形工具制作的作品。

图3-7

理论实践——绘制弧形对象

单击工具箱中的"弧形工具"按钮，将指针定位到端点开始的地方，然后拖拽到另一个端点位置上后，不要释放鼠标，通过按键盘上"向上"或"向下"的方向键来调整弧线的弧度，确定弧线后释放鼠标，如图3-8所示。

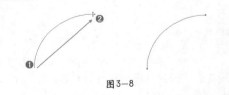

图3-8

理论实践——绘制精确曲率和长短的弧形

单击工具箱中的"弧形工具"按钮，在要绘制弧线的一个端点位置上单击，弹出"弧线段工具选项"对话框。在该对话框中进行相应设置后，单击"确定"按钮可创建精确的弧线对象，如图3-9所示。

图3-9

- X轴长度：在该文本框中输入的数值，可以定义另一个端点在X轴方向的距离。
- Y轴长度：在该文本框中输入的数值，可以定义另一个端点在Y轴方向的距离。
- 定位：在"X轴长度"文本框右侧的定位器中单击不同的按钮，可以定义在弧线中首先设置端点的位置。
- 类型：表示弧线的类型，可以定义绘制的弧线对象是"开放"还是"闭合"，默认情况下为开放路径。
- 基线轴：可以用来定义绘制的弧线对象基线轴为X轴还是为Y轴。
- 斜率：通过调整选项中的参数，可以定义绘制的弧线对象的弧度，绝对值越大，弧度越大，正值凸起，负值凹陷，如图3-10所示。

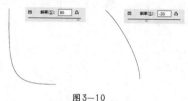

图3-10

- 弧线填色：当选中该复选框时，将使用当前的填充颜色填充绘制的弧形。

技巧提示

拖拽鼠标绘制的同时，按住Shift键，可得到X轴和Y轴长度相等的弧线。

拖拽鼠标绘制的同时，按C键可改变弧线类型，即开放路径和闭合路径间的切换。按F键可以改变弧线的方向。按X键可以令弧线在"凹"和"凸"曲线之间切换。

拖拽鼠标绘制的同时，按"向上"或"向下"箭头键可增加或减少弧线的曲率半径。

拖拽鼠标绘制的同时，按住空格键，可以随着鼠标移动弧线的位置。

3.1.3 螺旋线工具

使用螺旋线工具可以绘制出半径不同、段数不同、样式不同的螺旋线。如图3-11所示为使用该工具制作的作品。

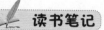

图3-11

读书笔记

理论实践——绘制螺旋线对象

单击工具箱中的"螺旋线工具"按钮，在螺旋线的中心位置单击，将鼠标直接拖拽到外沿的位置，拖拽出所需要的螺旋线后松开鼠标，螺旋线绘制完成，如图3-12所示。

图3-12

理论实践——绘制精确的螺旋线

单击工具箱中的"螺旋线工具"按钮，在要绘制螺旋线的中心点位置单击，此时弹出"螺旋线"对话框。在该对话框中进行相应设置后，单击"确定"按钮可创建精确的螺旋线对象，如图3-13所示。

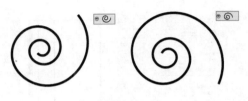

图3—14

图3—13

- 半径：在该文本框中输入相应的数值，可以定义螺旋线的半径尺寸。
- 衰减：用来控制螺旋线之间相差的比例，百分比越小，螺旋线之间的差距就越小。
- 段数：通过调整选项中的参数，可以定义螺旋线对象的段数，数值越大，螺旋线越长，数值越小，螺旋线越短。
- 样式：可以选择顺时针或逆时针定义螺旋线的方向，如图3-14所示。

 技巧提示

拖拽鼠标未松开的同时，按住空格键，直线可随鼠标的拖拽移动位置。

拖拽鼠标未松开的同时，按住Shift键锁定螺旋线的角度为45°的倍值。按住Ctrl键可保持涡形的衰减比例。

拖拽鼠标未松开的同时，按"向上"或"向下"箭头键可增加或减少涡形路径片段的数量。

3.1.4 矩形网格工具

使用矩形网格工具可以绘制出均匀或者不均匀的网格对象。如图3-15所示为使用该工具制作的作品。

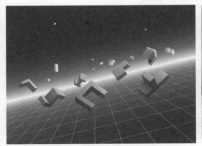 

图3—15

📖 **读书笔记**

_____

_____

_____

_____

_____

_____

_____

理论实践——绘制矩形网格对象

单击工具箱中的"矩形网格工具"按钮，在一个角点位置上单击，将鼠标直接拖拽到对角的角点上后，松开鼠标即可看到绘制的矩形网格，如图3-16所示。

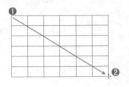 

图3—16

理论实践——绘制精确的矩形网格

单击工具箱中的"矩形网格工具"按钮，在要绘制矩形网格对象的一个角点位置单击，此时弹出"矩形网格工具选项"对话框。在该对话框中进行相应设置后，单击"确定"按钮可创建精确的矩形网格对象，如图3-17所示。

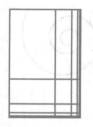

图3—17

- 宽度：在该文本框中输入相应的数值，可以定义绘制矩形网格对象的宽度。

- 高度：在该文本框中输入相应的数值，可以定义绘制矩形网格对象的高度。

- 定位：在"宽度"文本框右侧的定位器中单击不同的按钮，可以定义在矩形网格中首先设置角点位置。

- 水平分隔线："数量"表示矩形网格内横线的数量，即行数。"倾斜"表示行的位置，数值为0%时，线与线距离是均等的；数值大于0%时，网格向上的列间距逐渐变窄；数值小于0%时，网格向下的列间距逐渐变窄。

- 垂直分隔线："数量"表示矩形网格内竖线的数量，即列数。"倾斜"表示列的位置，数值为0%时，线与线距离是均等的；数值大于0%时，网格向右的列间距逐渐变窄；数值小于0%时，网格向左的列间距逐渐变窄。

- 使用外部矩形作为框架：默认情况下，该选项被选中时，将采用一个矩形对象作为外框，反之将没有矩形框架，造成角落的缺损。

- 填色网格：当选中复选框时，将使用当前的填充颜色填充绘制线型。

 技巧提示

拖拽鼠标的同时，按住Shift键，可以定义绘制的矩形网格为正方形网格，如图3—18所示。

图3—18

拖拽鼠标的同时，按住C键，竖向的网格间距逐渐向右变窄；按住V键，横的网格间距逐渐向上变窄；按住X键，竖向的网格间距逐渐向左变窄；按住F键，横向的网格间距逐渐向下变窄。

拖拽鼠标的同时，按"向上"或"向右"箭头键可增加竖向和横向的网格线。按"向左"或"向下"箭头键可减少竖向和横向的网格线。

3.1.5 极坐标网格工具

在Illustrator中使用极坐标网格工具可以快速绘制出由多个同心圆和直线组成的极坐标网格，适合制作如射击靶等对象，如图3-19所示。

图3—19

理论实践——绘制极坐标网格

单击工具箱中的"极坐标网格工具"按钮 ⊛，在绘制极坐标网格的一个虚拟角点处单击，将鼠标直接拖拽到虚拟的对角角点位置上后，松开鼠标可看到绘制的极坐标网格。极坐标网格工具可以用来绘制同心圆和确定参数的放射线段，如图3-20所示。

📖 读书笔记

图3—20

理论实践——绘制精确的极坐标网格

单击工具箱中的"极坐标网格工具"按钮 ，在要绘制极坐标网格对象的一个角点位置单击，此时弹出"极坐标网格工具选项"对话框。在该对话框中进行相应设置后，单击"确定"按钮可创建精确的极坐标网格对象，如图3-21所示。

图3-21

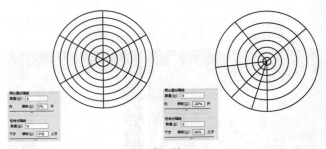

图3-22

- 宽度：在该文本框中输入相应的数值，可以定义绘制极坐标网格对象的宽度。
- 高度：在该文本框中输入相应的数值，可以定义绘制极坐标网格对象的高度。
- 定位：在"宽度"文本框右侧的定位器中单击不同的按钮，可以定义在极坐标网格中首先设置角点位置。
- 同心圆分隔线："数量"指定希望出现在网格中的圆形同心圆分隔线数量。"倾斜"值决定同心圆分隔线倾向于网格内侧或外侧的方式。
- 径向分隔线："数量"指定希望在网格中心和外围之间出现的径向分隔线数量。"倾斜"值决定径向分隔线倾向于网格逆时针或顺时针的方式，如图3-22所示。

- 从椭圆形创建复合路径：将同心圆转换为独立复合路径并每隔一个圆填色。
- 填色网格：当选中该复选框时，将使用当前的填充颜色填充绘制的线型。

技巧提示

拖拽鼠标的同时，按住Shift键，可以定义绘制的极坐标网格为正方形网格。

拖拽鼠标的同时，按"向上"或"向下"箭头键可以调整经线数量。按"向左"或"向右"箭头键可以调整纬线数量。

3.2 形状绘图工具

Adobe Illustrator 提供了多种形状工具：矩形工具、圆角矩形工具、椭圆工具、多边形工具、星形工具和光晕工具。使用这些形状工具可以绘制相应的标准形状，也可以通过参数的设置绘制出形态丰富的图形，如图3-23所示为使用形状绘图工具制作的作品。

图3-23

3.2.1 矩形工具

使用矩形工具可以绘制出标准的矩形对象和正方形对象。如图3-24所示为使用该工具制作的作品。

图3—24

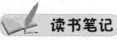
理论实践——绘制矩形工具对象

单击工具箱中的"矩形工具"按钮，或使用快捷键M，在绘制的矩形对象一个角点处单击，将鼠标直接拖拽到对角角点位置，释放鼠标即可完成一个矩形对象绘制，如图3-25所示。

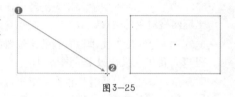

图3—25

理论实践——绘制精确的矩形工具

单击工具箱中的"矩形工具"按钮，在要绘制矩形对象的一个角点位置单击，此时弹出"矩形"对话框。在该对话框中进行相应设置后，单击"确定"按钮可创建精确的矩形对象，如图3-26所示。

- 宽度：在该文本框中输入相应的数值，可以定义绘制矩形网格对象的宽度。
- 高度：在该文本框中输入相应的数值，可以定义绘制矩形网格对象的高度。

图3—26

 技巧提示

拖拽鼠标的同时，矩形工具快捷键的操作方法。

按住Shift键拖拽鼠标，可以绘制正方形。按住Alt键拖拽鼠标可以绘制由鼠标落点为中心点向四周延伸的矩形。同时按住Shift和Alt键拖拽鼠标，可以绘制由鼠标落点为中心的正方形。

实例练习——利用矩形工具绘制留言板

案例文件	实例练习——利用矩形工具绘制留言板.ai
视频教学	实例练习——利用矩形工具绘制留言板.flv
难易指数	★★★★★
知识掌握	矩形工具

案例效果

案例效果如图3-27所示。

操作步骤

步骤01 执行"文件>新建"命令或按Ctrl+N组合键新建一个文档，具体参数设置如图3-28所示。

图3—27　　　　　　图3—28

步骤02 单击工具箱中的"矩形工具"按钮，在一个角点单击将鼠标直接拖拽到对角角点位置，绘制一个矩形选框，如图3-29所示。

步骤03 在控制栏中设置"填充"颜色为米色渐变，描边颜色为浅棕色，描边数值为1pt，如图3-30所示。

图3-29　　　　　　　　　　图3-30

步骤04 执行"复制"、"粘贴"命令，并按住Shift+Alt键将复制出的矩形向内进行等比缩放，如图3-31所示。

步骤05 在控制栏中去除填充颜色，保留描边颜色，并设置描边数值为5pt，如图3-32所示。

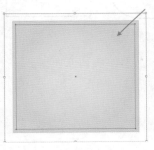

图3-31　　　　　　　　　　图3-32

步骤06 采用同样的方法创建出灰色矩形作为阴影，适当旋转，单击右键，在弹出的快捷菜单中执行"排列>置于底层"命令，如图3-33所示。

图3-33

步骤07 导入前景素材，最终效果如图3-34所示。

图3-34

3.2.2　圆角矩形工具

使用圆角矩形工具可以绘制出标准的圆角矩形对象和圆角正方形对象。如图3-35所示为使用该工具制作的作品。

图3-35

 读书笔记

理论实践——绘制圆角矩形对象

单击工具箱中的"圆角矩形工具"按钮▢，在绘制的圆角矩形对象一个角点处单击鼠标左键以对角线的方向向外拖拽，拖拽到理想大小时释放鼠标即可，如图3-36所示。

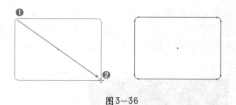

图3-36

理论实践——绘制精确圆角尺寸的矩形

单击工具箱中的"圆角矩形工具"按钮▢，在要绘制圆角矩形对象的一个角点位置单击，此时弹出"圆角矩形"对话框。在该对话框中进行相应设置后，单击"确定"按钮可创建精确的圆角矩形对象，如图3-37所示。

- 宽度：在该文本框中输入相应的数值，可以定义绘制矩形网格对象的宽度。

- 高度：在该文本框中输入相应的数值，可以定义绘制矩形网格对象的高度。

- 圆角半径：在该文本框中输入的半径数值越大，得到的圆角矩形弧度越大；反之输入的半径数值越小，得到的圆角矩形弧度越小；输入的数值为0时，得到的是矩形，如图3-38所示。

图3-37

图3-38

 技巧提示

拖拽鼠标的同时按"向左"和"向右"键，可以设置是否绘制圆角矩形。
按住Shift键拖拽鼠标，可以绘制正方形。
按住Alt键拖拽鼠标，可以绘制由鼠标落点为中心点向四周延伸的圆角矩形。
同时按住Shift和Alt键拖拽鼠标，可以绘制由鼠标落点为中心的圆角正方形。

3.2.3 椭圆工具

椭圆工具用来绘制椭圆形和圆形，与绘制矩形与圆角矩形的方法相同。使用椭圆工具直接进行绘制可绘制出椭圆形，所以进行定义时并不是定义半径，而是定义椭圆形的长和宽。如图3-39所示为使用该工具制作的作品。

图3-39

Illustrator CS5 从入门到精通

理论实践——绘制椭圆对象

单击工具箱中的"椭圆工具"按钮 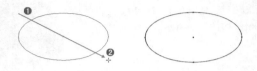 或使用快捷键L，在椭圆形对象一个虚拟角点上单击，将鼠标直接拖动到另一个虚拟角点上释放鼠标即可，如图3-40所示。

图3-40

理论实践——绘制精确尺寸的椭圆

单击工具箱中的"椭圆工具"按钮，在要绘制椭圆对象的一个角点位置单击，此时弹出"椭圆"对话框。在该对话框中进行相应设置后，单击"确定"按钮可创建精确的椭圆形对象，如图3-41所示。

图3-41

理论实践——绘制正圆

在使用椭圆工具的同时，按住Shift键拖拽鼠标，可以绘制正圆形。按住Alt键拖拽鼠标，可以绘制由鼠标落点为中心点向四周延伸的椭圆。同时按住Shift和Alt键拖拽鼠标，可以绘制由鼠标落点为中心向四周延伸的正圆形，如图3-42所示。

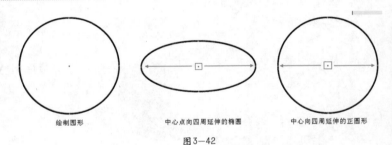

绘制圆形　　　　中心点向四周延伸的椭圆　　　　中心向四周延伸的正圆形

图3-42

实例练习——使用椭圆工具与圆角矩形工具制作图标

案例文件	实例练习——使用椭圆工具与圆角矩形工具制作图标.ai
视频教学	实例练习——使用椭圆工具与圆角矩形工具制作图标.flv
难易指数	★★★★★
知识掌握	椭圆工具、圆角矩形工具

案例效果

案例效果如图3-43所示。

图3-43

操作步骤

步骤01　执行"文件>新建"命令或按Ctrl+N组合键新建一个文档，具体参数设置如图3-44所示。

图3-44

步骤02　单击工具箱中的"椭圆工具"按钮 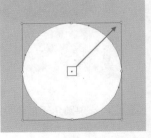，按下Shift+Alt键并将光标移动到视图中，此时光标变为 形状，单击并拖动绘制出一个正圆，如图3-45所示。

图3-45

步骤03 选中绘制出的正圆，在控制栏中设置其填充为蓝色渐变，描边为白色，描边数值为30pt，如图3-46所示。

图3-46

步骤04 单击工具箱中的"圆角矩形工具"按钮□，在视图中单击并在弹出的圆角矩形窗口中设置宽度为180mm，高度为80mm，圆角半径为50mm，单击"确定"按钮创建一个圆角矩形，如图3-47所示。

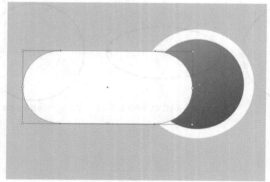

图3-47

步骤05 选中绘制出的圆角矩形，在控制栏中设置其填充为黄绿色系渐变，描边为白色，描边数值为30pt，如图3-48所示。

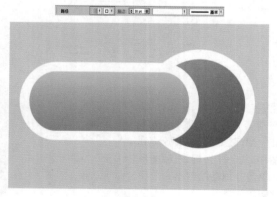

图3-48

步骤06 选中圆角矩形，单击右键，在弹出的快捷菜单中执行"排列>后移一层"命令，圆角矩形被移动到圆形后面，如图3-49所示。

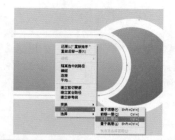

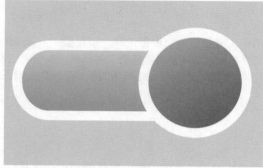

图3-49

步骤07 框选圆角矩形和圆形，执行复制（Ctrl+C）、粘贴（Ctrl+V）命令，粘贴出处新的一组，如图3-50所示。

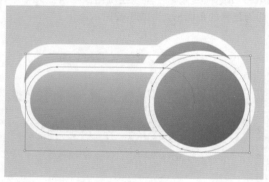

图3-50

步骤08 选中复制出的部分，在控制栏中设置其填充颜色与描边颜色都为黑色，并设置其不透明度为50%，如图3-51所示。

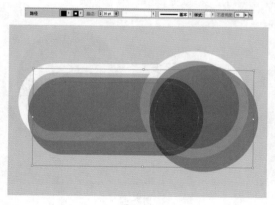

图3-51

由于阴影部分需要在原物体的后方，所以需要单击右键，在弹出的快捷菜单中执行两次"排列>后移一层"命令，如图3-52所示。

步骤10 输入艺术字，最终效果如图3-53所示。

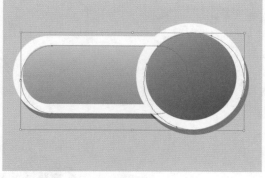

图3—52

图3—53

3.2.4 多边形工具

绘制多边形是按照半径的方式进行绘制，并且可以随时调整相应的边数绘制出任意边数的多边形。如图3-54所示为使用该工具制作的作品。

图3—54

读书笔记

理论实践——绘制多边形对象

单击工具箱中的"多边形工具"按钮，在绘制的多边形中心位置单击，将鼠标直接拖拽到外侧，定义尺寸后释放鼠标即可，如图3-55所示。

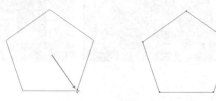

图3—55

 技巧提示

拖动弧线中的指针以旋转多边形。按"向上"或"向下"箭头键以向多边形中添加或从中删除边。按住Shift键，可以锁定多边形为45°倍值，如图3—56所示。

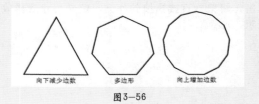

向下减少边数　　　多边形　　　向上增加边数

图3—56

理论实践——绘制精确尺寸和边数的多边形

单击工具箱中的"多边形工具"按钮 ，在要绘制多边形对象的中心位置单击，此时弹出"多边形"对话框。在该对话框中进行相应设置，设置边数为3时绘制出的即为三角形。单击"确定"按钮可创建精确的多边形对象，如图3-57所示。

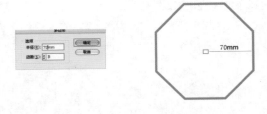

- 半径：在该文本框中输入相应的数值，可以定义绘制多边形半径的尺寸。
- 边数：在该数值框中输入相应的数值，可以设置绘制多边形的边数。边数越多，生成的多边形越接近圆形。

图3-57

技术拓展：多边形制作螺旋效果

首先绘制一个多边形，鼠标拖拽的同时按住～键进行绘制，会看到迅速出现多个依次增大的多边形，如图3-58所示。

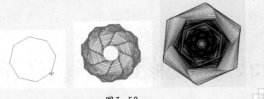

图3-58

3.2.5 星形工具

使用星形工具绘制星形是按照半径的方式进行绘制，并且可以随时调整相应的角数。如图3-59所示为使用该工具制作的作品。

图3-59

理论实践——绘制星形对象

单击工具箱中的"星形工具"按钮 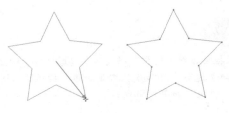，在绘制的星形中心位置单击，将鼠标直接拖拽到外侧，定义尺寸后释放鼠标即可，如图3-60所示。

图3-60

理论实践——绘制精确尺寸和边数的星形

单击工具箱中的"星形工具"按钮 ，在要绘制星形对象的一个中心位置单击，此时弹出"星形"对话框。在该对话框中进行相应设置后，单击"确定"按钮可创建精确的星形对象，如图3-61所示。

- 半径1：指定从星形中心到星形最内侧点（凹处）的距离。
- 半径2：指定从星形中心到星形最外侧点（顶端）的距离。
- 角点数：定义所绘制星形图形的角点数。

图3—61

> **技巧提示**
>
> 在绘制过程中拖动鼠标调整星形大小时，按"向上"或"向下"箭头键向星形添加和从中删除点；按住Shift键可控制旋转角度为45°的倍数；按住Ctrl键可保持星形的内部半径；按住空格键可随鼠标移动直线位置。

3.2.6 光晕工具

光晕工具是一个比较特殊的工具，可以通过在图像中添加矢量对象来模拟发光的光斑效果。绘制出的对象比较复杂，但是制作的过程却相对比较简单。如图3-62所示为使用该工具制作的作品。

读书笔记

图3—62

理论实践——绘制光晕对象

单击工具箱中的"光晕工具"按钮 ，在要创建光晕的大光圈部分的中心位置单击，拖拽的长度就是放射光的半径，然后松开鼠标，再次单击鼠标，以确定闪光的长度和方向，如图3-63所示。

图3—63

> **技巧提示**
>
> 在未松开鼠标时，按住"向上"或"向下"箭头键可增加或减少光环数量，按住～键可以随机释放光环。

理论实践——绘制精确光晕效果

单击工具箱中的"光晕工具"按钮，在要绘制光晕对象的一个角点位置单击，此时弹出"光晕工具选项"对话框。在该对话框中进行相应设置后，单击"确定"按钮可创建精确的光晕对象，如图3-64所示。

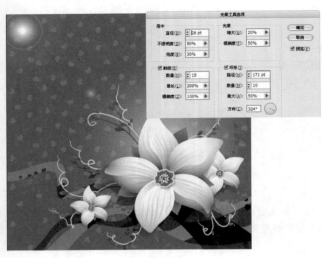

图3-64

1."居中"选项组参数设置

● **直径**：在该文本框中输入相应的数值，可以定义发光中心圆的半径。

综合实例——利用形状工具绘制徽章

案例文件	综合实例——利用形状工具绘制徽章.ai
视频教学	综合实例——利用形状工具绘制徽章.flv
难易指数	★★★★★
知识掌握	矩形工具、圆形工具、星形工具、矩形网格工具

案例效果
案例效果如图3-65所示。

图3-65

操作步骤

步骤01 选择"文件>新建"命令或按Ctrl+N组合键新建一个文档，具体参数设置如图3-66所示。

图3-66

● **不透明度**：用来设置中心圆的不透明度的程度。

● **亮度**：设置中心圆的亮度。

2."光晕"选项组参数设置

● **增大**：表示光晕散发的程度。

● **模糊度**：单独定义光晕对象边缘的模糊程度。

3."射线"选项组参数设置

● **数量**：定义射线的数量。

● **最长**：定义光晕效果中最长的一个射线的长度。

● **模糊度**：控制射线的模糊效果。

4."环形"选项组参数设置

● **路径**：设置光环的轨迹长度。

● **数量**：设置二次单击时产生的光环。

● **最大**：设置多个光环中最大的光环大小。

● **方向**：定义出现小光圈路径的角度。

步骤02 单击工具箱中的"矩形工具"按钮▢，在一个角点单击将鼠标直接拖拽到对角角点位置，绘制一个矩形选框。然后在工具箱中设置"颜色"，调整填充颜色为灰色，如图3-67所示。

图3-67

步骤03 导入边框素材文件，调整好大小和位置，如图3-68所示。

图3-68

步骤04 再次使用"矩形工具"按钮▫，在画板上绘制一个矩形选框，调整到适当的位置，并设置"颜色"，调整填充颜色为橘黄色，如图3-69所示。

图3-69

步骤05 单击工具箱中的"矩形网格工具"按钮▦，在画板中单击弹出"矩形网格工具选项"对话框。设置宽度为100pt，高度为100pt，水平分割线数量为10，垂直分割线数量为20，单击"确定"按钮，如图3-70所示。

图3-70

步骤06 调整描边颜色为黄色。在控制栏中设置描边大小为1pt，如图3-71所示。

图3-71

步骤07 单击工具箱中的"星形工具"按钮☆，在要绘制的中心单击弹出"星形"对话框。设置半径1为170mm，半径2为150mm，角点数为24，绘制出星形。然后设置填充颜色为金色系渐变色，如图3-72所示。

图3-72

步骤08 单击工具箱中的"直接选择工具"按钮▸，单击选中绘制的星形，按住Alt键拖动鼠标复制出一个星形。然后设置颜色为淡黄色系渐变色。再按下Shift+Alt键，单击右上角的锚点向内拖动，将其等比例缩小，如图3-73所示。

图3-73

步骤09 按照上述相同的方法，再次绘制内部两个星形，效果如图3-74所示。

图3-74

步骤10 单击工具箱中的"椭圆工具"按钮，按住Shift键拖拽鼠标绘制一个正圆形。设置"颜色"为黄色，如图3-75所示。

图3—75

步骤11 保持正圆形选中状态，按住Alt键拖动鼠标复制出一个正圆形，然后设置填充颜色为渐变色，并且适当缩放，摆放在中心的位置，如图3-76所示。

图3—76

步骤12 单击工具箱中的"多边形工具"按钮，在要绘制中心位置单击，此时弹出"多边形"对话框。设置半径为8mm，边数为5，然后设置"颜色"，调整颜色填充为棕红色，复制一个摆放在对称位置，如图3-77所示。

步骤13 继续使用文字工具在徽章上输入文字，如图3-78所示。

步骤14 单击工具箱中的"光晕工具"按钮，在画板左上角要创建光晕的大光圈部分的中心位置单击拖拽，松开鼠标，再次单击以确定闪光的长度和方向，最终效果如图3-79所示。

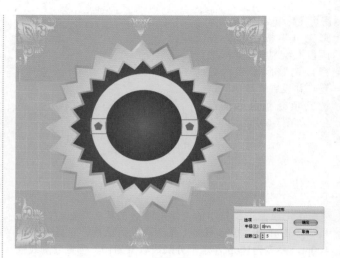

图3—77

图3—78

图3—79

综合实例——使用形状工具制作卡通海报

案例文件	综合实例——使用形状工具制作卡通海报.ai
视频教学	综合实例——使用形状工具制作卡通海报.flv
难易指数	
技术要点	形状工具、网格工具、建立剪切蒙版

案例效果

案例效果如图3-80所示。

操作步骤

步骤01 ▶ 使用快捷键Ctrl+N创建新文档，如图3-81所示。

图3-80

图3-81

步骤02 ▶ 单击工具箱中的"星形工具"按钮 ，在空白区域单击，在弹出的"星形"对话框中设置半径1为10mm，半径2为15mm，角点数为5，单击"确定"按钮完成操作，绘制出一个五角星形，如图3-82所示。

步骤03 ▶ 单击工具箱中的"网格工具"按钮 ，改变星形形状的颜色，如图3-83所示。

图3-82   图3-83

答疑解惑——如何使用网格工具改变形状的颜色？

① 单击工具箱中的"选择工具"按钮 ，选中要添加渐变网格的对象，如图3-84所示。

② 单击工具箱中的"网格工具"按钮 ，在图形要创建网格的位置上单击，即可创建一组行和列的网格线，如图3-85所示。

③ 单击工具箱中的"直接选择工具"按钮 ，选中网格中将要改变颜色的点，执行"窗口>颜色"命令，打开"颜色"面板，在其中选中想要改变的颜色，如图3-86所示。

④ 再单击工具箱中的"直接选择工具"按钮 ，选中网格中其他想要改变颜色的点，再次执行"窗口>颜色"命令，打开"颜色"面板，在其中选中想要改变的颜色，如图3-87所示。

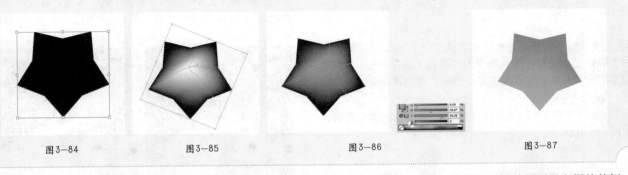

图3-84   图3-85   图3-86   图3-87

步骤04 ▶ 单击工具箱中的"自由变换工具"按钮 ，星形图形的周围出现了一个界定框，将鼠标指针放置到界定框的外侧，鼠标指针将变成 状态，拖拽鼠标对对象进行旋转操作，如图3-88所示。

步骤05 ▶ 单击工具箱中的"椭圆工具"按钮 ，在星形形状上适当的位置单击，弹出"椭圆"对话框，设置宽度为35mm，高度为30mm，单击"确定"按钮完成操作，如图3-89所示。

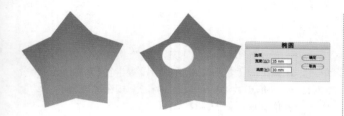

图3-88　　　　　　　图3-89

步骤06 ▶ 再次使用椭圆工具，在白色圆内绘制多个圆形，分别设置成不同的颜色，制作出左眼睛，并选中左眼，执行复制（Ctrl+C）、粘贴（Ctrl+V）命令，粘贴出一个为右眼，如图3-90所示。

步骤07 ▶ 单击工具箱中的"钢笔工具"按钮，在星形上绘制一个月牙形状，设置颜色为"红色"，如图3-91所示。

图3-90　　　　　　　图3-91

步骤08 ▶ 继续使用钢笔工具在月牙形状上绘制一个白色的半圆形，如图3-92所示。

步骤09 ▶ 单击工具箱中的"椭圆工具"按钮，在眼睛上面绘制4个椭圆形，将该图层放置在眼睛的下一层中，如图3-93所示。

图3-92　　　　　　　图3-93

步骤10 ▶ 将4个椭圆形选中，多次执行"复制"、"粘贴"命令进行复制。单击工具箱中的"旋转工具"按钮，旋转副本的角度，将副本放置在每个星形对角位置，并改变其颜色，如图3-94所示。

步骤11 ▶ 在星形形状上创建剪切蒙版，将多余的部分隐藏，如图3-95所示。

图3-94　　　　　　　图3-95

答疑解惑——如何建立剪切蒙版？

❶ 单击工具箱中的"矩形工具"按钮，绘制出一个矩形，如图3-96所示。

图3-96

❷ 单击工具箱中的"选择工具"按钮，将其全部选中，再单击右键，在弹出的快捷菜单中选择"建立剪切蒙版"命令，如图3-97所示。

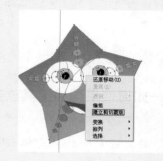

图3-97

步骤12 ▶ 按照上述同样的方法制作另外几个星形。然后导入背景素材文件，将其放置在最底层，如图3-98所示。

步骤13 ▶ 单击工具箱中的"文字工具"按钮，在控制栏中设置合适的字体、大小和颜色，然后在右侧输入文字，如图3-99所示。

图3-98　　　　　　　图3-99

综合实例——使用形状工具制作设计感招贴

案例文件	综合实例——使用形状工具制作设计感招贴.ai
视频教学	综合实例——使用形状工具制作设计感招贴.flv
难易指数	
技术要点	形状工具、对齐工具、路径查找器、渐变工具、建立剪切蒙版

案例效果
案例效果如图3-100所示。

操作步骤

步骤01 使用快捷键Ctrl+N创建新文档，如图3-101所示。

图3-100

图3-101

步骤02 单击工具箱中的"椭圆工具"按钮◎，在空白区域单击鼠标左键，在弹出的"椭圆"对话框中设置圆角矩形的宽度为52mm，高度为52mm，单击"确定"按钮完成操作，绘制出一个正圆形，设置颜色为灰色，如图3-102所示。

步骤03 再次使用椭圆工具，在右侧绘制一个较小的黑色正圆形，如图3-103所示。

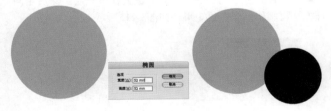
图3-102   图3-103

步骤04 将两个圆形全部选中，执行"窗口>对齐"命令，在打开的"对齐"面板中单击"水平居中对齐"按钮▣和"垂直居中对齐"按钮▣，使两个正圆形以圆心点对齐，如图3-104所示。

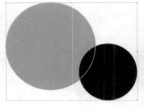
图3-104

步骤05 执行"窗口>路径查找器"命令，在打开的"路径查找器"面板中单击"分割"按钮，完成后可以看到两个图形被分割，再选中小圆，将其删除，如图3-105所示。

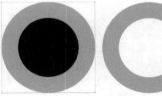
图3-105

步骤06 选择圆环对象，执行"窗口>渐变"命令，打开"渐变"面板，在该面板中编辑红色到橘色渐变，类型为"线性"，如图3-106所示。

步骤07 将圆环对象保持选中状态，然后按住Alt键将其向外拖拽复制圆环副本，设置颜色为白色，将其放置在下一层中，并用同样方法再制作出一个灰色圆环，如图3-107所示。

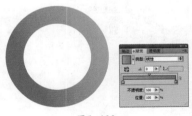
图3-106   图3-107

技巧提示

复制所选对象：框选将要复制的对象，按住Alt键向外拖动即可。

步骤08 单击工具箱中的"椭圆工具"按钮◎，在圆环上绘制出多个大小不同的白色正圆，如图3-108所示。

图3-108

步骤09 将白色正圆全部选中，按住Ctrl+G组合键群组白色正圆。执行"窗口>透明度"命令，打开"透明度"面板，选择"叠加"选项，如图3-109所示。

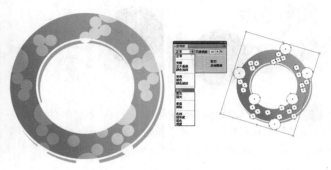

图3-109

步骤10 使用选择工具选中红橙渐变的圆环，按Ctrl+C、Ctrl+F组合键将复制的圆环粘贴到原有位置上，将新复制的圆环放置在最顶层。再选择圆环副本和白色斑点的正圆组，单击右键，在弹出的快捷菜单中选择"建立剪切蒙版"命令，使圆环以外的部分被隐藏，如图3-110所示。

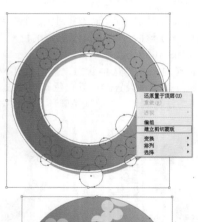

图3-110

技巧提示

群组所选对象快捷键为Ctrl+G，复制所选对象快捷键为Ctrl+C，原位粘贴所选对象快捷键为Ctrl+F。

步骤11 单击工具箱中的"圆角矩形工具"按钮，在空白区域单击左键，在弹出的"圆角矩形"对话框中设置圆角矩形的宽度为100mm，高度为60mm，圆角半径为10mm，单击"确定"按钮完成操作，绘制出一个圆角矩形，如图3-111所示。

图3-111

步骤12 选中圆角矩形对象，按住Alt键向外拖拽复制出一个圆角矩形副本。然后将两个圆角矩形一起选中。执行"窗口>路径查找器"命令，打开"路径查找器"面板，单击"减去顶层"按钮，如图3-112所示。

图3-112

步骤13 单击工具栏中的"自由变换工具"按钮，将鼠标指针放置到界定框的外侧，鼠标指针将变成状态，拖拽旋转角度，如图3-113所示。

图3-113

步骤14 选择圆角矩形对象，执行"窗口>渐变"命令，打开"渐变"面板，在该面板中编辑橙黄色渐变，设置类型为"线性"，如图3-114所示。

步骤15 将矩形对象保持选中状态，按住Alt键拖拽复制出一个副本，设置颜色为白色，并将其放置在下一层。然后用同样方法再制作一个灰色矩形，如图3-115所示。

图3-114　　　　　　　　　图3-115

步骤16 按照上述同样的方法继续进行制作，然后再选择制作完成的图形复制副本。将其一起选中后，执行"窗口>透明度"命令，打开"透明度"面板，选择"滤色"命令，如图3-116所示。

步骤17 复制完成的图形，放置如图3-117所示的位置，并旋转到合适角度。

Illustrator CS5 从入门到精通

图3-116

图3-117

步骤18▶ 选择绘制完成的圆环和矩形，多次进行复制，调整大小和位置，如图3-118所示。

步骤19▶ 单击工具箱中的"文字工具"按钮 T，在控制栏中设置字体和大小，颜色为黑色。在底部输入文字，如图3-119所示。

步骤20▶ 导入背景素材文件，并将其放置在最底层，最终效果如图3-120所示。

图3-118

图3-119

图3-120

 读书笔记

....

....

....

....

....

....

....

....

....

Chapter 04

第4章

对象的基础操作

选择工具是Illustrator中最为常用的工具之一，不仅可以用来选择图形，还可以用来选择位图、成组对象等。

本章学习要点：

- 掌握选择工具的使用方法
- 掌握复制、剪切、粘贴命令的使用技巧
- 掌握对象移动、旋转、缩放等操作方法

4.1 选择工具的使用

选择工具是Illustrator中最为常用的工具之一，不仅可以用来选择图形，还可以用来选择位图、成组对象等，如图4-1所示。

图4—1

在Illustrator工具箱中提供了多个用于选择的工具：选择工具、直接选择工具、编组选择工具、魔棒工具和套索工具。

在修改某个对象之前，需要将其与周围的对象区分开来。只要选择了对象或者对象的一部分，即可对其进行编辑，如图4-2所示。

图4—2

4.1.1 选择工具

选择工具可用来选择整个对象，只有被选中的图形或图形组才可以执行移动、复制、缩放、旋转、镜像、倾斜等操作。

理论实践——选择一个对象

针对某一对象的整体进行选取时，可单击工具箱中的"选择工具"按钮或按快捷键V，然后在要选择的对象上单击，即可将相应的对象选中。此时该对象的路径部分将按照所在图层的不同，呈现出不同的颜色标记，如图4-3所示。

图4—3

理论实践——选择多个对象

选中一个对象后，按住Shift键的同时单击其他的对象，可以将两个对象同时选中。继续按住Shift键再次单击其他对象，可同时选取多个对象，如图4-4所示。

图4—4

 技巧提示

在多个对象被选中的状态，如果要将其中一些对象的选中状态取消，可按住Alt键，在要取消的对象上单击即可。

理论实践——选择多个相邻对象

如果要同时选中多个相邻对象，可以使用鼠标进行拖拽，将要选取的对象进行框选，释放鼠标，相应的对象即可同时被选中，如图4-5所示。

图4—5

 技巧提示

将选择工具移到未选中的对象或组上时，光标将变为 形状；选择工具移到选中的对象或组上时，光标将变为 形状；将选择工具移到未选中对象的锚点上时，光标将变为 形状。

4.1.2 直接选择工具

直接选择工具在路径编排中有着非常重要的作用，它可以通过选择锚点、方向点、路径线段并移动它们，来改变直线或曲线路径的形状。

理论实践——选择、移动与删除锚点

单击工具箱中的"直接选择工具"按钮 或按快捷键A，然后将光标移动到包含锚点的路径上，单击左键即可选中锚点，拖拽鼠标可以移动锚点，按Delete键可以删除锚点，如图4-6所示。

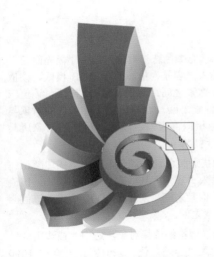

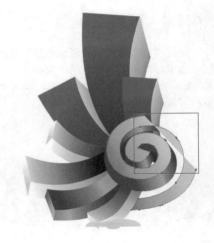

图4—6

理论实践——选择与移动路径线段

单击工具箱中的"直接选择工具"按钮 ，然后将光标移动到路径线段上，在路径上单击鼠标左键并移动光标，即可调整这部分线段，如图4-7所示。

图4—7

读书笔记

4.1.3 编组选择工具

编组选择工具可以在不解除编组的情况下，选择组内的对象或子组。

❶ 单击工具箱中的"编组选择工具"按钮 ，然后单击要选择的组内对象，选择的是组内的一个对象，如图4-8所示。

❷ 再次单击，选择的是对象所在的组，如图4-9所示。

❸ 第三次单击则添加第二个组，如图4-10所示。

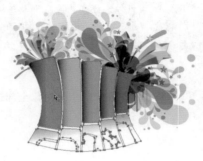

图4—8　　　　　　　　图4—9　　　　　　　　图4—10

4.1.4 魔棒工具

通过魔棒工具可以快速地将整个文档中属性相近的对象同时选中。单击工具箱中的"魔棒工具" ![img] 按钮或按快捷键 Y，然后在要选取的对象上单击，即可将文档中与之属性相似的对象同时选中，如图4-11所示。

图4-11

双击工具箱中的"魔棒工具"按钮 ![img]，弹出"魔棒"面板。在该面板中选中不同的复选框，可以定义使用魔棒工具选择对象的依据，如图4-12所示。

图4-12

- 若要根据对象的填充颜色选择对象，选中"填充颜色"复选框，然后输入"容差"值。对于 RGB 模式，该值应介于 0～255 像素之间；对于 CMYK 模式，该值应介于 0 ～ 100 像素之间。容差值越小，所选的对象与单击的对象就越相似；容差值越大，所选的对象所具有的属性范围就越广。
- 若要根据对象的描边颜色选择对象，选中"描边颜色"复选框，然后输入"容差"值。对于 RGB 模式，该值应介于 0～255 像素之间，对于 CMYK 模式，该值应介于 0～100 像素之间。
- 若要根据对象的描边粗细选择对象，选中"描边粗细"复选框，然后输入"容差"值。该值应介于 0 ～ 1000 点之间。
- 若要根据对象的透明度选择对象，选中"不透明度"复选框，然后输入"容差"值。该值应介于 0～100%之间。
- 若要根据对象的混合模式选择对象，选中"混合模式"复选框。

4.1.5 套索工具

使用套索工具围绕整个对象或对象的一部分拖动鼠标，可以非常容易地选择对象、锚点或路径线段。

单击工具箱中的"套索工具"按钮 ![img] 或按快捷键Q，在要选取的锚点区域上拖拽鼠标，使用套索将要选中的对象同时框住，释放鼠标即可完成锚点的选取，如图4-13所示。

图4-13

 技巧提示

选择套索工具后，按住Shift键拖动鼠标的同时，可以继续选中其他锚点。如果在路径线段周围拖动，可以选中路径线段；按住Shift键的同时拖动鼠标，可以继续选中其他的路径线段。

4.2 "选择"菜单命令的应用

Illustrator CS5除了在工具箱中提供了大量的选择工具外，还在"选择"菜单中提供了一些用于辅助选择的命令，如图4-14所示。通过工具和命令的配合，可以更好、更快地对相应的对象进行选取。

图4-14

理论实践——"全部"命令的应用

执行"选择>全部"命令或按Ctrl+A键，可以将当前文件中的所有对象全部选中，如图4-15所示。

图4-15

理论实践——"取消选择"命令的应用

执行"选择>取消选择"命令，或按Shift +Ctrl +A键，或在画面中没有对象的空白区域单击，即可取消选择所有对象，如图4-16所示。

读书笔记

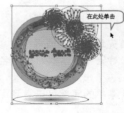

图4—16

理论实践——"重新选择"命令的应用

若要重复上次使用的选择命令，执行"选择>重新选择"命令或按Ctrl +6键，即可恢复选择上次所选的对象。

理论实践——"反向"命令的应用

执行"选择＞反向"命令，可以快速选择隐藏的路径、参考线和其他难于选择的未锁定对象，如图4-17所示。

读书笔记

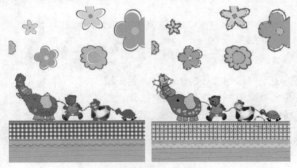

图4—17

理论实践——选择堆叠的对象

当多个对象堆叠在一起时，使用选择工具单击，只能选中最上面的对象。若要选择所选对象上方或下方距离最近的对象，可以执行"选择>上方的下一个对象"或"选择>下方的下一个对象"命令，如图4-18所示。

图4—18

理论实践——"相同"命令的应用

若要选择具有相同属性的所有对象，选择一个具有所需属性的对象，然后执行"选择>相同"命令，在弹出的子菜单选择所需属性（如"外观"、"外观属性"、"混合模式"、"填色和描边"、"填充颜色"、"不透明度"、"描边颜色"、"描边粗细"、"图形样式"、"符号实例"和"链接块系列"），即可选择文件中具有该属性的所有对象，如图4-19所示。

图4—19

理论实践——"对象"命令的应用

若要选择文件中某一特定类型的所有对象，首先需要取消所有对象的选择，然后执行"选择>对象"命令，在弹出的子菜单中选择所需对象类型（如"画笔描边"、"剪切蒙版"、"游离点"和"文本对象"等），即可选择文件中所有该类型的对象，如图4-20所示。

图4-20

理论实践——"存储所选对象"命令的应用

该命令主要用于首先选择一个或多个对象，然后执行"选择>存储所选对象"命令，弹出如图4-21所示"存储所选对象"对话框，在"名称"文本框中输入相应名称，单击"确定"按钮即可将其保存。

此时，在"选择"菜单的底部可以看到保存的选择状态选项，选择所需选项即可快速地选中相应的对象。

图4-21

理论实践——"编辑所选对象"命令的应用

执行"选择>编辑所选对象"命令，在弹出的"编辑所选对象"对话框中选中要进行编辑的选择状态选项，即可编辑已保存的对象，如图4-22所示。

- 名称：在该文本框中输入相应的字符，可以对名称进行修改。
- 删除：可以将相应的选择状态选项删除。

图4-22

4.3 还原与重做

在绘制图稿的过程中，难免会出现错误，这时可以执行"编辑>还原"命令或按Ctrl +Z键来更正错误。

还原之后，还可以执行"编辑>重做"命令或按 Shift +Ctrl +Z键来撤销还原，恢复到还原操作之前的状态。

如果执行"文件>恢复"命令，则可以将文件恢复到上一次存储的版本。需要注意的是，执行"文件>恢复"命令将无法还原。

技巧提示

即使执行过"文件>存储"命令，也可以进行还原操作，但是如果关闭了文件又重新打开，则无法再还原。当"还原"命令显示为灰色时，表示该命令不可用，也就是操作无法还原。还原操作不限制次数，只受内存大小的限制。

4.4 剪切对象

剪切是把当前选中的对象移入到剪贴板中，原位置的对象将消失，但是可以通过"粘贴"命令调用剪贴板中的该对象。也就是说，"剪切"命令经常与"粘贴"命令配合使用。在Illustrator CS5中，剪切和粘贴对象可以在同一文件中或者不同文件间进行。如图4-23所示分别为原图、剪切出的对象与粘贴到新文件中的效果。

选择一个对象，执行"编辑>剪切"命令或按Ctrl+X键，即可将所选对象剪切到剪贴板中（被剪切的对象从画面中消失），如图4-24所示。

图4—23

图4—24

4.5 复制对象

在设计作品中经常会出现重复的对象，如果逐一制作，有时工作量会很大。在Illustrator中无须重复创建，选中对象进行复制、粘贴即可，这也是数字设计平台的便利之一，如图4-25所示。

图4—25

通过"复制"命令可以快捷地制作出多个相同的对象。首先选择一个对象，然后执行"编辑>复制"命令或按Ctrl+C键，即可将其复制，如图4-26所示。

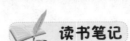 **读书笔记**

图4—26

也可以使用选择工具选中某一对象后，按住Alt键，当光标变为双箭头时进行移动，即可将其复制到相应位置，如图4-27所示。

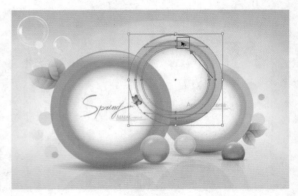

图4-27

4.6 粘贴对象

在对对象进行过复制或者剪切操作后，接下来要做的就是粘贴操作。在Illustrator中有多种粘贴方式，可以将复制或剪切的对象贴在前面或后面，也可以进行就地粘贴，还可以在所有画板上粘贴该对象，如图4-28所示。

图4-28

4.6.1 粘贴

将对象复制或剪切到剪贴板后，执行"编辑>粘贴"命令或按Ctrl +V键，即可将其粘贴到当前文档中，如图4-29所示。

图4-29

读书笔记

4.6.2 贴在前面

执行"编辑>贴在前面"命令或按Ctrl++F键，可将剪贴板中的对象粘贴到文档中原始对象所在的位置，并将其置于当前图层中对象堆叠的顶层。但是，如果在执行此功能前就选择了一个对象，则剪贴板中的内容将堆放到该对象的最前面。如图4-30所示为将所选对象剪切后，执行"编辑>贴在前面"命令的效果。

图4-30

4.6.3　贴在后面

执行"编辑>贴在后面"命令或按Ctrl+B键，可将剪贴板中的内容粘贴到对象堆叠的底层或紧跟在选定对象之后。如图4-31所示为将所选对象剪切后，执行"编辑>贴在后面"命令的效果。

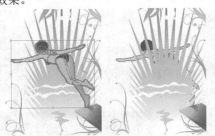

图4-31

4.6.4　就地粘贴

执行"编辑>就地粘贴"命令或按Shift+Ctrl+V键，可以将图稿粘贴到当前画板中。

4.6.5　在所有画板上粘贴

在剪切或复制图稿后，执行"编辑>在所有画板上粘贴"命令或按Alt+Shift+Ctrl+V键，可将其粘贴到所有画板上，如图4-32所示。

图4-32

　技巧提示

如果是复制图稿后执行"在所有画板上粘贴"命令，则在该图稿所在的画板上会将其再粘贴一次。

4.7　清除对象

首先选择一个或多个对象，然后执行"编辑>清除"命令或按Delete 键，即可删除选中的对象，如图4-33所示。

图4-33

如果将图层删除，那么图层上的内容也会被删除。如果删除一个包含子图层、路径和剪切组的图层，那么所有这些内容都会随图层一起被删除。

4.8 移动对象

在Illustrator中想要移动某一对象非常简单，但是该软件并没有提供专用的移动编辑工具，只是将相应的功能集成到了选择工具中。另外，也可以通过执行相应的命令进行精确的移动。如图4-34所示为使用移动对象操作的作品。

图4—34

4.8.1 使用选择工具移动对象

单击工具箱中的"选择工具"按钮或按V键，选中要进行移动的对象（可以是单个对象，也可以是多个对象），直接拖拽到要移动的位置即可，如图4-35所示。

图4—35

 技巧提示

在移动对象的同时按住Shift键，可以 45°角的倍数移动对象。

4.8.2 微调对象

如果要微调对象的位置，可以单击工具箱中的"选择工具"按钮，选中需要移动的对象。可以通过按键盘的上、下、左、右方向键进行调整，如图4-36所示。

在移动的同时按住Alt键，可以对相应的对象进行复制，如图4-37所示。

图4—36   图4—37

4.8.3 使用"移动"命令精确移动

执行"对象>变换>移动"命令，或按Shift+Ctrl+M键，或双击工具箱中的"选择工具"按钮，在弹出的"移动"对话框（如图4-38所示）中设置相应的参数，单击"确定"按钮，可以精确地移动对象。

图4—38

- 水平：在该文本框中输入相应的数值，可以定义对象在画板上水平方向的定位位置。
- 垂直：在该文本框中输入相应的数值，可以定义对象在画板上垂直方向的定位位置。

- 距离：在该文本框中输入相应的数值，可以定义对象移动的距离。
- 角度：在该文本框中输入相应的数值，可以定义对象移动的角度。
- 选项：当对象中填充了图案时，可以通过选中"对象"和"图案"复选框，定义对象移动的部分。
- 预览：选中该复选框，可以在进行最终的移动操作前查看相应的效果。
- 复制：单击该按钮，可以将移动的对象进行复制。

4.9 旋转对象

利用旋转工具可将对象围绕指定的点旋转，如图4-39所示。旋转对象时，需要先确定对象旋转的参考点（默认的参考点是对象的中心点）。如果选取了多个对象，则这些对象将围绕同一个参考点旋转。默认情况下，这个参考点为选区的中心点或定界框的中心点。

图4—39

4.9.1　使用旋转工具旋转对象

❶ 将要旋转的对象选中，然后单击工具箱中的"旋转工具"按钮 或按R键，可以看到对象中出现中心点标志，在画面中单击并拖动鼠标，即可围绕当前中心点进行旋转，如图4-40所示。

❷ 按住Shift键，可以锁定旋转的角度为45°的倍值，如图4-41所示。

❸ 将光标放置到中心点以外的区域，单击左键即可改变中心点的位置，此时拖动鼠标旋转对象将得到不同的效果，如图4-42所示。

图4-40　　　　　　图4-41　　　　图4-42

4.9.2　精确旋转对象

使用旋转工具还可以进行精确的旋转。选中要进行旋转的对象，双击工具箱中的"旋转工具"按钮 ，在弹出的如图4-43所示的"旋转"对话框（也可以通过执行"对象>变换>旋转"命令打开该对话框）中对"角度"以及"选项"等参数进行设置，然后单击"确定"按钮即可精确旋转对象。

图4-43

- 角度：用于设置旋转角度。输入负角度可顺时针旋转对象，输入正角度可逆时针旋转对象。
- 选项：如果对象包含图案填充，选中"对象"和"图案"复选框，可以同时旋转对象和图案。如果只想旋转图案，而不想旋转对象，取消选中"对象"复选框即可。
- 复制：单击该按钮，可以将旋转的对象进行复制。

 技巧提示

若要以圆形图案的形式围绕一个参考点置入对象的多个副本，可将参考点从对象的中心移开，单击"复制"按钮，然后重复执行"对象>变换>再次变换"命令。

实例练习——使用选择工具和旋转工具制作花朵钟

案例文件	实例练习——使用选择工具和旋转工具制作花朵钟.ai
视频教学	实例练习——使用选择工具和旋转工具制作花朵钟.flv
难易指数	★★★★★
知识掌握	选择工具、旋转工具

案例效果

本例将使用选择工具和旋转工具制作钟表效果，如图4-44所示。

图4-44

操作步骤

步骤01 选择"文件>新建"命令或按Ctrl+N键，在弹出的"新建文档"对话框中按照图4-45所示设置各参数，然后单击"确定"按钮，新建一个文档。

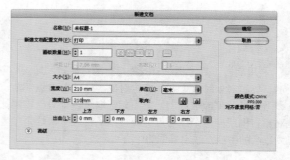

图4-45

步骤02 导入花朵素材文件，放置在画板中，如图4-46所示。

Illustrator CS5 从入门到精通

步骤03 单击工具箱中的"选择工具"按钮 ⬉，在花朵上单击将其选中，然后执行"编辑>复制"命令或按Ctrl +C键进行复制，再执行"编辑>粘贴"命令或按Ctrl +V键进行粘贴，复制出一个同样的花朵，并将其移动到底部，如图4-47所示。

图4—46　　　　　　图4—47

步骤04 使用选择工具将两个花朵对象全部选中，然后双击工具箱中的"旋转工具"按钮 ⟳，在弹出的"旋转"对话框（如图4-48所示）中设置"角度"为45°，单击"复制"按钮，即可在旋转的同时以中心标记为45°角进行复制，如图4-49所示。

图4—48

图4—49

步骤05 再次双击工具箱中的"旋转工具"按钮，在弹出的"旋转"对话框中单击"复制"按钮，结果如图4-50所示。

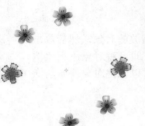

图4—50

步骤06 按照上述同样的方法再制作一次，组成花环形，用以模拟钟表上的12个时刻，如图4-51所示。

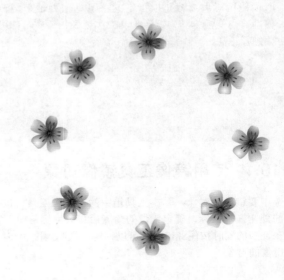

图4—51

步骤07 导入素材文件，将花环放置在背景的上一层中，效果如图4-52所示。

图4—52

4.10 镜像对象

所谓镜像对象，就是以指定的不可见轴为轴来翻转对象。使用自由变换工具、镜像工具或"镜像"命令，都可以对对象进行镜像，操作如图4-53所示。

图4—53

4.10.1　使用镜像工具镜像对象

选中要镜像的对象，单击工具箱中的"镜像工具"按钮或按O键，然后直接在对象的外侧拖拽鼠标，确定镜像的角度后释放鼠标，即可完成镜像处理，如图4-54所示。在拖拽的同时按住Shift键，可以锁定镜像的角度为45°的倍值；按住Alt键，可以复制镜像的对象。

图4—54

4.10.2　精确镜像对象

使用镜像工具还可以进行精确数值的镜像。选中要镜像的对象，双击工具箱中的"镜像工具"按钮，在弹出的如图4-55所示的"镜像"对话框（也可以通过执行"对象>变换>镜像"命令打开该对话框）中对"轴"和"选项"等参数进行相应的设置，然后单击"确定"按钮，即可精确地镜像对象。

图4—55

- 轴：用于定义镜像的轴。可以设置为"水平"或"垂直"，也可以选中"角度"单选按钮，然后在其中右侧文本框中自定义轴的角度。
- 选项：如果对象包含图案填充，选中"对象"和"图案"复选框，可以同时镜像对象和图案。如果只想镜像图案，而不想镜像对象，取消选中"对象"复选框即可。
- 复制：单击该按钮，可以将镜像的对象进行复制。

4.11 缩放对象

4.11.1　使用比例缩放工具缩放对象

比例缩放工具可对图形进行任意的缩放。选中要进行比例缩放的对象，然后单击工具箱中的"比例缩放工具"按钮或按S键，直接拖拽鼠标，即可对对象进行比例缩放处理，如图4-56所示。在缩放的同时，如果按住Shift键，可以保持对象原始的横纵比例。

图4—56

4.11.2　精确缩放对象

选中要进行比例缩放的对象，然后双击工具箱中的"比例缩放工具"按钮，在弹出的如图4-57所示的"比例缩放"对话框（执行"对象>变换>缩放"命令，也可以打开该对话框）中对缩放方式以及比例进行设置，如图4-57所示。

图4-57

- 等比：若要在对象缩放时保持固定的比例，可选中该单选按钮，然后在"比例缩放"文本框中输入百分比。

- 不等比：若要分别缩放高度和宽度，可选中该单选按钮，然后在"水平"和"垂直"文本框中输入百分比（缩放因子相对于参考点，可以为负数，也可以为正数）。

- 选项：选中"比例缩放描边和效果"复选框，可以随对象一起对描边路径以及任何与大小相关的效果进行缩放；如果对象包含图案填充，选中"对象"和"图案"复选框，可以同时缩放对象和图案；如果只想缩放图案，而不想缩放对象，取消选中"对象"复选框即可。

- 复制：单击该按钮，可以缩放对象的副本。

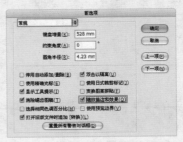
实例练习——使用"粘贴"命令、镜像工具与比例缩放工具制作矢量人物海报

案例文件	实例练习——使用"粘贴"命令、镜像工具与比例缩放工具制作矢量人物海报.ai
视频教学	实例练习——使用"粘贴"命令、镜像工具与比例缩放工具制作矢量人物海报.flv
难易指数	★★★★★
知识掌握	"粘贴"命令、缩放工具、镜像工具

案例效果

本例将通过"粘贴"命令、镜像工具与比例缩放工具制作矢量人物海报，最终效果如图4-59所示。

图4-59

操作步骤

步骤01　按Ctrl+O键，打开素材文档，如图4-60所示。

步骤02　单击工具箱中的"选择工具"按钮，在人像素材对象上单击，即可将其选中，如图4-61所示。

图4-60

图4-61

技巧提示

为了避免在绘制过程中调整到背景图层，可以在"图层"面板中将背景图层锁定，如图4-62所示。

图4-62

步骤03 按Ctrl +C键进行复制，然后按 Ctrl +V键进行粘贴，复制出一个人像，并将其移到右侧，如图4-63所示。

步骤04 保持人像副本的选中状态，单击工具箱中的"比例缩放工具"按钮同时按住Shift键，将其进行缩放（保持原始的横纵比例），如图4-64所示。

步骤05 选中人像副本，单击工具箱中的"镜像工具"按钮，在人像副本对象的外侧拖拽鼠标，使人像在水平方向镜像，效果如图4-65所示。

图4-63

图4-64

图4-65

4.12 倾斜对象

4.12.1 使用倾斜工具倾斜对象

倾斜工具可将对象沿水平或垂直轴向倾斜，也可以相对于特定轴的特定角度来倾斜或偏移对象。选中要倾斜的对象，单击工具箱中的"倾斜工具"按钮，直接拖拽鼠标，即可对对象进行倾斜处理，如图4-66所示。在拖拽的同时，如果按住Shift键，即可锁定倾斜的角度为45°的倍值。

图4-66

4.12.2 精确倾斜对象

选中要倾斜的对象，双击工具箱中的"倾斜工具"按钮，在弹出的如图4-67所示的"倾斜"对话框（执行"对象>变换>斜切"命令，也可以打开该对话框）中对"倾斜角度"、"轴"和"选项"等参数进行设置，然后单击"确定"按钮，即可精确地倾斜对象。

图4-67

- **倾斜角度**：倾斜角度是指沿顺时针方向应用于对象的相对于倾斜轴一条垂线的倾斜量。在该文本框中可以输入一个介于-359～359之间的倾斜角度值。

Illustrator CS5 从入门到精通

- 轴：选择要沿哪条轴倾斜对象。如果选择某个有角度的轴，可以输入一个介于 - 359～359 之间的角度值。
- 选项：如果对象包含图案填充，选中"对象"和"图案"复选框，可以同时倾斜对象和图案。如果只想倾斜图案，而不想倾斜对象，则取消选中"对象"。
- 复制：单击该按钮可以倾斜对象的副本。

4.12.3 使用"变换"面板倾斜对象

选中要倾斜的对象，在"变换"面板的 （倾斜）文本框中输入一个值，即可更改对象的倾斜角度。要更改参考点，需要在输入值之前单击参考点定位器 上的白色方框，如图4-68所示。

图4—68

 技巧提示

仅当通过更改"变换"面板中的值来变换对象时，该面板中的参考点定位器才会指定该对象的参考点。要从不同参考点进行倾斜，需要按住Alt键，使用倾斜工具在画布中单击作为参考点的位置。

4.13 使用整形工具改变对象形状

整形工具又称改变形状工具，可以通过自动在路径上添加锚点并改变锚点位置的方式快速调整路径的形状。如图4-69所示为使用整形工具制作的效果。

图4—69

使用直接选择工具选中要改变形状的对象，然后单击工具箱中的"整形工具"按钮，将光标定位在路径上并单击，此时可以看到该位置添加了一个周围带有方框的锚点，在按住鼠标左键的状态下移动光标位置即可改变路径形状，如图4-70所示。

按住Shift键单击更多的锚点或路径线段作为焦点，可以突出显示不限数量的锚点或路径线段，拖动突出显示的锚点可以调整路径，如图4-71所示。

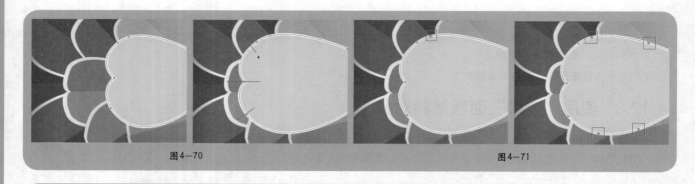

图4—70   图4—71

4.14 变换对象

4.14.1 使用自由变换工具变换对象

　　自由变换工具是一个综合编辑工具，使用该工具可以完成大部分对象的变形操作。单击工具箱中的"自由变换工具"按钮▦或按E键，此时选中的对象周围将出现一个定界框，将光标放置到定界框内，当其变成▶形状时直接拖拽鼠标即可移动对象，如图4-72所示。

图4—72

　　将光标放置到定界框的角点上，当其变成⤡形状时拖拽鼠标，可以对对象进行缩放操作。在缩放时，如果按住Shift键，可以等比例缩放对象；按住Alt键，将以图形的中心为准进行缩放，如图4-73所示。

图4—73

　　将光标放置到定界框的外侧，当其变成↘形状时拖拽鼠标，可以对对象进行旋转操作。在旋转时，如果按住Shift键，可以锁定对象旋转的角度为45°的倍值，如图4-74所示。

图4—74

　　将光标放置到定界框中心的控制点上，拖拽其到反向的位置上，可以实现对象的镜像，如图4-75所示。

图4—75

👓 **技巧提示**

　　将光标放置到定界框的角点上，按住Ctrl键，可以实现对象的畸变处理；按住Ctrl+Alt键，可以实现对象倾斜处理；按住Shift+Ctrl+Alt键，可以使图形产生透视效果。

实例练习——使用自由变换工具制作书籍封面

案例文件	实例练习——使用自由变换工具制作书籍封面.ai
视频教学	实例练习——使用自由变换工具制作书籍封面.flv
难易指数	★★★★★
知识掌握	自由变换工具

案例效果

本例将使用自由变换工具制作书籍封面，最终效果如图4-76所示。

图4—76

操作步骤

步骤01▶ 按Ctrl+O键，打开素材文档，如图4-77所示。

图4—77

步骤02▶ 导入封面的花纹素材文件，并将其放置在书上面，如图4-78所示。

步骤03▶ 选中封面的花纹素材对象，单击工具箱中的"自由变换工具"按钮，此时出现一个定界框，将光标放置到定界框右上角的控制点上单击，然后按住Ctrl键将控制点向内拖拽，如图4-79所示。

步骤04▶ 继续选择另外的控制点，按住Ctrl键拖动调整控制点的位置，如图4-80所示。

图4—78

图4—79

图4—80

步骤05▶ 保持选中状态，将光标放置在左下角锚点上，按住Ctrl+Alt键，对书皮对象进行倾斜处理，如图4-81所示。

步骤06▶ 选择左下角锚点，然后按住Ctrl键向内拖拽，如图4-82所示。

图4—81

图4—82

步骤07 此时封面花纹与书籍的透视感完全吻合，最终效果如图4-83所示。

图4—83

4.14.2 使用"变换"命令变换对象

在选中对象后，单击鼠标右键，在弹出的快捷菜单中选择"变换"命令，在其子菜单中选择所需命令（如"移动"、"旋转"、"对称"、"缩放"、"倾斜"等），即可进行相应的变换操作，如图4-84所示。

图4—84

4.14.3 使用"再次变换"命令变换对象

在Illustrator 中可以进行重复的变换操作，软件会默认所有的变换设置，直到选择不同的对象或执行不同的任务为止。执行"对象>变换>再次变换"命令时，还可以对对象进行变形复制操作，可以按照一个相同的变形操作复制一系列的对象。

❶ 首先将要变换的对象选中（可以是单一的对象，也可以是多个对象），然后对其进行顺时针旋转45°的操作，如图4-85所示。

❷ 重复执行"对象>变换>再次变换"命令（或重复按Ctrl+D键），可以看到每次对象都会再次顺时针旋转45°，如图4-86所示。

图4-85   图4-86

4.14.4 使用"分别变换"命令变换对象

选中多个对象时，如果直接进行变换操作，则是将所选对象作为一个整体进行变换；而使用"分别变换"命令则可以对所选的对象以各自中心点进行分别变换。例如，为选中多个卡通人物，直接进行旋转操作则整体进行旋转，而执行"分别变换"命令后，每个卡通人物分别进行了旋转，如图4-87所示。

在画板中选中要变换的多个对象，执行"对象>变换>分别变换"命令或按Shift+Ctrl+Alt+D键，在弹出的"分别变换"对话框中可以对"缩放"、"移动"、"旋转"等参数进行设置，如图4-88所示。

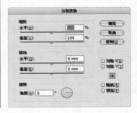

选中多个对象   直接变换   分别变换

图4-87   图4-88

- 在"缩放"选项组中，分别调整"水平"和"垂直"文本框中的参数，可以定义缩放比例。
- 在"移动"选项组中，分别调整"水平"和"垂直"文本框中的参数，可以定义移动的距离。
- 在"角度"文本框中输入相应的数值，可以定义旋转的角度。
- 当选中"对称X"或"对称Y"复选框时，可以对对象进行镜像处理。
- 要更改参考点，单击参考点定位器 图 上的定位点。
- 选中"随机"复选框时，将对调整的参数进行随机变换，而且每一个对象随机的数值并不相同。

- 选中"预览"复选框时，在进行最终的分别变换操作前可以查看相应的效果。
- 单击"复制"按钮，可以变换每个对象的副本。

技巧提示

缩放多个对象时，无法输入特定的宽度。在Illustrator中只能以百分比度量缩放对象。

4.14.5 使用"变换"面板精确变换对象

执行"窗口>变换"命令或按Shift+F8键，打开"变换"面板。在该面板中，可以查看一个或多个选定对象的位置、大小和方向等信息，也可以通过输入数值来修改对象的位置、大小、旋转角度、倾斜角度，还可以更改变换参考点，以及锁定对象比例。此外，在该面板中单击右上角的 图 按钮，在弹出的菜单中选择所需命令，可以进行更多的操作，如图4-89所示。

图4-89

- ▦（参考点定位器）：单击控制器上的定位点，可以定义参考点在对象上的位置。
- X/Y：用于设置页面上对象的位置，从左下角开始测量。
- 宽/高：用于设置对象的精确尺寸。
- ▮（锁定缩放比例）：单击该按钮，可以锁定比例缩放。
- ◢（旋转）：用于设置对象的旋转角度，负值为顺时针旋转，正值为逆时针旋转。
- ◿（倾斜）：用于设置对象沿一条水平或垂直轴的倾斜角度。
- 对齐像素网格：选中该复选框，可以将各个对象按像素对齐到像素网格；取消选中该复选框，除X和Y值以外，面板中的所有值都是指对象的定界框，而X和Y值指的是选定的参考点。

- 水平翻转：选择该命令，所选对象将在水平方向上进行翻转，并保持原有的尺寸。
- 垂直翻转：选择该命令，所选对象将在垂直方向上进行翻转，并保持原有的尺寸。
- 缩放描边和效果：选择该命令，对对象进行缩放操作时，将进行描边和效果的缩放。
- 仅变换对象：选择该命令，将只对图形进行变换处理，而不对效果、图案等属性进行变换。
- 仅变换图案：选择该命令，将只对图形中的图案填充进行变换处理，而不对图形进行变换。
- 变换两者：选择该命令，可对图形中的图案填充和图形一起进行变换处理。

实例练习——使用"复制"、"粘贴"命令和比例缩放工具制作时尚名片

案例文件	实例练习——使用"复制"、"粘贴"命令和比例缩放工具制作时尚名片.ai
视频教学	实例练习——使用"复制"、"粘贴"命令和比例缩放工具制作时尚名片.flv
难易指数	★★★★★
知识掌握	"复制"命令、"粘贴"命令、比例缩放工具

案例效果

本例将使用"复制"、"粘贴"命令和比例缩放工具制作时尚名片，最终效果如图4-90所示。

图4-90

操作步骤

步骤01 按Ctrl+O键，打开素材文档，如图4-91所示。

图4-91

技巧提示

在"图层"面板中可以看到其中包含两个图层，为了方便下面的制作，需要先将"前景"图层隐藏，如图4-92所示。

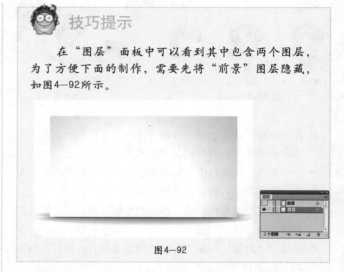

图4-92

步骤02 单击工具箱中的"椭圆工具"按钮○，按住Shift键拖动鼠标绘制一个正圆。在椭圆工具控制栏中设置填充为蓝色，"描边"为无，如图4-93所示。

图4-93

步骤03 ▶ 选中正圆对象，按Ctrl+C键复制，再按Ctrl+V键粘贴，复制出一个正圆副本，并设置其颜色为红色，如图4-94所示。

图4-94

步骤04 ▶ 单击工具箱中的"比例缩放工具"按钮，然后按住Shift键拖动鼠标，将正圆副本等比例缩放，如图4-95所示。

图4-95

步骤05 ▶ 按照上述同样的方法继续复制出多个正圆，然后等比例放大或缩小，并调整其颜色，如图4-96所示。

图4-96

步骤06 ▶ 单击工具箱中的"选择工具"按钮，将多彩的圆形全部选中，然后执行"对象>编组"命令，将选中的圆编成一组，如图4-97所示。

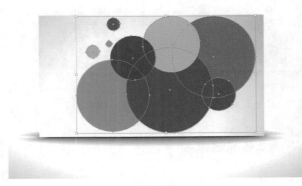

图4-97

步骤07 ▶ 选中多彩圆形组，在控制栏中设置"不透明度"为89%，如图4-98所示。

图4-98

📖 **读书笔记**

_____

_____

👤 **技巧提示**

在此不对"不透明度"进行讲解，在后面的章节中会详细介绍。

步骤08 ▶ 单击工具箱中的"椭圆工具"按钮，按住Shift键的同时拖拽鼠标，绘制一个正圆。在选项栏中设置填充为蓝色，描边为白色，描边大小为5pt，如图4-99所示。

步骤09 选中带有白色描边的正圆，多次按Ctrl+C、Ctrl+V键进行复制、粘贴，再分别调整其大小、颜色和透明度，如图4-100所示。

步骤10 打开前景素材文件，最终效果如图4-101所示。

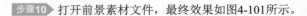

图4-99

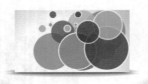

图4-100

图4-101

 读书笔记

Chapter 05

第5章

对象管理

对象的堆叠方式决定了最终的显示效果，在Illustrator中对象的堆叠顺序取决于使用的绘图模式。使用"排列"命令可以随时更改图稿中对象的堆叠顺序。

本章学习要点：

- 掌握调整对象排列的方法
- 掌握对齐与分布命令的使用方法
- 掌握编组与锁定功能的使用方法

5.1 对象的排列

对象的堆叠方式决定了最终的显示效果，在Illustrator中对象的堆叠顺序取决于使用的绘图模式。使用"排列"命令可以随时更改图稿中对象的堆叠顺序。如图5-1所示为对象处于不同的排列顺序下作品展现出的不同效果。

图5-1

 技巧提示

在正常绘图模式下创建新图层时，新图层将放置在现用图层的正上方，且任何新对象都在现用图层的上方绘制出来。但是，在使用背面绘图模式下创建新图层时，新图层将放置在现用图层的正下方，且任何新对象都在选定对象的下方绘制出来。

5.1.1 使用命令更改对象排列

执行"对象>排列"命令，在子菜单中包含多个可以用于调整对象排列顺序的命令。或者在画布中选中对象，单击鼠标右键，在弹出的快捷菜单中执行"排列"命令，也会出现相同的子菜单，如图5-2所示。

图5-2

执行"对象>排列>置于顶层"命令，可以将对象移到其组或图层中的顶层位置，如图5-3所示。

图5-3

执行"对象>排列>前移一层"命令，可以将对象按堆叠顺序向前移动一个位置，如图5-4所示。

执行"对象>排列>后移一层"命令，可以将对象按堆叠顺序向后移动一个位置，如图5-5所示。

图5-4　　　　　　　　　　图5-5

执行"对象>排列>置于底层"命令，可以将对象移到其组或图层中的底层位置，如图5-6所示。

图5-6

5.1.2 使用"图层"面板更改堆叠顺序

位于"图层"面板顶部的图稿在堆叠顺序中位于前面，而位于"图层"面板底部的图稿在堆叠顺序中位于后面。同一图层中的对象也是按结构进行堆叠的。展开图层可以看到当前画面中存在的编组或对象，拖动项目名称，当黑色的插入标记出现在期望位置时，释放鼠标按钮。黑色插入标记出现在面板中其他两个项目之间，或出现在图层或组的左边和右边。在图层或组之上释放的项目将被移动至项目中所有其他对象上方，如图5-7所示。

图5-7

 技巧提示

在项目选择列中单击，将选择颜色框拖至其他项目的选择颜色框，并释放鼠标。如果项目选择颜色框被拖至对象时，项目便会被移动到对象上方；如果项目选择颜色框被拖至图层或组，项目便会被移动到图层或组中所有其他对象上方。

5.2 对齐与分布

进行平面设计时经常会需要在画面中添加大量排列整齐的对象。在Illustrator中可以使用对齐与分布命令实现这一目的。如图5-8所示为使用对齐与分布命令进行制作的作品。

图5-8

5.2.1 对齐对象

在Illustrator中，使用"对齐"面板和控制栏中的对齐选项都可以沿指定的轴对齐或分布所选对象。首先将要进行对齐的对象选中，执行"窗口>对齐"命令或按Shift+F7键，打开"对齐"面板，在其中的"对齐对象组"选项中可以看到对齐控制按钮，如图5-9所示。

图5-9

 技巧提示

将要进行对齐的对象选中，在控制栏中也可以看到相应的对齐控制按钮，如图5-10所示。

图5-10

● 左对齐█：单击该按钮时，选中的对象将以最左侧的对象为基准，将所有对象的左边界调整到一条基线上，如图5-11所示。

图5-11

● 垂直居中对齐█：单击该按钮时，选中的对象将以中心的对象为基准，将所有对象的垂直中心线调整到一条基线上，如图5-12所示。

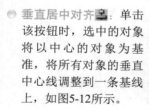

图5-12

● 右对齐█：单击该按钮时，选中的对象将以最右侧的对象为基准，将所有对象的右边界调整到一条基线上，如图5-13所示。

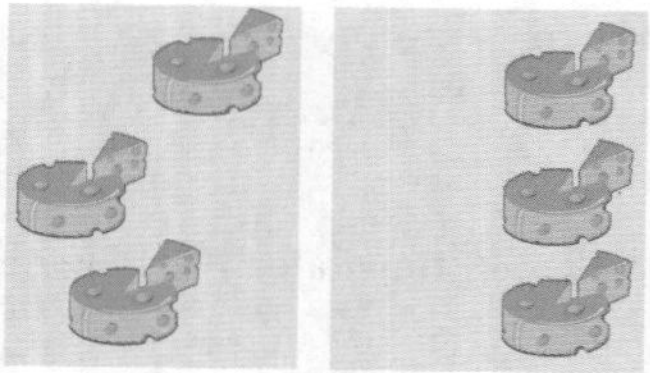

图5-13

● 顶部对齐█：单击该按钮时，选中的对象将以顶部的对象为基准，将所有对象的上边界调整到一条基线上，如图5-14所示。

图5-14

● 水平居中对齐█：单击该按钮时，选中的对象将以水平的对象为基准，将所有对象的水平中心线调整到一条基线上，如图5-15所示。

图5-15

● 底部对齐█：单击该按钮时，选中的对象将以底部的对象为基准，将所有对象的下边界调整到一条基线上，如图5-16所示。

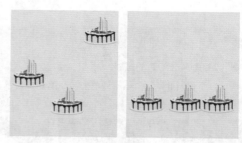

图5-16

技巧提示

当要对选中的对象进行中心对齐时，可以同时单击"垂直居中对齐"按钮█和"水平居中对齐"按钮█，如图5-17所示。

图5-17

5.2.2 分布对象

执行"窗口>对齐"命令或按Shift+F7键，将"对齐"面板显示出来。在"分布对象"选项组中可以看到相应的分布控制按钮，如图5-18所示。

图5-18

技巧提示

将要进行分布的对象选中，在控制栏中也可以看到相应的分布控制按钮，如图5-19所示。

图5-19

⊜ 垂直顶部分布 ⊟：单击该按钮时，将平均每一个对象顶部基线之间的距离，调整对象的位置，如图5-20所示。

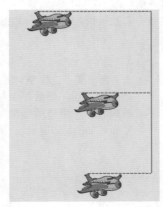

图5-20

⊜ 垂直居中分布 ⊟：单击该按钮时，将平均每一个对象水平中心基线之间的距离，调整对象的位置，如图5-21所示。

图5-21

⊜ 底部分布 ⊟：单击该按钮时，将平均每一个对象底部基线之间的距离，调整对象的位置，如图5-22所示。

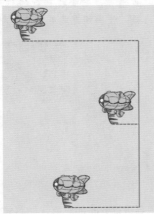

图5-22

⊜ 左分布 ⊪：单击该按钮时，将平均每一个对象左侧基线之间的距离，调整对象的位置，如图5-23所示。

图5-23

⊜ 水平居中分布 ⊪：单击该按钮时，将平均每一个对象垂直中心基线之间的距离，调整对象的位置，如图5-24所示。

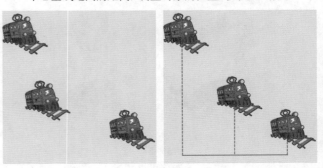

图5-24

⊜ 右分布 ⊪：单击该按钮时，将平均每一个对象右侧基线之间的距离，调整对象的位置，如图5-25所示。

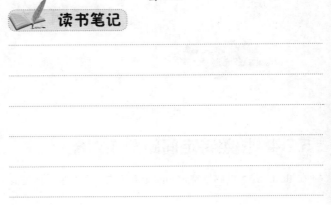

图5-25

📖 读书笔记

5.2.3 调整对齐依据

在Illustrator中可以对对齐依据进行设置，这里提供了3种对齐依据即"对齐所选对象"、"对齐关键对象"和"对齐画板"，设置不同的对齐依据得到的对齐或分布效果也各不相同，如图5-26所示。

图5-26

○ 对齐所选对象 ：使用该选项可以相对于所有选定对象的定界框对齐或分布，如图5-27所示。

图5-27

○ 对齐关键对象 ：该选项可以相对于一个锚点对齐或分布。在对齐之前首先需要使用选择工具，单击要用作关键对象的对象，关键对象周围出现一个轮廓。然后单击与所需的对齐或分布类型对应的按钮即可，如图5-28所示。

图5-28

○ 对齐画板 ：选择要对齐或分布的对象，在对齐依据中选择该选项，然后单击与所需的对齐或分布类型对应的按钮，即可将所选对象按照当前的画板进行对齐或分布，如图5-29所示。

图5-29

技巧提示

默认情况下，Illustrator CS5会根据对象路径计算对象的对齐和分布情况。当处理具有不同描边粗细的对象时，可以改为使用描边边缘来计算对象的对齐和分布情况。若要执行此操作，在"对齐"面板菜单中选择"使用预览边界"选项即可，如图5-30所示。

图5-30

5.2.4 按照特定间距分布对象

❶ 在Illustrator中能够以特定的间距数值来分布对象。首先需要选中要进行分布的对象，如图5-31所示。

Illustrator CS5 从入门到精通

② 使用选择工具，单击要在其周围分布其他对象的"关键对象"。此时"关键对象"上出现红色轮廓效果，并且将在原位置保留不动，如图5-32所示。

③ 此时对齐依据为"对齐关键对象"，输入要在对象之间显示的间距量，如图5-33所示。

图5-31　　　　图5-32　　　　图5-33

④ 在"分布间距"选项组中，分别单击"垂直分布间距"按钮 ⁼ 和"水平分布间距"按钮 ⁃。可以看到关键对象没有移动，而另外两个对象则以当前设置的间距数值，分别在水平方向和垂直方向均匀分布，如图5-34所示。

图5-34

技巧提示

如果未显示"分布间距"选项组，则在面板菜单中单击"显示选项"选项即可，如图5-35所示。

图5-35

实例练习——使用"对齐"命令制作记事本

案例文件	实例练习——使用"对齐"命令制作记事本.ai
视频教学	实例练习——使用"对齐"命令制作记事本.flv
难易指数	★★★★★
知识掌握	"对齐"与"分布"命令的使用

案例效果

案例主要通过"对齐"命令制作记事本，效果如图5-36所示。

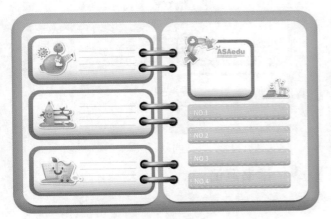

图5-36

操作步骤

步骤01▶ 打开本书配套光盘中的背景素材文件，如图5-37所示。

步骤02▶ 单击工具箱中的"圆角矩形工具"按钮 ▢，拖拽鼠标绘制一个圆角矩形，如图5-38所示。

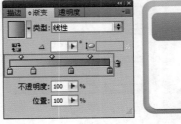 

图5-37　　　　　图5-38

步骤03▶ 执行"窗口>渐变"命令，打开"渐变"面板，在该面板中编辑一种绿色系渐变，类型为"线性"，如图5-39所示。

图5-39

读书笔记

步骤04 使用选择工具选择圆角矩形对象，按住Alt键向下拖拽，松开鼠标复制出副本，再次复制并向下移动，如图5-40所示。

图5-40

步骤05 将3个圆角矩形一起选中，然后执行"窗口>对齐"命令，打开"对齐"面板，单击"水平居中对齐"按钮，再单击"垂直居中对齐"按钮，此时3个圆角矩形均匀地分布在左侧页面上，如图5-41所示。

图5-41

步骤06 使用圆角矩形工具绘制圆角矩形，并填充为白色。用同样的方法复制出另外两个白色圆角矩形，并在"对齐"面板中进行对齐与分布，如图5-42所示。

步骤07 使用圆角矩形工具在右侧页面底部绘制一个圆角矩形。打开"渐变"面板，在该面板中编辑一种灰色系渐变，类型为"线性"，如图5-43所示。

图5-42   图5-43

步骤08 复制该圆角矩形，并等比例居中缩放，在控制栏中设置填充为无，描边为白色。然后执行"窗口>描边"命令，打开"描边"面板，设置粗细为1pt，选中"虚线"复选框，设置虚线为8pt，配置文件为"等比"，如图5-44所示。

图5-44

步骤09 将灰色渐变和虚线描边一起选中，单击鼠标右键，在弹出的快捷菜单中执行"编组"命令，如图5-45所示。

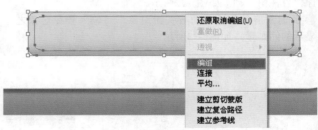

图5-45

步骤10 将灰色圆角矩形组选中，复制出3个副本。选中这4个圆角矩形，在"对齐"面板中单击"水平居中对齐"按钮和"垂直居中对齐"按钮使其均匀分布，如图5-46所示。

图5-46

步骤11 导入前景素材文件，最终效果如图5-47所示。

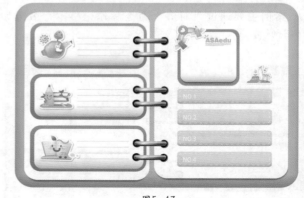

图5-47

 读书笔记

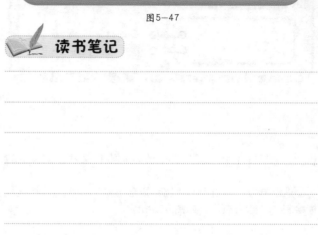

Illustrator CS5 从入门到精通

5.3 对象的成组与解组

进行平面设计时，作品中经常会包含大量的内容，而且每个部分都可能由多个对象组成。如果需要对多个对象同时进行相同的操作，可以将这些对象组合成一个整体"组"，成组后的对象仍然保持其原始属性，并且可以随时解散组合，如图5-48所示。

图5-48

5.3.1 成组对象

首先将要进行成组的对象选中，执行"对象>编组"命令或按Ctrl+G键即可将对象进行编组，单击鼠标右键也可以执行"编组"命令。编组后，使用选择工具进行选择时只能选中该组，只有使用编组选择工具才能选中组中的某个对象，如图5-49所示。

图5-49

 技巧提示

组还可以是嵌套结构，也就是说，组可以被编组到其他对象或组中，形成更大的组。组在"图层"面板中显示为<编组>项目。可以使用"图层"面板在组中移入或移出项目。

5.3.2 取消编组

当需要对编组对象解除编组时，可以选中该组，执行"对象>取消编组"命令或单击鼠标右键执行"取消编组"命令，或按Shift +Ctrl +G键，组中的对象即可解组为独立对象，如图5-50所示。

图5-50

5.4 锁定与解锁

在制图过程中经常会遇到需要将页面中暂时不需要编辑的对象固定在一个特定的位置，使其不能进行移动、变换等编辑，此时可以运用锁定功能。一旦需要对锁定的对象进行编辑时，还可以使用解锁功能恢复对象的可编辑性。

5.4.1　锁定对象

首先选择要锁定的对象，然后执行"对象>锁定>所选对象"命令，或按Ctrl+2键即可将所选对象锁定。锁定之后的对象无法被选中，也无法被编辑，如图5-51所示。

如果文件中包含重叠对象，选中处于底层的对象，执行"对象>锁定>上方所有图稿"命令，即可锁定与所选对象所在区域有所重叠且位于同一图层中的所有对象，如图5-52所示。

图5-51

图5-52

5.4.2　解锁对象

执行"对象>全部解锁"命令，或按Ctrl+Alt+2键即可解锁文档中的所有锁定的对象。若要解锁单个对象，则需要在"图层"面板中选择要解锁的对象对应的锁定图标 即可，如图5-53所示。

 技巧提示

关于"图层"面板的相关知识将在第14章中进行详细讲解。

图5-53

📖 读书笔记

5.5 隐藏与显示

当文件中包含过多对象时，可能会出现不利于细节观察的问题。在Illustrator中可以将对象进行隐藏，以便于其他对象的观察。隐藏的对象是不可见、不可选择的，而且也无法被打印出来。但隐藏仍然存在于文档中，文档关闭和重新打开时，隐藏对象会重新出现，如图5-54所示。

图5—54

5.5.1 隐藏对象

选择要隐藏的对象，执行"对象>隐藏>所选对象"命令，或按Ctrl+3键即可将所选对象隐藏，如图5-55所示。

图5—55

若要隐藏某一对象上方的所有对象，可以选择该对象，然后执行"对象>隐藏>上方所有图稿"命令，如图5-56所示。

若要隐藏除所选对象或组所在图层以外的所有其他图层，执行"对象>隐藏>其他图层"命令，如图5-57所示。

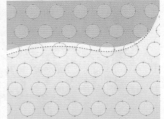

图5—56

图5—57

读书笔记

5.5.2 显示对象

执行"对象>显示全部"命令或按Ctrl+Alt+3键，之前被隐藏的所有对象都将显示出来，并且之前选中的对象仍保持选中状态，如图5-58所示。

 技巧提示

使用"显示全部"命令时，无法只显示少数几个隐藏对象。若要只显示某个特定对象，可以通过"图层"面板进行控制。

图5-58

实例练习——使用"对齐"与"分布"命令制作淡雅底纹卡片

案例文件	实例练习——使用"对齐"与"分布"命令制作淡雅底纹卡片.ai
视频教学	实例练习——使用"对齐"与"分布"命令制作淡雅底纹卡片.flv
难易指数	★★★★★
知识掌握	锁定、编组、对齐、分布

案例效果

本例主要是通过"对齐"与"分布"命令制作淡雅底纹卡片效果，如图5-59所示。

图5-59

操作步骤

步骤01 选择"文件>新建"命令或按Ctrl+N组合键新建一个文档，具体参数设置如图5-60所示。

步骤02 单击工具箱中的"矩形工具"按钮，鼠标拖拽绘制一个矩形，设置填充颜色为绿色。为了便于后面的操作，选中绿色矩形，执行"对象>锁定>所选对象"命令，如图5-61所示。

图5-60　　　　　　　　　图5-61

 技巧提示

也可以在"图层"面板中展开该图层，并在相应路径上单击"锁定"按钮将其锁定，如图5-62所示。

图5-62

步骤03 单击工具箱中的"钢笔工具"按钮，在画面中绘制出一个树叶形状，设置填充颜色为浅绿色，如图5-63所示。

步骤04 继续使用钢笔工具绘制出后面4个叶片，并将树叶全部选中，单击鼠标右键，在弹出的快捷菜单中执行"编组"命令，如图5-64所示。

图5-63　　　　　　　　　图5-64

Illustrator CS5 从入门到精通

步骤05 选中该组，执行"编辑>复制"命令，并执行3次"编辑>粘贴"命令，粘贴出另外3个叶片。然后单击工具箱中的"旋转工具"按钮，按住Shift键分别旋转其他叶片，并摆放在合适位置，如图5-65所示。

步骤06 继续使用钢笔工具在中心位置绘制形状，设置颜色为浅绿色，如图5-66所示。

图5-65　　　　　　　　　图5-66

步骤07 选中刚绘制的图形，执行"编辑>复制"命令和"编辑>原位粘贴"命令。按住Shift +Alt组合键将副本向内拖拽，进行等比例缩放，并填充浅一些的绿色。同样的方法多次复制并更改填充颜色，如图5-67所示。

图5-67

步骤08 使用选择工具选中全部，然后单击鼠标右键，在弹出的快捷菜单中执行"编组"命令，将其进行编组，如图5-68所示。

步骤09 使用选择工具选中该群组，按住Alt键进行移动复制，沿水平方向复制出多个花纹，如图5-69所示。

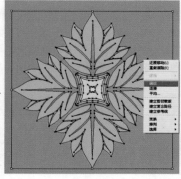 

图5-68　　　　　　　　　图5-69

步骤10 为了使花纹摆放得更加整齐，需要执行"窗口>对齐"命令，打开"对齐"面板，单击"顶部对齐"按钮，使其处于同一水平线上，如图5-70所示。

图5-70

步骤11 单击"水平居中分布"按钮，使其在水平方向间距相同，如图5-71所示。

步骤12 选中这5个花纹，单击鼠标右键，在弹出的快捷菜单中执行"编组"命令，如图5-72所示。

图5-71　　　　　　　　　图5-72

步骤13 复制该编组，并使用移动复制的方法复制出多行花纹，依次向下错落摆放，同样可以使用"对齐"面板对花纹间距进行调整，如图5-73所示。

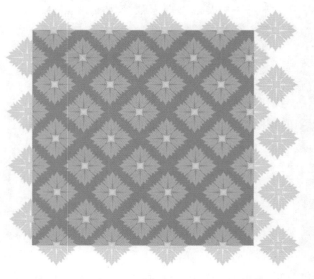

图5-73

步骤14▶ 由于当前花纹有很多超出画面的区域，所以需要使用矩形工具在画面中绘制一个矩形，选中矩形与全部花纹，单击鼠标右键，在弹出的快捷菜单中执行"建立剪切蒙版"命令，此时花纹超出矩形的部分即可被隐藏，如图5-74所示。

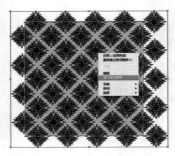

图5-74

步骤15▶ 导入前景素材文件，最终效果如图5-75所示。

图5-75

实例练习——制作西餐菜单

案例文件	实例练习——制作西餐菜单.ai
视频教学	实例练习——制作西餐菜单.flv
难易指数	★★★★★
知识掌握	"对齐"、"分布"、"成组"、"锁定"等命令的使用

案例效果

案例效果如图5-76所示。

图5-76

操作步骤

步骤01▶ 使用新建快捷键Ctrl+N创建新文档，如图5-77所示。

图5-77

步骤02▶ 单击工具箱中的"矩形工具"按钮 □ ，拖拽鼠标绘制一个矩形，如图5-78所示。

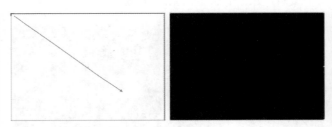

图5-78

步骤03▶ 执行"窗口>渐变"命令，打开"渐变"面板，在该面板中编辑灰色渐变，类型为"线性"，如图5-79所示。

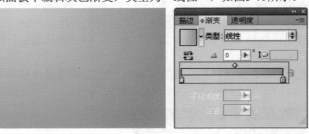

图5-79

步骤04▶ 使用矩形工具在左侧绘制一个矩形作为左侧页面，设置填充色为米色，描边色为褐色，设置描边粗细为1pt，如图5-80所示。

图5-80

步骤05 单击工具箱中的"选择工具"按钮 ，选中米色选框，执行"效果>风格化>投影"命令，调出"投影"面板，设置相关选项，如图5-81所示。

图5-81

步骤06 再使用矩形工具，在顶部绘制一个长条矩形，设置填充色为褐色，如图5-82所示。

步骤07 使用选择工具选中长条矩形对象，按住Alt键的同时向下拖动鼠标，复制出一个副本，如图5-83所示。

图5-82　　　　　　　　　图5-83

 技巧提示

按住Shift键，可以将所选的对象进行平行移动。

步骤08 按照同样的方法再复制一个，放置在底部。为了使长条矩形在垂直方向上对齐，将长条矩形全部选中。执行"窗口>对齐"命令，打开"对齐"面板，单击"水平左对齐"按钮，如图5-84所示。

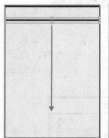

图5-84

步骤09 将底部长条矩形选中，然后选择底部中间的控制点向下拖动将其拉长，如图5-85所示。

步骤10 单击工具箱中的"文字工具"按钮，在控制栏中设置字体和大小，设置颜色为褐色，在顶部输入数字，如图5-86所示。

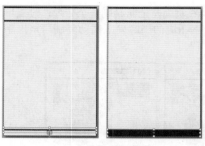

图5-85

图5-86

步骤11 使用矩形工具在数字右边绘制一个矩形，执行"窗口>颜色"命令，打开"颜色"面板，设置填充色为褐色，如图5-87所示。

图5-87

步骤12 单击工具箱中的"文字工具"按钮 ，在控制栏中设置字体和大小，设置填充色为黄色，然后在矩形上面输入英文，并将矩形和英文一起选中，打开"对齐"面板，单击"垂直居中对齐"按钮，如图5-88所示。

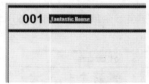

图5-88

步骤13 执行"文件>置入"命令，选择饮品图片素材，并将其放置到文档中，如图5-89所示。

步骤14 继续导入另一张糕点图片素材，并将其放置在底部位置，如图5-90所示。

图5-89　　　　　　图5-90

步骤15 使用矩形工具在页面左上角绘制一个矩形，设置填充色为褐色，然后按住Alt键的同时向下拖动复制出矩形副本，如图5-91所示。

图5-91

步骤16 将光标放到新复制矩形上方的定界框上，选择顶部中心控制点向下拖拽，改变矩形高度，如图5-92所示。

图5-92

步骤17 保持选中状态，复制出一个放置在底部，如图5-93所示。

图5-93

步骤18 继续使用矩形工具绘制矩形，设置填充颜色为米色，按住Alt键的同时向下拖动，复制一个放置在底部位置。再次将左侧所有矩形全部选中，打开"对齐"面板，单击"水平左对齐"按钮，如图5-94所示。

步骤19 单击工具箱中的"文字工具"按钮 **T**，在控制栏中设置字体、大小，然后输入英文，设置填充颜色为米色，如图5-95所示。

图5-94

图5-95

步骤20 使用"矩形工具"按钮 □，在英文底部绘制一个长条矩形。然后按住Alt键的同时向下拖动复制出一个，设置填充色为褐色，如图5-96所示。

图5-96

步骤21 继续使用文字工具在页面左侧输入文字，分别设置文字的字体、大小和颜色，并将所有文字一起选中，打开"对齐"面板，单击"水平左对齐"按钮，将文字向左对齐，如图5-97所示。

图5-97

步骤22 使用选择工具框选左侧页面版式部分，按Ctrl+C键复制版式组并向右拖动，再按Ctrl+V键粘贴，如图5-98所示。

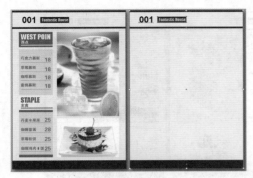

图5-98

步骤23 调整顶部文字和矩形的位置，如图5-99所示。

图5-99

步骤24 单击工具箱中的"文字工具"按钮 **T.**，选中数字1，更改为2，如图5-100所示。

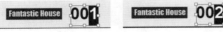

图5-100

 技巧提示

对右侧的底板部分编辑完成后，可以将右侧版式选中并执行"对象>锁定>所选对象"命令，便于后面的操作。

步骤25 执行"文件>置入"命令，置入图片素材，并将其放置在右侧底板上面，如图5-101所示。

图5-101

步骤26 使用矩形工具在底部绘制一个矩形选框，执行"窗口>颜色"命令，调出"颜色"面板，设置填充色为米色，如图5-102所示。

图5-102

步骤27 采用同样的方法，使用文字工具输入产品名称，为了保证文字部分排列整齐，可以使用"对齐"面板进行调整，如图5-103所示。

步骤28 使用矩形工具在图片右下角绘制一个矩形，设置填充色为绿色，如图5-104所示。

图5-103

图5-104

步骤29 使用文字工具，在绿色选框上面输入两组文字，设置合适的文字字体、大小和颜色，如图5-105所示。

步骤30 使用矩形工具在文字底部绘制一个米色矩形，最终效果如图5-106所示。

图5-105

图5-106

 读书笔记

Chapter 06

第6章

绘制复杂图形

钢笔工具组是Adobe Illustrator软件中专门用来制作路径的工具，在该工具组中共有4个工具，分别是钢笔工具、添加锚点工具、删除锚点工具和转换锚点工具。

本章学习要点：

- 掌握钢笔绘图工具的使用方法
- 掌握画笔、铅笔、斑点画笔工具的使用方法
- 掌握橡皮擦工具组的使用方法
- 掌握透视工具的使用方法

6.1 钢笔工具组

钢笔工具组是Adobe Illustrator软件中专门用来制作路径的工具，在该工具组中共有4个工具，分别是钢笔工具、添加锚点工具、删除锚点工具和转换锚点工具。如图6-1所示为使用钢笔工具组制作的作品。

图6-1

6.1.1 了解路径

矢量绘图中称点为锚点，线为路径。在Illustrator CS5中，"路径"是最基本的构成元素。矢量图的创作过程就是创作路径、编辑路径的过程。路径由锚点及锚点之间的连接线构成，锚点的位置决定着连接线的动向，由控制手柄和动向线构成，其中控制手柄确定每个锚点两端的线段弯曲度，如图6-2所示。

路径最基础的概念是两点连成一线，3个点可以定义一个面。在进行矢量绘图时，通过绘制路径并在路径中添加颜色可以组成各种复杂图形，如图6-3所示。

在Illustrator中包含3种主要的路径类型（如图6-4所示），分别介绍如下。

图6-2

图6-3

图6-4

- 开放路径：两个不同的端点，它们之间有任意数量的锚点。
- 闭合路径：连续的路径，没有端点，没有开始或结束。一条闭合的路径只是一圈圈的继续。
- 复合路径：两个或两个以上开放或闭合路径。

6.1.2 钢笔工具

钢笔工具是最基本、最常用的路径绘制工具，使用该工具可以绘制任意形状的直线或曲线路径。控制栏中包含多个用于锚点编辑的工具，如图6-5所示。

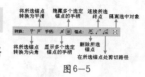

图6-5

- 将所选锚点转换为尖角▙：选中平滑锚点，单击该按钮即可转换为尖角点，如图6-6所示。

- 将所选锚点转换为平滑▛：选中尖角锚点，单击该按钮即可转换为平滑点，如图6-7所示。

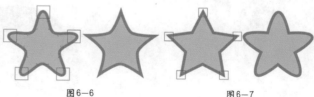

图6-6 　　　　　　　　　图6-7

- 显示多个选定锚点的手柄▣：当该按钮处于选中状态时，被选中的多个锚点的手柄都将处于显示状态，如图6-8所示。
- 隐藏多个选定锚点的手柄▣：当该按钮处于选中状态时，被选中的多个锚点的手柄都将处于隐藏状态，如图6-9所示。
- 删除所选锚点▣：单击该按钮即可删除选中的锚点，如图6-10所示。

- 连接所选终点▣：在开放路径中，选中不相连的两个端点，单击该按钮即可在两点之间建立路径进行连接，如图6-11所示。
- 在所选锚点处剪切路径▣：选中锚点，单击该按钮即可将所选的锚点分割为两个锚点，并且两个锚点之间不相连，如图6-12所示。
- 隔离选中对象▣：在包含选中对象的情况下，单击该按钮即可在隔离模式下编辑对象。

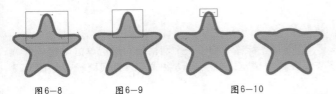

图6-8　　　　　图6-9　　　　　图6-10

图6-11　　　　　　　　图6-12

理论实践——使用钢笔工具绘制直线

步骤01 单击工具箱中的"钢笔工具"按钮▣或使用快捷键P，将光标移至画面中，单击可创建一个锚点，如图6-13所示。

图6-13

步骤02 松开鼠标，将光标移至下一处位置单击创建第二个锚点，两个锚点会连接成一条由角点定义的直线路径，如图6-14所示。

图6-14

步骤03 将光标放在路径的起点，当光标变为▣形状时，单击即可闭合路径，如图6-15所示。

步骤04 如果要结束一段开放式路径的绘制，可以按住Ctrl键并在画面的空白处单击，单击其他工具或者按下Enter键也可以结束路径的绘制，如图6-16所示。

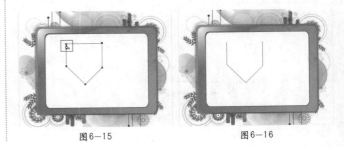

图6-15　　　　　　　　图6-16

理论实践——使用钢笔工具绘制波浪曲线

步骤01 单击"钢笔工具"按钮▣，此时绘制出的将是路径。在画布中单击鼠标即可出现一个锚点，松开鼠标移动光标到另外的位置单击并拖动，即可创建一个平滑点，如图6-17所示。

步骤02 将光标放置在下一个位置，然后单击并拖拽光标创建第2个平滑点，注意要控制好曲线的走向，如图6-18所示。

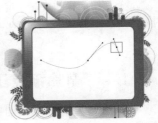

图6-17　　　　　　　　图6-18

步骤03 继续绘制出其他的平滑点，如图6-19所示。

步骤04 可使用直接选择工具选择锚点，并调节好其方向线，使其生成平滑的曲线，如图6-20所示。

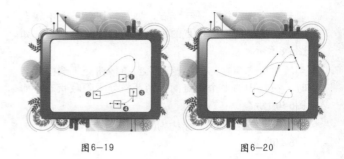

图6-19　　　　　　　图6-20

理论实践——使用钢笔工具绘制多边形

步骤01 选择钢笔工具，接着将光标放置在一个网格上，当光标变成 ♦ₓ 形状时单击鼠标左键，确定路径的起点，如图6-21所示。

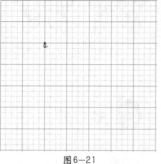

图6-21

 技巧提示

为了便于绘制，执行"视图>显示网格"命令，画布中即可显示出网格，该网格作为辅助对象在输出后是不可见的，如图6-22所示。

图6-22

步骤02 将光标移动到下一个网格处，然后单击创建一个锚点，在两个锚点之间会自动生成一条直线路径，如图6-23所示。

步骤03 继续在其他的网格上创建出锚点，如图6-24所示。

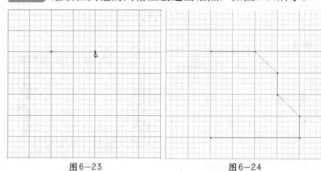

图6-23　　　　　　图6-24

步骤04 将光标放置在起点上，当光标变成 ♦ₒ 形状时，单击鼠标左键闭合路径，取消网格，绘制的多边形如图6-25所示。

图6-25

6.1.3　添加锚点工具

添加锚点可以增强对路径的控制，也可以扩展开放路径。但最好不要添加多余的点。点数较少的路径更易于编辑、显示和打印。

步骤01 选择要修改的路径。若要添加锚点，单击工具箱中的"添加锚点工具"按钮 或使用快捷键"+"，并将指针置于路径段上，然后单击，如图6-26所示。

步骤02 使用同样的方法，继续添加另外3个锚点，然后使用直接选择工具拖拽新添加的锚点，形成一个四角星形，如图6-27所示。

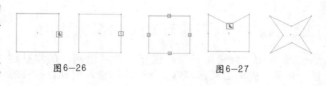

图6-26　　　　　　　图6-27

6.1.4　删除锚点工具

可以通过删除不必要的锚点来降低路径的复杂性。添加和删除锚点的工作方式与各个 Adobe 应用程序中的相应操作类似。

若要删除锚点，单击工具箱中的“删除锚点工具”按钮或使用快捷键“-”，并将指针置于锚点上，然后单击，如图6-28所示。

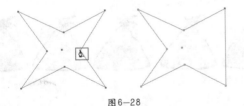

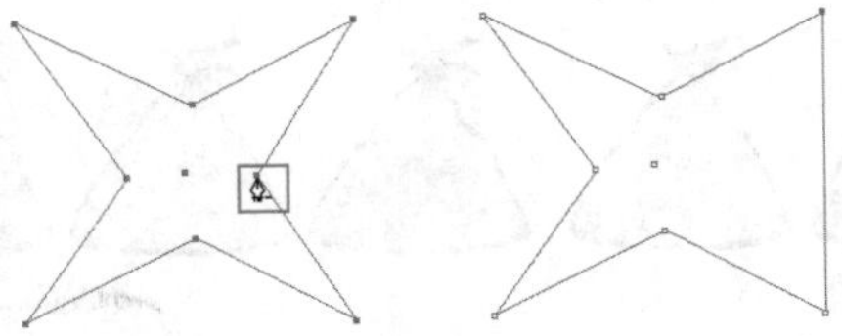

图6-28

技巧提示

单击工具箱中的“钢笔工具”按钮，将鼠标放置在路径上，可以看到鼠标指针自动变为时，单击鼠标即可在路径上添加锚点；将鼠标放在锚点上，指针自动变为时，单击鼠标即可删除锚点。

6.1.5 转换锚点工具

转换锚点工具可以使角点变得平滑或使平滑的点变得尖锐，从而改变路径的形态。

步骤01 单击工具箱中的“转换锚点工具”按钮或使用快捷键Shift+C，将鼠标指针放置在锚点上，如图6-29所示。

步骤02 单击并向外拖拽鼠标，可以看出锚点上拖拽出方向线，锚点转换成平滑曲线锚点，如图6-30所示。

步骤03 同理，将另一锚点转换为平滑曲线锚点，效果如图6-31所示。

图6-29

图6-30

图6-31

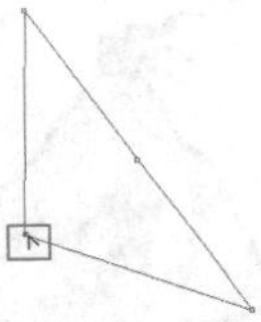

步骤04 单击平滑曲线锚点可以将其直接转换为角点，如图6-32所示。

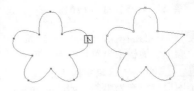

图6-32

步骤05 如果要将平滑点转换成具有独立方向线的角点，需要单击任一方向点，如图6-33所示。

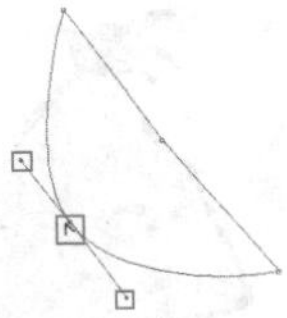

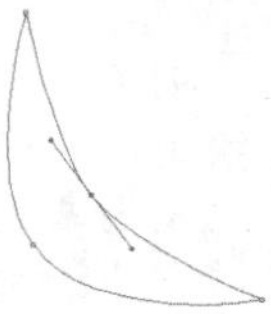

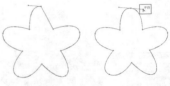

图6-33

实例练习——使用钢笔工具绘制卡通小鸟

案例文件	实例练习——使用钢笔工具绘制卡通小鸟.ai
视频教学	实例练习——使用钢笔工具绘制卡通小鸟.flv
难易指数	★★★★★
知识掌握	钢笔工具、转换锚点工具、添加锚点工具

案例效果

案例效果如图6-34所示。

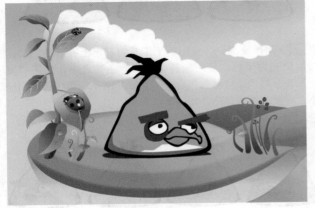

图6-34

操作步骤

步骤01 使用新建快捷键Ctrl+N创建新文档，如图6-35所示。

步骤02 单击工具箱中的“钢笔工具”按钮，在要创建第一个锚点的位置上单击，然后继续单击添加锚点进行绘制，如图6-36所示。

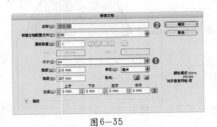

图6-35

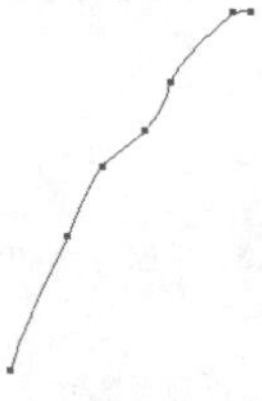

图6-36

步骤03 单击工具箱中的“转换锚点工具”按钮，再单击要转换为曲线锚点的锚点对象，拖动鼠标控制曲线，将曲线调整到所要的状态，如图6-37所示。

步骤04 继续使用钢笔工具绘制出闭合路径，并在转角处使用转换锚点工具进行调整，如图6-38所示。

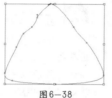

图6-37　　　图6-38

 技巧提示

由于在使用钢笔工具绘制的过程中使用了转换锚点工具，所以再次使用钢笔工具在下一个锚点处单击可能会出现绘制了新路径，与之前的路径断开的情况。遇到这种情况只需使用钢笔工具在之前最后绘制的锚点上单击，并继续向下一个锚点位置单击即可延续之前的路径进行绘制。

步骤05 将路径保持选中状态，执行"窗口>颜色"命令，在"颜色"面板中设置填充为橘色，如图6-39所示。

步骤06 单击工具箱中的"钢笔工具"按钮 ，绘制出另一个图形，填充为黑色，如图6-40所示。

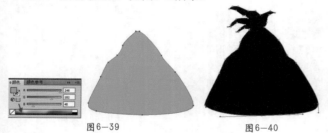

图6-39　　　　　　　图6-40

步骤07 单击工具箱中的"选择工具"按钮 选中新绘的图形，单击鼠标右键，在弹出的快捷菜单中执行"排列>置于底层"命令，如图6-41所示。

图6-41

 技巧提示

将所选对象置于底层的快捷键为Shift+Ctrl+[。

步骤08 单击工具箱中的"矩形工具"按钮 ，绘制一个长方矩形。再单击工具栏中的"自由变换工具"按钮 ，矩形上出现了一个定界框，将鼠标指针放置到定界框的外侧，鼠标指针将变成 状态，拖拽鼠标对象进行旋转操作，如图6-42所示。

步骤09 单击工具箱中的"添加锚点工具"按钮 ，在长方矩形上下两个边上各加两个锚点。再单击工具箱中"直接选择工具"按钮 ，选中锚点进行移动，使图形发生改变。绘制出一个眉毛，如图6-43所示。

图6-42　　　　　　　图6-43

 答疑解惑——如何删除多余的锚点?

单击工具箱中的"删除锚点工具"按钮 ，在将要删除的锚点上单击，即可删除多余的锚点。

步骤10 继续使用"矩形工具"按钮 和"添加锚点工具"按钮 ，按照同样的方法绘制另外一个"眉毛"，如图6-44所示。

图6-44

步骤11 绘制眼睛。使用"钢笔工具"按钮 绘制出左眼的轮廓，填充为紫色。再用同样方法绘制出右眼，颜色为黑色，如图6-45所示。

图6-45

步骤12 使用钢笔工具在紫色眼圈上绘制闭合路径，填充黑色。继续绘制并填充白色。依次一层层地进行绘制，绘制出左眼，并用同样的方法绘制出右侧眼睛，如图6-46所示。

图6-46

步骤13 制作嘴部分。使用钢笔工具勾勒出上嘴唇的轮廓，然后填充为黑色，使用选择工具将黑色嘴选中，使用"复制"命令与"原位粘贴"命令，并按Shift+Alt键将等比例缩小，设置填充为黄色，如图6-47所示。

步骤14 按照上述同样的方法制作出下嘴唇，如图6-48所示。

图6-47　　　　　　　图6-48

步骤15 制作面部阴影与高光区域，在头顶部使用钢笔工具绘制出一个高光轮廓，然后填充为浅黄色。按照同样的方法继续绘制阴影，并分别设置相应的填充颜色，如图6-49所示。

步骤16 导入背景素材文件，最终效果如图6-50所示。

图6-49

图6-50

6.2 画笔工具

　　画笔工具是一个自由的绘画工具，用于为路径创建特殊风格的描边，可以将画笔描边用于现有的路径，也可以使用画笔工具直接绘制带有画笔描边的路径。画笔工具多用于绘制徒手画和书法线条，以及路径图稿和路径图案。Illustrator CS5中丰富的画笔库和画笔的可编辑性使绘图变得更加简单、更加有创意。如图6-51所示为使用画笔工具制作的作品。

图6-51

6.2.1 认识画笔工具

　　单击工具箱中的"画笔工具"按钮，在控制栏中可以对画笔描边颜色与粗细进行设置。单击"描边"按钮，可以在弹出描边窗口设置具体参数。继续在"变量宽度配置文件"中选择一种合适的变量，在"画笔定义"中选择一种合适的画笔，如图6-52所示。

　　双击工具箱中的"画笔工具"按钮，弹出"画笔工具选项"对话框。在该对话框中可以对画笔的容差、选项等参数进行设置，如图6-53所示。

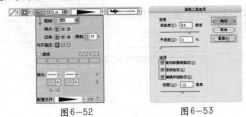

图6-52　　　　　图6-53

- 保真度：控制向路径中添加新锚点的鼠标移动距离。
- 平滑度：控制使用工具时Illustrator应用的平滑量。百分比数值越大，路径越平滑。
- 填充新画笔描边：将填色应用于路径，该选项在绘制封

闭路径时最有用。

- 保持选定：确定在绘制路径之后是否保持路径的选中状态。
- 编辑所选路径：确定是否可以使用画笔工具更改现有路径。
- 范围：用于设置使用画笔工具来编辑路径的光标与路径间距离的范围。该选项仅在选中"编辑所选路径"复选框时可用。
- 重置：通过单击该按钮，将对话框中的参数调整到软件的默认状态。

6.2.2 认识"画笔"面板

　　执行"窗口>画笔"命令，打开"画笔"面板。散点画笔、艺术画笔和图案画笔都包含完全相同的着色选项，如图6-54所示。

- 画笔库菜单 ■：单击该按钮即可显示出画笔库菜单。
- 移去画笔描边 ■：去除画笔描边样式。
- 所选对象的选项 ■：单击该按钮可以自定义艺术画笔或图案画笔的描边实例，然后设置描边选项。对于艺术画笔，可以设置描边宽度，以及翻转、着色和重叠选项。对于图案画笔，可以设置缩放选项以及翻转、描摹和重叠选项。
- 新建画笔 ■：单击该按钮，弹出"新建画笔"对话框，设置适合的画笔类型即可将当前所选对象定义为新画笔，如图6-55所示。

- 删除画笔 ■：删除当前所选的画笔预设。

图6-54　　　　　　　　图6-55

 技术拓展：画笔类型详解

- 散点画笔：沿着路径弥散特定的画笔形状。即一个对象重复多次出现并沿着路径分布。
- 书法画笔：沿着路径中心创建具有书法效果的画笔。所创建的描边，类似用笔尖呈某个角度的书法画笔，沿着路径的中心绘制出来。
- 图案画笔：绘制由重复的图案组成的路径。绘制一种图案，该图案由沿路径重复的各个拼贴组成。图案画笔最多可以包括5种拼贴，即图案的边线、内角、外角、起点和终点。
- 艺术画笔：沿路径长度均匀拉伸画笔形状或对象形状。

6.2.3 使用画笔库

画笔库是自带的预设画笔的合集。执行"窗口>画笔库>库"命令，然后从子菜单中选择一种画笔库打开。也可以使用"画笔"面板菜单来打开画笔库，从而选择不同风格的画笔。例如，打开"装饰_文本分隔线"面板，可以看到许多种分隔线，如图6-56所示。

要在启动 Illustrator 时自动打开画笔库，可以在画笔库面板菜单中执行"保持"命令，如图6-57所示。

如果想要将某个画笔库中的画笔复制到"画笔"面板，可以直接将画笔拖到"画笔"面板中。或者单击该画笔，如图6-58所示。

如果想要快速地将多个画笔从画笔库面板复制到"画笔"面板中，可以在"画笔库"面板中按住Ctrl键加选所有需要复制的画笔，然后在画笔库的面板菜单中执行"添加到画笔"命令即可，如图6-59所示。

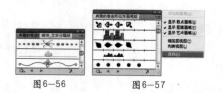

图6-56　　　　　图6-57

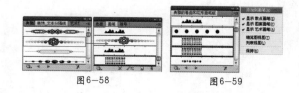

图6-58　　　　　　　图6-59

6.2.4 应用画笔描边

画笔描边可以应用于由任何绘图工具，例如钢笔工具、铅笔工具或基本的形状等工具所创建的路径。

步骤01 选择路径，然后从画笔库、"画笔"面板或"控制"面板中选择一种画笔类型，画笔描边即可呈现在路径上，如图6-60所示。

步骤02 也可以在"画笔"面板中选中某个画笔，并将画笔直接拖到路径上，如图6-61所示。

步骤03 如果所选的路径已经应用了画笔描边，则新画笔将取代旧画笔，如图6-62所示。

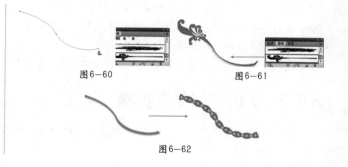

图6-60　　　　　　　　图6-61

图6-62

步骤04 也可以单击工具箱中的"画笔工具"按钮 ，在控制栏中可以对画笔描边颜色与粗细进行设置。单击"描边"按钮，可以在弹出的描边窗口中设置具体参数。继续在"变量宽度配置文件"中选择一种合适的变量，在"画笔定义"中选择一种合适的画笔，如图6-63所示。

步骤05 在画板中按住鼠标进行拖拽，即可绘制出一条带有设定样式的路径，另外也可以在"画笔"面板中选择合适的画笔样式，如图6-64所示。

图6-63

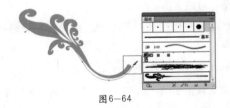

图6-64

6.2.5 清除画笔描边

选择一条用画笔绘制的路径，单击"画笔"面板菜单按钮，在菜单中执行"移去画笔描边"命令，或者单击"移去画笔描边"按钮即可删除画笔描边，如图6-65所示。

在Illustrator CS5中，还可以通过选择"画笔"面板或控制栏中的基本画笔来删除画笔描边，如图6-66所示。

图6-65　　　　　　　　图6-66

6.2.6 将画笔描边转换为轮廓

在Illustrator CS5中，画笔的描边宽度并不属于路径的真正范围内。但是可以将画笔描边转换为轮廓路径并进行编辑。首先选择一条用画笔绘制的路径，并执行"对象>扩展外观"命令。扩展路径中的组件将被置入一个组中，组内包含一条路径和一个包含画笔描边轮廓的子组，如图6-67所示。

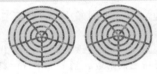

图6-67

6.3 铅笔工具组

铅笔工具组包含3个工具，即铅笔工具、平滑工具和路径橡皮擦工具。铅笔工具主要用于创建路径，而平滑工具和路径橡皮擦工具则用于快速地修改和删除路径。使用铅笔工具组的工具可以快速地制作绘画效果，如图6-68所示为使用这些工具完成的作品。

图6-68

6.3.1 铅笔工具

铅笔工具可用于随意地绘制开放路径和闭合路径，就像用铅笔在纸上绘图一样。可以利用铅笔工具快速地完成较为复杂的绘画工具。这对于快速素描或创建手绘外观最有用。如图6-69所示为使用铅笔工具完成的作品。

双击工具箱中的"铅笔工具"按钮 ，弹出"铅笔工具选项"对话框，在该对话框中进行铅笔工具的保真度、平滑度等参数的设置，如图6-70所示。

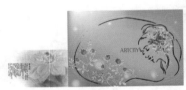

图6-69　　　　　　　　图6-70

- 保真度：控制向路径中添加新锚点的鼠标移动距离。
- 平滑度：控制使用铅笔工具时Illustrator应用的平滑量。百分比数值越大，路径越平滑。
- 填充新铅笔描边：将填色应用于路径，该选项在绘制封闭路径时最有用。
- 保持选定：确定在绘制路径之后是否保持路径的选中状态。

- 编辑所选路径：确定是否可以使用铅笔工具更改现有路径。
- 范围：用于设置使用铅笔工具来编辑路径的光标与路径间距离的范围。该选项仅在选中"编辑所选路径"复选框时可用。
- 重置：通过单击该按钮，将对话框中的参数调整到软件的默认状态。

理论实践——使用铅笔工具绘图

单击工具箱中的"铅笔工具"按钮 或按N键，将鼠标移动到画面中，此时鼠标指针变为 形状。在画面中拖拽鼠标即可自由绘制路径，如图6-71所示。

理论实践——使用铅笔工具快速绘制闭合图形

使用铅笔工具单击并拖动光标的过程中按下Alt键，此时光标变为 形状，表示此时绘制的路径即使不是闭合路径，在完成之后也会自动以起点和终点进行首尾相接，形成闭合图形，如图6-72所示。

图6-71　　　　　　　　　图6-72

理论实践——使用铅笔工具改变路径形状

在"铅笔工具选项"对话框中选中"编辑所选路径"复选框时，即可使用铅笔工具直接更改路径形状。

步骤01 单击工具箱中的"铅笔工具"按钮 ，将鼠标移动到画面中，此时鼠标指针变为 形状。在画面中拖拽鼠标即可自由绘制路径，如图6-73所示。

步骤02 选择要更改的路径，将铅笔工具定位在要重新绘制的路径上或附近。当鼠标指针由 变为 形状时，即表示光标与路径非常接近，如图6-74所示。

步骤03 单击并拖动鼠标进行绘制即可改变路径的形状，如图6-75所示。

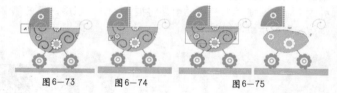

图6-73　　　　　图6-74　　　　　图6-75

理论实践——使用铅笔工具连接两条路径

使用铅笔工具还可以快速地连接两条不相连的路径。首先选择两条路径，接着单击工具箱中的铅笔工具，将指针定位到其中一条路径的某一端，然后向另一条路径拖动。

开始拖移后按住Ctrl键，铅笔工具会显示为 形状，拖动到另一条路径的端点上即可将两条路径连接为一条路径，如图6-76所示。

图6-76

实例练习——使用铅笔工具制作手绘感卡片

案例效果

案例效果如图6-77所示。

操作步骤

步骤01 使用新建快捷键Ctrl+N创建新文档，如图6-78所示。

图6-77

步骤02 单击工具箱中的"铅笔工具"按钮 ✎，在适当的位置单击鼠标左键并拖动，绘制一个不规则的椭圆形，如图6-79所示。

图6-78 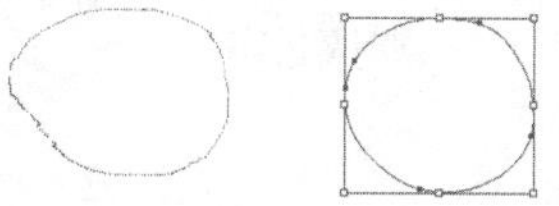　　　　　　　　图6-79

步骤03 执行"窗口>颜色"命令，打开"颜色"面板，设置填充色为粉色，如图6-80所示。

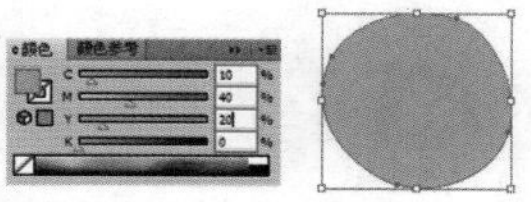

图6-80

步骤04 单击工具箱中的"椭圆工具"按钮 ⬭，在椭圆形中绘制一个正圆形，在控制栏中设置填充色为白色，描边为白色，描边粗细为2pt，如图6-81所示。

步骤05 单击"铅笔工具"按钮 ✎，在椭圆形上绘制螺旋形线条，在控制栏中设置描边色为白色，描边粗细为2pt，如图6-82所示。

步骤06 继续单击"铅笔工具"按钮 ✎，在椭圆形下方绘制花茎和花叶。打开"颜色"面板，设置填充色为粉色。选中绘制的图形，单击鼠标右键，在弹出的快捷菜单中执行"编组"命令，将其编为一组，如图6-83所示。

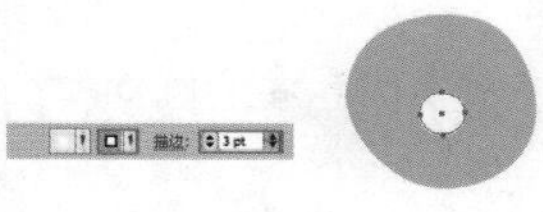

图6-81 　　　　　图6-82 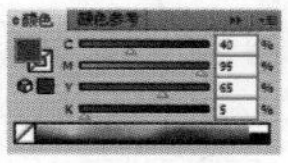　　　　　图6-83

步骤07 按照上述同样的方法继续制作另外两种颜色的花朵，多次复制并进行摆放，如图6-84所示。

步骤08 单击工具箱中的"文字工具"按钮 **T**，在控制栏中设置合适的字体和大小，输入两组文字，设置填充色为粉色，如图6-85所示。

步骤09 单击工具箱中的"圆角矩形工具"按钮 ▢，绘制一个圆角矩形，执行"窗口>渐变"命令，打开"渐变"面

板。编辑粉白色系的渐变颜色，设置类型为"径向"，并将圆角矩形放置在最底层位置，如图6-86所示。

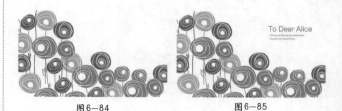

图6-84　　　　　　　　　图6-85

图6-86

技巧提示

　　如果创建出的圆角矩形在最顶层，可以执行"对象>排列>置于底层"命令，或使用快捷键Shift+Ctrl+[，如图6-87所示。

图6-87

步骤10 将渐变背景保持选中状态，在控制栏中设置描边色为灰色，描边粗细为3pt，如图6-88所示。

图6-88

步骤11 执行"效果>风格化>投影"命令，打开"投影"面板进行相应的设置。此时卡片呈现出投影效果，单击"确定"按钮完成操作，最终效果如图6-89所示。

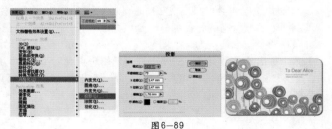

图6-89

6.3.2　平滑工具

　　平滑工具是铅笔工具的一个辅助工具，使用该工具可以将绘制的路径对象的不平滑位置进行平滑处理。如图6-90所示为使用到该工具制作的作品。

　　双击工具箱中的"平滑工具"按钮 ✎，弹出"平滑工具选项"对话框。在该对话框中进行相应的设置，然后单击"确定"按钮，如图6-91所示。

图6-90

图6-91

- 保真度：用于控制向路径添加新描点前移动鼠标的最远距离。
- 平滑度：用于控制使用平滑工具时应用的平滑量。
- 重置：通过单击该按钮，将对话框中的参数调整到软件的默认状态。

理论实践——使用平滑工具

使用平滑工具可以快速地平滑所选路径，并且尽可能地保持路径原来的形状。该工具的使用方法比较简单，只需要在工具箱中单击"平滑工具"按钮 ，当所选的路径对象不在平滑的位置上时，按照希望的形态拖动鼠标即可，如图6-92所示。

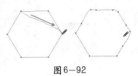

图6-92

> **技巧提示**
>
> 如果当前所选工具为铅笔工具，按住Alt键可以快速切换为平滑工具。

6.3.3 路径橡皮擦工具

橡皮擦工具主要通过从对象中擦除路径和锚点，快速删除路径中任意的部分。选中要修改的对象，单击工具箱中的"路径橡皮擦工具"按钮 ，沿着要擦除的路径线段长度拖动鼠标，即可擦除部分路径，被擦出的闭合路径会变为开放路径，如图6-93所示。

图6-93

> **技巧提示**
>
> 橡皮擦工具不能用于"文本对象"或者"网格对象"的擦除。

6.4 斑点画笔工具

斑点画笔工具最早出现在Illustrator CS4版本中，与画笔工具不同，使用画笔工具绘制的图形为一个描边效果，而使用斑点画笔工具绘制的路径则是一个填充的效果。另外，当在相邻的两个由斑点画笔工具绘制的图形之间进行相连绘制时，可以将两个图形连接为一个图形。如图6-94所示分别为使用画笔工具和斑点画笔工具绘制的对比效果，可以看到使用画笔工具绘制出的是带有描边的路径，而使用斑点画笔工具绘制出的是带有填充的形状。

双击工具箱中的"斑点画笔工具"按钮 ，弹出"斑点画笔工具选项"对话框。在该对话框中进行相应的设置，然后单击"确定"按钮，如图6-95所示。

图6-94　　　　　　　　　　　　　　　　　　图6-95

- 保持选定：指定绘制合并路径时，所有路径都将被选中，并且在绘制过程中保持被选中状态。该选项在查看包含在合并路径中的全部路径时非常有用。选中该复选框后，"仅与选区合并"复选框将被停用。
- 仅与选区合并：指定如果选择了图稿，则斑点画笔工具只可与选定的图稿合并。如果没有选择图稿，则斑点画笔工具可以与任何匹配的图稿合并。
- 保真度：控制必须将鼠标或光笔移动多大距离，Illustrator 才会向路径添加新锚点。例如，保真度值为2.5，表示小于 2.5 像素的工具移动将不生成锚点。保真度的范围可介于 0.5～20 像素之间；值越大，路径越平滑，复杂程度越小。

- 平滑度：控制使用工具时 Illustrator 应用的平滑量。平滑度范围为 0% ～ 100%；百分比的值越大，路径越平滑。
- 大小：决定画笔的大小。
- 角度：决定画笔旋转的角度。拖移预览区中的箭头，或在该文本框中输入一个值。
- 圆度：决定画笔的圆度。将预览中的黑点朝向或背离中心方向拖移，或者在该文本框中输入一个值。该值越大，圆度就越大。

理论实践——使用斑点画笔工具

斑点画笔工具的使用方法与前面章节讲解过的画笔工具和铅笔工具的绘制方法基本相同。

步骤01 单击工具箱中的"斑点画笔工具"按钮，或按Shift+B键。在页面中要进行绘制的位置上单击并拖动鼠标，即可按照鼠标指针移动的轨迹在画板中创建出有填充、无描边的路径，如图6-96所示。

步骤02 使用斑点画笔工具绘制路径时，新路径将与所遇到的最匹配路径合并。如果新路径在同一组或同一图层中遇到多个匹配的路径，则所有交叉路径都会合并在一起，如图6-97所示。

步骤03 使用斑点画笔工具可以用来合并由其他工具创建的路径。首先需要确保路径的排列顺序必须相邻，图稿的填充颜色需要相同，并且没有描边。然后将斑点画笔工具设置为具有相同的填充颜色，并绘制与所有想要合并在一起的路径交叉的新路径，如图6-98所示。

步骤04 要对斑点画笔工具应用例如效果或透明度上色属性，需要选择画笔，并在开始绘制之前在"外观"面板中设置各种属性，如图6-99所示。

图6-96

图6-97

图6-98

图6-99

6.5 橡皮擦工具组

橡皮擦工具组的工具主要用于擦除、切断路径，是矢量绘图中必不可少的常用工具。该工具组包含3种工具，即橡皮擦工具、剪刀工具和美工刀工具，如图6-100所示。

图6-100

6.5.1 橡皮擦工具

橡皮擦工具可以快速地擦除已经绘制单个路径或是成组的图形。双击工具箱中的"橡皮擦工具"按钮 ，弹出"橡皮擦工具选项"对话框。在该对话框中进行相应的设置，然后单击"确定"按钮，如图6-101所示。

图6-101

- 角度：调整该选项中的参数，确定此工具旋转的角度。拖移预览区中的箭头，或在"角度"文本框中输入一个值。

- 圆度：调整该选项中的参数，确定此工具的圆度。将预览中的黑点或向背离中心的方向拖移，或者该文本框中输入一个值。该值越大，圆度就越大。

- 直径：调整该选项中的参数，确定此工具的直径。可以使用"直径"滑块，或在"直径"文本框中输入一个值进行调整。

每个选项右侧弹出的下拉列表中的选项可以控制此工具的形状变化，可选择以下选项之一。

- 固定：选择该选项，可以使用固定的角度、圆度或直径。

- 随机：选择该选项，可以使用度、圆度或直线随机变化。在"变量"文本框中输入一个值，来指定画笔特征的变化范围。

- 压力：选择该选项，可以根据绘画光笔的压力使角度、圆度或直径发生变化。

- 光笔轮：选择该选项，可以根据光笔轮的操作使直径发生变化。

- 倾斜：选择该选项，可以根据绘画光笔的倾斜角度、圆度或直径发生变化。此选项与"圆度"选项一起使用时非常有用。

- 方位：选择该选项，可以根据绘画光笔的压力使角度、圆度和直径发生变化。此选项对于控制书法画笔的角度非常有用。

- 旋转：选择该选项，可以根据绘画光笔的压力使角度、圆度和直径发生变化。此选项对于控制书法画笔的角度非常有用，仅当具有可以检测这种旋转类型的图形输入板时，才能使用此选项。

技巧提示

橡皮擦工具与路径橡皮擦工具虽然都是用于擦除对象，但是路径橡皮擦工具擦除的部分只能是图形中的路径部分。而橡皮擦工具还可以将图形中填充部分和其他的内容进行擦除。

理论实践——使用橡皮擦工具

步骤01 单击工具箱中的"橡皮擦工具"按钮 ，在未选中任何对象时在要擦除的图形位置上拖动鼠标，即可擦除光标移动范围以内的所有路径。擦除后自动在路径的末尾生成了一个新的节点，并且路径处于被选中的状态，如图6-102所示。

图6-102

步骤02 如果当前文件中某些部分处于被选中的状态，那么使用橡皮擦工具只能够擦除光标移动范围以内的被选中对象中的部分，如图6-103所示。

图6-103

步骤03 使用橡皮擦工具时按住Shift键可以沿水平、垂直或者斜45°角进行擦除，如图6-104所示。

步骤04 使用橡皮擦工具时按住Alt键可以以矩形的方式进行擦除，如图6-105所示。

图6-104　　　　　　　图6-105

步骤05 使用橡皮擦工具时按住Shift键与Alt键可以以正方形的方式进行擦除，如图6-106所示。

图6-106

6.5.2 剪刀工具

使用剪刀工具可以针对路径、图形框架或空文本框架进行操作。剪刀工具将一条路径分割为两条或多条路径，并且每个部分都具有独立的填充和描边属性，如图6-107所示。

图6-107

理论实践——使用剪刀工具

步骤01▶单击工具箱中的"剪刀工具"按钮✂，然后将要进行剪切的路径选中，在要进行剪切的位置上单击，可以将一条路径拆分成两条路径。使用选取工具移动可以将拆分成的两条路径从之前的同一路径中移动到其他位置，如图6-108所示。

图6-108

步骤02▶单击工具箱中的"剪刀工具"按钮✂，在闭合路径上进行操作可以将形状快速切分为多个部分，而且分割处为直线。使用剪刀工具在形状的其中一个锚点上单击，即可将

当前锚点分割为两个重叠但是断开的锚点，此时形状变为开放路径，如图6-109所示。

步骤03▶继续在另外一个锚点处单击，该锚点也被分割为两个重叠但是断开的锚点，如图6-110所示。

步骤04▶右下角的部分变为了独立的路径，可以进行移动调整等编辑操作，如图6-111所示。

图6-109　　　图6-110　　　图6-111

6.5.3 美工刀工具

使用美工刀工具可以将一个对象以任意的分割线划分为各个构成部分的表面。如图6-112所示为将一个完整的星星分别以曲线分割线、直线分割线和折线分割线进行分割的效果。

图6-112

理论实践——使用美工刀工具

步骤01▶单击工具箱中的"美工刀工具"按钮🔪，将要进行剪切的路径选中。使用鼠标沿着要进行裁切的路径进行拖拽，被选中的路径被分割为两个部分，与之重合的其他路径没有被分割，如图6-113所示。

步骤02▶在没有选择任何对象时，直接使用美工刀工具在对象上进行拖动即可将光标移动范围以内的所有对象进行分割，如图6-114所示。

步骤03▶使用美工刀工具的同时按住Alt键可以以直线分割对象，如图6-115所示。

步骤04▶使用"美工刀工具"按钮🔪的同时按住Shift键与Alt键可以以水平直线、垂直直线或斜45°的直线分割对象，如图6-116所示。

图6-113　　　　　图6-114　　　　　　　　　图6-115　　　　图6-116

6.6 透视图工具

在Illustrator CS5中，透视图工具可以在绘制透视效果时作为辅助工具，使对象以当前设置的透视规则进行变形。例如制作透视感极强的建筑、道路等，如图6-117所示。

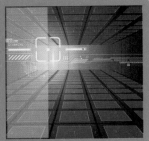
图6-117

6.6.1 透视网格工具

透视图工具包括透视网格工具和透视选区工具两种。透视网格工具是在文档中定义或编辑一点透视、两点透视和三点透视的实用工具。单击工具箱中的"透视网格工具"按钮 可以在画布中显示出透视网格，使用快捷键Shift+Ctrl+I也可以显示或隐藏可见的网格，如图6-118所示。

执行"视图>透视网格"命令，在子菜单中可以对网格进行显示、隐藏、对齐、锁定等操作，如图6-119所示。

- 隐藏网格：使用该命令可以隐藏透视网格，也可以使用快捷键Shift+Ctrl+I。
- 显示标尺：该命令仅沿真实高度线的标尺刻度，网格线单位决定了标尺刻度。要在"透视网格"中查看标尺，请选择"视图>透视网格>显示标尺"命令。
- 对齐网格：该命令允许在透视中加入对象并在透视中移动、缩放和绘制对象时对齐网格线。
- 锁定网格：该命令可以限制网格移动和使用"透视网格工具"进行其他网格编辑，仅可以更改可见性和平面位置。
- 锁定站点：选择该命令时，移动一个消失点将带动其他消失点同步移动。如果未选中，则独立移动，站点也会移动。

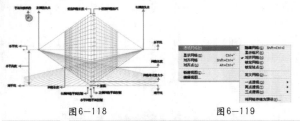

图6-118　　　　　图6-119

6.6.2 调整透视网格状态

调整透视网格的状态，即其透视的角度和区域，可使用透视网格工具拖动透视网格各个区域的控制手柄进行调整，还可以对透视网格的角度和密度进行调整。

步骤01 单击工具箱中的透视网格工具，在画布中显示出透视网格，如图6-120所示。

步骤02 单击并拖动底部的"水平网格平面控制"手柄，改变平面部分的透视效果，如图6-121所示。

步骤03 单击并向右拖动"左侧消失点"控制柄，可以调整左侧网格的透视状态，如图6-122所示。

步骤04 单击并向下拖动"网格单元格大小"控制柄可以使网格更加密集，如图6-123所示。

步骤05 单击并向上拖动"网格单元格大小"控制柄可以使网格更加宽松，如图6-124所示。

步骤06 单击并向右拖动底部的"左侧网格平面控制"手柄，调整透视网格透视块面的区域，如图6-125所示。

步骤07 效果如图6-126所示。

图6-120　　　图6-121　　　图6-122

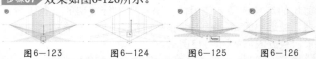

图6-123　　　图6-124　　　图6-125　　　图6-126

6.6.3 使用透视网格预设

在Illustrator CS5中，执行"视图>透视网格"命令，在子菜单中可以进行透视网格预设的选择。如图6-127所示分别为一点透视、两点透视和三点透视。

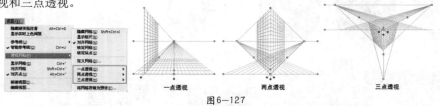

一点透视　　　　　两点透视　　　　　三点透视

图6-127

技术拓展：透视类型详解

- 一点透视：也叫平行透视，就是有一面与画面成平行的正方形或长方形物体的透视。这种透视有整齐、平展、稳定、庄严的感觉。
- 两点透视：也叫成角透视，就是任何一面都不与平行的正方形或长方形的物体透视。这种透视能使构图较有变化。
- 三点透视：也叫倾斜透视，就是立方体相对于画面，其面及棱线都不平行时，面的边线可以延伸为3个消失点，用俯视或仰视等去看立方体就会形成三点透视。

6.6.4 平面切换构件

在使用透视网格工具时将会出现"平面切换构件"，在"平面切换构件"上的某个平面上单击即可将所选平面设置为活动的网格平面。在透视网格中，"活动平面"是指绘制对象的平面。使用快捷键1可以选中左侧网格平面；使用快捷键2可以选中水平网格平面；使用快捷键3可以选中右侧网格平面；使用快捷键4可以选中无活动的网格平面，如图6-128所示。

双击工具箱中的"透视网格工具"按钮 ，在弹出的"透视网格选项"对话框中可以设置是否显示平面构件，或者设置平面构建所处的位置，如图6-129所示。

无活动的网格平面
左侧网格平面——右侧网格平面
水平网格平面
图6-128　　　　　　图6-129

- 显示现用平面构件：如果要取消选中该复选框，则构件将不会与透视网格工具一起显示出来。
- 构件位置：可以选择在文档窗口的左上方、右上方、左下方或右下方显示构件。

6.6.5 在透视网格中创建对象

在透视网格开启的状态下绘制图形时，所绘制的图形将自动沿网格透视进行变形。在平面切换构件中选择不同的平面时光标也会呈现不同形状，为右侧网格，为左侧网格，为平面网格。

步骤01 在"平面切换构件"上单击"右侧网格平面"，然后单击工具箱中的"矩形工具"按钮，将光标移动到右侧网格平面上，此时光标变为，如图6-130所示。

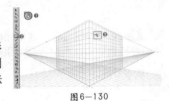

图6-130

步骤02 单击并向右下拖拽光标，此时可以看到绘制出了带有透视效果的矩形，如图6-131所示。

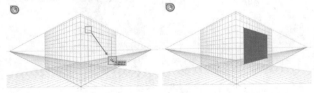

图6-131

步骤03 在"平面切换构件"上单击"水平网格平面"，单击工具箱中的椭圆工具，在底部的水平网格区域单击并拖拽，即可绘制出带有透视感的椭圆，如图6-132所示。

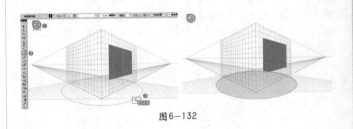

图6-132

6.6.6 透视选区工具

透视选区工具可以在透视网格中加入对象、文本和符号，以及在透视空间中移动、缩放和复制对象。向透视中加入现有对象或图稿时，所选对象的外观和大小将发生更改。在移动、缩放、复制和将对象置入透视时，透视选区工具将使对象与活动面板网格对齐，如图6-133所示。

使用透视选区工具在透视平面中移动和复制对象时（如图6-134所示）：

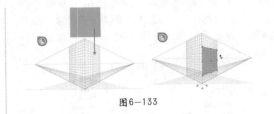

图6-133

指针显示为 ，表示为左侧网格平面，也可以使用快捷键1选中左侧网格平面。
指针显示为 ，表示为水平网格平面，也可以使用快捷键2选中水平网格平面。
指针显示为 ，表示为右侧网格平面，也可以使用快捷键3选中右侧网格平面。

图6-134

技巧提示

如果在使用透视网格工具时按住Ctrl键，可以临时切换为透视选区工具；按下Shift+V组合键则可以切换到透视选区工具。

6.6.7 将对象加入透视网格

若要将常规对象加入透视网格中可以使用"透视选区工具"按钮 ☑ 选择对象，然后通过使用平面切换构件或快捷键选择要置入对象的活动平面，直接将对象拖放到所需位置即可。

步骤01 单击工具箱中的"透视网格工具"按钮 ☑，画面中出现了透视网格，导入需要置入的矢量对象，如图6-135所示。

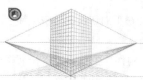

图6-135

步骤02 在"平面切换构件"中单击"左侧网格平面"，然后单击工具箱中的"透视选区工具"按钮 ☑，选中与需要置入透视网格的对象，单击并拖动到左侧透视网格中，如图6-136所示。

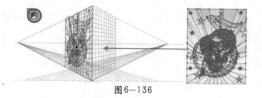

图6-136

步骤03 此时对象呈现于网格相同的透视效果，松开鼠标，如图6-137所示。

步骤04 执行"对象>透视>附加到现用平面"命令，也可以将已经创建了的对象放置到透视网格的活动平面上，如图6-138所示。

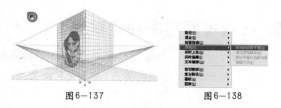

图6-137　　　　　图6-138

步骤05 使用透视选区工具将光标移动到对象的一角处，单击并向外拖动即可在保持透视效果的状态下放大对象，如图6-139所示。

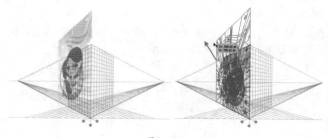

图6-139

6.6.8 在透视网格中移动对象

步骤01 要在透视网格中移动对象，需要使用工具箱中的"透视选区工具"按钮 ☑，单击选中需要移动的对象，然后使用方向键或拖动鼠标即可按当前透视规则改变对象位置，如图6-140所示。

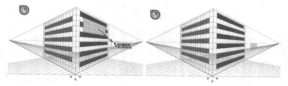

图6-140

步骤02 也可以沿着与当前对象位置垂直的方向来移动对象，在创建平行对象时很有用。使用透视选区工具选择对象，然后按住5键不放，将对象拖动到所需位置，此操作将沿对象的当前位置平行移动对象，如图6-141所示。

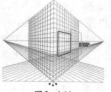

图6-141

技巧提示

在移动时使用Alt键以及数字键5，则会将对象复制到新位置，而不会改变原始对象。在"背面绘图"模式下，此操作可在原对象背面创建对象。

6.6.9 释放透视对象

如果要释放带透视视图的对象，执行"对象>透视>通过透视释放"命令。所选对象将从相关的透视平面中释放，并可作为正常图稿使用，如图6-142所示。

将未释放的对象向右移动时整体呈现按当前透视关系变小的效果，如图6-143所示。

对其执行"对象>透视>通过透视释放"命令，完成后再次向右移动，可以看到对象形状不再发生变化，如图6-144所示。

图6-142

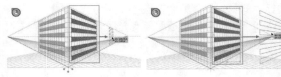

图6-143　　　　　　　　图6-144

实例练习——卡通游乐场标志设计

案例文件	实例练习——卡通游乐场标志设计.ai
视频教学	实例练习——卡通游乐场标志设计.flv
难易指数	★★★★★
知识掌握	形状工具、文字工具、"渐变"命令、"路径查找器"命令、钢笔工具

案例效果

案例效果如图6-145所示。

图6-145

操作步骤

步骤01 使用新建快捷键Ctrl+N创建新文档，如图6-146所示。

步骤02 绘制标志中城堡部分的屋顶，单击工具箱中的"钢笔工具"按钮 ，在画布中单击并绘制出图形。执行"窗口>颜色"命令，打开"颜色"面板，设置"填充"为蓝色，如图6-147所示。

图6-146

图6-147

步骤03 制作屋顶的光泽。首先使用钢笔工具在左侧底部勾出一个轮廓，执行"窗口>渐变"命令，打开"渐变"面板，设置类型为"线性"，并编辑一种白色到透明的渐变，设置角度为-9.14°，此时屋顶左侧的部分出现光泽效果，如图6-148所示。

图6-148

答疑解惑——如何填充透明渐变？

执行"窗口>渐变"命令，调出"渐变"面板。设置类型为"线性"，设置两侧渐变滑块都为白色，如图6-149所示。

图6-149

单击左边的"渐变滑块"设置不透明度为65%，如图6-150所示。

再单击右边的"渐变滑块"设置不透明度为0%，此时可以看到渐变图形的一侧变成透明，如图6-151所示。

图6-150　　　　　　　　图6-151

步骤04 选择左侧透明渐变的光泽图形，按住Alt键拖拽复制出一个，单击鼠标右键，在弹出的快捷菜单中执行"变换>对称"命令，在弹出的"镜像"对话框中设置轴为"垂直"，角度为90°，单击"确定"按钮完成操作，如图6-152所示。

图6-152

步骤05 单击工具箱中的"钢笔工具"按钮 ，在下面勾勒出城堡主体轮廓，设置"填充"为蓝色，如图6-153所示。

步骤06 将城堡主体保持选中状态，进行"复制"与"粘贴"操作，并为其添加自上而下的半透明渐变光泽效果，如图6-154所示。

图6-153　　图6-154

 技巧提示

复制所选对象的快捷键为Ctrl+C。粘贴所选对象快捷键为Ctrl+V。原位粘贴所选对象快捷键为Ctrl+F。

步骤07 单击工具箱中的"矩形工具"按钮 ，在适当的位置绘制一个矩形，并填充为白色，如图6-155所示。

步骤08 使用选择工具选中所有的图形，单击鼠标右键，在弹出的快捷菜单中执行"编组"命令，如图6-156所示。

图6-155　　图6-156

 技巧提示

编组对象的快捷键为Ctrl+G。取消编组对象的快捷键为Shift+Ctrl+G。

步骤09 复制出一个城堡并移动到左边，将复制的图形等比例放大。然后单击工具箱中的"旋转工具"按钮 ，将鼠标放置在定界框边缘旋转适当角度，再改变其填充颜色为粉色，如图6-157所示。

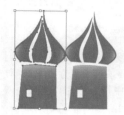

图6-157

步骤10 使用"直接选择工具"按钮 选中粉色图形上的透明渐变光泽。单击工具箱中的"渐变工具"按钮 ，在画面中横向拖拽改变其渐变的方向，如图6-158所示。

图6-158

步骤11 继续使用"直接选择工具"按钮 选中白色矩形，调整大小及位置并多次复制，如图6-159所示。

图6-159

步骤12 按照上述同样的方法制作出多个城堡，并更改其颜色，如图6-160所示。

步骤13 单击工具箱中的"文字工具"按钮 ，在控制栏中设置字体和大小，然后输入英文，如图6-161所示。

图6-160　　　　　图6-161

步骤14 使用选择工具选中文字，执行"变换>扩展"命令。在"扩展"面板中选中"对称"和"填充"，单击"确定"按钮完成操作，如图6-162所示。

图6-162

步骤15 执行"窗口>颜色"命令，调出"颜色"面板填充红色，如图6-163所示。

图6-163

步骤16 复制文字并等比放大，设置填充色为白色。将白色文字放置在红色文字的下一层中，如图6-164所示。

步骤17 以同样的方法绘制出另一个文字，将其摆放在下层并填充为黄色，如图6-165所示。

Illustrator CS5 从入门到精通

图6-164

图6-165

步骤18 将黄色文字选中,执行"效果>3D>凸出和斜角"命令,在"3D 凸出和斜角选项"窗口中设置位置为"自定旋转",凸出厚度为50pt,如图6-166所示。

图6-166

步骤19 框选所有对象,单击鼠标右键执行"编组"命令,再执行"编辑>复制"命令和"编辑>原位粘贴"命令。选中新复制出的组执行"对象>扩展外观"命令,单击鼠标右键执行"变换>对称"命令,在"镜像"面板中设置轴为"水平",角度为180°,单击"确定"按钮完成操作,如图6-167所示。

图6-167

步骤20 单击工具箱中的矩形工具,在下半部分绘制一个矩形,并填充白色到黑色的渐变,如图6-168所示。

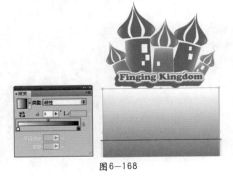

图6-168

步骤21 选中渐变矩形和倒着的城堡组,然后执行"窗口>透明度"命令,打开"透明度"面板,在面板菜单中执行"建立不透明蒙版"命令,此时倒着的城堡呈现出半透明的倒影效果,如图6-169所示。

图6-169

 答疑解惑——制作透明渐变中黑白渐变是如何分配的?

制作透明渐变前,先绘制出黑白渐变,将想要保留的部分设置为"白色",将要隐藏的部分设置为"黑色",如图6-170所示。

图6-170

步骤22 单击工具箱中的"星形工具"按钮 ☆,在空白处单击,在弹出的"星形"对话框中设置半径1为9mm,半径2为18mm,角点数为5,单击"确定"按钮完成操作,设置颜色为黄色,如图6-171所示。

图6-171

步骤23 选中星形对象，执行"编辑>复制"命令与"编辑>原位粘贴"命令，并将星形等比例缩小，如图6-172所示。

步骤24 单击工具箱中的"椭圆工具"按钮，在星形的下半部分绘制一个椭圆形，如图6-173所示。

图6-172　　　　　　　　图6-173

步骤25 单击"选择工具"按钮，选中椭圆和小的星形。执行"窗口>路径查找器"命令，在打开的"路径查找器"对话框中单击"减去顶层"按钮，如图6-174所示。

步骤26 选中剩余的图形，执行"窗口>渐变"命令，编辑一种黑白渐变，如图6-175所示。

图6-174　　　　　　　　图6-175

步骤27 执行"窗口>透明度"命令，在"透明度"面板中设置混合模式为"滤色"，不透明度为87%，如图6-176所示。

步骤28 单击"钢笔工具"按钮，在星形右侧绘制出3组侧面，并填充不同的颜色，模拟出立体效果，如图6-177所示。

图6-176　　　　　　　　图6-177

步骤29 将星形正面和侧面全部选中，单击鼠标右键，在弹出的快捷菜单中执行"编组"命令将图形编组，如图6-178所示。

步骤30 复制多个星形，并更改颜色放置在合适位置，如图6-179所示。

图6-178　　　　　　　　图6-179

步骤31 再次单击"星形工具"按钮，在空白处绘制出多个星形，并填充渐变颜色，丰富画面效果，如图6-180所示。

步骤32 单击"钢笔工具"按钮，绘制出三组条形路径，分别填充渐变颜色，然后将3个渐变条一起选中，单击鼠标右键，在弹出的快捷菜单中执行"编组"命令进行编组，并将其放置在最底层，如图6-181所示。

图6-180　　　　　　　　图6-181

步骤33 复制之前绘制完成的立体星形和彩色形状，摆放在右半部分，如图6-182所示。

步骤34 单击工具箱中的"钢笔工具"按钮，在主图形的边缘绘制出轮廓图形，在控制栏中设置填充色为白色，描边色为白色，描边粗细为8pt，并放置在城堡的下一层，如图6-183所示。

图6-182　　　　　　　　图6-183

步骤35 导入背景素材文件，最终效果如图6-184所示。

图6-184

实例练习——绘制有趣的米老鼠头像

案例文件	实例练习——绘制有趣的米老鼠头像.ai
视频教学	实例练习——绘制有趣的米老鼠头像.flv
难易指数	★★★★★
知识掌握	钢笔工具、椭圆工具、混合工具、高斯模糊效果

案例效果

本例主要是通过绘制复杂图形工具制作米老鼠效果，如图6-185所示。

图6-185

操作步骤

步骤01▶选择"文件>新建"命令或按Ctrl+N组合键新建一个文档，具体参数设置如图6-186所示。

图6-186

步骤02▶绘制米老鼠的耳朵。单击工具箱中的"椭圆工具"按钮 ○，绘制出一个圆形。再次绘制一个大小相近的圆形，设置填充色为灰蓝色，如图6-187所示。

图6-187

步骤03▶复制灰蓝色圆形，设置填充颜色为深蓝色，并将其向左适当移动，如图6-188所示。

步骤04▶单击工具箱中的"钢笔工具"按钮 ♦，绘制一个形状并填充黑色。使用选择工具选中两个蓝色的圆形以及顶层的黑色形状，如图6-189所示。

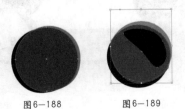

图6-188　　图6-189

步骤05▶双击工具箱中的"混合工具"按钮 ，弹出"混合选项"对话框。然后设置间距为"指定的步数"，步数设为10，选择第一个取向。在要进行混合的对象上依次单击即可，此时耳朵部分呈现出自然的过渡效果，如图6-190所示。

步骤06▶按照上述同样的方法制作出另一个耳朵，如图6-191所示。

图6-190　　　　　图6-191

步骤07▶继续使用圆形工具在面部的区域绘制3个圆形，并依次填充与耳朵相同的颜色，调整好位置，如图6-192所示。

步骤08▶使用钢笔工具在面部中间区域勾出一个形状，将"颜色"设置为黑色，如图6-193所示。

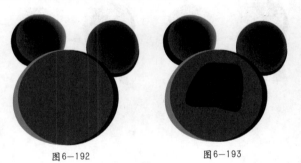

图6-192　　　　　图6-193

步骤09▶按照同样的方法选中两个蓝色圆形以及顶部黑色形状，然后双击工具箱中的"混合工具"按钮 ，在弹出的"混合选项"对话框中设置间距为"指定的步数"，步数为30，选择第一个取向。在要进行混合的对象上依次单击，如图6-194所示。

步骤10▶单击工具箱中的"钢笔工具"按钮 ♦，勾出米老鼠面部的轮廓，在控制栏中设置填充颜色为肉色，如图6-195所示。

图6-194

步骤11 将面部保持选中状态，按住Alt键并移动复制出另一个面部，然后将填充颜色设置为较浅一些的肉色，并将其向上位移，如图6-196所示。

图6-195   图6-196

步骤12 继续单击钢笔工具勾出一个形状，设置填充颜色为更浅的肉色。同样选中前两个面部形状并使用混合工具进行混合，制作出柔和的颜色过渡效果，如图6-197所示。

图6-197

步骤13 单击工具箱中的"钢笔工具"按钮 ，在面部顶端勾出高光轮廓，设置填充颜色为白色。执行"效果>模糊>高斯模糊"命令，设置高斯模糊半径为5像素。在控制栏中设置不透明度为57，并按住Alt键移动复制出另一个高光放置在右侧位置，如图6-198所示。

图6-198

步骤14 使用钢笔工具勾出眼睛轮廓，设置"颜色"为肉色。继续绘制稍小一些的形状并填充白色，作为眼白部分。继续使用同样的方法绘制出黑眼球和白色的高光，如图6-199所示。

图6-199

步骤15 将眼睛选中，按住Alt键移动复制出另一个眼睛，并调整大小和角度将其放置在右侧，如图6-200所示。

步骤16 制作鼻子。首先使用钢笔工具勾出阴影部分轮廓，设置填充颜色为深一些的肉色，如图6-201所示。

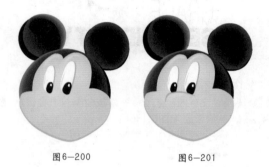

图6-200   图6-201

技巧提示

    绘制同一区域内的对象时，往往会使用到相同的颜色，这时使用吸管工具进行吸取是一个比较方便又精准的方法。

步骤17 单击工具箱中的"椭圆工具"按钮 绘制出一个椭圆形。执行"窗口>渐变"命令，打开"渐变"面板，设置类型为"径向"，角度为－0.78°，长宽比为83.14，编辑一种与耳朵部分颜色接近的渐变色，如图6-202所示。

步骤18 用同样的方法制作出鼻子高光效果，如图6-203所示。

图6-202   图6-203

步骤19▶使用钢笔工具勾出一个轮廓在鼻子上，将填充颜色设置为黑色，如图6-204所示。

步骤20▶绘制嘴部分，使用钢笔工具勾出嘴的轮廓，设置填充颜色为肉色，如图6-205所示。

图6-204　　　　　　　图6-205

步骤21▶继续使用钢笔工具绘制出嘴巴内部形状，设置填充颜色为黑色。再次在左侧绘制形状，填充为深红色，如图6-206所示。

图6-206

步骤22▶使用钢笔工具勾出一个心形轮廓，设置填充颜色为土红色，按住Alt键移动复制并等比缩小，设置填充颜色为浅粉色。将两个同时选中，使用混合工具进行混合，如图6-207所示。

图6-207

步骤23▶再次使用钢笔工具在嘴巴里绘制一个形状，设置填充颜色为更浅的粉色，如图6-208所示。

步骤24▶导入背景素材文件，并将其放置在底层位置，最终效果如图6-209所示。

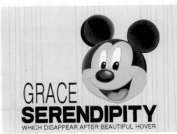

图6-208　　　　　　　图6-209

实例练习——云端的房子

案例文件	实例练习——云端的房子.ai
视频教学	实例练习——云端的房子.flv
难易指数	★★★★★
知识掌握	钢笔工具、变形、"渐变"面板、透明度

案例效果

案例效果如图6-210所示。

图6-210

操作步骤

步骤01▶选择"文件>新建"命令或按Ctrl+N组合键新建一个文档，具体参数设置如图6-211所示。

图6-211

步骤02▶单击工具箱中的"矩形工具"按钮▢，首先绘制一个大的矩形作为墙面。同时在矩形内左边绘制一个矩形作为窗户，右边绘制一个矩形作为门，如图6-212所示。

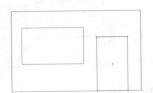

图6-212

步骤03▶继续在3个矩形的外部绘制一个稍大些的矩形，如图6-213所示。

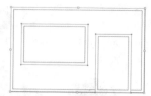

图6-213

步骤04▶选择最大的矩形填充为灰色，然后在选择稍小一些的矩形，打开"渐变"面板，设置类型为"径向"，调整渐变颜色为白色到灰色渐变，为墙面添加渐变效果，如图6-214所示。

图6-214

步骤05▶按照上述同样的方法为门窗添加渐变效果，如图6-215所示。

图6-215

步骤06▶单击工具箱中的"矩形工具"按钮，分别在门窗内绘制出矩形选框，然后使用"渐变"面板，设置类型为"线性"，角度为90°，调整渐变颜色，如图6-216所示。

图6-216

步骤07▶再次使用"矩形工具"，在窗内绘制小矩形选框，然后填充蓝色到浅蓝的渐变，如图6-217所示。

图6-217

步骤08▶将该对象保持选中状态，按住Alt键移动复制出多个，将其摆放至窗和门的位置，如图6-218所示。

图6-218

步骤09▶单击工具箱中的"钢笔工具"按钮，在玻璃的位置勾出光泽的形状，在"渐变"面板中为其调整出白色到透明的渐变，并且复制出多个摆放至窗和门的玻璃上，如图6-219所示。

图6-219

步骤10▶单击工具箱中的"椭圆工具"按钮，在门上绘制出一个椭圆形，填充颜色为灰色，作为门把手，如图6-220所示。

图6-220

步骤11▶单击工具箱中的"矩形工具"按钮，绘制矩形作为阶梯，调出"渐变"面板，设置类型为"线性"，角度为90°，调整颜色渐变为白色到灰色渐变，如图6-221所示。

图6-221

步骤12▶单击工具箱中的"圆角矩形工具"按钮，在门下方绘制圆角矩形。调出"渐变"面板，设置类型为"线性"，角度为90°，调整颜色渐变为棕色系渐变，如图6-222所示。

图6-222

步骤13▶复制棕色渐变圆角矩形，并将其适当放大，摆放在下方，如图6-223所示。

图6-223

步骤14▶在画板空白部分制作屋顶，单击工具箱中的"钢笔工具"按钮 ，勾出一个形状轮廓，然后填充红色系渐变。按住Alt键向右移动复制出另一个，并将其填充灰色渐变，如图6-224所示。

图6-224

步骤15▶将红色与灰色两个部分同时选中，按住Alt键拖动复制出多个。然后全部选中，执行"对象>编组"命令，再执行"效果>变形>弧形"命令，在弹出的"变形选项"对话框中，设置样式为弧形，并选中"水平"单选按钮，设置弯曲为50%。此时房顶部分呈现出饱满的弧形，如图6-225所示。

图6-225

步骤16▶选中屋顶并将其放置在房子上，复制一个屋顶，然后选择下层屋顶向下位移。设置填充颜色为黑色，如图6-226所示。

图6-226

步骤17▶在"透明度"面板中设置不透明度为24%，模拟出投影效果，如图6-227所示。

图6-227

步骤18▶导入背景素材文件，并将其放置在最底层位置，如图6-228所示。

图6-228

技巧提示

为了便于管理，在制作过程中可以在"图层"面板中创建多个图层，并按照显示的效果依次将不同部分放置在不同图层上。

步骤19▶导入前景素材文件，并将其放置在顶层位置上，最终效果如图6-229所示。

图6-229

Chapter 07
第7章

对象的高级操作

　　Illustrator CS5的变形工具组（又称液化工具组）中包含8种变形工具：宽度工具、变形工具、旋转扭曲工具、缩拢工具、膨胀工具、扇贝工具、晶格化工具和皱褶工具。与其他变形工具有所不同，使用这些工具能够使对象产生更为丰富的变形效果。

本章学习要点：

- 掌握液化工具组的使用方法
- 掌握网格工具的使用方法
- 掌握形状生成器工具的使用方法
- 掌握高级路径的编辑方法
- 掌握封套扭曲的使用方法
- 掌握路径查找器的使用方法

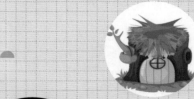

7.1 变形工具组

Illustrator CS5的变形工具组（又称液化工具组）中包含8种变形工具：宽度工具 、变形工具 、旋转扭曲工具 、缩拢工具 、膨胀工具 、扇贝工具 、晶格化工具 和皱褶工具 。与其他变形工具有所不同，使用这些工具能够使对象产生更为丰富的变形效果。如图7-1所示为使用液化工具制作的效果。

图7-1

7.1.1 宽度工具

使用宽度工具可将路径描边变宽，产生丰富多变的形状效果。此外，在创建可变宽度笔触后，可将其保存为可应用到其他笔触的配置文件。如图7-2所示为使用该工具制作的效果。

图7-2

步骤01 选中需要调整的对象，单击工具箱中的"宽度工具"按钮 ，当鼠标滑过一个笔触时，带句柄的圆将出现在路径上。单击并拖动即可调整笔触宽度、移动宽度点数、复制宽度点数和删除宽度点数，如图7-3所示。

图7-3

步骤02 使用宽度工具直接在对象上单击并拖动，可以直接更改两侧的宽度点数；如果只想更改某一侧的宽度点数，可以按住Alt键并拖动鼠标，如图7-4所示。

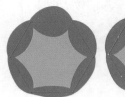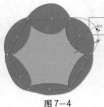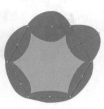

图7-4

步骤03 使用宽度工具双击路径，在弹出的"宽度点数编辑"对话框中可以对"边线"以及"总宽度"等具体参数进行相应的设置，如图7-5所示。

步骤04 宽度工具在调整宽度变量时将区别连续点和非连续点。如果再创建非连续宽度点，可以使用不同笔触宽度在一个笔触上创建两个宽度点，然后将一个宽度点拖动到另一个宽度点上，即可为该笔触创建一个非连续宽度点，如图7-6所示。

图7-5   图7-6

对于非连续宽度点，在"宽度点数编辑"对话框中将显示两种边宽集。选中"仅单宽"复选框后，可以使用入口或出口宽度来产生单个连续宽度点，如图7-7所示。

图7-7

7.1.2 变形工具

变形工具可以随光标的移动塑造对象形状，能够使对象的形状按照鼠标拖拉的方向产生自然变形。如图7-8所示为使用该工具制作的效果。

图7—8

单击工具箱中的"变形工具"按钮 或按Shift+R键，然后在要调整的图形上直接单击并拖拽鼠标，鼠标指针所经过的图形部分将发生相应的变化，如图7-9所示。

图7—9

在对变形工具进行处理操作之前，双击工具箱中的"变形工具"按钮 ，弹出"变形工具选项"对话框。可以按照不同的状态对工具进行相应的设置，如图7-10所示。

图7—10

- 宽度：调整该选项中的参数，可以调整鼠标笔触的宽度。
- 高度：调整该选项中的参数，可以调整鼠标笔触的高度。
- 角度：指变形工具画笔的角度。
- 强度：指变形工具画笔按压的力度。
- 使用压感笔：当选中该复选框时，将不能使用强度值，而是使用来自写字板或书写笔的输入值。
- 细节：表示即时变形工具应用的精确程度，数值越大则表现得越细致。
- 简化：设置即时变形工具应用的简单程度，设置范围是0.2~100。
- 显示画笔大小：显示变形工具画笔的尺寸。

 技巧提示

各变形工具属性设置不同，选择点不同，按住鼠标时间长短不同等，都可以使图形发生不同的变化，可以按照需要对图形进行改变。

7.1.3 旋转扭曲工具

旋转扭曲工具可以在对象中创建旋转扭曲，使对象的形状卷曲形成漩涡状，如图7-11所示为使用该工具制作的效果。

图7—11

单击工具箱中的"旋转扭曲工具"按钮 ，然后在要进行旋转扭曲的图形上单击并按住鼠标左键，相应的图形即发生旋转扭曲的变化，按住的时间越长，旋转扭曲的角度越大，如图7-12所示。

图7—12

 技巧提示

选中图像后将只对选中的图形进行编辑，不进行选择操作时，将对鼠标影响区域的所有对象进行编辑。

在对旋转扭曲工具进行处理操作之前，双击工具箱中的"旋转扭曲工具"按钮 ![icon]，弹出"旋转扭曲工具选项"对话框。可以按照不同的状态对工具进行相应的设置，如图7-13所示。

图7-13

- 宽度：调整该选项中的参数，可以调整鼠标笔触的宽度。
- 高度：调整该选项中的参数，可以调整鼠标笔触的高度。
- 角度：当鼠标指针为椭圆形时，通过调整该选项中的参数，可以控制工具光标的方向。

- 强度：通过调整该选项中的参数，可以指定扭曲的改变速度。
- 使用压感笔：当选中该复选框时，将不能使用强度值，而是使用来自写字板或书写笔的输入值。
- 旋转扭曲速率：调整该选项中的参数，可以指定应用于旋转扭曲的速率。
- 细节：选中该复选框，表示即时变形工具应用的精确程度，数值越大则表现得越细致。
- 简化：选中该复选框，并调整相应的参数，可以指定减少多余点的数量，而不会影响形状的整体外观。
- 显示画笔大小：选中该复选框，将在绘制时通过鼠标指针查看影响的范围尺寸。

7.1.4 缩拢工具

缩拢工具可通过向十字线方向移动控制点的方式收缩对象，使对象的形状产生收缩的效果。单击工具箱中的"缩拢工具"按钮 ![icon]，然后在要进行收缩的图形上单击并按住鼠标左键，相应的图形即发生收缩的变化，按住的时间越长，收缩的程度越大，如图7-14所示。

在对缩拢工具进行处理操作之前，双击工具箱中的"缩拢工具"按钮 ![icon]，弹出"收缩工具选项"对话框。可以按照不同的状态对工具进行相应的设置，如图7-15所示。

图7-14

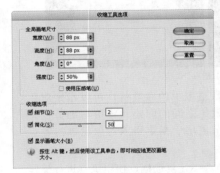

图7-15

- 宽度：调整该选项中的参数，可以调整鼠标笔触的宽度。
- 高度：调整该选项中的参数，可以调整鼠标笔触的高度。
- 角度：当鼠标指针为椭圆形时，通过调整该选项中的参数，可以控制工具光标的方向。
- 强度：通过调整该选项中的参数，可以指定扭曲的改变速度。
- 使用压感笔：当选中该复选框时，将不能使用强度值，而是使用来自写字板或书写笔的输入值。如果没有附

带的压感写字板，此选项将为灰色。

- 细节：选中该复选框，并调整相应的参数，可以指定引入对象轮廓的各点间的间距。
- 简化：选中该复选框，并调整相应的参数，可以指定减少多余点的数量，而不会影响形状的整体外观。
- 显示画笔大小：选中该复选框，将在绘制时通过鼠标指针查看影响的范围尺寸。

7.1.5 膨胀工具

膨胀工具通过向远离十字线方向移动控制点的方式扩展对象，使对象的形式产生膨胀的效果，与缩拢工具相反。单击工具箱中的"膨胀工具"按钮 ![icon]，然后在要进行膨胀的图形上单击并按住鼠标左键，相应的图形即发生膨胀的变化，按住的时间越长，膨胀的程度越大，如图7-16所示。

图7-16

在对缩拢工具进行处理操作之前，双击工具箱中的"膨胀工具"按钮，弹出"膨胀工具选项"对话框。可以按照不同的状态对工具进行相应的设置。膨胀工具的属性设置与缩拢工具相同，这里不再重复讲解，如图7-17所示。

图7-17

7.1.6 扇贝工具

扇贝工具可以向对象的轮廓添加随机弯曲的细节，使对象的产生类似贝壳般起伏的效果。如图7-18所示为使用该工具制作的效果。

单击工具箱中的"扇贝工具"按钮，然后在要进行扇贝处理的图形上单击并按住鼠标左键，相应的图形即发生扇贝效果的变化，按住的时间越长，扇贝效果的程度越大，如图7-19所示。

在对扇贝工具进行处理操作之前，双击工具箱中的"扇贝工具"按钮，弹出"扇贝工具选项"对话框。可以按照不同的状态对工具进行相应的设置，如图7-20所示。

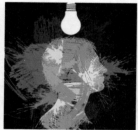

图7-18

图7-19

图7-20

- 复杂性：调整该数值框中的参数值，可以指定对象轮廓上特殊画笔效果之间的间距。该值与细节值有密切的关系，细节值用于指定引入对象轮廓的各点间的间距。
- 画笔影响锚点：当选中该复选框，使用工具进行操作时，将对相应图形的内侧切线手柄进行控制。

- 画笔影响内切线手柄：当选中该复选框，使用工具进行操作时，将相对应图形的内侧切线手柄进行控制。
- 画笔影响外切线手柄：当选中该复选框，使用工具进行操作时，将相对应图形的外侧切线手柄进行控制。
- 显示画笔大小：当选中该复选框，将在绘制时通过鼠标指针查看影响的范围尺寸。

7.1.7 晶格化工具

晶格化工具可以向对象的轮廓添加随机锥化的细节，使对象表面产生尖锐凸起的效果。如图7-21所示为使用该工具制作的效果。

单击工具箱中的"晶格化工具"按钮，然后在要进行晶格化处理的图形上单击并按住鼠标左键，相应的图形即发生晶格化效果的变化，按住的时间越长，晶格化效果的程度越大，如图7-22所示。

图7-21

图7-22

在对晶格化工具进行处理操作之前，双击工具箱中的"晶格化工具"按钮 ，弹出"晶格化工具选项"对话框。可以按照不同的状态对工具进行相应的设置。"晶格化工具"的属性设置与扇贝工具的参数基本相同，这里不再重复讲解，如图7-23所示。

图7-23

📖 **读书笔记**

实例练习——使用晶格化工具制作栀子花

案例文件	实例练习——使用晶格化工具制作栀子花.ai
视频教学	实例练习——使用晶格化工具制作栀子花.flv
难易指数	★★★★★
知识掌握	钢笔工具、晶格化工具、渐变

案例效果

案例效果如图7-24所示。

图7-24

操作步骤

步骤01 选择"文件>新建"命令或按Ctrl+N组合键新建一个文档，具体参数设置如图7-25所示。

图7-25

步骤02 绘制花心。单击工具箱中的"椭圆工具"按钮 ，绘制出一个椭圆形状，在控制栏中设置"颜色"为黄色，如图7-26所示。

步骤03 单击工具箱中的"晶格化工具"按钮 ，在椭圆图形边缘单击并按住鼠标左键拖动，相应的图形即发生晶格化效果的变化，如图7-27所示。

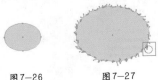

图7-26　　　　图7-27

步骤04 执行"效果>风格化>投影"命令，在弹出的"投影"对话框中设置模式为"正片叠底"，不透明度为75%，X位移为2.47mm，Y位移为2.47mm，模糊为1.76mm，颜色为黑色，如图7-28所示。

步骤05 再次使用椭圆工具绘制一个椭圆形状。执行"窗口>渐变"命令，打开"渐变"面板，设置类型为"径向"，单击滑块编辑黑白系渐变，如图7-29所示。

图7-28　　　　　　　　　图7-29

步骤06 执行"窗口>透明度"命令，打开"透明度"面板，设置"正片叠底"，调整不透明度为44%，如图7-30所示。

步骤07 绘制一个橙色的小圆，把它拖进符号调板新建符号。选择新的符号，然后单击工具箱中的"符号喷枪工具"按钮 或按Shift+S键在花心上喷射。再次绘制一个黄色的小圆形，同样拖拽到"符号"面板中，建立为新的符号。然后使用符号喷枪工具进行喷射，如图7-31所示。

图7-30　　　　　　　　　图7-31

步骤08 单击工具箱中的"钢笔工具"按钮 ，绘制出一个花瓣的封闭路径。设置"颜色"为乳白色，然后执行"效果>风格化>投影"命令，在弹出的"投影"对话框中设置模式为正片叠底，不透明度为85%，X位移为2.47mm，Y位移为2.47mm，模糊为1.76mm，颜色为黑色，如图7-32所示。

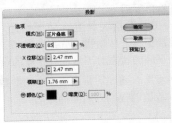

图7-32

第7章　对象的高级操作

143

步骤09 选中花瓣对象，按住Alt键，拖拽复制出两个花瓣，将其旋转角度进行适当的摆放，如图7-33所示。

步骤10 同样方法制作出其他花瓣效果，如图7-34所示。

步骤12 将花朵再复制出两个，调整大小在画板上摆放，并导入背景素材文件将其放置在底层，最终效果如图7-36所示。

图7-33

图7-34

步骤11 导入小花瓣素材文件，并将其复制出多个放置在每个花瓣上，如图7-35所示。

图7-35

图7-36

7.1.8 皱褶工具

皱褶工具可以向对象的轮廓添加类似于皱褶的细节，使对象表面产生皱褶效果。如图7-37所示为使用该工具制作的效果。

图7-37

单击工具箱中的"皱褶工具"按钮，然后在要进行皱褶处理的图形上单击并按住鼠标左键，相应的图形即发生皱褶效果的变化，按住的时间越长，皱褶效果的程度越大，如图7-38所示。

在对皱褶工具进行处理操作之前，双击工具箱中的"皱褶工具"按钮，弹出"皱褶工具选项"对话框。可以按照不同的状态对工具进行相应的设置，如图7-39所示。

⦿ **水平**：通过调整该选项中的参数，可以调整水平方向上放置的控制点之间的距离。

⦿ **垂直**：通过调整该选项中的参数，可以调整垂直方向上放置的控制点之间的距离。

图7-38

图7-39

7.2 网格工具

网格工具可以基于矢量对象创建网格对象，在图形或图像上形成网格，即创建单个多色对象。"网格对象"是一种多色对象，其上的颜色可以沿不同方向顺畅分布且从一点平滑过渡到另一点。创建网格对象时，将会有多条线（称为网格线）交叉穿过对象，这为处理对象上的颜色过渡提供了一种简便方法。通过移动和编辑网格线上的点，可以更改颜色的变化强度，或者更改对象上的着色区域范围。网格工具在矢量写实作品中应用得非常多，如图7-40所示为使用网格工具制作的作品。

在两网格线相交处有一种特殊的锚点，称为网格点。网格点以菱形显示，且具有锚点的所有属性，只是增加了接受颜色的功能。可以添加和删除网格点、编辑网格点，或更改与每个网格点相关联的颜色，如图7-41所示。

图7-40 图7-41

 技巧提示

网格中也同样会出现锚点（区别在于其形状为正方形而非菱形），这些锚点与Illustrator中的任何锚点一样，可以添加、删除、编辑和移动。锚点可以放在任何网格线上；可以单击一个锚点，然后拖动其方向控制手柄来修改该锚点。

7.2.1 创建渐变网格

理论实践——自动创建渐变网格

使用网格工具进行渐变上色时，首先要对图形进行网格的创建，Illustrator中提供了一种自动创建网格的方式。将要创建网格的图形选中，执行"对象>创建渐变网格"命令，弹出"创建渐变网格"对话框，如图7-42所示。

图7-42

- 行数：调整该文本框中的参数，定义渐变网格线的行数。
- 列数：调整该文本框中的参数，定义渐变网格线的列数。
- 外观：表示创建渐变网格后的图形高光的表现方式，包含平淡色、至中心和至边缘3个选项。
- 平淡色：当选择该选项时，图像表面的颜色均匀分布（只创建了网格，颜色未发生变化）。会将对象的原色均匀地覆盖在对象表面，不产生高光。

- 至中心：当选择该选项时，在对象的中心创建高光。
- 至边缘：当选择该选项时，图形的高光效果在边缘。至边缘会在对象的边缘处创建高光。
- 高光：调整该文本框中的参数，定义白色高光处的强度。100%代表将最大的白色高光值应用于对象，0%则代表不将任何白色高光应用于对象。

 技巧提示

将渐变填充对象转换为网格对象，选择该对象，执行"对象>扩展"命令。然后选择"渐变网格"，单击"确定"按钮。所选对象将被转换为具有渐变形状的网格对象：圆形（径向）或矩形（线性）。

理论实践——手动创建渐变网格

自动创建渐变网格虽然很快捷，但是在使用时可能并不尽如人意，所以可以使用另外一种方法手动创建便于操作的网格。

首先选中要添加渐变网格的对象，单击工具箱中的"网格工具"按钮，或使用快捷键U，在图形要创建网格的位置上单击，即可创建一组行和列的网格线，如图7-43所示。

反复使用该工具在图形上进行单击，创建出要使用数量的渐变网格，如图7-44所示。

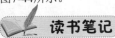

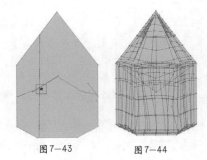

图7-43   图7-44

7.2.2 编辑渐变网格

渐变网格创建完毕后，可以使用多种方法来修改网格对象，如添加、删除和移动网格点；可以更改网格点和网格面片的颜色，以及将网格对象恢复为常规对象等。

❶ 选中网格对象，单击工具箱中的网格工具、直接选择工具或编组工具，将定义颜色的网点选中。执行"窗口>颜色"命令，打开"颜色"面板。在该面板中选中要使用的颜色，即可在已有的网格上添加颜色，如图7-45所示。

❸ 若要删除网格点，按住Alt键，用网格工具单击该网格点即可删除，如图7-47所示。

图7-47

❹ 若要移动网格点，请用网格工具或直接选择工具拖动它。按住Shift键使用网格工具拖动网格点，可使该网格点保持在网格线上。沿一条弯曲的网格线移动网格点而不使该网格线发生扭曲，如图7-48所示。

图7-45

❷ 若要添加网格点，单击工具箱中的"网格工具"按钮，然后为新网格点选择填充颜色。再单击网格对象中的任意一点，即可在添加新的网格的同时添加颜色，如图7-46所示。

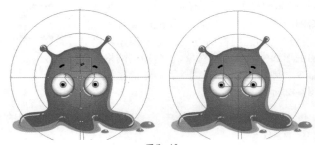

图7-48

技巧提示

可以设置渐变网格中的透明度和不透明度以及指定单个网格节点的透明度和不透明度值。首先选择一个或多个网格节点或面片。然后通过"透明"面板、控制栏或"外观"面板中的"不透明"滑块设置不透明度。

图7-46

实例练习——使用渐变网格绘制卡通兔子

案例文件	实例练习——使用渐变网格绘制卡通兔子.ai
视频教学	实例练习——使用渐变网格绘制卡通兔子.flv
难易指数	★★★★★
知识掌握	渐变网格工具、渐变工具

案例效果

案例效果如图7-49所示。

图7-49

操作步骤

步骤01 选择"文件>新建"命令或按Ctrl+N组合键新建一个文档。单击工具箱中的"钢笔工具"按钮 ，在画板上绘制一个封闭路径，设置填充颜色为肉色，作为兔子面部，如图7-50所示。

步骤02 单击工具箱中的"网格工具"按钮 ，在选中的对象上单击，创建相应的渐变网格，如图7-51所示。

 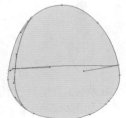

图7-50   图7-51

步骤03 执行"窗口>颜色"命令，打开"颜色"面板。在"色板库"菜单中打开"系统"色板。单击选择颜色，为该锚点附近的网格定义颜色，如图7-52所示。

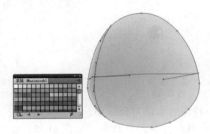

图7-52

步骤04 在相对应的右侧单击添加锚点，创建渐变网格，如图7-53所示。

步骤05 在中间区域添加几个锚点创建出渐变网格，按住Shift键调整网格的形状。然后在"颜色"面板中单击选择浅粉色，定义锚点附近的颜色，如图7-54所示。

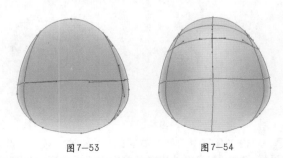

图7-53   图7-54

步骤06 采用相同的方法继续在网格上添加颜色，如图7-55所示。

图7-55

步骤07 单击工具箱中的"钢笔工具"按钮 ，绘制出一个兔子耳朵的封闭路径。设置"颜色"与面部颜色相同，然后执行"对象>排列>置于底层"命令，如图7-56所示。

步骤08 使用网格工具为耳朵创建渐变网格，并将其添加上颜色，如图7-57所示。

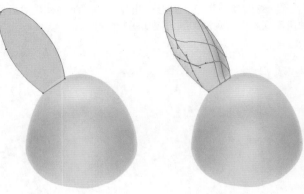

图7-56   图7-57

步骤09 采用同样的方法绘制耳朵内部，如图7-58所示。

图7—58

步骤10▶单击工具箱中的"选择工具"按钮，选中耳朵，单击鼠标右键，在弹出的快捷菜单中执行"变换>对称"命令。在弹出的对话框中选中"垂直"单选按钮，单击"复制"按钮。将复制出的耳朵放置在右侧位置，如图7-59所示。

图7—59

步骤11▶用绘制耳朵的方法绘制出兔子面部的下半部分，如图7-60所示。

步骤12▶继续使用钢笔工具绘制出鼻子的封闭路径，然后再使用渐变网格工具添加颜色，如图7-61所示。

图7—60　　　　　　　　图7—61

步骤13▶使用钢笔工具在鼻子下方绘制路径，然后在控制栏中设置"描边"为灰色，调整描边粗细为2pt，如图7-62所示。

步骤14▶单击工具箱中的"椭圆工具"按钮，绘制出一个椭圆形状，保持该对象为选中状态，执行"窗口>渐变"命令，打开"渐变"面板，设置类型为线性，单击滑块编辑一种紫色系的渐变，如图7-63所示。

图7—62　　　　　　　　图7—63

步骤15▶继续使用椭圆工具绘制一个圆形，在控制栏中设置"颜色"为黑色。然后在上面绘制一个白色的小圆形，作为眼睛的高光，如图7-64所示。

图7—64

步骤16▶使用钢笔工具绘制一个封闭路径，然后使用网格工具添加颜色，如图7-65所示。

步骤17▶使用钢笔工具绘制出睫毛封闭路径，再在控制栏中设置"颜色"为紫色，如图7-66所示。

图7—65　　　　　　　　图7—66

步骤18▶将眼睛全部对象选中，单击鼠标右键，在弹出的快捷菜单中执行"编组"命令。按住Alt键，拖拽复制出一个眼睛放置在左侧位置，效果如图7-67所示。

步骤19▶导入背景素材文件，并将其放置在底层，最终效果如图7-68所示。

Illustrator CS5 从入门到精通

图7-67

图7-68

7.3 混合工具

　　使用混合工具可以混合对象以创建形状，并在两个对象之间平均分布形状。也可以在两个开放路径之间进行混合，在对象之间创建平滑的过渡；或组合颜色和对象的混合，在特定对象形状中创建颜色过渡。如图7-69所示为使用混合工具制作的效果。

　　在对象之间创建了混合之后，就会将混合对象作为一个对象看待。如果移动了其中一个原始对象，或编辑了原始对象的锚点，则混合将会随之变化。此外，原始对象之间混合的新对象不会具有其自身的锚点。可以扩展混合，以将混合分割为不同的对象。

图7-69

7.3.1 创建混合

　　可以使用混合工具和"对象>混合>建立"命令来创建混合，这是两个或多个选定对象之间的一系列中间对象和颜色。

❶ 单击工具箱中的"混合工具"按钮 或按W键，在要进行混合的对象上依次单击即可，使用混合工具进行图形对象的混合时，是否实现选中相应的对象没有根本意义，如图7-70所示。

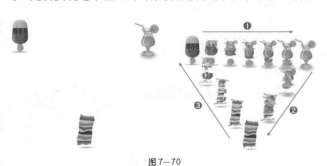

图7-70

❷ 除了采用混合工具选择要混合的对象外，还可以将要进行混合的对象选中，执行"对象>混合>建立"命令或按Ctrl+Atl+B键，采用命令的方法进行对象混合，如图7-71所示。

图7-71

7.3.2 设置混合参数

在使用混合工具对图形进行混合之前，应先对混合工具进行相应的设置，这样可以非常容易控制混合后的效果。双击工具箱中的"混合工具"按钮，弹出"混合选项"对话框。然后进行相应数值的设置，如图7-72所示。

图7-72

- 间距：在该下拉列表中选中不同的选项，可以定义对象之间的混合方式。
- 平滑颜色：让Illustrator 自动计算混合的步骤数。如果对象是使用不同的颜色进行的填色或描边，则计算出的步骤数将是为实现平滑颜色过渡而取的最佳步骤数。如果对象包含相同的颜色，或包含渐变或图案，则步骤数将根据两对象定界框边缘之间的最长距离计算得出，如图7-73所示。

图7-73

- 指定的步骤：用来控制在混合开始与混合结束之间的步骤数，如图7-74所示。

图7-74

- 指定的距离：用来控制混合步骤之间的距离。指定的距离是指从一个对象边缘起到下一个对象相对应边缘之间的距离（例如，从一个对象的最右边到下一个对象的最右边），如图7-75所示。

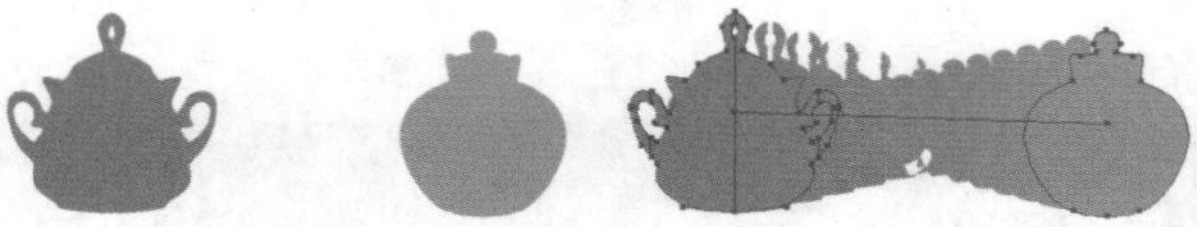

图7-75

- 取向：在该选项组中单击不同的按钮，可以确定混合对象的方向。
- 对齐页面：使混合垂直于页面的X轴。
- 对齐路径：使混合垂直于路径。

> **技巧提示**
>
> 制作混合效果时，鼠标只要在图像范围之内单击即可，但是落点的不同会导致混合效果的不同。

7.3.3 编辑混合图形

两个对象进行混合时，对象中间的混合对象将按照直线进行排列，并且混合后在这些混合对象中间会显示出相应的路径。通过调整这条路径的形态，可以直接控制混合对象的排列。

理论实践——调整混合路径

首先将要控制路径的混合对象选中，此时将显示出相应的路径。然后通过使用钢笔工具组中的各个工具，对该路径进行普通路径的操作，将直接影响到混合对象的动态，如图7-76所示。

图7-76

理论实践——替换混合轴

要使用其他路径替换混合轴，首先需要绘制一个路径以用作新的混合轴。选择混合轴对象和混合对象，然后执行"对象>混合>替换混合轴"命令，如图7-77所示。

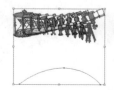 

图7-77

理论实践——反向混合轴

当要翻转混合对象的混合顺序时，可以选中该混合对象，然后执行"对象>混合>反向混合轴"命令，此时相应的混合对象的位置将发生翻转，如图7-78所示。

图7-78

理论实践——颠倒混合对象中的堆叠顺序

混合对象之间同样存在堆叠的关系，当混合对象之间出现叠加的现象时会非常明显。如果要颠倒混合对象中的堆叠顺序，可以将相应的混合对象选中，执行"对象>混合>反向堆叠"命令即可，如图7-79所示。

图7-79

7.3.4 扩展与混合图形

创建混合效果之后，图形就成为一个由原混合图形和图形之间的路径组成的整体，不可以单独选中。扩展一个混合对象会将混合分割为一系列不同对象，可以像编辑其他对象一样编辑其中的任意一个对象。

选中混合图形后，执行"对象>混合>扩展"命令，将混合图形进行扩展，如图7-80所示。

扩展后的混合图形一般会作为编组对象而不能独立编辑，如果要独立编辑，需要在图形上单击鼠标右键，在弹出的快捷菜单中执行"取消编组"命令，再使用选择工具选中混合图形中的各个图形，可以看到每个图形都可以被独立选中，如图7-81所示。

图7-80　　　　　　　　　　　　　　　　　　图7-81

7.3.5 释放混合对象

如果释放混合对象，执行"对象>混合>释放"命令即可。

实例练习——利用混合工具制作多彩的花朵

案例文件	实例练习——利用混合工具制作多彩的花朵.ai
视频教学	实例练习——利用混合工具制作多彩的花朵.flv
难易指数	★★★★★
知识掌握	混合工具、替换混合轴

案例效果

案例效果如图7-82所示。

图7-82

操作步骤

步骤01▶选择"文件>新建"命令或按Ctrl+N组合键新建一个文档。单击工具箱中的"钢笔工具"按钮，绘制出一个花瓣的封闭路径。在控制栏中设置描边为无，颜色为粉色，如图7-83所示。

步骤02▶保持该对象为选中状态，按住Alt键，拖拽复制出一个椭圆放置在右侧位置，设置颜色为黄色，如图7-84所示。

图7-83　　　　　　　图7-84

步骤03▶双击工具箱中的"混合工具"按钮，在弹出的对话框中设置"间距"为"指定的步数"、"16"。选择"取向"，在要进行混合的对象上依次单击即可，如图7-85所示。

图7—85

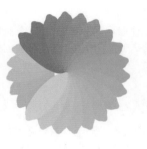

图7—88　　　　　　　　　　图7—89

步骤04 使用椭圆工具，按住Shift键绘制出一个正圆封闭路径，如图7-86所示。

步骤05 将要混合对象和混合路径同时选中，执行"对象>混合>替换混合轴"命令，此时混合对象将直接替换到相应的混合轴位置上，如图7-87所示。

步骤08 按照上述同样的方法绘制出多个不同颜色的花朵，并摆放在画板上，如图7-90所示。

步骤09 导入背景素材文件，并将其放置在底层位置，如图7-91所示。

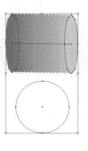
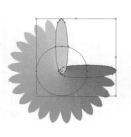

图7—86　　　　　　　　图7—87

步骤06 按住Alt键拖拽将其复制出一个副本，并放置在上边，在边角锚点位置旋转，调整副本的角度，如图7-88所示。

步骤07 导入花蕊素材文件并将其放置在上面，如图7-89所示。

图7—90　　　　　　　　　图7—91

7.4 形状生成器工具

　　使用形状生成器工具可以通过合并或擦除简单形状创建出复杂形状的交互式工具。对简单复合路径有效，可以直观地高亮显示所选艺术对象中可合并为新形状的边缘和选区。"边缘"是指一个路径中的一部分，该部分与所选对象的其他任何路径都没有交集。选区是一个边缘闭合的有界区域，如图7-92所示。

图7—92

7.4.1 设置形状生成器工具选项

　　双击工具箱中的"形状生成器工具"按钮，弹出"形状生成器工具选项"对话框。然后可以设置并自定义多种选项，如间隙检测、拾色来源和高光以获取所需合并功能和更好的视觉反馈，如图7-93所示。

● 间隙检测：使用"间隙长度"下拉列表设置间隙长度，可用值为小、中和大。如果想要提供精确间隙长度，则选中"自定"复选框。选择间隙长度后，Illustrator 将查找仅接近指定间隙长度值的间隙。确保间隙长度值与艺术对象的实际间隙长度接近（大概接近）。可以检查该间隙是否由提供不同间隙长度值检测，直到检测到艺术对象中的间隙。例如，如果设置间隙长度为12 点，然而需要合并的形状包含了3 点的间隙，Illustrator 可能就无法检测此间隙，如图7-94所示。

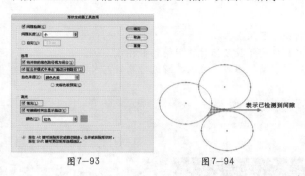

图7-93　　　　　　　　　图7-94

- 将开放的填色路径视为闭合：如果选中该复选框，则会为开放路径创建一段不可见的边缘以生成一个选区。单击选区内部时，会创建一个形状。

- 在合并模式中单击"描边分割路径"：选中该复选框时，在合并模式中单击描边即可分割路径。该选项允许将父路径拆分为两个路径。第一个路径将从单击的边缘创建，第二个路径是父路径中除第一个路径外剩余的部分。如果选中该复选框，则在拆分路径时鼠标将更改为 。

- 拾色来源：可以从颜色色板中选择颜色，或从现有图稿所用的颜色中选择，来给对象上色。在"拾色来源"下拉列表中选择"颜色色板"或"图稿"选项。如果选择"颜色色板"选项，则可使用"光标色板预览"选项。可以选中"光标色板预览"复选框来预览和选择颜色。选中该复选框时，会提供实时上色风格光标色板。允许使用方向键循环选择色板中的颜色。

- 填充：默认为选中。如果选中该复选框，当光标滑过所选路径时，可以合并的路径或选区将以灰色突出显示。如果未选中该复选框，所选选区或路径的外观将是正常状态。

- 可编辑时突出显示描边：选中该复选框，Illustrator 将突出显示可编辑的笔触。可编辑的笔触将以从"颜色"下拉列表中选择的颜色显示。

技巧提示

若要更改笔触颜色，移动指针从对象边缘滑过高亮显示部分并更改笔触颜色。此选项仅在选中"在合并模式中单击'描边分割路径'"复选框时才可用。可以通过指向文档上任意位置来选择选区的填充色。

7.4.2 使用形状生成器工具创建形状

使用选择工具选中需要使用形状生成器工具创建的形状。然后单击工具箱中的"形状生成器工具"按钮，默认情况下，该工具处于合并模式，在该模式下，可以合并不同的路径。该模式中的光标显示为 。接着识别要选取或合并的选区。若要从形状的剩余部分打断或选取选区，则需要移动光标并单击所选选区，如图7-95所示。

图7-95

若要合并路径，沿选区拖动并释放光标，两个选区将合并为一个新形状，如图7-96所示。

图7-96

若要使用形状生成器工具的抹除模式，需要按住Alt键并单击想要删除的闭合选区，此时指针变为 。在抹除模式下，可以在所选形状中删除选区，如果要删除的某个选区由多个对象共享，则分离形状的方式是将框所选中的那些选区从各形状中删除，也可以在抹除模式中删除边缘，如图7-97所示。

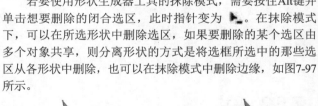

图7-97

合并得到的新形状的艺术样式取决于以下几点：

❶ 开始拖动时将光标起始位置所在对象的艺术样式应用到合并形状上。

❷ 如果在按下鼠标时没有可用的艺术样式，则会对合并形状应用释放鼠标时可用的艺术样式。

❸ 如果按下和释放鼠标时都没有可用的艺术样式，则应用"图层"面板中最上层所选对象的艺术样式。

7.5 高级路径编辑

路径是Adobe Illustrator软件的灵魂，如果没有路径，根本无法绘制出任何的矢量图形。该软件为用户提供了一些对于路径和描边的高级编辑功能，可以更好地完成路径的绘制，更快捷地完成任务，如图7-98所示。

图7-98

7.5.1 连接

将两条路径的两个端点连接在一起时，可以使用"连接"命令，这样可以将两条路径连接为一条。当锚点未重合时，Illustrator 将添加一个直线段来连接要连接的路径。当连接两个以上路径时，Illustrator 首先查找并连接彼此之间端点最近的路径。此过程将重复进行，直至连接完所有路径。如果只选择连接一条路径，将转换成封闭路径。

首先使用直接选择工具或套索工具选择需要连接的端点。然后执行"对象>路径>连接"命令或按Ctrl+J键。如果端点重合，就会弹出"连接"对话框，对其进行相应的设置，单击"确定"按钮进行连接。如果两个端点的距离较大，则会以直线段连接，如图7-99所示。

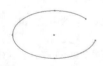

图7-99

无论选择锚点连接还是整个路径，连接选项都只生成角连接。但是对于重叠锚点，如果选择平滑或角连接选项，则使用Shift+Ctrl+Alt+J键。

7.5.2 平均

使用"平均"命令可以将所选择的两个或多个锚点移动到它们当前位置的中部。

步骤01 将两条路径中要进行对齐的锚点同时选中。执行"对象>路径>平均"命令或按Ctrl+Alt+J键，如图7-100所示。

图7-100

步骤02 在弹出的"平均"对话框中选中"水平"单选按钮，可以看到此时的锚点沿水平方向平均分布，如图7-101所示。

图7-101

技巧提示

平均锚点的位置是从另一种角度简化路径的一种方法，但是本操作会较大幅度地改变路径形状。

7.5.3 轮廓化描边

渐变颜色不能添加到描边部分上，无论该路径定义的描边宽度是多少，这一点都是不能实现的。如果要在一个路径上添加渐变色或其他的特殊的填充方式，可以使用"轮廓化描边"命令，此时就可以按照填充的方式进行颜色的定义。

选中需要进行轮廓化的路径对象，执行"对象>路径>轮廓化描边"命令，此时该路径对象将转换为轮廓，即可对路径进行形态的调整以及渐变的填充，如图7-102所示。

图7-102

7.5.4 偏移路径

"偏移路径"命令可以使路径偏移以创建出新的路径副本，可用于创建同心圆与同心的其他图形。

选中需要进行偏移的路径，执行"对象>路径>偏移路径"命令，弹出"偏移路径"对话框。然后设置偏移路径选项，设置完后单击"确定"按钮进行偏移，偏移得到的新路径会被选中，偏移得到的路径效果如图7-103所示。

图7-103

7.5.5 简化

"简化"命令可以删除多余的锚点而不改变路径形状。删除不需要的锚点可简化图稿，减小文件大小，使显示和打印速度更快。

首先选中要简化的路径。执行"对象>路径>简化"命令，在弹出的"简化"对话框中设置相应的选项，单击"确定"按钮进行简化。选中"预览"复选框可以显示简化路径的预览，并且列出原始路径与简化路径中点的数量，如图7-104所示。

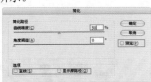

图7-104

- 曲线精度：输入0%和100%之间的值设置简化路径与原始路径的接近程度。越高的百分比将创建越多点并且越接近。除曲线端点和角点外的任何现有锚点将忽略（除非为"角度阈值"输入了值）。
- 角度阈值：输入0°和180°间的值以控制角的平滑度。如果角点的角度小于角度阈值，将不更改该角点。如果"曲线精度"值小，该选项有助于保持角锐利。
- 直线：在对象的原始锚点间创建直线。如果角点的角度大于"角度阈值"中设置的值，将删除角点。
- 显示原路径：显示简化路径背后的原路径。

7.5.6 添加锚点

当要在路径上添加锚点时，执行"对象>路径>添加锚点"命令，可以快速地、成倍地在路径上添加锚点。这一点在编辑一些路径时非常有用，例如绘制折线效果，如图7-105所示。

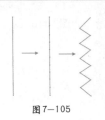

图7-105

7.5.7 减去锚点

7.5.5节介绍的"简化"命令，虽然可以清除多余锚点，但是要删除某个锚点时并不能直接指定，只能通过调整相应的参数进行控制。如果要清除指定的锚点，可以将其选中并按Delete键，但是删除锚点后的路径也就相应地断开了，出现这种情况时可以选中要删除的锚点，执行"对象>路径>减去锚点"命令，相应的锚点即可被删除，但不会影响路径的完整性，如图7-106所示。

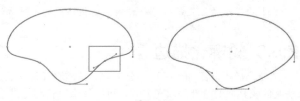

图7-106

7.5.8 分割为网格

如果要将一个或多个封闭路径对象转换为网格对象，则可选择"分割为网格"，如图7-107所示。

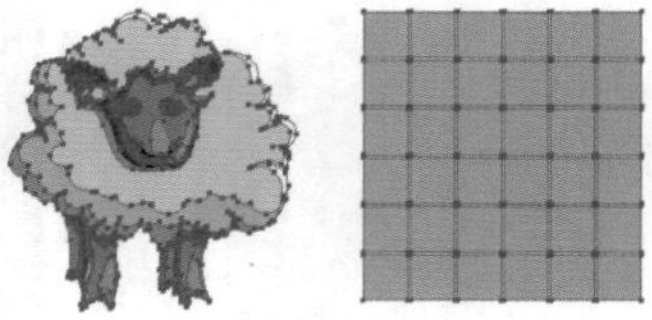

图7-107

选中要分割为网格的路径。执行"对象>路径>分割为网格"命令，在弹出的"分割为网格"对话框中设置完毕后，单击"确定"按钮，即可将相应的对象转换为一个不同属性的网格，如图7-108所示。

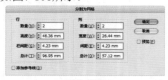

图7-108

- 数量：输入相应的数值，定义对应的行或列的数量。
- 高度：输入相应的数值，定义每一行的高度。
- 宽度：输入相应的数值，定义每一列的宽度。
- 栏间距：输入相应的数值，定义行与行之间的距离。
- 间距：输入相应的数值，定义列与列之间的距离。
- 总计：输入相应的数值，定义行与列间距和数值总和的尺寸。
- 添加参考线：选中该复选框时，将按照相应的表格自动定义出参考线。
- 预览：通过选中该复选框，可以在执行该操作前查看到相应的效果。

7.5.9 清理

在绘制一个比较复杂的图形作品时，经常会出现一些绘制了但是没有进行上色、没有使用的部分，而这些对象在没有被选中时是看不到的。在完成一个作品时，需要对整个图形中没有使用的对象进行清理。执行"对象>路径>清理"命令，在弹出的"清理"对话框中选中相应的选项，单击"确定"按钮即可，如图7-109所示。

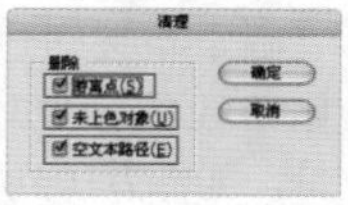

- 游离点：选中该复选框时，将删除没有使用到单独锚点的对象。
- 未上色对象：选中该复选框时，将删除没有认定填充和描边颜色的路径对象。
- 空文本路径：选中该复选框时，将删除没有任何文字的文本路径对象。

图7-109

实例练习——制作放射背景

案例文件	实例练习——制作放射背景.ai
视频教学	实例练习——制作放射背景.flv
难易指数	★★★★★
知识掌握	平均、渐变工具

案例效果

本例主要是通过"平均"命令、渐变工具制作放射背景，如图7-110所示。

图7-110

操作步骤

步骤01 选择"文件>新建"命令或按Ctrl+N组合键新建一个文档，具体参数设置如图7-111所示。

图7-111

步骤02 单击工具箱中的"矩形工具"按钮，在一个角点单击将鼠标拖拽到对角角点位置，绘制一个正方形。然后在控制栏中设置描边为蓝色，描边粗细为5pt，如图7-112所示。

图7-112

步骤03 保持该对象的选中状态，执行"窗口>描边"命令，打开"描边"面板，调整描边粗细为15pt，选中"虚线"复选框，设置虚线为15pt，如图7-113所示。

图7-113

步骤04 执行"对象>扩展"命令，在弹出的"扩展"对话框中选中"填充"和"描边"复选框。每个正方形变为个体路径效果，如图7-114所示。

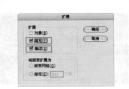

图7-114

步骤05 单击工具箱中的"直接选择工具"按钮，框选其内侧的锚点，如图7-115所示。

步骤06 执行"对象>路径>平均"命令，在弹出的"平均"对话框中选中"两者兼有"单选按钮，如图7-116所示。

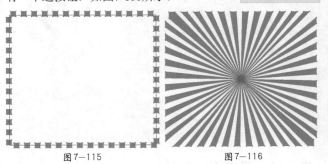

图7-115　　　　　　　　图7-116

 技巧提示

在框选锚点时，如有未被选中的锚点，按住Shift键单击选择锚点，将锚点添加上。

步骤07 保持放射对象的选中状态，执行"窗口>渐变"命令，打开"渐变"面板，设置类型为"径向"，单击滑块编辑一种蓝色系渐变，如图7-117所示。

图7-117

步骤08 导入前景素材文件，如图7-118所示。

图7-118

7.6 封套扭曲

"封套"是对选定对象进行扭曲和改变形状的对象。可以利用画板上的对象来制作封套，或使用预设的变形形状或网络作为封套。封套扭曲可以应用在除图表、参考线或链接对象以外的任何对象，如图7-119所示。

图7-119

7.6.1 用变形建立

用变形建立，可以将选中的一个或多个对象，按照设置的几个类型形状进行变形。变形的形状是软件预置的，但是可以充分地进行参数控制。首先将该对象或多个对象同时选中，执行"对象>封套扭曲>用变形建立"命令，在弹出的"变形选项"对话框中选择一种变形样式并设置选项，如图7-120所示。

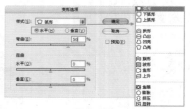

图7-120

- 样式：在该下拉列表中选择不同的选项，可以定义不同的变形样式。可以选择弧形、下弧形、拱形、凸出、凹壳、凸壳、旗形、波形、鱼形、上升、鱼眼、膨胀、挤压和扭转选项，如图7-121所示。

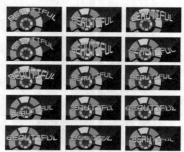

图7-121

- 水平/垂直：选中"水平"单选按钮时，文本扭曲的方向为水平方向，如图7-122（a）所示；选中"垂直"单选按钮时，文本扭曲的方向为垂直方向，如图7-122（b）所示。

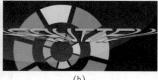

（a）　　　　　　　　（b）

图7-122

- 弯曲：用来设置文本的弯曲程度，如图7-123所示分别是"弯曲"为-50%和100%时的效果。

图7-123

- 水平：设置水平方向的透视扭曲变形的程度，如图7-124所示分别是"水平"为-66%和86%时的扭曲效果。

图7-124

- 垂直：用来设置垂直方向的透视扭曲变形的程度，如图7-125所示分别是"垂直"为-60%和60%时的扭曲效果。

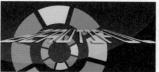

图7-125

7.6.2 用网格建立

"用网格建立"命令建立的封套变形，除了可以通过调整参数和控制变形外，还可以使用直接选择工具进行调整，如图7-126所示。

图7—126

使用"用网格建立"命令建立的封套，必须要进行一定

的变形，可以执行"对象>封套扭曲>用网格建立"命令或按Shift+Ctrl+W键，在弹出的"封套网格"对话框中设置行数和列数，单击"确定"按钮即可完成网格的设置，如图7-127所示。

变形网格创建完毕后，通过使用直接选择工具进行调整，即可完成自定义的变形处理，如图7-128所示。

图7—127　　　　　　　　　　图7—128

7.6.3 用顶层对象建立

"用顶层对象建立"封套命令需要至少两个形状，然后根据上层对象的形状、大小和位置，变换底层的图形形状。

在要进行变形处理的对象上绘制一个要进行变形的形状对象。将要进行变形的对象和要变形的形状对象同时选中，执行"对象>封套扭曲>用顶层对象建立"命令或使用快捷键Ctrl+Alt+C，要进行变形的对象即可按照顶部变形的形状对象进行变化，如图7-129所示。

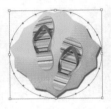

图7—129

7.6.4 设置封套选项

当对一个或多个对象进行封套变形后，除了可以使用直接选择工具进行调整外，还可以对整体进行设置。封套选项决定应以何种形式扭曲图稿以适合封套。将要进行调整的封套对象选中，然后执行"对象>封套扭曲>封套选项"命令，在弹出的"封套选项"对话框中进行相应的设置，如图7-130所示。

图7—130

 读书笔记

- 消除锯齿：在用封套扭曲对象时，可使用该复选框来平滑栅格，取消选中该复选框可降低扭曲栅格所需的时间。

- 保留形状，使用：当用非矩形封套扭曲对象时，可使用该选项组指定栅格应以何种形式保留其形状。选中"剪切蒙版"单选按钮以在栅格上使用剪切蒙版，或选中"透明度"单选按钮以对栅格应用 Alpha 通道。

- 保真度：指定要使对象适合封套模型的精确程度。增加"保真度"百分比会向扭曲路径添加更多的点，而扭曲对象所花费的时间也会随之增加。

- 扭曲外观：将对象的形状与其外观属性一起扭曲（例如，已应用的效果或图形样式）。

- 扭曲线性渐变：将对象的形状与其线性渐变一起扭曲。

- 扭曲图案填充：将对象的形状与其图案属性一起扭曲。

 技巧提示

如果使用一种选定的"扭曲"选项来扩展封套，其各自属性会分别扩展。

7.6.5 释放或扩展封套

可以通过释放封套或扩展封套的方式来删除封套。释放套封对象可创建两个单独的对象、保持原始状态的对象和保持封套形状的对象。扩展封套对象的方式可以删除封套，但对象仍保持扭曲的形状。

将要转换为普通对象的封套对象选中，然后执行"对象>封套扭曲>释放"命令，此时不但会将封套对象恢复到操作之前的效果，而且还会保留封套的部分，如图7-131所示。

将要转换为普通对象的封套对象选中，然后执行"对象>封套扭曲>扩展"命令，即可将该封套对象转换为普通的对象，并且该对象不会发生任何形状的变化，如图7-132所示。

图7-131　　　　　　　　　　　　　　　　　图7-132

7.6.6 编辑内容

当一个对象被执行了任意一种封套编辑后，使用工具箱中的直接选择工具或其他编组工具对该对象进行编辑时，将只能选中该对象的封套部分，而不能对该对象本身进行调整。

当需要对对象本体进行调整时，需要选中该对象并执行"对象>封套扭曲>编辑内容"命令或按Shift+Ctrl+V键，此时该对象的内部将被选中，并且可以进行相应的编辑，编辑好的本体将自动进行封套的变形。编辑内容的操作将始终存在，只有执行"对象>封套扭曲>编辑封套"命令，才能恢复到编辑封套的状态，如图7-133所示。

图7-133

实例练习——利用封套扭曲制作绚丽光带

案例文件	实例练习——利用封套扭曲制作绚丽光带.ai
视频教学	实例练习——利用封套扭曲制作绚丽光带.flv
难易指数	★★★★★
知识掌握	再次变换、封套扭曲、"透明度"面板

案例效果

案例效果如图7-134所示。

图7-134

操作步骤

步骤01 选择"文件>新建"命令或按Ctrl+N组合键新建一个文档，单击工具箱中的"矩形工具"按钮，绘制一个画板大小的矩形，设置填充颜色为黑色。执行"对象>锁定>所选对象"命令将其锁定，如图7-135所示。

步骤02 单击工具箱中的"钢笔工具"按钮，首先单击确定一个顶点位置，然后按住Shift键向下拖拽画出直线。在控制栏中设置"颜色"为无，描边为白色，描边粗细为1pt，如图7-136所示。

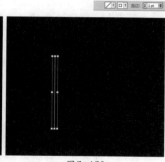

图7-135　　　　　　　　　图7-136

步骤03 单击工具箱中的"选择工具"按钮 ↖，选择直线，按Enter键。在弹出的对话框中，设置"水平"和"垂直"文本框分别输入1mm和0mm，并单击"复制"按钮。然后多次执行"对象>变化>再次变换"命令，或多次按Ctrl+D键，制作出一系列紧密的直线条，如图7-137所示。

步骤04 单击工具箱中的"钢笔工具"按钮 ✒，在画板上绘制出一个闭合路径，保持路径选中状态，然后执行"对象>排列>置于顶层"命令或按Shift+Ctrl+]键，如图7-138所示。

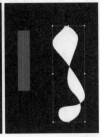

图7-137   图7-138

步骤05 单击工具箱中的"选择工具"按钮 ↖，使对象处于全部选中状态，如图7-139所示。

步骤06 执行"对象>封套扭曲>用顶层对象建立"命令，对之前绘制的细线进行封套扭曲，如图7-140所示。

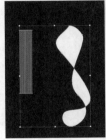

图7-139   图7-140

步骤07 继续调整对象的角度和位置，如图7-141所示。

步骤08 导入背景素材文件，将封套变形对象放置在背景的上一层中，如图7-142所示。

步骤09 单击工具箱中的"矩形工具"按钮，绘制与画面大小相同的矩形，并为其填充七彩渐变，如图7-143所示。

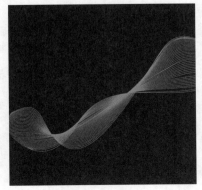

图7-141

图7-142   图7-143

步骤10 执行"窗口>透明度"命令，打开"透明度"面板。在其中设置其混合模式为"混色"，最终效果如图7-144所示。

图7-144

📖 读书笔记

7.7 路径查找器

"路径查找器"能够从重叠对象中创建新的形状。通过执行"窗口>路径查找器"命令或使用快捷键Shift+Ctrl+F9可以调出"路径查找器"面板，"路径查找器"面板中的路径查找器效果可应用于任何对象、组和图层的组合，单击"路径查找器"按钮时即创建了最终的形状组合；创建之后便不能够再编辑原始对象。如果这种效果产生了多个对象，这些对象会被自动编组到一起，如图7-145所示。

图7-145

7.7.1 路径查找器命令详解

选中要进行操作的对象，在"路径查找器"面板中单击相应的按钮，即可观察到不同的效果，如图7-146所示。

图7-146

- 联集⬚：描摹所有对象的轮廓，就像它们是单独的、已合并的对象一样。该选项产生的结果形状会采用顶层对象的上色属性交集，描摹被所有对象重叠的区域轮廓，如图7-147所示。

- 减去顶层⬚：从最后面的对象中减去最前面的对象。应用该选项，可以通过调整堆栈顺序来删除插图中的某些区域，如图7-148所示。

- 交集⬚：描摹被所有对象重叠的区域轮廓，如图7-149所示。

图7-147　　　　　图7-148　　　　　图7-149

- 差集⬚：描摹对象所有未被重叠的区域，并使重叠区域透明。若有偶数个对象重叠，则重叠处会变成透明。而有奇数个对象重叠时，重叠的地方则会填充颜色，如图7-150所示。

- 分割⬚：将一份图稿分割为作为其构成成分的填充表面（表面是未被线段分割的区域），如图7-151所示。

- 修边⬚：删除已填充对象被隐藏的部分，会删除所有描边，且不会合并相同颜色的对象，如图7-152所示。

图7-150　　　　　图7-151　　　　　图7-152

- 合并⬚：删除已填充对象被隐藏的部分。会删除所有描边，且会合并具有相同颜色的相邻或重叠的对象，如图7-153所示。

- 裁剪⬚：将图稿分割为作为其构成成分的填充表面，然后删除图稿中所有落在最上方对象边界之外的部分，而且还会删除所有描边，如图7-154所示。

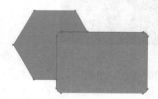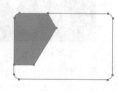

图7-153　　　　　　　图7-154

- 轮廓⬚：将对象分割为其组件线段或边缘。准备需要对叠印对象进行陷印的图稿时，该选项非常有用，如图7-155所示。

- 减去后方对象⬚：从最前面的对象中减去后面的对象。应用该选项，可以通过调整堆栈顺序来删除插图中的某些区域，如图7-156所示。

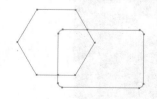

图7-155　　　　　　　图7-156

7.7.2 设置路径查找器选项

比较简单的图形在进行路径查找操作时，运行速度比较快，查找的精度也比较准确。当图形比较复杂时，可以在"路径查找器"面板中单击菜单按钮，在弹出的"路径查找器选项"对话框中进行相应的操作，如图7-157所示。

图7-157

- 精度：在该文本框中输入相应的数值，可以影响路径查找器效果计算对象路径时的精确程度。计算越精确，绘图就越准确，生成结果路径所需的时间就越长。
- 删除冗余点：选中该复选框，在单击"路径查找器"按钮时可以删除不必要的点。
- 分割和轮廓将删除未上色图稿：选中该复选框时，再单击"分割"或"轮廓"按钮可以删除选定图稿中的所有未填充对象。

7.7.3 创建复合形状

将要进行复合形状的对象选中，在"路径查找器"面板中，按住Alt键单击"形状模式"选项组中的按钮会按照不同的方式对对象进行组合，如图7-158所示。

图7-158

> **技巧提示**
>
> 复合形状中可包括路径、复合路径、组、其他复合形状、混合、文本、封套和变形。选择的任何开放式路径都会自动关闭。

7.7.4 释放和扩展复合形状

释放复合形状可将其拆分回单独的对象。在"路径查找器"面板菜单中选择"释放复合形状"命令即可，如图7-159所示。

图7-159

扩展复合形状会保持复合对象的形状，但不能再选择其中的单个组件。首先将要进行复合形状的对象选中。在"路径查找器"面板中单击"扩展"按钮。或者从"路径查找器"面板菜单中选择"扩展复合形状"命令即可，如图7-160所示。

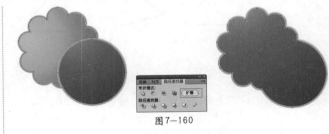

图7-160

实例练习——使用合并命令制作质感星形

案例文件	实例练习——使用合并命令制作质感星形.ai
视频教学	实例练习——使用合并命令制作质感星形.flv
难易指数	★★★★★
知识掌握	形状工具，路径查找器

案例效果

案例效果如图7-161所示。

操作步骤

步骤01 按Ctrl+N键创建新文档，如图7-162所示。

步骤02 单击工具箱中的"星形工具"按钮☆，在空白区域单击鼠标左键，在弹出的"星形"对话框中，设置星形的半径1为10mm，半径2为20mm，角点数为5，单击"确定"按钮完成操作，绘制出一个五角星形，如图7-163所示。

图7-161

图7-162

图7-163

步骤03 单击工具箱中的"自由变换工具"按钮 ，此时五角星形的周围出现了一个定界框，将鼠标指针放置到定界框的外侧，鼠标指针将变成 状态，拖拽鼠标对对象进行旋转操作，如图7-164所示。

步骤04 单击工具箱中的"椭圆工具"按钮 ，按Shift 键在星形上面绘制一个正圆形，如图7-165所示。

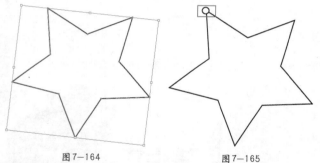

图7-164　　　　　　　　图7-165

步骤05 单击工具箱中的"选择工具"按钮 ，选中正圆。再使用"旋转工具"按钮 拖拽旋转中心标志 到星形中心。再将鼠标放置到圆形形状的外侧，拖拽鼠标旋转对象，同时按住Alt键复制一个正圆副本，如图7-166所示。

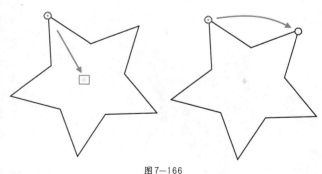

图7-166

步骤06 按照上述相同的方式复制出另外3个圆形形状，如图7-167所示。

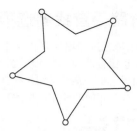

图7-167

步骤07 单击工具栏中的"选择工具"按钮 ，选中所有形状，执行"窗口>路径查找器"命令，打开"路径查找器"面板，单击"合并"按钮，完成后可以看到多个图形被合并在一起，如图7-168所示。

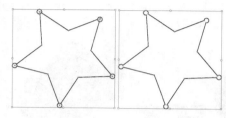

图7-168

步骤08 保持选中状态，执行"窗口>渐变"命令，打开"渐变"面板，单击滑块编辑一种红色系的渐变，设置类型为"线性"，如图7-169所示。

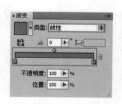

图7-169

步骤09 单击工具箱中的"椭圆工具"按钮 ，绘制出两个正圆形。然后执行"窗口>渐变"命令，打开"渐变"面板，分别编辑黑白系渐变，如图7-170所示。

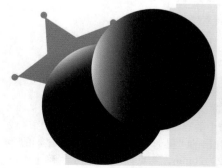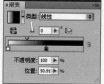

图7-170

Illustrator CS5 从入门到精通

步骤**10** 使用"选择工具"按钮 ▣ 框选两个正圆形，然后执行"窗口>透明度"命令，打开"透明度"面板，设置混合模式为"滤色"，不透明度为40%，如图7-171所示。

步骤**11** 使用"选择工具"按钮 ▣ 选中星形形状，按住Ctrl+C、Ctrl+F键，将复制的星形形状粘贴到原有位置上，将新复制的星形形状放置在最顶层。选中粘贴出的星形和两个圆形，单击鼠标右键，在弹出的快捷菜单中执行"建立剪切蒙版"命令，如图7-172所示。

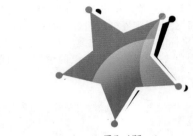

图7-173

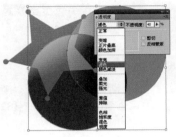

图7-171

图7-172

步骤**12** 将星形对象选中，复制两个相同的星形形状，分别设置为白色和黑色。调整大小和位置，并放置在底层位置，如图7-173所示。

步骤**13** 选中最底层黑色的星形对象，执行"效果>模糊>高斯模糊"命令，设置合适的高斯模糊数值。导入背景素材，最终效果如图7-174所示。

图7-174

实例练习——使用路径查找器制作现代感LOGO

案例文件	实例练习——使用路径查找器制作现代感LOGO.ai
视频教学	实例练习——使用路径查找器制作现代感LOGO.flv
难度级别	★★★★★
知识掌握	路径查找器

案例效果

案例效果如图7-175所示。

图7-175

操作步骤

步骤**01** 按Ctrl+N键创建新文档，如图7-176所示。

图7-176

步骤**02** 单击工具箱中的"圆角矩形工具"按钮 ▣，绘制出一个圆角矩形。在控制栏中设置"颜色"为蓝色，如图7-177所示。

图7-177

步骤03 选中圆角矩形对象，单击工具箱中的"自由变换工具"按钮，此时会出现定界框，通过单击右上角定界框上的控制点，按住鼠标的同时按下Ctrl键，光标变为如图7-178（a）所示的形状，然后调节该控制点的位置，如图7-178（b）所示。

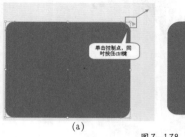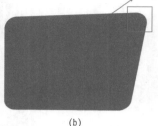

(a)　　　　　　　　　(b)

图7-178

步骤04 按照上述同样的方法调整控制点的位置，如图7-179所示。

步骤05 再次单击"圆角矩形工具"按钮，创建另外一个圆角矩形，同样的方法调整其形状，如图7-180所示。

图7-179　　　　　　　图7-180

步骤06 使用选择工具选中两个圆角矩形。执行"窗口>路径查找器"命令，打开"路径查找器"面板，单击"分割"按钮，两个图形被分割为3个，如图7-181所示。

图7-181

步骤07 选择顶部对象，执行"窗口>渐变"命令，打开"渐变"面板，在该面板中编辑一种蓝色系的渐变，如图7-182所示。

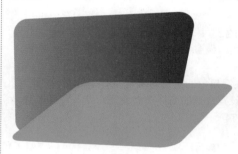

图7-182

答疑解惑——如何编辑渐变色？

首先要定义渐变色应用到当前或创建对象的填充上，在工具箱中单击"填充"按钮。

❶ 单击工具箱中的"渐变工具"按钮。

❷ 如果"渐变"面板未显示在界面中，可以选择"窗口>渐变"命令，或者按快捷键Ctrl+F9打开"渐变"面板，如图7-183所示。

图7-183

❸ 在"类型"下拉列表中可以选择"线性"或"径向"选项。当选中"径向"选项时，渐变色将按照从中心到边缘的方式进行变化。当选择"线性"选项时，可以通过在"角度"文本框中输入数值来定义渐变的角度，如图7-184所示。

图7-184

❹ 当要调整渐变色中每一个颜色的位置时，可以通过拖动"颜色"标记的同时，在"位置"文本框中输入相应的数值，如图7-185所示。

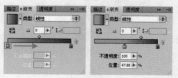

图7-185

步骤08 选择底部对象,打开"渐变"面板,在该面板中编辑一种黄绿色系的渐变,如图7-186所示。

图7-186

步骤09 单击工具箱中的"文字工具"按钮 **T**,在控制栏中设置合适的字体和大小,输入文字Water,如图7-187所示。

图7-187

实例练习——房地产X型展架

案例文件	实例练习——房地产X型展架.ai
视频教学	实例练习——房地产X型展架.flv
难易指数	★★★★★
知识掌握	封套扭曲、路径查找器

案例效果

案例效果如图7-190所示。

图7-190

步骤10 再使用文字工具设置合适的字体和大小,在文字Water上方单击,输入文字。使用自由变换工具拖拽鼠标对文字进行旋转操作,如图7-188所示。

图7-188

步骤11 导入花纹素材,最终效果如图7-189所示。

图7-189

操作步骤

步骤01 执行"文件>打开"命令,选中将要打开的背景素材文件,单击"打开"按钮完成操作,如图7-191所示。

图7-191

步骤02 单击工具箱中的"矩形工具"按钮 ,在左侧展架上绘制一个矩形,再执行"窗口>渐变"命令,打开"渐变"面板,在该面板中编辑一种红色系的渐变,如图7-192所示。

图7-192

图7-194

步骤03 导入底纹素材文件，然后调整到适当大小。执行"窗口>透明度"命令，打开"透明度"面板，设置不透明度为15%，如图7-193所示。

步骤05 单击工具箱中的"选择工具"按钮 ⬚，选中金色渐变矩形。按住Alt键的同时向右拖动复制一个副本放置在右侧位置上，如图7-195所示。

图7-193

图7-195

步骤04 单击"矩形工具"按钮 ⬚，在图形的左边绘制一个长条矩形，再执行"窗口>渐变"命令，打开"渐变"面板，在该面板中编辑一种金色系的渐变，如图7-194所示。

步骤06 使用同样的方法在展架顶部绘制一个渐变矩形，并复制一个放置在底部，如图7-196所示。

Illustrator CS5 从入门到精通

图7-196

步骤07 导入边角花纹素材文件,执行"效果>风格化>投影"命令,打开"投影"面板,对其进行相应的设置,如图7-197所示。

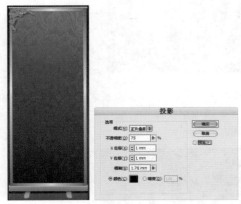

图7-197

步骤08 单击"选择工具"按钮,按住Alt键的同时向右拖动复制副本。然后单击鼠标右键,在弹出的快捷菜单中执行"变换>对称"命令,打开"对称"面板,进行相应的设置,单击"确定"按钮完成操作,如图7-198所示。

图7-198

步骤09 选中顶部的两个边角花纹,执行"编辑>复制"命令与"编辑>粘贴"命令,并翻转放置在底部位置,如图7-199所示。

步骤10 使用矩形工具绘制一个矩形,打开"渐变"面板,在该面板中编辑一种金色系的渐变,如图7-200所示。

图7-199

图7-200

步骤11 导入标志素材文件,将其放置在渐变矩形上面,如图7-201所示。

图7-201

步骤12 单击工具箱中的"文字工具"按钮 **T**，在控制栏中设置合适的字体和大小，输入文字。然后执行"对象>扩展"命令，打开"扩展"面板，选中"对象"和"填充"复选框，单击"确定"按钮完成操作，如图7-202所示。

图7-202

步骤13 使文字保持选中状态，打开"渐变"面板，在该面板中编辑一种金色系的渐变。执行"效果>风格化>投影"命令，打开"投影"对话框，进行相应的设置，如图7-203所示。

图7-203

步骤14 单击"文字工具"按钮 **T**，在控制栏中设置合适的字体和大小，将输入的文字作为装饰文字，如图7-204所示。

图7-204

步骤15 单击"文字工具"按钮 **T**，设置大小和字体，输入文字。执行"对象>扩展"命令，打开"扩展"对话框，选中"对象"和"填充"复选框，单击"确定"按钮完成操作，并执行"窗口>渐变"命令，打开"渐变"面板，在该面板中编辑一种黄白色的渐变，如图7-205所示。

图7-205

步骤16 单击工具箱中的"钢笔工具"按钮 ，在英文字母中绘制花纹。使用"选择工具"按钮 ，选中文字和花纹。执行"窗口>路径查找器"命令，打开"路径查找器"面板，单击"分割"按钮，完成后可以看到图形被分割，如图7-206所示。

图7-206

步骤17 保持选中状态，单击鼠标右键，在弹出的快捷菜单中执行"取消编组"命令。选中多余的花纹文字，将其删除，如图7-207所示。

图7-207

步骤18 单击"钢笔工具"按钮 ，在英文字母边缘绘制字母的厚度。然后执行"窗口>渐变"命令，打开"渐变"面板，在该面板中编辑一种金色的渐变。再执行"效果>风格化>投影"命令，打开"投影"面板，进行相应的设置，如图7-208所示。

图7-208

步骤19 单击"钢笔工具"按钮 ，在文字上方绘制图形。在控制栏中设置"填充"为白色。再执行"窗口>透明度"命令，打开"透明度"面板，设置不透明度为30%，如图7-209所示。

图7-209

步骤20 继续单击"文字工具"按钮 T ，在VIP下方输入两组装饰文字，设置合适的大小、字体和颜色，如图7-210所示。

图7-210

步骤21 再单击"文字工具"按钮 T ，在控制栏中设置合适的字体和大小，设置颜色为黄色，拖动鼠标创建一个矩形的文本区域，输入文字。再执行"窗口>文字>段落"命令，调出"段落"面板，设置段落样式为"居中对齐"，如图7-211所示。

步骤22 导入椅子素材文件，并将其放置在底部位置，如图7-212所示。

图7-211　　　　　　　图7-212

步骤23 将招贴平面全部选中，单击鼠标右键，在弹出的快捷菜单中执行"编组"命令。复制一个组，将其垂直翻转，并放置在底部。然后设置不透明度数值，如图7-213所示。

图7-213

步骤24 单击"选择工具"按钮 将整体招贴选中，并进行复制。执行"对象>封套扭曲>用变形建立"命令，将图形变换角度，并放置在右侧位置上，如图7-214所示。

步骤25 最终效果如图7-215所示。

图7-214

图7-215

 读书笔记

Chapter 08
第8章

填充和描边

对象的填充是形状内部的颜色。可以将一种颜色、图案或渐变应用于整个对象，也可以使用实时上色组并为对象内的不同表面应用不同的颜色。在Illustrator CS5中填充可以针对开放路径或封闭的图形以及"实时上色"组的表面。

描边主要是针对于路径部分，可以进行宽度、颜色的更改，也可以使用"路径"选项来创建虚线描边，并使用画笔为风格化描边上色。描边可以应用于对象、路径或实时上色组边缘的可视轮廓。

本章学习要点：

- 掌握"颜色"面板、"色板"面板、"渐变"面板、"描边"面板的使用方法
- 掌握多种单色填充于渐变填充的方法
- 掌握描边的设置方法

8.1 什么是填充与描边

对象的填充是形状内部的颜色。可以将一种颜色、图案或渐变应用于整个对象，也可以使用实时上色组并为对象内的不同表面应用不同的颜色。在Illustrator CS5中填充可以针对开放路径或封闭的图形以及"实时上色"组的表面。

描边主要是针对于路径部分，可以进行宽度、颜色的更改，也可以使用"路径"选项来创建虚线描边，并使用画笔为风格化描边上色。描边可以应用于对象、路径或实时上色组边缘的可视轮廓。如图8-1所示为需要设置填充与描边的作品。

图8—1

8.1.1 标准颜色控制组件

在工具箱底部可以看到"标准的Adobe颜色控制组件"，在这里可以对选中的对象进行描边填充的设置，也可以设置即将创建的对象的描边和填充属性，如图8-2所示。

图8—2

可以使用"工具"面板中的以下任何控件来指定颜色。

- 填充颜色▢：通过双击该按钮，可以使用拾色器来选择填充颜色。

- 描边颜色▣：通过双击该按钮，可以使用拾色器来选择描边颜色。

- 互换填充和描边颜色↖：通过单击该按钮，可以在填充和描边之间互换颜色。

- 默认填充和描边颜色▢：通过单击该按钮，可以恢复默认颜色设置（白色填充和黑色描边）。

- 实色▢：通过单击该按钮，可以将上次选择的纯色应用于具有渐变填充或者没有描边或填充的对象。

- 渐变色▣：通过单击该按钮，可以将当前选择的填充更改为上次选择的渐变。

- 透明色▨：通过单击该按钮，可以删除选定对象的填充或描边。

8.1.2 使用"拾色器"面板

使用拾色器可以通过选择色域和色谱、定义颜色值或单击色板的方式，选择对象的填充颜色或描边颜色。

步骤01 双击工具箱底部的"标准的Adobe颜色控制组件"中的"填充"或"描边"按钮，即可弹出"拾色器"面板，如图8-3所示。

图8-3

步骤02 在该面板的右侧提供了颜色的选择区域，可以直接使用鼠标进行选择。如果要选择不同的颜色模式，可以在左侧选中HSB颜色模式中的H、S、B 3个选项之一，当选中不同的选项时，颜色选择区域中的"颜色条"将发生变化，如图8-4所示。

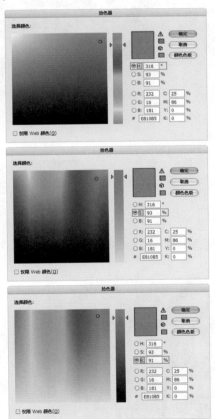

图8-4

步骤03 选中H、S、B的选项之一，使用"颜色条"中的滑块，可以定义当前颜色选项的颜色亮度，然后通过调整右侧的颜色区域，定义最终颜色。也可以通过单击R、G、B颜色模式中的颜色选项进行颜色的定义，如图8-5所示。

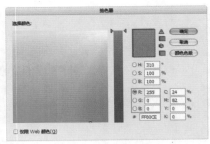

图8-5

步骤04 当选中"拾色器"面板中的"仅限Web颜色"复选框时，"拾色器"面板中只显示Web安全颜色，其他的颜色将隐藏，如图8-6所示。

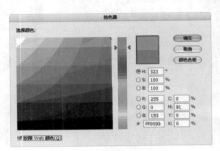

图8-6

步骤05 该面板中出现了"超出RGB颜色模式色域"标记⚠时，表示选中的颜色超出了CMYK颜色模式的色域，不能使用CMYK颜色进行表示，并且无法应用到印刷中。可以通过单击标记下面的颜色框，选择和该颜色最相近的CMYK颜色，如图8-7所示。

步骤06 该面板中出现了"超出Web颜色模式色域"标记⬡时，表示选中的颜色超出了Web颜色模式的色域，不能使用Web颜色进行表示，并且无法应用到HTML语言中。可以通过单击标记下面的颜色框，选择和该颜色最相近的Web颜色，如图8-8所示。

图8-7   图8-8

步骤07 单击"颜色色板"按钮，弹出"颜色色板"对话框，该对话框将列出选中的颜色在专业的颜色色板中所在的位置，单击"颜色色模"按钮可以返回查看色谱，如图8-9所示。

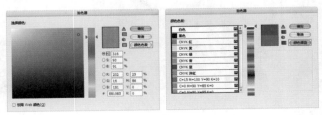

图8-9

8.2 单色填充

在Illustrator CS5中填充包含3种类型，即单色填充、渐变填充和图案填充。单色填充是对象填充中最常用也是最基本的一种填充方式，单色填充是指填充的内容为单一颜色，而且没有深浅的变化，在Illustrator中可以使用多种方法进行单色填充。如图8-10所示为使用单色填充制作的作品。

图8—10

8.2.1 使用"颜色"面板

"颜色"面板可以将颜色应用于对象的填充和描边，还可以编辑和混合颜色。"颜色"面板可使用不同颜色模型显示颜色值。执行"窗口>颜色"命令或使用快捷键F6，可以打开"颜色"面板。默认情况下，"颜色"面板中只显示最常用的选项，如图8-11所示。

图8—11

步骤01 在"颜色"面板中通过单击"填充色"和"描边色"按钮调整颜色滑块即可更改所选对象的填充色或描边色，如图8-12所示。

图8—12

步骤02 设置颜色时，首先需要在底部的"色谱条"中单击所需颜色的位置。然后通过拖动颜色滑块，进行颜色的具体调整。也可以直接在右侧的文本框中输入数值得到精确的色彩，如图8-13所示。

图8-13

步骤03 在色谱条的两侧，包含3个快捷颜色设置按钮，即"透明色"、"白色"和"黑色"。若不选择任何颜色，单击颜色条左侧的"透明色"按钮；若要设置为白色，单击颜色条右上角的"白色"按钮；若要设置为黑色，单击颜色条右下角的"黑色"按钮，如图8-14所示。

图8-14

步骤04 通过单击面板中的"菜单"按钮，在菜单中选择灰度、RGB、HSB、CMYK或Web安全RGB，即可定义不同的颜色状态。选择的模式仅影响"颜色"面板的显示，并不更改文档的颜色模式，如图8-15所示。

不同的颜色模式显示的色彩滑块也不相同，如图8-16所示分别为灰度模式与RGB模式。

图8-15　　　　　图8-16

步骤05 通过单击面板中的"菜单"按钮，在菜单中选择"反色"或"补色"命令，可以快速找到当前选中颜色的反色和补色，如图8-17所示。

图8-17

8.2.2 使用"色板"面板

使用"色板"面板可以控制文档的颜色、渐变和图案。在"色板"面板中可以命名和存储颜色、渐变和图案。当所选对象的填充或描边包含从"色板"面板应用的颜色、渐变、图案或色调时，所应用的色板将在"色板"面板中突出显示，如图8-18所示。

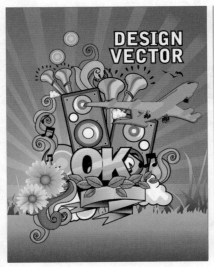

图8-18

理论实践——调整面板显示状态

步骤01 执行"窗口>色板"命令，打开"色板"面板，为了便于观察可以设置"色板"面板的不同显示尺寸，默认情况下的显示模式为"小缩览图视图"，如图8-19所示。

步骤02 单击"色板"面板中的"菜单"按钮，在弹出的菜单中可以看到视图选项："小缩览图视图"、"中缩览图视图"、"大缩览图视图"、"小列表视图"或"大列表视图"，如图8-20所示。

步骤03 在"色板"面板菜单中执行"按名称排序"命令或"按类型排序"命令，即可调整色板的排序。这些命令只适用于单个色板，而不适用于颜色组内的色板。也可以将色板直接拖动到新位置进行排序，如图8-21所示。

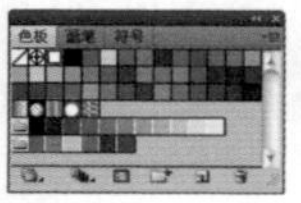

图8-19 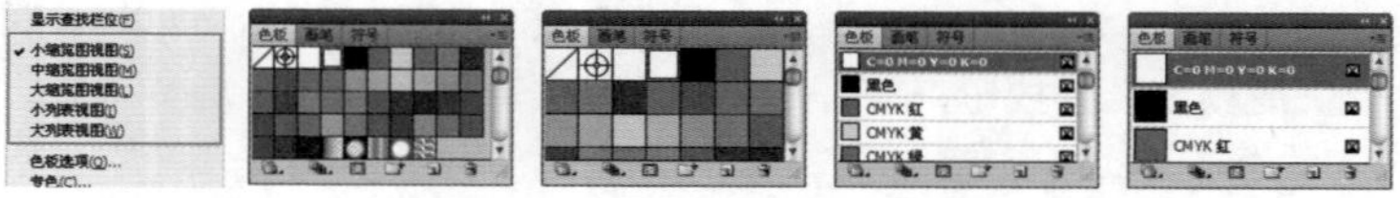　　　　　　　　　　　　图8-20　　　　　　　　　　　　　　　图8-21

技术专题——详解色板类型

● **印刷色**：使用4种标准印刷色油墨的组合打印青色、洋红色、黄色和黑色。默认情况下，Illustrator将新色板定义为印刷色。

● **全局印刷色**：当编辑全局色时，图稿中的全局色会自动更新。所有专色都是全局色，但是印刷色可以是全局色或局部色。可以根据全局色图标■（当面板为列表视图时）或下角的三角形（当面板为缩览图视图时）标识全局色色板。

● **专色**：是预先混合的用于代替和补充CMYK四色油墨的油墨。可以根据专色图标■（当面板为列表视图时）或下角的点（当面板为缩览图视图时）标识专色色板。

● **渐变**：是两个或多个颜色或者同一颜色或不同颜色的两个或多个色调之间的渐变混合。渐变色可以指定为CMYK印刷色、RGB颜色或专色。将渐变存储为渐变色板时，会保留应用于渐变色标的透明度。对于椭圆渐变（通过调整径向渐变的长宽比或角度而创建），不存储其长宽比和角度值。

● **图案**：是指带有实色填充或不带填充的重复（拼贴）路径、复合路径和文本。

● **无**：使用"无"色板可以从对象中删除描边或填色。用户不能编辑或删除此色板。

● **套版色**：套版色色板✛是内置的色板，可以利用它填充或描边的对象从PostScript打印机进行分色打印。

● **颜色组**：可以包含印刷色、专色和全局印刷色，而不能包含图案、渐变、无或套版色色板。可以使用"颜色参考"面板或"编辑颜色"／"重新着色图稿"对话框来创建基于颜色协调的颜色组。若要将现有色板放入到某个颜色组中，在"色板"面板中选择色板并单击"新建颜色组"图标□即可。可以通过文件夹图标□标识颜色组。

理论实践——显示特定类型色板

　　在"色板"面板中单击"显示色板类型"按钮 ■，在弹出的菜单中可以在以下类型中选择需要显示的色板类型："显示所有色板"、"显示颜色色板"、"显示渐变色板"、"显示图案色板"或"显示颜色组"，如图8-22所示。

　　选择某一项即可单独显示该类型的色板，如图8-23所示为显示渐变色板与显示图案色板。

图8-22　　　　　　　　　　图8-23

理论实践——调整色板选项

　　在"色板"面板中可以针对色板进行调整，选中要进行调整的色板，单击该面板中的"色板选项"按钮，或在色板菜单中执行"色板选项"命令。接着在弹出的"色板选项"对话框中可以对色板的名称、颜色类型、颜色模式以及数值进行相应的设置，如图8-24所示。

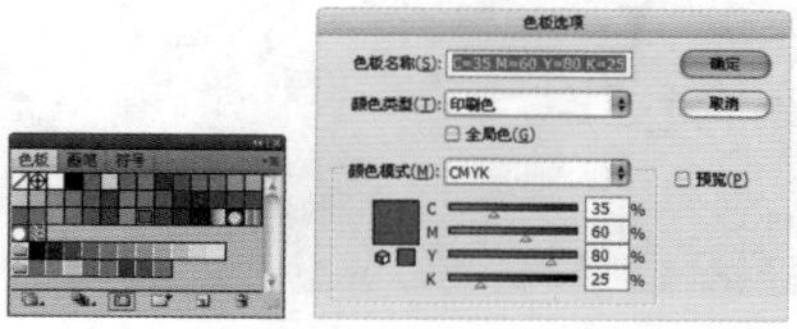

图8-24

- 色板名称：指定"色板"面板中色板的名称。
- 颜色类型：指定色板是印刷色还是专色。
- 全局色：创建全局印刷色色板。
- 颜色模式：指定色板的颜色模式。选择所需颜色模式后，可以使用颜色滑块调整颜色。如果选择的颜色不是 Web 安全颜色，将显示警告方块 ■。单击方块可转换到最接近的 Web 安全颜色（显示在方块右侧）。如果选择超出色域的颜色，将显示警告三角形 ⚠。单击三角形可转换为最接近的 CMYK 对等色（显示在三角形右侧）。

- 预览 可以在应用了该色板的对象上预览颜色的调整结果。

理论实践——新建色板

在"拾色器"或"颜色"面板中选择要使用的颜色，然后在"色板"面板中单击"新建色板"按钮，或在菜单中执行"新建色板"命令，接着在弹出的"新建色板"对话框中设置相应的数值即可将当前颜色定义为新的色板，以便于调用。"新建色板"中的设置与色板选项相同，这里不做重复讲解，如图8-25所示。

图8-25

理论实践——选择与编辑色板组

在"色板"面板中不仅包含独立的色板，也包含色板组。若要选择整个组，单击颜色组图标 📁 即可。若要选择组中的色板，单击某个色板即可，如图8-26所示。

图8-26

若要编辑选定的颜色组，需要在未选定任何图稿时单击"编辑颜色组"按钮 🔘，或者双击颜色组文件夹。如果在选定对象的状态下编辑颜色组，则可以将所做的编辑应用于选定的图稿，如图8-27所示。

> **技巧提示**
>
> 只有选中色板组时，该按钮才显示为"编辑颜色组"按钮 🔘，选中单个色板时该按钮显示为"色板选项"按钮 ▭。

图8-27

将色板移入颜色组，再将各个颜色色板拖动到现有的颜色组文件夹中。选择新颜色组中所需的颜色，然后单击"新建颜色组"按钮 📁，弹出"新建颜色组"对话框，输入名称后，单击"确定"按钮，即可创建色板组，如图8-28所示。

理论实践——删除色板

当"色板"面板中包含过多不需要的色板时，可以将多余的色板删除。选中需要删除的色板单击并拖拽色板到"删除"按钮 🗑 中，再松开鼠标即可删除。或者选中色板后单击"删除"按钮 🗑 也可以删除该色板，如图8-29所示。

图8-28 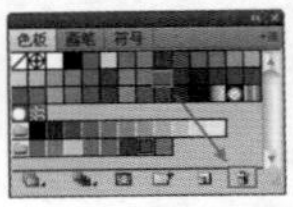   图8-29

8.2.3 使用色板库

色板库是预设颜色的集合，包括油墨库和主题库。打开一个色板库时，该色板库将显示在新面板中而不是"色板"面板。在色板库中选择、排序和查看色板的方式与在"色板"面板中的操作一样。油墨库包括例如：PANTONE、HKS、Trumatch、FOCOLTONE、DIC、TOYO等，主题库包括金属、自然、希腊和宝石等，如图8-30所示。

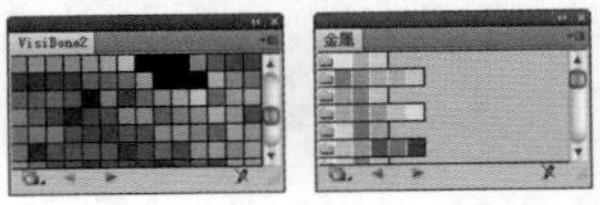

图8-30

理论实践——载入打开色板库

执行"窗口>色板库"命令，在子菜单中可以看到色板库列表。或在"色板"面板中单击"色板库菜单"按钮 📚，然后从列表中选择库即可打开相应色板库，如图8-31所示。

理论实践——存储色板库文件

通过将当前文档存储为色板库来创建色板库。在"色板"面板中编辑色板，使其仅包含色板库中所需的色板。然后从"色板"面板菜单中选择"将色板库存储为"命令，弹出"将色板存储为库"对话框，对其进行相应设置即可，如图8-32所示。

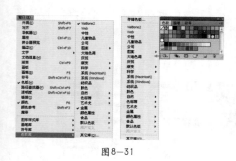

图8-31 　　　　　　　　　　　　　　　　　　　　　　　　　图8-32

 技巧提示

若要删除文档中未使用的所有色板，可以从"色板"面板菜单中选择"选择所有未使用的色板"命令，然后单击"删除色板"按钮🗑。

理论实践——将色板从色板库移动到"色板"面板

选中一个或多个需要添加到"色板"面板的色板，在库的面板菜单中执行"添加到色板"命令，即可将所选色板添加到"色板"面板中，也可以从"色板库"面板拖拽到"色板"面板，如图8-33所示。

图8-33

理论实践——载入色板板件

可以从另一个文档导入所有色板或个别色板。要从另一个文档导入所有色板需要执行"窗口>色板库>其他库"命令，或从"色板"面板菜单中执行"打开色板库>其他库"命令，在弹出的对话框中选择要从中导入色板的文件，然后单击"打开"。导入的色板显示在"色板库"面板（而不是"色板"面板）中，如图8-34所示。

 技巧提示

要从另一个文档导入单个色板，可以将该色板应用到的对象复制并粘贴到新文档中，相应的色板即可显示在"色板"面板中。

图8-34

 读书笔记

8.3 渐变填充

使用渐变填充可以在任何颜色之间应用渐变颜色混合。渐变填充也是设计作品中一种重要的颜色表现方式，渐变的使用增强了对象的可视效果。在Illustrator CS5中可以将渐变存储为色板，从而便于将渐变应用于多个对象。Illustrator CS5中提供了线性渐变和径向渐变两种方式，如图8-35所示为使用渐变填充的作品。

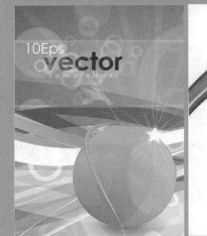

图8—35

8.3.1 熟悉"渐变"面板

执行"窗口>渐变"命令或按Ctrl+F9键，打开"渐变"面板。在其中可以对渐变类型、颜色、角度、长宽比、透明度等参数进行设置，如图8-36所示。

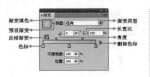

图8—36

步骤01 在"渐变"面板中，"渐变填充"框显示当前的渐变色和渐变类型。单击"渐变填充"框时，选定的对象中将填入此渐变，如图8-37所示。

步骤02 单击紧靠此框右侧的 按钮弹出"渐变"菜单，该菜单列出了可供选择的所有默认渐变和预存渐变。在列表的底部是"存储渐变"按钮 ，单击该按钮可将当前渐变设置存储为色板，如图8-38所示。

步骤03 在"类型"下拉列表中，可以设置渐变类型为线性渐变或是径向渐变。当选择"线性"选项时，渐变色将按照从一端到另一端的方式进行变化；当选择"径向"选项时，渐变色将按照从中心到边缘的方式进行变化，如图8-39所示。

步骤04 单击"反相渐变"按钮 可以将当前渐变颜色方向翻转，如图8-40所示。

图8—39　　　　　　　图8—40

步骤05 调整角度数值 可以将渐变进行旋转，如图8-41所示。

图8—41

步骤06 当渐变类型为"径向"时，更改径向渐变的长宽比 可以制作出椭圆形渐变，也可以更改该椭圆渐变的角度并使其倾斜，如图8-42所示。

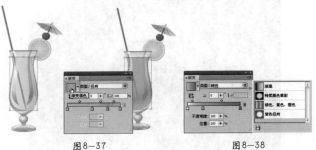

图8—37　　　　　　　图8—38

181

图8-42

步骤07 默认的渐变色是从黑色渐变到白色，如果要使用其他渐变颜色，需要双击渐变色标（在"渐变"面板或选定的对象中），在出现的面板中指定一种新颜色。可通过单击左侧的"颜色"或"色板"图标来更改显示的面板。在面板外单击以接受所做的选择。或者，将"颜色"面板或"色板"面板中的一种颜色拖到渐变色标上，如图8-43所示。

步骤08 若要在渐变中添加中间色，可以直接将颜色从"色板"面板或"颜色"面板拖到"渐变"面板中的渐变滑块上。或者，单击渐变滑块下方的任意位置，然后选择一种颜色作为所需的开始或结束颜色，如图8-44所示。

图8-43   图8-44

步骤09 若要删除一种中间色，将方块拖离渐变滑块，或者选择方块，然后单击"渐变"面板中的"删除"按钮 🗑，如图8-45所示。

步骤10 若要调整颜色在渐变中的位置，请执行下列任一操作：调整渐变色标的中点（使两种色标各占50%的点），拖动位于滑块上方的菱形图标，或选择图标并在"位置"文本框中输入介于0到100之间的值。调整渐变色标的终点，拖动渐变滑块下方最左边或最右边的渐变色标，如图8-46所示。

图8-45   图8-46

步骤11 若要更改渐变颜色的不透明度，单击"渐变"面板中的色标，然后在"不透明度"文本框中指定一个值。如果渐变色标的"不透明度"值小于100%，则色标将显示一个 🔳，并且颜色在渐变滑块中显示为小方格，如图8-47所示。

图8-47

技巧提示

单击"色板"面板中的"新建色板"按钮可以将新的或修改的渐变存储为色板。或者，将渐变从"渐变"面板或"工具"面板拖到"色板"面板中，也可以将渐变存储为色板。

实例练习——渐变打造华丽红宝石

案例文件	实例练习——渐变打造华丽红宝石.ai
视频教学	实例练习——渐变打造华丽红宝石.flv
难易指数	★★★★★
知识掌握	"渐变"面板、"透明度"面板

案例效果

案例效果如图8-48所示。

操作步骤

步骤01 使用新建快捷键Ctrl+N创建新文档，如图8-49所示。

步骤02 单击工具箱中的"椭圆工具"按钮 ，在空白区域单击弹出"椭圆"对话框，设置宽度为112mm，高度为112mm，单击"确定"按钮完成操作，如图8-50所示。

图8-48

图8-49

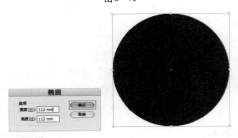

图8-50

步骤03 如果"渐变"面板未显示在界面中，可以执行"窗口>渐变"命令，或者按Ctrl+F9键，打开"渐变"面板，如图8-51所示。

步骤04 在"类型"下拉列表中可以选择"线性"选项。在"角度"文本框中输入-90°定义渐变的角度，如图8-52所示。

步骤05 在将要添加色标的区域单击创建新的色标。双击新建的"颜色"标记，在颜色面板中编辑颜色，如图8-53所示。

图8-51

图8-52

图8-53

步骤06 以相同的方法创建另一个色标，如图8-54所示。

图8-54

步骤07 单击"渐变填色"按钮，将当前编辑的渐变赋予圆形，如图8-55所示。

图8-55

步骤08 使用选择工具选中圆形对象，将其"复制"并"原位粘贴"。将鼠标放到定界框的边缘，在向内拖拽的同时按住Shift+Alt键，将其等比例缩小，如图8-56所示。

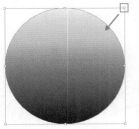

图8-56

步骤09 打开"渐变"面板，在其中编辑金色系的渐变，设置类型为"径向"，如图8-57所示。

图8-57

步骤10 继续按照上述同样的方法制作小一圈的圆，并添加渐变效果，如图8-58所示。

图8-58

步骤11 继续复制、粘贴并等比例缩放圆形，填充渐变，如图8-59所示。

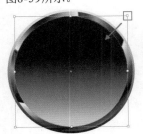

图8-59

步骤12 执行"窗口>颜色"命令，打开"颜色"面板，设置填充色为黑色，此时宝石边缘已经出现了金属质感的效果，如图8-60所示。

图8-60

步骤13 再次粘贴出一个圆形并适当缩放，在"渐变"面板中编辑红黑色系的渐变，如图8-61所示。

图8-61

步骤14 按照上述同样的方法制作出一个中心为白色、边缘处为黑色的径向渐变的正圆，效果如图8-62所示。

图8-62

步骤15 执行"窗口>透明度"命令，打开"透明度"面板，设置混合模式为"正片叠底"，此时中心的红色圆形呈现突起效果，如图8-63所示。

图8-63

步骤16 单击工具箱中的"椭圆工具"按钮，在适当的位置绘制一个椭圆形，打开"渐变"面板，在其中编辑一种黑白色系的径向渐变，再打开"透明度"面板，设置为"滤色"，如图8-64所示。

图8-64

步骤17 按照上述同样的方法在顶部制作一个高光效果，如图8-65所示。

步骤18 单击工具箱中的"文字工具"按钮，在控制栏中设置合适的字体和大小，在图形上单击，并输入文字。然后执行"对象>扩展"命令，单击"确定"按钮将文字扩展。再打开"渐变"面板，在其中编辑金色的渐变，如图8-66所示。

图8-65　　　　　　　　　图8-66

步骤19 执行"文件>打开"命令，在弹出的"打开"对话框中选中背景素材文件，单击"打开"按钮，并将背景素材放置在最低层位置，如图8-67所示。

图8-67

步骤20 单击工具箱中的"椭圆工具"按钮，在金色边缘的位置上绘制一个椭圆形，打开"渐变"面板，在其中编辑黑白色渐变，设置类型为"径向"。再打开"透明度"面板，设置为"滤色"，制作出光斑，如图8-68所示。

步骤21 选中光斑对象，然后按住Alt键多次拖拽复制光斑副本，并将其适当地摆放，最终效果如图8-69所示。

图8-68

图8-69

8.3.2 使用渐变工具

渐变工具可以为对象添加或编辑渐变，也提供"渐变"面板所提供的大部分功能。将要定义渐变色的对象选中，在"渐变"面板中定义要使用的渐变色。再单击工具箱中的"渐变工具"按钮 或按G键。在要应用渐变的开始位置上单击，拖动到渐变的结束位置上释放鼠标。如果要应用的是径向渐变色，则需要在应用渐变的中心位置单击，然后拖动到渐变的外围位置上后释放鼠标即可，如图8-70所示。

选择渐变填充对象并使用渐变工具时，该对象中将出现与"渐变"面板中相似的渐变条。可在渐变条上修改线性渐变的角度、位置和范围，或者修改径向渐变的焦点、原点和范围，如图8-71所示。

在渐变条上可以添加或删除渐变色标，双击各个渐变色标可指定新的颜色和不透明度设置，或将渐变色标拖动到新位置，如图8-72所示。

将光标移到渐变条的一侧时光标变为 ，可以通过单击拖动来重新定位渐变的角度。拖动渐变滑块的圆形端可重新定位渐变的原点，而拖动箭头端则会增大或减少渐变的范围，如图8-73所示。

图8-70

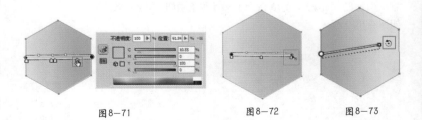

图8-71   图8-72   图8-73

技巧提示

在未选中的非渐变填充对象中单击渐变工具时，将使用上次的渐变来填充对象。

实例练习——使用渐变工具制作花朵按钮

案例文件	实例练习——使用渐变工具制作花朵按钮.ai
视频教学	实例练习——使用渐变工具制作花朵按钮.flv
难易指数	★★★★★
知识掌握	圆角矩形工具、"渐变"面板、"透明度"面板

案例效果

本例主要是通过渐变工具绘制花朵按钮，如图8-74所示。

图8-74

操作步骤

步骤01 选择"文件>新建"命令或按Ctrl+N组合键新建一个文档，具体参数设置如图8-75所示。

步骤02 单击工具箱中的"圆角矩形工具"按钮 ，在画板上绘制一个圆角矩形对象，如图8-76所示。

图8-75

图8-76

步骤03 保持该对象的选中状态，去除描边。执行"窗口>渐变"命令，打开"渐变"面板，在该面板中调整渐变的类型为"线性"，渐变的角度为-31.3°，添加多个色标并调整渐变颜色，编辑出带有金属质感的金色渐变，如图8-77所示。

步骤04 再次使用圆角矩形工具绘制稍小一些的圆角矩形对象，当前圆角矩形自动填充为上一个圆角矩形的渐变效果，如图8-78所示。

图8-77

图8-78

步骤05 在"渐变"面板中调整渐变的角度为-122°，单击色标并调整渐变颜色，如图8-79所示。

图8-79

步骤06 采用同上的方法，再次绘制出一个圆角矩形并在"渐变"面板中编辑稍暗一些的金色系渐变，如图8-80所示。

图8-80

步骤07 继续使用圆角矩形工具绘制出一个选框，然后再定义渐变颜色效果，如图8-81所示。

图8-81

步骤08 单击工具箱中的"渐变工具"按钮，在圆角矩形上单击并拖动，以改变渐变的位置以及角度，如图8-82所示。

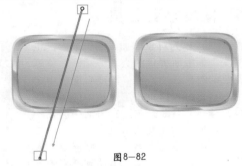

图8-82

步骤09 单击工具箱中的"钢笔工具"按钮 ，绘制出一个封闭路径。接着调出"渐变"面板，在该面板中调整渐变的类型为"线性"，渐变的角度为-106°，定义渐变颜色为黑白渐变，如图8-83所示。

图8-83

步骤10 保持该对象的选中状态，执行"窗口>透明度"命令，打开"透明度"面板，设置混合模式为"滤色"，模拟出光泽效果，如图8-84所示。

步骤11 导入前景与背景素材文件，最终效果如图8-85所示。

图8-84　　　　图8-85

实例练习——华丽金属质感LOGO

案例文件	实例练习——华丽金属质感LOGO.ai
视频教学	实例练习——华丽金属质感LOGO.flv
难易指数	★★★★★
知识掌握	"渐变"面板、"颜色"面板、渐变工具

案例效果

案例效果如图8-86所示。

操作步骤

步骤01 使用新建快捷键Ctrl+N创建新文档，如图8-87所示。

图8-86

图8-87

步骤02 单击工具箱中的"钢笔工具"按钮，绘制一个类似于图腾的形状路径，如图8-88所示。

图8-88

步骤03 单击工具箱中的"选择工具"按钮，选择所有路径。执行"窗口>渐变"命令，打开"渐变"面板，在其中设置类型为"径向"，在渐变条上编辑两端的色标为红色和暗红色。此时图案上每个部分的渐变都是独立的，如图8-89所示。

图8-89

步骤04 单击工具箱中的"渐变工具"按钮，再在应用渐变的一端上单击，拖动到对象的另一端位置上后释放鼠标即可，如图8-90所示。

图8-90

步骤05 单击工具箱中的"选择工具"按钮，框选图腾形状，单击鼠标右键，在弹出的快捷菜单中执行"编组"命令。执行"编辑>复制"命令与"编辑>原位粘贴"命令。将复制出的形状保持选中状态，并将鼠标移动到定界框的边缘，单击鼠标左键向外拖拽同时按住Shift和Alt键，将其等比例放大，如图8-91所示。

图8-91

步骤06 保持该对象的选中状态。按照上述添加渐变的方法，打开"渐变"面板，编辑一种金色的渐变，并添加其渐变效果，如图8-92所示。

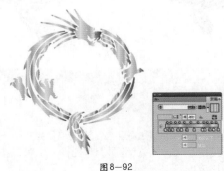

图8-92

第8章 填充和描边

187

步骤07 单击工具箱中的"选择工具"按钮 选中金色图腾，单击鼠标右键，在弹出的快捷菜单中执行"排列>置于底层"命令，将金色图腾置于底层，如图8-93所示。

步骤09 单击工具箱中的"文字工具"按钮 T 输入两行文字，如图8-95所示。

图8-95

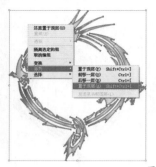

图8-93

步骤10 单击工具箱中的"选择工具"按钮 ，框选两组文字。执行"对象>扩展"命令，在弹出的对话框中单击"确定"按钮，如图8-96所示。

图8-96

技术专题——常用的排列快捷键

将对象置于底层的快捷键为Shift+Ctrl+[。
将对象置于顶层的快捷键为Shift+Ctrl+]。
将对象前移一层的快捷键为Ctrl+]。
将对象后移一层的快捷键为Ctrl+[。

步骤11 选中文字进行复制、粘贴操作，选中顶层文字，然后在"渐变"面板中编辑金色的渐变，如图8-97所示。

步骤12 导入背景素材文件，将其放置在最底层位置，最终效果如图8-98所示。

步骤08 再次复制图腾，执行"窗口>颜色"命令，单击"颜色"面板上的黑色色块，设置其颜色为黑色，并置于最底层作为阴影，如图8-94所示。

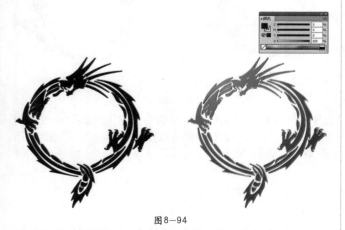

图8-94

图8-97

图8-98

8.4 图案填充

图案填充是指运用大量重复图案以拼贴的方式填入对象中，会使对象呈现更丰富的视觉效果。Illustrator CS5中附带提供了很多图案，在"色板"面板和色板库中可以找到这些图案，而且用户还可以创建自定义图案。如图8-99所示为使用图案填充制作的作品。

图8-99

技术专题——Illustrator 拼贴图案的方式

在设计图案时，以下内容有助于了解Illustrator 拼贴图案的方式：

① 默认情况下，所有图案从画板左下角的标尺原点开始，由左向右拼贴到图稿的另一侧。要调整图稿中所有图案开始拼贴的位置，可以更改文件的标尺原点。

② 填充图案通常只有一种拼贴。

③ 画笔图案最多可包含5个拼贴，分别用于边线、外角、内角以及路径起点和终点。通过使用额外的边角拼贴，可使画笔图案在边角处的排列更加平滑。

④ 填充图案垂直于X轴进行拼贴。

⑤ 画笔图案的拼贴方向垂直于路径（图案拼贴顶部始终朝向外侧）。另外，每次路径改变方向时，边角拼贴都会顺时针旋转 90°。

⑥ 填充图案只拼贴图案定界框内的图稿，这是图稿中最后面的一个未填充且无描边（非打印）的矩形。对于填充图案，定界框用作蒙版。

⑦ 画笔图案拼贴图案定界框内的图稿和定界框本身，或是突出到定界框之外的部分。

8.4.1 使用图案填充

在需要对对象填充图案时，可以使用Adobe Illustrator 软件中提供的图案来填充对象。

步骤01 使用工具箱中的选择工具选择背景的棕色矩形，并进行复制，然后选择所复制的副本图形，如图8-100所示。

图8-100

步骤02 执行"窗口>色板"命令，打开"色板"面板，单击"色板"面板底部的"色板库"菜单按钮 ，在弹出的菜单中执行"打开色板库>图案>装饰>装饰_几何图形2"命令，打开"装饰_几何图形2"面板，如图8-101所示。

图8-101

步骤03 在该面板中单击相应图案的缩略图，即可为选择的对象填充图案，如图8-102所示。

图8-102

步骤04 保持该图案对象为选中状态，在"透明度"面板中设置"不透明度"为38%，制作出半透明的底纹效果，如图8-103所示。

图8-103

8.4.2 创建图案色板

在Illustrator CS5中不仅可以使用内置的图案，也可以创建新的图案色板。选中需要定义为图案的图形或位图，执行"编辑>定义图案"命令，在弹出的"新建色板"对话框中输入相应的名称，然后单击"确定"按钮，该图案将显示在"色板"面板中。或者将图稿拖到"色板"面板上，如图8-104所示。

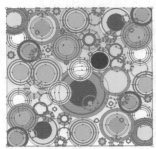

图8-104

实例练习——使用图案制作甜品海报

案例文件	实例练习——使用图案制作甜品海报.ai
视频教学	实例练习——使用图案制作甜品海报.flv
难易指数	★★★★★
知识掌握	图案填充、描边设置、"颜色"面板、剪切蒙版

案例效果

案例效果如图8-105所示。

图8-105

操作步骤

步骤01 使用新建快捷键Ctrl+N创建新文档，如图8-106所示。

图8-106

步骤02 单击工具箱中的"矩形工具"按钮，绘制一个与画板相同的矩形，然后执行"窗口>颜色"命令，打开"颜色"面板选中浅粉色，如图8-107所示。

步骤03 再次使用矩形工具，在浅粉色矩形上面绘制一个矩形，填充为深粉色，如图8-108所示。

步骤04 单击工具箱中的"直线段工具"按钮，拖拽鼠标进行直线段的绘制。在控制栏中设置描边颜色为黄色，描边数值为1pt，如图8-109所示。

步骤05 继续进行绘制，将画面分割为多个方块区域的效果，如图8-110所示。

图8-107　　　　　　　　　图8-108

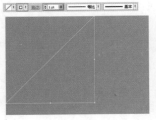

图8-109　　　　　　　　　图8-110

步骤06 执行"文件>置入"命令，置入花朵素材文件，如图8-111所示。

图8-111

步骤07 单击工具箱中的"钢笔工具"按钮，在新导入的图形上方绘制一个多边形，如图8-112所示。

图8-112

步骤08 单击工具箱中的"选择工具"按钮，框选多边形和导入的素材图片，单击鼠标右键，在弹出的快捷菜单中执行"建立剪切蒙版"命令。此时花朵素材只保留多边形区域内的部分，如图8-113所示。

图8-113

步骤09 选择花朵素材，执行"窗口>透明度"命令，打开"透明度"面板，设置不透明度为35%，如图8-114所示。

图8-114

步骤10 单击工具箱中的"文字工具"按钮，在控制栏中设置合适的字体和大小，在图片的上方输入文字，单击鼠标右键，在弹出的快捷菜单中执行"创建轮廓"命令，如图8-115所示。

图8-115

步骤11 执行"窗口>渐变"命令，打开"渐变"面板，为文字部分编辑黄色到橘色的渐变，如图8-116所示。

图8-116

步骤12 选中文字对象并进行复制。填充为黑色后将其放置到黄色文字的下方，再适当向右下移动，如图8-117所示。

步骤13 打开"透明度"面板，设置黑色文字部分的混合模式为"正片叠底"，不透明度为80%，如图8-118所示。

图8-117　　　　　　　　　图8-118

步骤14 再次复制文字部分，将其放在黑色文字的上方，并为其填充棕色系渐变，如图8-119所示。

图8-119

步骤15 采用同样的方法制作出银色质感渐变艺术文字，并将其放在右侧，如图8-120所示。

步骤16 继续使用文字工具，设置合适的字体以及颜色，输入其他文字部分，如图8-121所示。

图8-120　　　　　　　　　图8-121

步骤17 单击工具箱中的"钢笔工具"按钮，在黄色线条分割出的形状区域内绘制出多边形，并使用"颜色"面板填充适合的颜色，如图8-122所示。

图8-122

技巧提示

为了便于管理，可以在"图层"面板中创建多个图层，并将同类的对象放在同一图层中。例如，可以将底色、花朵图像素材以及文字部分放在最底部的图层，将新建的多边形色块放在中间的图层中，将黄色线条放在最顶部的图层中。

步骤18 按照上述相同的方法绘制出多个多边形，并填充不同的颜色，效果如图8-123所示。

图8-123

步骤19 再次使用钢笔工具绘制矩形，执行"窗口>色板"命令，打开"色板"面板，单击右上角的菜单按钮，在弹出的菜单中执行"打开色板库>图案>基本图形>基本图形_线条"命令，打开"基本图形_线条"面板，单击一个图案，图形被所选图案填充，如图8-124所示。

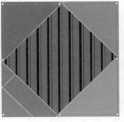

图8-124

图8-126

步骤20 打开"透明度"面板，设置其混合模式为"正片叠底"，不透明度为25%，效果如图8-125所示。

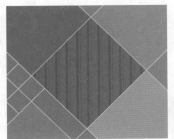

图8-125

步骤21 继续采用同样的方法为其他区域添加图案效果，如图8-126所示。

步骤22 导入装饰素材，最终效果如图8-127所示。

图8-127

8.5 为路径描边

矢量对象的路径是一个比较特殊的概念。在前面讲述的颜色中提到，在为矢量对象填充颜色时，要区分填充颜色和描边颜色。其中描边颜色就是针对路径进行定义颜色的，所以在有些情况下，矢量对象的路径部分称为描边，如图8-128所示。

图8-128

8.5.1 快速设置描边

在控制栏中可以对绘制的图形进行快速的描边设置，主要包含了描边的颜色、粗细、变量宽度配置文件的设置。通过单击"描边"按钮，可以快速地弹出描边面板选项，如图8-129所示。

图8-129

8.5.2 使用"描边"面板

对于描边的设置主要使用"描边"面板，执行"窗口>描边"命令或使用快捷键Ctrl+F10打开"描边"面板，可以将描边选项应用于整个对象，也可以使用实时上色组，并为对象内的不同边缘应用不同的描边，如图8-130所示。

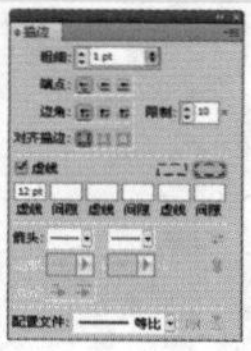

图8-130

● 粗细：定义描边的粗细程度，如图8-131所示。

图8-131

● 端点：指一条开放线段两端的端点。平头端点█用于创建具有方形端点的描边线；圆头端点█用于创建具有半圆形端点的描边线；方头端点█用于创建具有方形端点且在线段端点之外延伸出线条宽度的一半的描边线。该选项使线段的粗细沿线段各方向均匀延伸出去，如图8-132所示。

图8-132

● 边角：是指直线段改变方向（拐角）的地方。斜接连接█创建具有点式拐角的描边线，圆角连接█用于创建具有圆角的描边线，斜角连接█用于创建具有方形拐角的描边线，如图8-133所示。

图8-133

● 限制：用于设置超过指定数值时扩展倍数的描边粗细。
● 对齐描边：用于定义描边和细线为中心对齐的方式。
　　使描边居中对齐█：用于定义描边将在细线中心；

使描边内侧对齐█：用于定义描边将在细线内部；使描边外侧对齐█：用于定义描边将在细线的外部，如图8-134所示。

图8-134

● 虚线：选中该复选框，可为虚线和间隙长度输入数值，以调整路径不同的虚线描边效果。
● 箭头：用于设置路径两端端点的样式，单击█按钮可以互换箭头起始处和结束处，如图8-135所示。

图8-135

● 缩放：用于设置路径两端箭头的百分比大小。
● 对齐：用于设置箭头位于路径终点的位置。包括扩展箭头笔尖超过路径末端和在路径末端放置箭头笔尖。
● 配置文件：用于设置路径的变量宽度和翻转方向。

技术专题——虚线制作详解

在"描边"面板中选中"虚线"复选框，在"虚线"文本框中输入数值，将定义虚线中线段的长度，在"间隙"文本框中输入数值，将定义虚线中间隔的长度，这里的"虚线"和"间隙"文本框每两个为一组，最多可以输入3组，当输入1组数值时，虚线将只出现这一组"虚线"和"间隙"的设置，输入2组，虚线将依次循环出现两组的设置，依此类推，可以设置3组，如图8-136所示。

选择 "保留虚线和间隙的精确长度"：可以在不对齐的情况下保留虚线外观。

选择 "使虚线与边角和路径终端对齐，并调整到适合长度"：可让各角的虚线和路径的尾端保持一致并可预见，如图8-137所示。

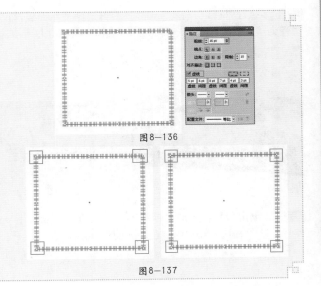

图8-136

图8-137

实例练习——使用填充与描边制作炫彩跑车

案例文件	实例练习——使用填充与描边制作炫彩跑车.ai
视频教学	实例练习——使用填充与描边制作炫彩跑车.flv
难易指数	★★★★★
知识掌握	"描边"面板、钢笔工具、效果

案例效果

本例主要是通过对象的高级操作制作花纹效果，如图8-138所示。

图8-138

操作步骤

步骤01 打开本书配套光盘中的素材文档，如图8-139所示。

图8-139

步骤02 单击工具箱中的"钢笔工具"按钮 ，绘制出花纹路径，如图8-140所示。

图8-140

步骤03 执行"窗口>描边"命令，打开"描边"面板。设置粗细为10pt，在配置文件中选择一种笔刷，如图8-141所示。

图8-141

步骤04 执行"对象>扩展"命令，将绘制的花纹进行扩展，如图8-142所示。

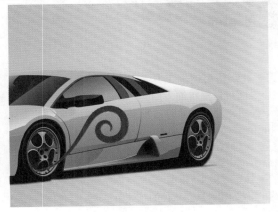

图8-142

步骤05 执行"窗口>渐变"命令，打开"渐变"面板，设置类型为"线性"，调整一种绿色系渐变，如图8-143所示。

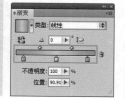

图8-143

步骤06 单击工具箱中的"钢笔工具"按钮 ，绘制出一条路径，将"描边"设置为黄色，如图8-144所示。

图8-144

步骤07 使对象保持选中状态，执行"效果>模糊>高斯模糊"命令，在弹出的对话框中设置半径为8像素，使绿色曲线呈现出些许的立体感，如图8-145所示。

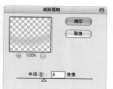

图8-145

步骤08 继续使用钢笔工具，绘制出一条路径。同样使用"描边"面板设置粗细为13pt，端点为圆头，在配置文件中选择一种三角笔刷。此时路径呈现一种由粗到细的变化，如图8-146所示。

步骤09 保持对象的选中状态，按住Alt键复制出副本并将其等比缩小，将填充颜色设置为粉色，如图8-147所示。

步骤10 执行"效果>模糊>高斯模糊"命令，在弹出的对话框中设置半径为10像素，紫色的花纹也呈现出立体感，如图8-148所示。

图8-146

图8-147

图8-148

步骤11 按照上述同样的方法为画面绘制出其他花纹，如图8-149所示。

图8-149

步骤12 导入矢量素材文件，将其放置在背景的上一层中，最终效果如图8-150所示。

图8-150

8.6 添加多个填充或描边

使用"外观"面板可以为相同对象创建多种填充和描边，这可以创建出很多令人惊喜的效果。例如，可以在一条宽描边上创建另一条略窄的描边，或可以将效果应用于一种填色而不应用于其他填色。如图8-151所示为使用该功能制作的作品。

首先选中要添加多个填充和描边的对象。然后执行"窗口>外观"命令，打开"外观"面板。在该面板中单击"新建填色"按钮，添加新的填充颜色；单击"新建描边"按钮，可以在原始描边的基础上添加新的描边。设置新填充或新描边的颜色和其他属性，如图8-152所示。

图8-151　　　　　　　　　　　　　　　　　　　　　　　图8-152

实例练习——使用渐变填充制作智能手机界面

案例文件	实例练习——使用渐变填充制作智能手机界面.ai
视频教学	实例练习——使用渐变填充制作智能手机界面.flv
难易指数	★★★★★
知识掌握	渐变工具、圆角矩形工具、文字工具

案例效果

案例效果如图8-153所示。

图8-153

操作步骤

步骤01 界面设计是指对软件的人机交互、操作逻辑、界面美观的整体设计。好的UI设计不仅是让软件变得有个性、有品位，还要让软件的操作变得舒适、简单、自由，充分体现软件的定位和特点。本案例制作的是智能手机的界面，在这里较多地使用到了渐变效果，主要用于模拟按钮和界面的质感。首先使用新建快捷键Ctrl+N创建新文档，如图8-154所示。

图8-154

步骤02 单击工具箱中的"圆角矩形工具"按钮，在空白区域单击，在弹出的"圆角矩形"对话框中设置圆角矩形的宽度为45mm，高度为15mm，圆角半径为1mm，单击"确定"按钮完成操作，如图8-155所示。

图8-155

步骤03 单击工具箱中的"选择工具"按钮，选中圆角矩形对象，执行"窗口>渐变"命令，打开"渐变"面板，在该面板中编辑深蓝色的渐变，设置类型为"线性"，填充渐变效果，如图8-156所示。

图8-156

技巧提示

　　这里具有明显颜色分界线效果的制作需要技巧，在图8—156中"渐变"面板的渐变条中间位置的色标其实是两个重叠的色标，一个是与左侧颜色接近的色标，一个是与右侧颜色接近的色标，重叠在一起就会制作出非常明显的分界线效果。如图8—157所示为将重叠色标分开的效果。

图8—157

步骤04 单击工具箱中的"选择工具"按钮，框选这个圆角矩形，执行"窗口>颜色"命令，打开"颜色"面板，设置"描边色"为黑色，如图8—158所示。

图8—158

步骤05 选择圆角矩形对象，执行"编辑>复制"和"编辑>原位粘贴"命令，复制出一个副本保持选中状态，单击鼠标右键，在弹出的快捷菜单中执行"排列>置于底层"命令，改变其颜色为蓝灰色，并按"向下"箭头，向下位移两像素，如图8—159所示。

图8—159

步骤06 单击工具箱中的"选择工具"按钮，框选两个圆角矩形。执行"窗口>路径查找器"命令，在打开的"路径查找器"面板中单击"分割"按钮，完成后可以看到两个图形被分割为3个，如图8—160所示。

图8—160

步骤07 使用选择工具选中分割出的边缘部分，并进行复制和粘贴，将粘贴出新的形状拖拽到渐变圆角矩形的上方，并单击鼠标右键，在弹出的快捷菜单中执行"变换>对称"命令，调出"镜像"面板，选择以水平为轴，角度为180°，单击"确定"按钮完成操作，摆放在底部，如图8—161所示。

图8—161

步骤08 单击工具箱中的"文字工具"按钮，在控制栏中设置合适的字体和大小，文字颜色为白色，在图形上单击并输入文字。选择文本，使用复制和粘贴的快捷键（Ctrl+C、Ctrl+V）复制出一个文字副本。然后将其放置到白色文字的下一层并设置颜色为蓝灰色，再按"向上"箭头，向上位移两个像素模拟出文字内陷的效果，如图8—162所示。

图8—162

步骤09 单击工具箱中的"圆角矩形工具"按钮，绘制另一个圆角矩形，并执行"窗口>渐变"命令，打开"渐变"面板，编辑黑白色渐变，如图8—163所示。

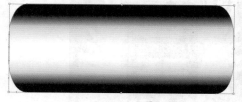

图8—163

步骤10 保持该对象的选中状态，使用复制和粘贴的快捷键（Ctrl+C、Ctrl+V）复制出一个副本。然后调整渐变颜色为灰白色系渐变。接着将鼠标放到定界框的边缘，在向内拖拽的同时按住Shift和Alt键，将其等比例缩小，并按照同样的方法在上面再次制作出一个圆矩形并设置为倾斜的渐变，如图8—164所示。

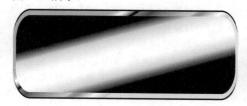

图8—164

答疑解惑——如何建立网格、定义渐变网格的颜色？

❶ 选中要添加渐变网格的对象，单击工具箱中的"网格工具"按钮囫。在图形要创建网格的位置上单击，即可创建一组行和列的网格线，如图8-165所示。

图8-165

❷ 反复使用该工具在图形上进行单击，创建出要使用数量的渐变网格，如图8-166所示。

图8-166

❸ 单击工具箱中的"直接选择工具"按钮，将要定义颜色的网点选中。执行"窗口>颜色"命令，打开"颜色"面板，并选中要改变的颜色，如图8-167所示。

图8-167

❹ 继续单击将要定义颜色的网点，使用同样的方法，将网格渐变的颜色调整到想要的效果，如图8-168所示。

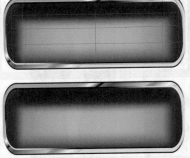

图8-168

步骤11 使用圆角矩形工具绘制一个新的圆角矩形。单击工具箱中的"网格工具"按钮囫，在渐变网格上面添加锚点编辑渐变颜色，绘制出黄绿色的渐变效果，如图8-169所示。

图8-169

步骤12 单击工具箱中的"圆角矩形工具"按钮，在圆角矩形上方绘制一个新的白色圆角矩形，如图8-170所示。

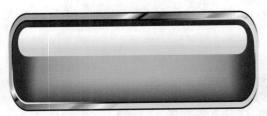

图8-170

步骤13 与制作第一个按钮上的文字相同的方法制作这部分文字，如图8-171所示。

图8-171

步骤14 复制出多个按钮，并依次更改按钮颜色，摆放在合适位置，如图8-172所示。

步骤15 导入背景素材文件，将其放置在最底层位置，最终效果如图8-173所示。

图8-172

图8-173

实例练习——VIP贵宾卡设计

案例文件	实例练习——VIP贵宾卡设计.ai
视频教学	实例练习——VIP贵宾卡设计.flv
难易指数	★★★★★
知识掌握	"渐变"面板、剪切蒙版、路径查找器、钢笔工具、文字工具、圆角矩形工具

案例效果

案例效果如图8-174所示。

图8-174

操作步骤

步骤01 使用新建快捷键Ctrl+N创建新文档，如图8-175所示。

图8-175

步骤02 执行"文件>置入"命令，打开"置入"面板，置入素材图片作为底图，如图8-176所示。

图8-176

步骤03 单击工具箱中的"钢笔工具"按钮，绘制不规则图形。设置填充色为黑色，如图8-177所示。

图8-177

步骤04 继续使用工具箱中的钢笔工具，在图形上方绘制叶子的形状。设置填充色为黑色，如图8-178所示。

步骤05 在叶子图形上绘制另一个类似于叶子的形状，设置填充色为白色，如图8-179所示。

图8-178

图8-179

Illustrator CS5 从入门到精通

200

步骤06 单击工具箱中的"选择工具"按钮，选择两个叶子形状。执行"窗口>路径查找器"命令，在打开的"路径查找器"面板中单击"分割"按钮，完成后可以看到两个图形被分割为3个。再选中中间白色的叶子，将其删除，如图8-180所示。

图8-180

步骤07 单击工具箱中的"椭圆工具"按钮 ，在叶子图形的左上方单击鼠标左键，同时按住Shift键向右下拖动绘制正圆形。设置填充色为黑色，如图8-181所示。

图8-181

步骤08 单击工具箱中的"选择工具"按钮，选择圆形和叶子的形状，单击鼠标右键执行"编组"命令。再单击工具箱中的"旋转工具"按钮 ，按住Alt键的同时单击鼠标左键拖动鼠标，旋转并复制新的图形，如图8-182所示。

图8-182

步骤09 单击鼠标右键执行"变换>对称"命令，打开"镜像"面板，设置镜像轴为"水平"，单击"确定"按钮完成操作，如图8-183所示。

步骤10 单击工具箱中的"选择工具"按钮 ，选择两组图形，单击鼠标右键执行"编组"命令。再单击工具箱中的"旋转工具"按钮，按住Alt键的同时单击鼠标左键拖动鼠标，旋转并复制出新的图形，如图8-184所示。

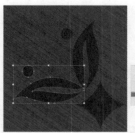

图8-183

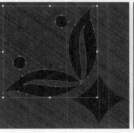

图8-184

步骤11 按下快捷键Ctrl+D，继续复制新的图形，并摆放在合适位置，如图8-185所示。

图8-185

步骤12 单击工具箱中的"文字工具"按钮 ，在控制栏中设置合适的字体和大小，再在图形上单击，输入文字。然后执行"对象>扩展"命令，打开"扩展"对话框，选中"对象"和"填充"复选框，单击"确定"按钮完成操作，如图8-186所示。

图8-186

步骤13 单击工具箱中的"文字工具"按钮 T，用以上相同的方式输入英文，如图8-187所示。

图8-187

步骤14 单击工具箱中的"选择工具"按钮 ，选择所有图形，单击鼠标右键执行"编组"命令。按住Shift键和Alt键的同时向右拖动，复制出一个新的相同的图形，如图8-188所示。

图8-188

步骤15 执行"窗口>渐变"命令，打开"渐变"面板，编辑一种金色渐变，至此标志制作完成，如图8-189所示。

步骤16 执行"文件>置入"命令，置入手拿卡片的素材图片，如图8-190所示。

图8-189

图8-190

步骤17 单击工具箱中的"圆角矩形工具"按钮 ，在适当的位置单击鼠标左键绘制适当大小的圆角矩形。执行"窗口>颜色"命令，打开"颜色"面板，设置填充色为灰色，如图8-191所示。

图8-191

步骤18 单击工具箱中的"选择工具"按钮 ，选中圆角矩形。按住Shift和Alt键的同时向左拖动，复制出一个新的相同的图形。在"渐变"面板中编辑一种红黑色渐变，如图8-192所示。

图8-192

步骤19 执行"文件>置入"命令，置入花纹图片作为底图，如图8-193所示。

图8-193

步骤20 单击工具箱中的"钢笔工具"按钮 ✎，在圆角矩形上绘制多条曲线形状的闭合路径。执行"窗口>渐变"命令，打开"渐变"面板，编辑一种金色渐变，如图8-194所示。

图8-194

步骤21 单击工具箱中的"圆角矩形工具"按钮，绘制与卡片大小相同的圆角矩形，选中圆角矩形和金色曲线，单击鼠标右键执行"建立剪切蒙版"命令，使多余部分隐藏，如图8-195所示。

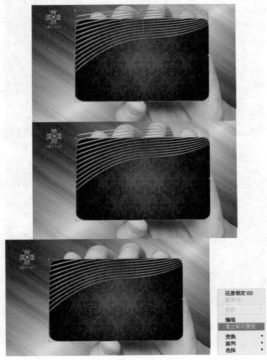

图8-195

步骤22 单击工具箱中的"钢笔工具"按钮 ✎，在圆角矩形底部绘制形状。执行"窗口>渐变"命令，打开"渐变"面板，编辑一种金色渐变，如图8-196所示。

图8-196

步骤23 单击工具箱中的"选择工具"按钮 ▶，选择标志部分的图形，单击鼠标右键执行"编组"命令。按住Shift和Alt键的同时向右拖动，复制出一个相同的图形，并将其摆放在卡片上，如图8-197所示。

图8-197

步骤24 单击工具箱中的"文字工具"按钮 **T.**，在控制栏中设置合适的字体和大小，在图形上单击输入文字。执行"对象>扩展"命令，在弹出的"扩展"对话框中选中"对象"和"填充"复选框，单击"确定"按钮完成操作，如图8-198所示。

图8-198

步骤25 复制文字部分并适当向左拖动，使用滴管工具吸取金色渐变并赋予当前文字，如图8-199所示。

图8-199

步骤26 单击工具箱中的"文字工具"按钮，在控制栏中设置合适的字体和大小，在图形上单击输入文字，对文字进行扩展后同样赋予金色渐变，如图8-200所示。

图8-200

步骤27 单击工具箱中的"钢笔工具"按钮，在英文的左上角绘制光芒形状。执行"窗口>渐变"命令，打开"渐变"面板，编辑一种黑白色渐变，设置类型为"径向"，如图8-201所示。

图8-201

步骤28 单击工具箱中的"文字工具"按钮T，在控制栏中设置合适的字体和大小，在画面右下角单击输入文字。执行"对象>扩展"命令，打开"扩展"对话框，选中"对象"和"填充"复选框，单击"确定"按钮完成操作，如图8-202所示。

图8-202

步骤29 复制文字并向左拖动，同样为其编辑一种金色渐变，如图8-203所示。

图8-203

使用工具箱中的"选择工具"按钮 ，选择卡上的所有图形及文字，单击鼠标右键，执行"编组"命令，如图8-204所示。

图8-204

步骤31 卡的背面部分制作也比较简单，可以复制正面，然后删除多余的部分，保留底色。使用矩形工具绘制磁条与签名区域，并为其设置合适的填充颜色，输入所需文字并从卡片正面复制标志和艺术字将其摆放在卡片的合适位置，如图8-205所示。

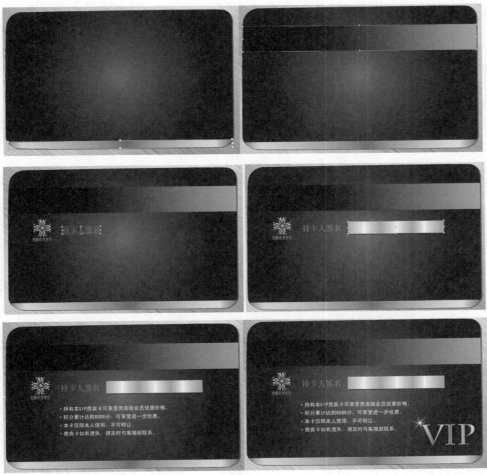

图8-205

步骤32 将卡片背面适当缩小，摆放在画面左下角，最终效果如图8-206所示。

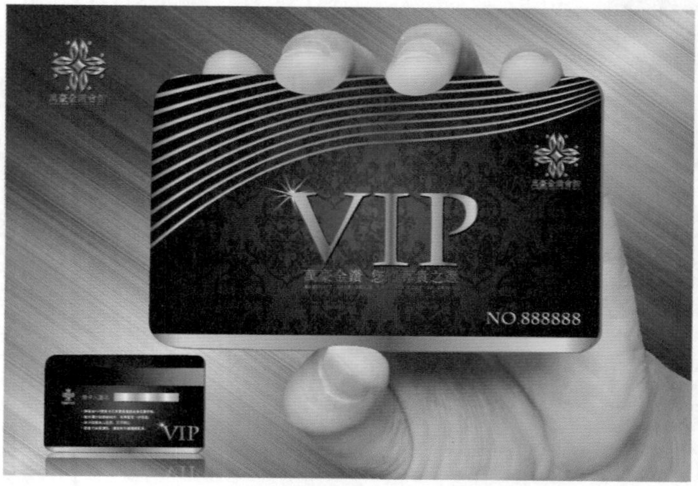

图8—206

读书笔记

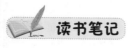

Chapter 09

第9章

实时描摹与实时上色

　　在Illustrator CS5中，将照片、扫描和其他等图片置入软件中，在控制栏上单击"实时描摹"按钮，就可以将置入Illustrator中的位图转换为矢量图形。之后可以对矢量图路径进行编辑、改变大小等操作。在Illustrator CS5中提供了多种实时描摹的类型可供用户选择。

本章学习要点：

- 掌握实时描摹的使用方法
- 掌握实时上色工具与实时上色选择工具的使用方法

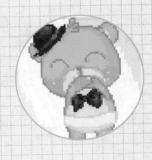

9.1 实时描摹

在Illustrator CS5中，将照片、扫描和其他等图片置入软件中，在控制栏上单击"实时描摹"按钮，就可以将置入Illustrator中的位图转换为矢量图形。之后可以对矢量图路径进行编辑、改变大小等操作。在Illustrator CS5中提供了多种实时描摹的类型可供用户选择，如图9-1所示为使用到实时描摹进行制作的作品。

图9-1

当对位图进行实时描摹后，在控制栏中可以对预设的类型进行选择，也可以通过更改"最大颜色"、"最小区域"等参数来自行定义描摹效果，如图9-2所示。

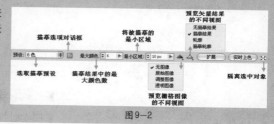

图9-2

9.1.1 快速描摹图稿

描摹图稿最简单的方式是打开或将位图文件置入到Illustrator 中，然后使用"实时描摹"命令描摹图稿。可以控制细节级别和填色描摹的方式。对描摹结果满意时，可将描摹转换为矢量路径或"实时上色"对象。

步骤01 打开或置入用作描摹的源图像的文件，将置入的图像调整到适当的大小，如图9-3所示。

步骤02 单击控制栏中的"实时描摹"按钮，或执行"对象>实时描摹>建立"命令，即可使用默认描摹选项描摹图像，如图9-4所示。

图9-3   图9-4

9.1.2 快速编辑描摹图稿

创建描摹对象后，可以随时调整结果。选择描摹对象，在控制栏中可以更改部分参数。也可以单击控制栏中的"描摹选项对话框"按钮，以查看所有描摹选项。

❶ 如果使用其他描摹预设来描摹图像，可以直接在控制栏中的"选取预设选项"下拉列表中选择一个预设即可，如图9-5所示。

❷ 切换为其他描摹模式，效果如图9-6所示。

❸ 也可以直接在控制栏中修改"最大颜色"、"最小区域"的参数，此时预设变为"自定"，并且画面也发生了相应的变化，如图9-7所示。

图9-5

图9-6

图9-7

9.1.3 自定义描摹预设

若要在描摹图像前设置描摹选项，单击控制栏中的"描摹预设和选项"按钮 ，然后选择"描摹选项"选项。或者执行"对象>实时描摹>描摹选项"命令，在弹出的"描摹选项"对话框的"预设"下拉列表中选择一种设置。在选择了可生成接近于所需要最终结果的预设后，可以在对话框中选择其余的选项来进行微调输出，如图9-8所示。

图9-8

○ 预设：指定描摹预设。

○ 模式：指定描摹结果的颜色模式。

○ 阈值：指定用于从原始图像生成黑白描摹结果的值。所有比阈值亮的像素转换为白色，而所有比阈值暗的像素转换为黑色。（该选项仅在"模式"设置为"黑白"时可用。）

○ 调板：首先需要确保色板库打开，指定用于从原始图像生成颜色或灰度描摹的调板。该选项仅在模式为"颜色"或"灰度"时可用，如图9-9所示。

图9-9

○ 最大颜色：设置在颜色或灰度描摹结果中使用的最大颜色数。（该选项仅在"模式"设置为"颜色"或"灰度"且面板设置为"自动"时可用。）

○ 输出到色板：在"色板"面板中为描摹结果中的每种颜色创建新色板。

○ 模糊：生成描摹结果前模糊原始图像。设置该选项在描摹结果中减轻细微的不自然感并平滑锯齿边缘。

○ 重新取样：生成描摹结果前对原始图像重新取样至指定分辨率。该选项对加速大图像的描摹过程有用，但将产生降级效果。

○ 填色：在描摹结果中创建填色区域。

○ 描边：在描摹结果中创建描边路径。

○ 最大描边粗细：指定原始图像中可描边的特征最大宽度。大于最大宽度的特征在描摹结果中成为轮廓区域。

○ 最小描边长度：指定原始图像中可描边的特征最小长

度。小于最小长度的特征将从描摹结果中忽略。

- 路径拟合：控制描摹形状和原始像素形状间的差异。较小的值创建较紧密的路径拟合，较大的值创建较疏松的路径拟合。
- 最小区域：指定将描摹的原始图像中的最小特征。例如，值为 4 指定小于 2×2 像素宽高的特征将从描摹结果中忽略。
- 拐角角度：指定原始图像中转角的锐利程度，即描摹结果中的拐角锚点。
- 栅格：指定如何显示描摹对象的位图组件。此视图设置不会存储为描摹预设的一部分。
- 矢量：指定如何显示描摹结果。此视图设置不会存储为描摹预设的一部分。

9.1.4 扩展描摹对象

如果需要对描摹后的对象进行进一步的编辑，可将描摹对象进行扩展。扩展后的对象将成为矢量对象，不再具有描摹对象的属性，但是可以像普通图形一样进行编辑，例如调整路径形状、删除或添加锚点等。

 置入需要描摹的对象。将置入的图像调整到适当的大小。单击控制栏中的"实时描摹"按钮，使用默认的预设描摹对象，如图9-10所示。

② 保持描摹对象的选中状态，单击控制栏中的"扩展"按钮，或执行"对象>实时描摹>扩展"命令，将描摹转换为路径。也可以在保留当前显示选项的同时将描摹转换为路径，执行"对象>实时描摹>扩展为查看结果"命令，此时画面中出现很多的锚点，通过直接选择工具可以选中锚点或路径进行编辑，如图9-11所示。

图9-10   图9-11

 技巧提示

扩展后的对象通常都为编组对象，选中该对象单击鼠标右键，在弹出的快捷菜单中执行"解除编组"命令即可。

9.1.5 释放描摹对象

当在一个位图图像执行了"实时描摹"操作后，如果要放弃描摹，但保留原始置入的图像，可释放描摹对象，执行"对象>实时描摹>释放"命令，如图9-12所示。

📖 读书笔记

图9-12

实例练习——使用实时描摹制作欧美风海报

案例文件	实例练习——使用实时描摹制作欧美风海报.ai
视频教学	实例练习——使用实时描摹制作欧美风海报.flv
难易指数	★★★★★
知识掌握	实时描摹、实时上色、网格工具

案例效果

本例主要是通过描摹工具制作描摹人像效果，如图9-13所示。

图9-13

操作步骤

步骤01 选择"文件>新建"命令或按Ctrl+N组合键新建一个文档，具体参数设置如图9-14所示。

步骤02 置入文件用作描摹的原图像，将置入的图像调整到适当的大小，如图9-15所示。

图9-14

图9-15

步骤03 执行"对象>实时描摹>描摹选项"命令，在弹出的"描摹选项"对话框的"预设"下拉列表中选择"详细插图"选项。单击"描摹"按钮得到如图9-16所示的效果。

步骤04 将人像对象保持选中状态，然后执行"对象>实时上色>建立"命令，或使用快捷键Ctrl+Alt+X。此时该对象已经成为实时上色组，如图9-17所示。

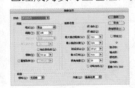

图9-16

图9-17

步骤05 单击工具箱中的"实时上色工具"按钮 ，调出"渐变"面板，将填充颜色设置为灰色渐变。然后单击右侧耳麦对其进行填充，再单击填充左侧耳麦，如图9-18所示。

图9-18

步骤06 在"渐变"面板中编辑人像肤色的渐变。继续使用实时上色工具在人像面部单击添加渐变颜色效果。继续设置填充颜色为橘色，为眼睛框进行填充上色，如图9-19所示。

图9-19

步骤07 由于人像的亮部区域在实时描摹中被去除了，所以需要使用工具箱中的**钢笔工具**进行绘制，首先将原图层命名为"描摹轮廓"，继续在"图层"面板中单击"创建新图层"按钮创建一个新图层"皮肤"，并放在"图层"面板的底部，如图9-20所示。

步骤08 在新图层中勾出人像胳膊的轮廓，然后在"渐变"面板中编辑一种皮肤色调的渐变，为其上色，如图9-21所示。

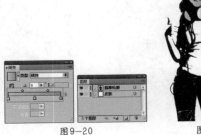

图9-20

图9-21

步骤09 按照上述同样的方法，为人像其他部分的皮肤绘制形状并上色，如图9-22所示。

步骤10 单击"钢笔工具"按钮 ◊，勾出人像帽子的轮廓，同样移至底层。将填充颜色设置为浅紫色，如图9-23所示。

步骤11 再单击"钢笔工具"按钮 ◊，勾出人像衣服的轮廓，将填充颜色设置为蓝色，如图9-24所示。

步骤12 选中蓝色衣服图形，单击工具箱中的"网格工具"按钮 ▦，在要创建网格的位置单击即可创建出网格，如图9-25所示。

步骤13 执行"窗口>颜色"命令，调出"颜色"面板。再将需要定义颜色的网点选中，在"颜色"面板中选中要使用的颜色，为人像衣服添加不同的颜色，模拟出立体感，效果如图9-26所示。

步骤14 继续在"图层"面板创建新图层，并放在最底层。导入背景与文件，最终效果如图9-27所示。

图9-22　　　　　　　图9-23　　　　　　　图9-24

图9-25　　　　　　　图9-26　　　　　　　图9-27

 读书笔记

9.2 实时上色

实时上色是一种创建彩色图画的直观方法，它与通常的上色工具不同。当路径将绘画平面分割成几个区域时，使用普通的填充手段只能对某个对象进行填充，而使用实时上色工具可以自动检测并填充路径相交的区域，如图9-28所示。

图9-28

9.2.1 建立、扩展和释放实时上色组

理论实践——建立实时上色组

实时上色工具需要针对实时上色组进行操作，这就需要将普通图形或实时描摹对象进行转换，建立实时上色组。

❶ 单击工具箱中的"选择工具"按钮，将要进行实时上色的对象选中。然后执行"对象>实时上色>建立"命令，或使用快捷键Ctrl+Alt+X。对象周围出现形状句柄，表示该对象已经成为实时上色组，如图9-29所示。

图9-29

❷ 也可以在选中对象的情况下，直接将"实时上色工具" 移动到对象上，此时光标上出现提示"单击以建立实时上色组"，单击该对象即可，如图9-30所示。

图9-30

 技巧提示

实时上色组中只能包含路径和复合路径，例如剪贴路径或文字对象。若要对于文字对象进行实时上色操作，需要首先执行"文字>创建轮廓"命令。接下来，将生成的路径变为实时上色组，如图9-31所示。

图9-31

❸ 如果在没有选中任何对象时就使用实时上色工具在对象上单击，系统会弹出提示对话框。选中"不再显示"复选框后则不会出现该提示，如图9-32所示。

图9-32

❹ 也可以将描摹对象转换为实时上色组，转换之后可以使用实时上色工具对其进行颜色的修改。单击控制栏中的"实时上色"按钮，或执行"对象>实时描摹>转换为实时上色"命令，即可将描摹对象转换为实时上色组，如图9-33所示。

图9-33

 技巧提示

对实时描摹对象进行该操作时会导致无法再次进行实时描摹的参数调整，所以需要在转换为实时上色组之前完成所有描摹参数的设置。在弹出的提示窗口中单击"确定"按钮即可继续，如图9-34所示。

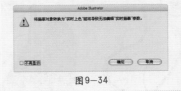

图9-34

理论实践——扩展实时上色组

使用选择工具选择实时上色组，单击控制栏中的"扩展"按钮，或执行"对象>实时上色>扩展"命令，即可将实时上色组扩展为普通图形，如图9-35所示。

图9-35

理论实践——释放实时上色组

使用选择工具选择实时上色组，执行"对象>实时上色>释放"命令，可以释放实时上色组，使其还原为没有填充只有0.5磅宽的黑色描边的路径。使用编组选择工具可以分别选择和修改这些路径，如图9-36所示。

读书笔记

图9-36

9.2.2 使用实时上色工具

通过使用实时上色工具，可以将当前填充和描边属性为实时上色组的表面和边缘上色。

技巧提示

在实时上色组中，填色和上色属性附属于实时上色组的表面和边缘，而不属于定义这些表面和边缘的实际路径，在其他 Illustrator 对象中也是这样。因此，某些功能和命令对实时上色组中的路径或者作用方式有所不同，或者是不适用。

理论实践——使用实时上色工具

步骤01 在色板中选择一种颜色后，单击工具箱中的"实时上色工具"按钮，移动到实时上色组上，会突出显示填充图像内侧周围的线条，单击即可填色，如图9-37所示。

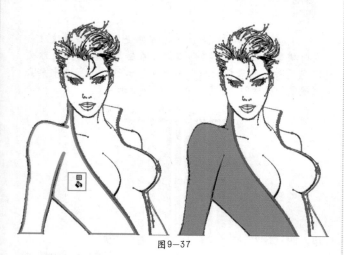
图9-37

图9-38

步骤03 要对边缘进行上色，首先需要双击"实时上色工具"按钮，在弹出的对话框中选中"描边上色"复选框。将光标移动到对象的边界处，使其变为"描边上色"，单击即可进行描边上色，如图9-39所示。

步骤02 拖动鼠标跨过多个表面，以便一次为多个表面上色，如图9-38所示。

步骤04 或者直接按Shift键以暂时切换到"描边上色"状态下。然后单击一个对象的边缘以为其描边。也可以拖动鼠标跨过多条边缘，可一次为多条边缘进行描边，如图9-40所示。

图9-39　　　　图9-40

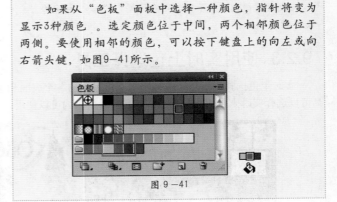

理论实践——设置实时上色选项

双击工具箱中的"实时上色工具"按钮，在弹出的"实时上色工具选项"对话框中可以对实时上色的选项以及显示进行相应的设置，如图9-42所示。

图9-42

- 填充上色：对实时上色组的各表面上色。
- 描边上色：对实时上色组的各边缘上色。
- 光标色板预览：从"色板"面板中选择颜色时显示。实时上色工具指针显示为3种颜色色板：选定填充或描边颜色以及"色板"面板中紧靠该颜色左侧和右侧的颜色。

- 突出显示：勾画出光标当前所在表面或边缘的轮廓。用粗线突出显示表面，细线突出显示边缘。
- 颜色：设置突出显示线的颜色。可以从菜单中选择颜色，也可以单击上色色板以指定自定颜色。
- 宽度：指定突出显示轮廓线的粗细。

理论实践——设置实时上色间隙选项

间隙是路径之间的小空间。如果颜料渗漏并将不应上色的表面涂上了颜色，则可能是因为图稿中存在间隙。为了避免这种问题的发生，可以创建一条新路径以封闭间隙；或编辑现有路径以封闭间隙；也可以在实时上色组中调整间隙选项。执行"对象>实时上色>间隙选项"命令，或单击控制栏上的"间隙选项"按钮，打开"间隙选项"对话框，如图9-43所示。

- 间隙检测：选中该复选框时，Illustrator将识别实时上色路径中的间隙，并防止颜料通过这些间隙渗漏到外部。

图9-43

- 上色停止在：设置颜色不能渗入的间隙的大小。
- 自定：指定一个自定的"上色停止在"间隙大小。
- 间隙预览颜色：设置在实时上色组中预览间隙的颜色。可以从菜单中选择颜色，也可以单击"间隙预览颜色"菜单旁边的色块来指定自定颜色。

- 用路径封闭间隙：单击该按钮时，将在实时上色组中插入未上色的路径以封闭间隙（而不是只防止颜料通过这些间隙渗漏到外部）。
- 预览：将当前实时上色组中检测到的间隙显示为彩色线条，所用颜色根据选定的预览颜色而定。

技巧提示

如果从"色板"面板中选择一种颜色，指针将变为显示3种颜色。选定颜色位于中间，两个相邻颜色位于两侧。要使用相邻的颜色，可以按下键盘上的向左或向右箭头键，如图9-41所示。

图9-41

执行"视图>显示实时上色间隙"命令，该命令可以根据当前所选实时上色组中设置的间隙选项，突出显示在该组中发现的间隙。

9.2.3 使用实时上色选择工具

实时上色选择工具用于选择实时上色组中的各个表面和边缘。使用选择工具可以选择整个实时上色组。使用直接选择工具可以选择实时上色组内的路径。如图9-44所示为可以使用该工具制作的作品。

图9—44

技巧提示

处理复杂文档时，可以隔离实时上色组，以便快捷准确地选择所需上色的区域。使用选择工具选择组，然后单击控制栏中的"隔离选定的组"按钮 ▦，或者双击组即可进行隔离。

理论实践——选择表面和边缘

单击工具箱中的"实时上色选择工具"按钮 ⬚，将实时上色选择工具指针放在表面上时，指针将变为表面指针 ▶；将指针放在边缘上时，指针将变为边缘指针 ▶；将指针放在实时上色组外部时，指针将变为 x 指针 ▶ₓ，如图9-45所示。

步骤01 若要选择单个表面或边缘，单击该表面或边缘即可。被选中的部分表面呈现出覆盖有半透明的斑点图案的效果，如图9-46所示。

图9—45　　　　　　　　　　　　　　　　　　　　图9—46

步骤02 若要选择多个表面和边缘，在要选择的项周围拖动选框。部分选择的内容将被包括在内，如图9-47所示。

读书笔记

图9-47

步骤03 若要选择具有相同填充或描边的表面或边缘，可以单击对象，执行"选择>相同"命令，然后在子菜单中选择"填充颜色"、"描边颜色"或"描边粗细"命令即可，如图9-48所示。

步骤04 使用实时上色选择工具选中某个区域后，直接在"色板"面板中单击选中颜色即可为当前区域进行实时上色，如图9-49所示。

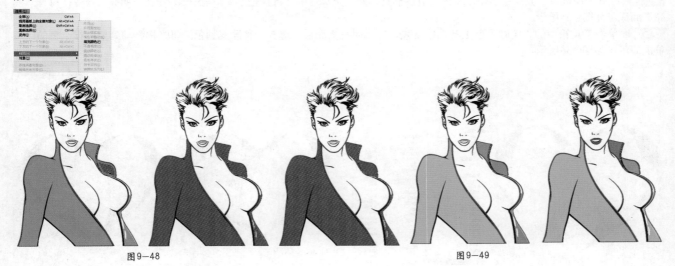

图9-48   图9-49

实例练习——使用实时上色工具制作水晶LOGO

案例文件	实例练习——使用实时上色工具制作水晶LOGO.ai
视频教学	实例练习——使用实时上色工具制作水晶LOGO.flv
难易指数	★★★★★
知识掌握	实时上色工具、路径查找器、色板

案例效果

本例主要是通过实时上色工具制作标志效果，如图9-50所示。

图9-50

操作步骤

步骤01 选择"文件>新建"命令或按Ctrl+N组合键新建一个文档，具体参数设置如图9-51所示。

步骤02 单击工具箱中的"矩形工具"按钮，绘制一个矩形。打开"渐变"面板，设置类型为"线性"，角度为-40.2°，编辑渐变颜色为白色到灰色渐变，如图9-52所示。

图9-51

图9-52

第9章 实时描摹与实时上色

217

步骤03 单击工具箱中的"钢笔工具"按钮 ，勾出心形的轮廓，设置填充颜色为红色，如图9-53所示。

步骤04 单击工具箱中的"椭圆工具"按钮 ，在心形中间位置绘制出一个椭圆形。然后将心形与椭圆全部选中，打开"路径查找器"面板，单击"分割"按钮，再选择椭圆形，按Delete键，删除掉椭圆，如图9-54所示。

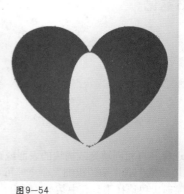

图9-53　　　　　　　　　　　　　　　　　　　　　　　　图9-54

步骤05 继续使用椭圆工具绘制多个水平或垂直的椭圆，然后全部选中。再执行"窗口>色板库>渐变>明亮"命令，打开"明亮"面板，如图9-55所示。

步骤06 单击工具箱中的"实时上色工具"按钮 ，在"明亮"面板中选择一种渐变颜色，将光标移动到要进行上色的区域单击即可，如图9-56所示。

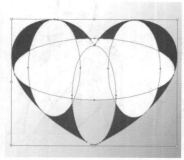

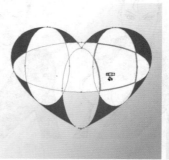
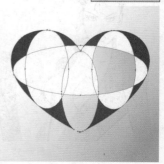

图9-55　　　　　　　　　　　　　　　　　　　　　　　　图9-56

步骤07 同样的方法，更换填充颜色，继续使用"实时上色工具"为每个区域添加渐变颜色，效果如图9-57所示。

步骤08 单击工具箱中的"钢笔工具"按钮 ，在顶部勾出高光的轮廓，调出"渐变"面板，设置类型为"线性"，角度为79.91°，调整从黑色到透明渐变，单击添加渐变效果，如图9-58所示。

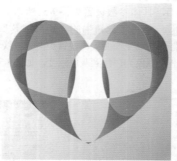
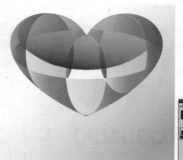

图9-57　　　　　　　　　　　　　　　　　　　　图9-58

步骤09 执行"窗口>透明度"命令，打开"透明度"面板，设置混合模式为滤色，不透明度为50%，制作出高光效果，如图9-59所示。

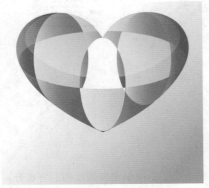

图9-59

步骤10 单击工具箱中的"文字工具"按钮 **T**，选择一种文字样式，在画板上输入文字，如图9-60所示。

图9-60

步骤11 选中文字执行"对象>扩展"命令，在弹出的"扩展"对话框中选中"对象"和"填充"复选框，将文字扩展为普通对象，如图9-61所示。

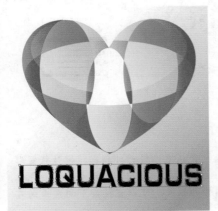

图9-61

步骤12 首先使用直接选择工具选择部分文字，然后执行"窗口>渐变"命令，打开"渐变"面板，设置类型为"线性"，调整从灰色到深紫色渐变，为文字添加渐变效果，如图9-62所示。

图9-62

步骤13 将文字编组进行取消，选择后面两个字母，然后在"渐变"面板中更换为蓝色系的渐变，效果如图9-63所示。

图9-63

实例练习——使用实时上色工具制作像素画

案例文件	实例练习——使用实时上色工具制作像素画.ai
视频教学	实例练习——使用实时上色工具制作像素画.flv
难易指数	★★★★★
知识掌握	矩形网格工具、实时上色工具、"颜色"面板

案例效果

案例效果如图9-64所示。

图9-64

操作步骤

步骤01 选择"文件>新建"命令或按Ctrl+N组合键新建一个文档，具体参数设置如图9-65所示。

步骤02 双击工具箱中的"矩形网格工具"按钮，在弹出的"矩形网格工具选项"对话框中设置宽度为35.28mm，高度为35.28mm，水平分割线的数量为80，垂直分割线的数量为80。然后按住Shift键拖拽鼠标绘制出正方形网格，如图9-66所示。

图9-65　　　　　　　图9-66

步骤03 执行"窗口>颜色"命令，打开"颜色"面板，在其中选择褐色。使网格对象保持选中状态，使用工具箱中的实时上色工具单击该网格，然后在网格中单击即可为当前小方格添加颜色，多次拖动光标即可绘制出卡通熊的外轮廓，如图9-67所示。

图9-67

步骤04 继续使用实时上色工具绘制出卡通熊的五官部分，如图9-68所示。

图9-68

步骤05 在"颜色"面板中选择一个深蓝色，使用实时上色工具在网格中绘制出帽子与领结的暗部区域，如图9-69所示。

图9-69

技巧提示

如果从"色板"面板中选择一种颜色，指针将变为显示3种颜色。选定颜色位于中间，两个相邻颜色位于两侧。要使用相邻的颜色，可以直接按下向左或向右箭头键。

步骤06 ▶ 打开"颜色"面板，在其中调出一个比描边的棕色浅一些的颜色，然后为卡通熊暗部边缘填色，如图9-70所示。

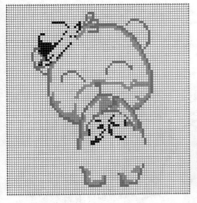

图9-70

步骤07 ▶ 继续按照上述方法，依次使用较浅的颜色为卡通熊内部进行填色，如图9-71所示。

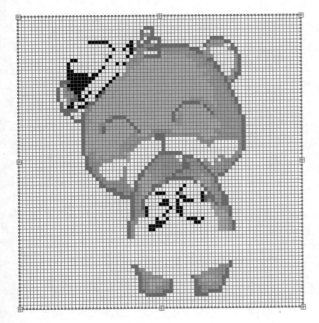

图9-71

步骤08 ▶ 在"颜色"面板中选择橘色系颜色，然后使用实时上色在卡通熊面部两侧绘制红脸颊效果。使用较浅的黄色绘制卡通熊嘴巴和上身的颜色，如图9-72所示。

步骤09 ▶ 继续使用浅肉色系颜色绘制卡通熊的裤子，使用棕色系颜色绘制帽子和蝴蝶结，效果如图9-73所示。

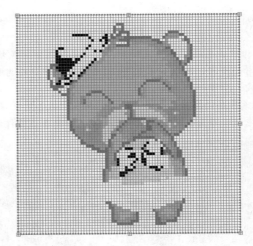

图9-72

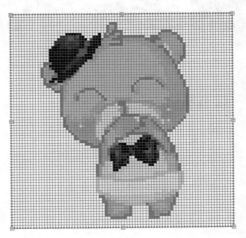

图9-73

步骤10 ▶ 绘制出灰白色系的背景，最终效果如图9-74所示。

图9-74

答疑解惑——什么是像素画？

　　像素画也属于点阵式图像，但它是一种图标风格的图像，更强调清晰的轮廓、明快的色彩，几乎不用混叠方法来绘制光滑的线条，所以常常采用.gif格式，同时它的造型比较卡通，而当今像素画更是成为一门艺术而存在，得到很多朋友的喜爱，如图9—75所示。

　　像素画的应用范围相当广泛，从多年前家用红白机的画面直到今天的GBA手掌机，从黑白的手机图片直到今天全彩的掌上电脑，以至当前电脑中也无处不充斥着各类软件的像素图标。

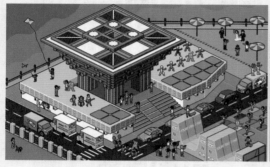  

图9—75

 读书笔记

Chapter 10

第10章

透明度

在Adobe Illustrator CS5中，透明度是一个非常简单的概念，只要通过数值的修改即可对一个对象的透明度进行调整。透明度在位图处理软件中是非常常见的，但是在早期的版本中是没有透明度功能的，如果要表现透明度的效果，只能考虑使用相应的颜色进行表现。

本章学习要点：

- 掌握透明度与混合模式的使用方法
- 掌握透明度蒙版的使用方法

10.1 调整对象透明度

在Adobe Illustrator CS5中，透明度是一个非常简单的概念，只要通过数值的修改即可对一个对象的透明度进行调整。透明度在位图处理软件中是非常常见的，但是在早期的版本中是没有透明度功能的，如果要表现透明度的效果，只能考虑使用相应的颜色进行表现。如图10-1所示为使用到透明效果的作品。

图10-1

10.1.1 认识"透明度"面板

执行"窗口>透明度"命令或使用快捷键Shift+Ctrl+F10，打开"透明度"面板，如图10-2所示。

图10-2

- 混合模式：设置所选对象与下层对象的颜色混合模式。
- 不透明度：通过调整数值控制对象的透明效果，数值越大，对象越不透明；数值越小，对象越透明。
- 对象缩览图：所选对象缩览图。
- 不透明度蒙版：显示所选对象的不透明度蒙版效果。

- 剪切：将对象剪切为当前对象的剪切蒙版。
- 反相蒙版：将当前对象的蒙版颜色反相。
- 隔离混合：选中该复选框可以防止混合模式的应用范围超出组的底部。
- 挖空组：选中该复选框后，在透明挖空组中，元素不能透过彼此而显示。
- 不透明度和蒙版用来定义挖空形状：选中该复选框可以创建与对象不透明度成比例的挖空效果。在接近100%不透明度的蒙版区域中，挖空效果较强；在具有较低透明度的区域中，挖空效果较弱。

 技巧提示

默认情况下，"隔离混合"、"挖空组"和"不透明度和蒙版用来定义挖空形状"不会显示在面板中，在面板菜单中执行"显示选项"命令即可显示出。

10.1.2 调整对象透明度

❶ 选中要进行透明度调整的对象，此时对象不透明度为100%，如图10-3所示。

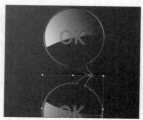

图10-3

❷ 在"透明度"面板中可以通过调整"不透明度"的数值控制对象的不透明度，当调整数值为30%时，对象呈现出半透明，很好地模拟出了倒影效果，如图10-4所示。

图10-4

10.2 调整对象混合模式

使用混合模式可以用不同的方法将对象颜色与底层对象的颜色混合。将一种混合模式应用于某一对象时，在此对象的图层或组下方的任何对象上都可看到混合模式的效果。 在Illustrator CS5中提供了十几种不同的混合模式，通过这些样式的使用可以制作出丰富的画面效果，如图10-5所示为使用到混合模式制作的作品。

图10—5

10.2.1 混合模式详解

在"透明度"面板中单击"混合模式"下拉列表，可以看到多种混合模式，单击即可定义对象的混合模式，如图10-6所示。

图10—6

- 正常：使用混合色对选区上色，而不与基色相互作用。这是默认模式，如图10-7所示。

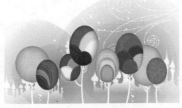

图10—7

- 变暗：选择基色或混合色中较暗的一个作为结果色。比混合色亮的区域会被结果色所取代，比混合色暗的区域将保持不变，如图10-8所示。

- 正片叠底：将基色与混合色相乘。得到的颜色总是比基色和混合色都要暗一些。将任何颜色与黑色相乘都会产生黑色，将任何颜色与白色相乘则颜色保持不变，如图10-9所示。

图10—8   图10—9

- 颜色加深：加深基色以反映混合色。与白色混合后不产生变化，如图10-10所示。

- 变亮：选择基色或混合色中较亮的一个作为结果色。比混合色暗的区域将被结果色所取代，比混合色亮的区域将保持不变，如图10-11所示。

图10—10   图10—11

- 滤色：将混合色的反相颜色与基色相乘。得到的颜色总是比基色和混合色都要亮一些。用黑色滤色时颜色保持不变，用白色滤色将产生白色，如图10-12所示。

- 颜色减淡：加亮基色以反映混合色。与黑色混合则不发生变化，如图10-13所示。

图10-12　　　　　　　　　　　图10-13

- 叠加：将对颜色进行相乘或滤色，具体取决于基色。图案或颜色叠加在现有的图稿上，在与混合色混合以反映原始颜色的亮度和暗度的同时，保留基色的高光和阴影，如图10-14所示。
- 柔光：将使颜色变暗或变亮，具体取决于混合色。此效果类似于漫射聚光灯照在图稿上，如图10-15所示。

图10-14　　　　　　　　　　　图10-15

- 强光：对颜色进行相乘或过滤，具体取决于混合色。此效果类似于耀眼的聚光灯照在图稿上。用纯黑色或纯白色上色会产生纯黑色或纯白色，如图10-16所示。
- 差值：从基色减去混合色或从混合色减去基色，具体取决于哪一种的亮度值较大。与白色混合将反转基色值，与黑色混合则不发生变化，如图10-17所示。

图10-16　　　　　　　　　　　图10-17

- 排除：创建一种与"差值"模式相似但对比度更低的效果。与白色混合将反转基色分量，与黑色混合则不发生变化，如图10-18所示。
- 色相：用基色的亮度和饱和度以及混合色的色相创建结果色，如图10-19所示。

图10-18　　　　　　　　　　　图10-19

- 饱和度：用基色的亮度和色相以及混合色的饱和度创建结果色。在无饱和度（灰度）的区域上用此模式着色不会产生变化，如图10-20所示。
- 混色：用基色的亮度以及混合色的色相和饱和度创建结果色。这样可以保留图稿中的灰阶，对于给单色图稿上色以及给彩色图稿染色都非常有用，如图10-21所示。

图10-20　　　　　　　　　　　图10-21

- 明度：用基色的色相和饱和度以及混合色的亮度创建结果色。此模式创建与"颜色"模式相反的效果，如图10-22所示。

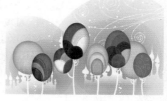

图10-22

10.2.2　更改对象的混合模式

　　选择需要调整"混合模式"的对象或组。然后按下快捷键Shift+Ctrl+F10，打开"透明度"面板，在面板左侧混合模式的下拉列表中选择一种混合模式。此时所选对象以下的所有对象都出现了混合效果，如图10-23所示。

 读书笔记

图10-23

可以将混合模式与已定位的图层或组进行隔离，以使它们下方的对象不受影响。要实现这一操作，在"图层"面板中选择一个组或图层右侧的定位图标。在"透明度"面板中选中"隔离混合"复选框。如果未显示"隔离混合"复选框，可以从"透明度"面板菜单中选择"显示选项"命令即可，如图10-24所示。

图10-24

实例练习——使用透明度制作水晶花朵

案例文件	实例练习——使用透明度制作水晶花朵.ai
视频教学	实例练习——使用透明度制作水晶花朵.flv
难易指数	★★★★★
知识掌握	混合模式、椭圆工具、直接选择工具、网格工具

案例效果

案例效果如图10-25所示。

图10-25

操作步骤

步骤01 执行"文件>打开"命令，打开背景素材文件，如图10-26所示。

图10-26

步骤02 单击工具箱中的"椭圆工具"按钮○，在适当的地方绘制一个正圆形，如图10-27所示。

图10-27

步骤03 单击工具箱中的"网格工具"按钮圙，在要创建网格的位置上单击，即可创建一组行和列的网格线，如图10-28所示。

图10-28

步骤04 反复使用该工具在图形上进行单击，创建出要使用数量的渐变网格，如图10-29所示。

图10—29

步骤05 单击工具箱中的"直接选择工具"按钮 ，将要定义颜色的网点选中。执行"窗口>颜色"命令，打开"颜色"面板，并选中要改变的颜色，如图10-30所示。

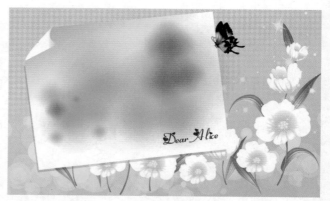

图10—31

图10—30

步骤06 按照相同的方法绘制出不同大小的网格圆，并将其摆放在画布中，如图10-31所示。

步骤07 单击工具箱中的"钢笔工具"按钮 ，绘制一个花瓣的形状，如图10-32所示。

图10—32

步骤08 单击"网格工具"按钮 ，在花瓣的形状上创建网格。打开"颜色"面板，单击改变网格锚点的颜色，如图10-33所示。

步骤09 执行"窗口>透明度"命令，打开"透明度"面板，设置其混合模式为"滤色"，此时花瓣上的黑色部分变为透明，出现了半透明的水晶质感，如图10-34所示。

步骤10 单击工具箱中的"选择工具"按钮 ，选中花瓣对象，按住Alt键复制出一个副本。再单击工具箱中的"旋转工具"按钮 ，对副本进行角度旋转，如图10-35所示。

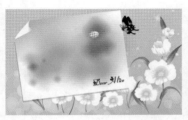

图10—33

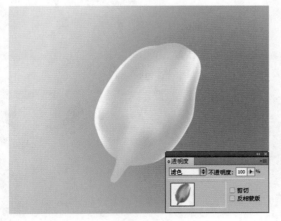

图10—34

图10—35

步骤11 单击鼠标右键，在弹出的快捷菜单中执行"变换>再次变换"命令，可以相同的方式复制出其他的花瓣，围成一个花朵的形状，如图10-36所示。

图10—36

步骤12 单击"钢笔工具"按钮，绘制出花茎花叶的图形，同样使用网格工具为其填充颜色，并执行"窗口>透明度"命令，设置为"滤色"，如图10-37所示。

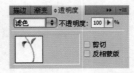

图10—37

步骤13 单击工具箱中的"椭圆工具"按钮 ◎ ，在花蕊位置绘制一个正圆形，执行"窗口>渐变"命令，打开"渐变"面板，单击滑块编辑一组白紫色的渐变，设置类型为"径向"。再打开"透明度"面板，设置为"正片叠底"，此时白色部分被隐藏，如图10-38所示。

图10-38

图10-39

步骤14 继续在圆心的中间绘制几个小的正圆形，并执行"窗口>透明度"命令，调出"透明度"面板，选择"正片叠底"选项，如图10-39所示。

步骤15 按照上述相同的方法绘制其他的花，最终效果如图10-40所示。

图10-40

(10.3) 不透明蒙版

在Illustrator CS5中包含两种蒙版：剪切蒙版与不透明蒙版。不透明蒙版可以创建类似于剪切蒙版的遮罩效果，也可以创建透明和渐变透明的蒙版遮罩效果。在不透明蒙版中遵循以下原理：黑色为100%透明，白色为0%透明，灰色则为半透明效果。而不同级别的灰度为不同级别的透明度。如图10-41所示为透明度蒙版与图像显示效果。

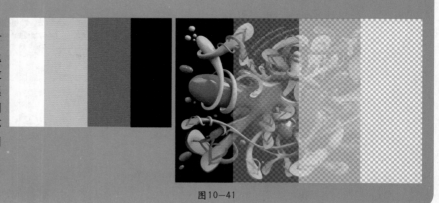

图10-41

 技巧提示

灰白棋盘格为背景，完全显示灰白棋盘格效果，也就说明这部分图像完全透明。

10.3.1 创建不透明蒙版

选中要添加蒙版的一个或多个对象，也可以选择组对象。执行"窗口>透明度"命令或使用快捷键Shift+Ctrl+F10，打开"透明度"面板。此时该面板中会显示出相应选中的对象，如图10-42所示。

图10-42

接着从"透明度"菜单中选择"建立不透明蒙版"命令。或者直接在"透明度"面板的缩略图右侧双击，创建蒙版，如图10-43所示。

图10-43

默认情况下，创建蒙版以后，该对象将被隐藏，也就是相当于使用黑色的图形进行蒙版的。在"透明度"面板中单击右侧的蒙版图标，进入蒙版的编辑状态。可以使用工具箱中任何绘制图形的工具，采用不同的灰度定义蒙版的状态，重新将图形显示出来，如图10-44所示为在不透明度蒙版添加了3个白色圆形的效果。

图10-44

● 剪切：默认情况下，"剪切"复选框是被选中的，此时蒙版为全部不显示，通过编辑蒙版可以将图形显示出来。如果不选中"剪切"复选框，图形将完全被显示，绘制蒙版将把相应的区域隐藏。

 技巧提示

"剪切"复选框会将蒙版背景设置为黑色。因此选中"剪切"复选框时，用来创建不透明蒙版的黑色对象将不可见。若要使对象可见，可以使用其他颜色，或取消选中"剪切"复选框。

● 反相蒙版：选中该复选框时，将对当前的蒙版进行翻转，使原始显示的部分隐藏，隐藏的部分将显示出来。这会反相被蒙版图像的不透明度。

10.3.2 取消链接或重新链接不透明蒙版

蒙版和图形连接在一起的状态下，执行移动、缩放等编辑操作时，图形对象和蒙版是同步处理的。取消链接则可以对图形和蒙版进行单独编辑。

若要解除链接的蒙版，单击"透明度"面板中缩览图之间的链接符号 。或者，从"透明度"面板菜单中选择"取消链接不透明蒙版"命令即可，如图10-45所示。

图10-45

若要重新链接蒙版，单击"透明度"面板中缩览图之间的区域。或者从"透明度"面板菜单中选择"链接不透明蒙版"命令，如图10-46所示。

图10-46

10.3.3 停用与删除不透明蒙版

如果暂时取消蒙版效果，在"透明度"面板菜单中选择"停用不透明蒙版"命令即可。

此时该蒙版效果将隐藏，重新选择该命令可以重新将其显示出来，如图10-47所示。

如果要永久删除蒙版时，可以从"透明度"面板菜单中选择"释放不透明蒙版"命令，该蒙版将被删除，但是相应的效果依然保持，如图10-48所示。

图10-47   图10-48

实例练习——使用蒙版制作宝宝大头贴

案例文件	实例练习——使用蒙版制作宝宝大头贴.ai
视频教学	实例练习——使用蒙版制作宝宝大头贴.flv
难易指数	★★★★★
知识掌握	不透明度蒙版

案例效果

案例效果如图10-49所示。

图10—49

操作步骤

步骤01 使用打开快捷键Ctrl+O，打开背景素材文件，如图10-50所示。

图10—50

步骤02 执行"文件>置入"命令，导入一张照片素材，并且在控制栏中单击嵌入按钮，如图10-51所示。

步骤03 将照片素材调整到合适的大小，摆放在右侧的相框上，并旋转到合适的角度，此时可以看到照片的大小与相框不相符，如图10-52所示。

步骤04 选择照片，打开"透明度"面板，在蒙版处双击创建蒙版，此时蒙版为全黑状态，所以照片被隐藏，如图10-53所示。

图10—51

图10—52

图10—53

步骤05 在控制栏中设置填充颜色为白色，描边为无，然后使用钢笔工具沿相框内边缘部分绘制出白色矩形，通过绘制可以看到照片部分被显示出来，如图10-54所示。

图10-54

步骤06 采用同样的方法导入另外一个儿童照片素材，并为其添加不透明度蒙版，使多余的部分被隐藏，效果如图10-55所示。

图10-55

步骤07 导入前景素材，最终效果如图10-56所示。

图10-56

实例练习——使用不透明蒙版制作倒影效果

案例文件	实例练习——使用不透明蒙版制作倒影效果.ai
视频教学	实例练习——使用不透明蒙版制作倒影效果.flv
难易指数	★★★★★
知识掌握	不透明蒙版

案例效果

案例效果如图10-57所示。

操作步骤

步骤01 执行"文件>打开"命令，打开带有相机的文件素材，如图10-58所示。

图10-57

步骤02 单击工具箱中的"选择工具"按钮，选中"相机"组，并对其执行"编辑>复制"、"编辑>就地粘贴"命令。选择复制出的相机，单击鼠标右键，在弹出的快捷菜单中执行"变换>对称"命令，打开"镜像"对话框，选中"水平"单选按钮，单击"确定"按钮完成操作，如图10-59所示。

图10-58   图10-59

步骤03 使用选择工具选中相机并向下移动至适当位置，如图10-60所示。
步骤04 单击工具箱中的"矩形工具"按钮，在镜像的"相机"上画一个矩形，如图10-61所示。
步骤05 执行"窗口>渐变"命令，打开"渐变"面板，单击滑块编辑一种黑白色的渐变，如图10-62所示。

图10-60   图10-61   图10-62

技巧提示

在单击"确定"按钮之前可以选中"预览"复选框以观察变换效果。

步骤06 执行"窗口>透明度"命令，打开"透明度"面板。选中渐变矩形和倒着的相机，在"透明度"面板菜单中执行"建立不透明蒙版"命令，如图10-63所示。
步骤07 单击工具箱中的"文字工具"按钮 **T.**，在相机的右下方输入文字，如图10-64所示。

图10—63

图10—64

步骤08 选中文字中执行"对象>扩展"命令，在弹出的"扩展"对话框中选中"对象"和"填充"复选框，单击"确定"按钮完成操作，将文字转换为图形，并对其填充渐变效果，如图10-65所示。

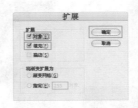
图10—65

步骤09 文字保持选中状态，复制出一个，按照制作相机倒影的方法，为文字制作出倒影效果，如图10-66所示。
步骤10 最终效果如图10-67所示。

图10—66

图10—67

实例练习——制作时尚杂志内页

案例文件	实例练习——制作时尚杂志内页.ai
视频教学	实例练习——制作时尚杂志内页.flv
难易指数	★★★★★
知识掌握	混合模式、透明度、剪切蒙版、不透明度蒙版

案例效果

案例效果如图10-68所示。

图10-68

操作步骤

步骤01 使用新建快捷键Ctrl+N创建新文档，如图10-69所示。

图10-69

步骤02 单击工具箱中的"矩形工具"按钮▭，绘制出一个矩形。设置填充为深蓝紫色，如图10-70所示。

图10-70

步骤03 执行"文件>置入"命令，置入图片素材文件，并将其调整到适当的位置和大小，如图10-71所示。

图10-71

步骤04 再执行"文件>置入"命令，置入另一个图片，放在画面右侧，并调整到适当的位置和大小，如图10-72所示。

图10-72

步骤05 由于右侧的图像素材只需要保留其中一部分，所以需要使用钢笔工具在图片上绘制一个适当大小的多边形。选中图片和多边形，单击鼠标右键，执行"建立剪切蒙版"命令，如图10-73所示。

图10-73

步骤06 再导入一张人像素材文件，将其放在画面右下角，并按照上述同样的方法为其添加剪切蒙版，如图10-74所示。

图10—74

步骤07 单击工具箱中的"矩形工具"按钮▢，在画板中间绘制一个矩形，设置填充为灰色。再执行"窗口>透明度"命令，打开"透明度"面板，设置混合模式为"柔光"，如图10-75所示。

图10—75

步骤08 单击"直接选择工具"按钮▹，框选矩形定界框下方的两个锚点，按住Shift键将鼠标向右拖拽，移动到适当位置，如图10-76所示。

图10—76

 技巧提示

将所选的对象水平移动时需要同时按住Shift键进行。

步骤09 单击工具箱中的"剪刀工具"按钮 ✂，在超出页面的部分绘制并删除，如图10-77所示。

步骤11 按照同样的方法绘制另一条直线，如图10-79所示。

图10-77

图10-79

步骤10 单击工具箱中的"直线段工具"按钮 ＼，绘制与矩形斜度平行的直线，在控制栏中设置填充为白色，描边为"白色"。再执行"窗口>描边"命令，打开"描边"面板，设置粗细为0.25pt，如图10-78所示。

步骤12 单击工具箱中的"矩形工具"按钮 ▢，在画板下方绘制一个适当的矩形，设置填充为紫色。再执行"窗口>透明度"命令，调出"透明度"面板，设置类型为"颜色加深"，不透明度为55%，如图10-80所示。

图10-78

图10-80

Illustrator CS5 从入门到精通

步骤13 单击工具箱中的"直接选择工具"按钮 ，框选矩形定界框右上方的锚点，按住Shift键将鼠标向左拖拽，移动到适当位置，如图10-81所示。

图10-81

步骤14 按照上述相同的方法制作出两个图形，如图10-82所示。

图10-82

步骤15 单击工具箱中的"钢笔工具"按钮 绘制一个四边形，如图10-83所示。

图10-83

步骤16 单击工具箱中的"区域文字工具"按钮 ，在控制栏中设置合适的字体和大小。填充为紫色。在四边形上单击即可输入区域文字。再执行"窗口>透明度"命令，调出"透明度"面板，设置为"滤色"，如图10-84所示。

图10-84

步骤17 使用文字工具在段落文字的上方输入文字，并执行"对象>扩展"命令，打开"扩展"对话框，选中"对象"和"填充"复选框，单击"确定"按钮完成操作，如图10-85所示。

图10-85

239

步骤18 执行"窗口>渐变"命令，打开"渐变"面板，编辑一种紫色系渐变，设置类型为"径向"，如图10-86所示。

图10-86

步骤19 执行"效果>风格化>投影"命令，打开"投影"面板，进行相应的设置，单击"确定"按钮完成操作，如图10-87所示。

图10-87

步骤20 使用"选择工具"按钮，将文字选中，再将其"复制"和"原位粘贴"。执行"窗口>渐变"命令，打开"渐变"面板，编辑另一种紫色系渐变，设置类型为"径向"，如图10-88所示。

图10-88

图10-88

步骤21 单击工具箱中的"椭圆工具"按钮，在文字上方绘制一个椭圆形，设置填充色为浅灰色，如图10-89所示。

图10-89

步骤22 单击工具箱中的"选择工具"按钮，框选椭圆形和文字，在"透明度"面板中执行"建立不透明度蒙版"命令，使文字只保留上半部分，如图10-90所示。

图10-90

步骤23 再次使用文字工具在底部输入文字，作为装饰文字，如图10-91所示。

步骤24 在文字上面绘制多个光斑，最终效果如图10-92所示。

图10-91

图10-92

答疑解惑——如何制作光斑？

❶ 单击工具箱中的"椭圆工具"按钮 ◯，绘制一个正圆形。执行"窗口>渐变"命令，打开"渐变"面板，编辑另一种黑白渐变，设置类型为"径向"，如图10-93所示。

❷ 再次执行"窗口>透明度"命令，打开"透明度"面板，设置类型为"滤色"，此时可以看到黑色的部分被隐藏，只保留了白色光斑效果，如图10-94所示。

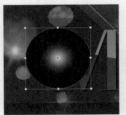

图10-93

图10-94

 读书笔记

Chapter 11

第11章

文字

　　在使用Illustrator进行平面设计时，经常要用到文字元素。如果作品中需要大量的文字内容，可以直接使用"置入"命令将已有文本导入到Illustrator中；此外，还可以从Illustrator文档中导出文本，以便在其他应用程序中编辑。

本章学习要点：

- 掌握多种文字工具的使用方法
- 掌握导入与导出文本的方法
- 掌握文字常用的编辑方法
- 掌握"字符"面板与"段落"面板的使用方法

11.1 导入与导出文本

在使用Illustrator进行平面设计时，经常要用到文字元素。如果作品中需要大量的文字内容，可以直接使用"置入"命令将已有文本导入到Illustrator中；此外，还可以从Illustrator文档中导出文本，以便在其他应用程序中编辑，如图11-1所示。

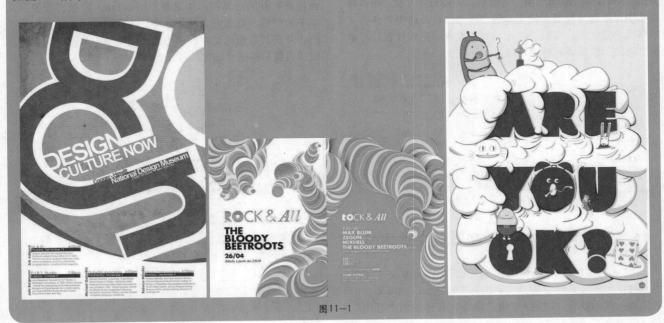

图11—1

11.1.1 打开包含所需要文本的文件

如果要在Illustrator中打开包含所需要文本的文件，可以执行"文件>打开"命令，在弹出的"打开"对话框中选择要打开的文件，在此选择"白雪公主.doc"文件，然后单击"打开"按钮，如图11-2所示。

在弹出的"Microsoft Word选项"对话框中对"包含"和"移去文本格式"等参数进行设置后，单击"确定"按钮，即可在Illustrator中打开该文件，如图11-3所示。

图11—2

图11—3

 技巧提示

除了.doc格式的Word文件外，在Illustrator中还可以打开纯文本文件（.txt）。

11.1.2 置入文本

　　如果要将文本导入到当前文件中，可执行"文件>置入"命令，在弹出的"置入"对话框中选择要导入的文件，然后单击"置入"按钮，如图11-4所示。

　　如果要置入的是Word文件，则单击"置入"按钮后会弹出"Microsoft Word选项"对话框，如图11-5所示。在该对话框中可以选择要置入的文本包含哪些内容；选中"移去文本格式"复选框，可将其作为纯文本置入。完成设置后，单击"确定"按钮即可将文本导入。

　　如果要置入的是纯文本文件（.txt），则单击"置入"按钮会弹出"文本导入选项"对话框，如图11-6所示。在该对话框中，可以选择"编码"的"平台"和"字符集"；在"额外回车符"选项组中，可以指定Illustrator 在文件中如何处理额外的回车符；如果希望Illustrator 用制表符替换文本中的空格，则选中"额外空格"选项组中的"替换"复选框，并在其右侧的文本框中输入要用制表符替换的空格数。完成设置后单击"确定"按钮，即可将文本导入。

图11-4　　　　　　　　图11-5　　　　　　　　　　　　　　　图11-6

11.1.3 将文本导出到Word或文本文件

　　如果要将Illustrator中的文本导出到Word或文本文件中，可以单击工具箱中的"文字工具"按钮，选择要导出的文本；然后执行"文件>导出"命令，在弹出的"导出"对话框中依次设置文件保存位置、保存类型和文件名，单击"保存"按钮；在弹出的"文本导出选项"对话框中选择一种平台和编码方法，单击"导出"按钮，即可将文本导出，如图11-7所示。

读书笔记

图11-7

11.1.4 标记要导出到 Flash 的文本

　　Flash文本可以包含点文本、区域文本或路径文本，所有文本将以 SWF 格式转换为区域文本。在Illustrator中可以使用多种方法将文本从Illustrator中作为静态、动态或输入文本导出到Adobe Flash。通过使用动态文本，还可以为用户单击文本时打开的站点指定 URL。

步骤01 选择一个文本对象，然后单击控制栏中的"Flash文本"按钮，在弹出的面板顶部的下拉列表框中选择文本类型，如图11-8所示。

图11-8

- 静态文本：将文本作为常规文本对象（在 Flash 中无法以动态或编程的方式进行更改）导出到 Flash Player。静态文本的内容和外观是在创作文本时确定的。

- 动态文本：将文本作为动态文本导出。可以在运行时通过 Action 脚本命令或标记以编程方式更新此类文本。

- 输入文本：将文本作为输入文本导出。这与动态文本相同，但还允许用户在 Flash Player 中对文本进行编辑。可以将输入文本用于表单、调查表或希望用户输入或编辑文本的其他类似用途。

步骤02 在"实例名称"文本框中输入文本对象的实例名称。如果没有输入实例名称，则在 Flash 中使用"图层"面板中的默认文本对象名称来处理文本对象。

步骤03 在"渲染类型"下拉列表框选择一种渲染类型，如图11-9所示。

图11-9

- 动画：优化文本以输出到动画。
- 可读性：优化文本以提高可读性。
- 自定：允许为文本自定义"粗细"和"锐利程度"值。
- 使用设备字体：将字形转换为设备字体。设备字体不能使用消除锯齿功能。
- _sans、_serif 和 _typewriter：在不同平台中映射西文间接字体以确保具有相似的外观。
- Gothic、Tohaba (Gothic Mono) 和 Mincho：在不同平台中映射日文间接字体以确保具有相似的外观。

步骤04 在中间的选项组中单击 Alt 按钮，可使导出的文本能够在Flash中进行选择；单击"在文本周围显示边框"按钮，可使文本边框在 Flash 中处于可见状态；单击"编辑字符选项"按钮 A，在弹出的"字符嵌入"对话框中进行相应设置后，可以在文本对象中嵌入特定字符（可以从提供的列表中选择要嵌入的字符；也可以在"包括这些字符"文本框中输入要嵌入的字符；还可以单击"自动填充"按钮以自动选择需要嵌入的字符；或者执行上述操作的任意组合），如图11-10所示。

图11-10

步骤05 如果将文本标记为动态文本，则可以为单击该文本时要打开的页面指定 URL，然后选择一个目标窗口以指定要载入页面的位置，如图11-11所示。

图11-11

- _blank：指定一个新窗口。
- _parent：指定当前框架的父框架。
- _self：指定当前窗口中的当前框架。
- _top：指定当前窗口中的顶层框架。

步骤06 如果将文本标记为输入文本，则可以指定在文本对象中输入的最大字符数。

11.2 创建文本

在所有的应用软件中，创建文本最基本的方法就是通过键盘进行输入。在Illustrator CS5中输入文字时，可以使用文字工具、区域文字工具、路径文字工具、直排文字工具、直排区域文字工具和直排路径文字工具等来完成，如图11-12所示。

图11-12

11.2.1 使用文字工具创建文本

文字工具是Illustrator CS5中最常用的创建文本的工具，使用该工具可以按照横排的方式，由左至右进行文字的输入。

理论实践——文字工具的应用

步骤01 单击工具箱中的"文字工具"按钮 **T** 或按T键，然后在要创建文字的位置上单击并输入文字，即可创建点文本，如图11-13所示。

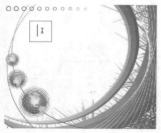 

图11-13

步骤02 若要创建区域文本，可在要创建文本的区域上拖动鼠标，创建一个矩形的文本框，如图11-14所示。

步骤03 接下来，在此矩形文本框中输入文本（按Enter键可换行），使用选择工具选择文本对象，完成文本的输入，回到图像的编辑状态，如图11-15所示。

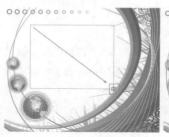 

图11-14　　　　　　图11-15

实例练习——使用文字工具制作文字海报

案例文件	实例练习——使用文字工具制作文字海报.ai
视频教学	实例练习——使用文字工具制作文字海报.flv
难易指数	★★★★★
知识掌握	文字工具

案例效果

本例将使用文字工具制作文字海报，最终效果如图11-16所示。

图11-16

操作步骤

步骤01 按Ctrl+N键，在弹出的"新建文档"对话框中进行相应设置后，单击"确定"按钮，创建一个新文档，如图11-17所示。

步骤02 单击工具箱中的"文字工具"按钮 **T**，在空白区域单击鼠标左键，在控制栏中设置合适的字体和大小，输入文字Happy并填充为黑色，如图11-18所示。

图11-17　　　　　　图11-18

步骤03 保持文字工具的选中状态，在Happy的上方单击并输入文字shopping，然后在控制栏中设置合适的字体和大小，并填充为黑色，如图11-19所示。

图11-19

步骤04 单击工具箱中的"选择工具"按钮 ****，选择文本shopping，复制、粘贴到空白区域。单击工具箱中的"自由变换工具"按钮 ****，此时文本shopping的周围出现了一个定界框，将光标放置到定界框的外侧，当其变成 **↰** 形状时，拖动鼠标将定界框旋转成垂直方向，如图11-20所示。

图11-20

步骤05 按照同样的方法创建另外一些文本，然后单击工具箱中的"选择工具"按钮，选中文本并进行大小以及角度的调整，如图11-21所示。

图11-21

步骤06 导入背景，将背景图层放置在最底层位置，如图11-22所示。

图11-23

步骤08 至此，完成文字海报的制作，最终效果如图11-24所示。

图11-22

步骤07 单击工具箱中的"选择工具"按钮，框选所有的文本，然后执行"窗口>颜色"命令，在打开的"颜色"面板中选中白色，如图11-23所示。

图11-24

实例练习——使用文字工具制作钟表

案例文件	实例练习——使用文字工具制作钟表.ai
视频教学	实例练习——使用文字工具制作钟表.flv
难易指数	★★★★★
知识掌握	文字工具、形状工具

案例效果

本例将使用文字工具和形状工具等制作钟表，最终效果如图11-25所示。

图11-25

操作步骤

步骤01 按Ctrl+N键，在弹出的"新建文档"对话框中进行相应的设置后，单击"确定"按钮，创建一个新文档，如图11-26所示。

步骤02 单击工具箱中的"圆角矩形工具"按钮，在空白区域单击鼠标左键，在弹出的"圆角矩形"对话框中设置"宽度"为190mm，"高度"为190mm，"圆角半径"为15mm，单击"确定"按钮，如图11-27所示。

图11-26　　　　　　图11-27

步骤03 此时可以看到视图中出现一个圆角矩形，如图11-28所示。

图11-28

步骤04 单击"添加锚点工具"按钮，在圆角矩形每条边的中间绘制一个点，然后使用直接选择工具选择锚点并向外拉伸，如图11-29所示。

图11-29

步骤05 选择图形对象，执行"窗口>渐变"命令，在弹出的"渐变"面板中编辑渐变颜色，如图11-30所示。

图11-30

答疑解惑——如何将新添加的锚点转换成圆角？

单击工具箱中的"直接选择工具"按钮，选中想要变换的锚点，如图11-31所示。

接着单击工具箱中的"转换锚点工具"按钮，单击这个锚点对象，然后拖动鼠标，将曲线调整到想要的状态，如图11-32所示。

图11-31

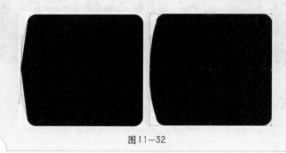

图11-32

步骤06 单击工具箱中的"选择工具"按钮，框选这个图形，复制并原位粘贴一个相同的图形；然后将光标放到新建的图形定界框右上角，将其按比例缩小，并改变其渐变颜色，如图11-33所示。

图11-33

步骤07 使用选择工具选择这个新的图形，复制且原位粘贴一个相同的图形；然后将光标放到新建的图形定界框右上角，将其按比例缩小，并改变其渐变颜色，如图11-34所示。

步骤08 以同样的方法再复制出一个圆角矩形，将其填充为绿色渐变，如图11-35所示。

图11-34　　　　　　　图11-35

步骤09 单击工具箱中的"矩形工具"按钮□，在绿色渐变圆角矩形上绘制一个小的矩形，并填充渐变颜色，如图11-36所示。

图11-36

步骤10 单击工具箱中的"选择工具"按钮▶，选中刚绘制的小矩形；然后按住Alt键拖拽复制出一个副本，将其放置在右侧位置并缩小；接着单击工具箱中的"自由变换工具"按钮▦，将光标放置到定界框的角点上，按住Ctrl+Alt键将对象倾斜，如图11-37所示。

图11-37

步骤11 按照同样的方式绘制出环形的效果，如图11-38所示。

图11-38

步骤12 单击工具箱中的"文字工具"按钮 **T**，在控制栏中设置字体为Arial Black，文字大小为45pt，然后在适当的位置单击，输入数字12，如图11-39所示。

图11-39

步骤13 执行"对象>扩展"命令，在弹出的"扩展"面板中选中"对象"和"填充"复选框，单击"确定"按钮，如图11-40所示。

图11-40

步骤14 这时已经将文字对象转换成图形对象。执行"窗口>渐变"命令，在弹出的"渐变"面板中编辑另一种银色系的渐变，如图11-41所示。

图11-41

步骤15 按照上述同样的方法绘制出渐变填充的数字1～11，如图11-42所示。

步骤16 单击工具箱中的"钢笔工具"按钮 ，绘制指针的形状，并为其填充渐变颜色，如图11-43所示。

图11-42　　　　　　　图11-43

步骤17 导入背景素材文件，放置在最底层位置，如图11-25所示。

11.2.2 使用区域文字工具创建文本

　　区域文本可以利用对象的边界来控制字符排列。当文本触及边界时，会自动换行，以落在所定义区域的外框内。当创建包含一个或多个段落的文本时，这种输入文本的方式相当有用。区域文本常用于大量文字的排版上，如书籍、杂志等页面的制作，如图11-44所示。

图11-44

理论实践——区域文字工具的应用

❶ 单击工具箱中的"圆形工具"按钮 ，在画板上绘制一个圆形，如图11-45所示。

❷ 单击工具箱中的"区域文字工具"按钮 ，然后单击对象路径上的任意位置，将路径转换为文字区域，在其中输入文字，可以看到文字将充满椭圆形状，如图11-46所示。

　　图11-45　　　　　　　　　　　　　　　　图11-46

 读书笔记

如果输入的文本超过区域的容许量，则区域底部靠近边框的位置会出现一个带有加号（+）的小方块，如图11-47所示。

图11-47

理论实践——调整文本区域的大小

步骤01 使用区域文字工具时，可以通过调整区域形状改变文本对象的排列。单击工具箱中的"选择工具"按钮，然后拖动定界框上的手柄，即可改变区域的形状，如图11-48和图11-49所示。

图11-48

图11-49

步骤02 单击工具箱中的"直接选择工具"按钮，选择文字路径上的锚点，拖动以调整路径的形状，如图11-50所示。

图11-50

步骤03 使用选择工具选择文本对象，然后执行"文字>区域文字选项"命令，在弹出的"区域文字选项"对话框中设置"高度"和"宽度"以调整形状，然后单击"确定"按钮，如图11-51所示。

图11-51

理论实践——更改文本区域的边距

在使用区域文本对象时，可以控制文本和边框路径之间的边距，这个边距被称为内边距。首先选择区域文本对象，然后执行"文字>区域文字选项"命令，在弹出的"区域文字选项"对话框中指定"内边距"的值，单击"确定"按钮，即可更改文本区域的边框，如图11-52所示。

图11-52

选择文本对象，然后执行"文字>区域文字选项"命令，在弹出的"区域文字选项"对话框中可进行相应的设置，如图11-53所示。

图11-53

- 宽度和高度：确定对象边框的尺寸。
- 数量：指定希望对象包含的行数和列数。
- 跨距：指定单行高度和单列宽度。
- 固定：确定调整文本区域大小时行高和列宽的变化情况。选中该复选框后，若调整区域大小，只会更改行数和栏数，而行高和列宽不会改变。

- 间距：指定行间距或列间距。
- 内边距：可以控制文本和边框路径之间的边距。
- 首行基线：选择"字母上缘"选项，字符d的高度将降到文本对象顶部之下；选择"大写字母高度"选项，大写字母的顶部触及文字对象的顶部；选择"行距"选项，将以文本的行距值作为文本首行基线和文本对象顶部之间的距离；选择"X高度"选项，字符"X"的高度降到文本对象顶部之下；选择"全角字框高度"选项，亚洲字体中全角字框的顶部将触及文本对象的顶部。
- 最小值：指定文本首行基线与文本对象顶部之间的距离。
- "按行"按钮或"按列"按钮：选择"文本排列"选项，以确定行和列间的文本排列方式。

11.2.3 使用路径文字工具创建文本

使用路径文字工具可以将普通路径转换为文字路径，然后在文字路径上输入和编辑文字，输入的文字将沿路径形状进行排列，如图11-54所示。

图11-54

❶ 单击工具箱中的"钢笔工具"按钮或按P键，在图像中定义一条路径（可以是开放路径，也可以是封闭路径），如图11-55所示。

图11-55

❷ 单击工具箱中的"路径文字工具"按钮，将光标置于路径上并单击，然后使用键盘输入文字，即可看到文字沿路径排列，如图11-56所示。

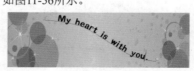

图11-56

理论实践——设置路径文字选项

选择路径文本对象，然后执行"文字>路径文字"命令，在弹出的子菜单中选择一种效果，如图11-57所示。

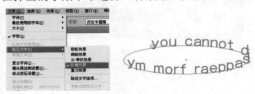

图11-57

图11-58　　　　　　　　图11-59

也可以执行"文字>路径文字>路径文字选项"命令，在弹出对话框的"效果"下拉列表中选择一个选项，然后单击"确定"按钮，如图11-58所示。

通过"对齐路径"下拉列表框中，可以指定如何将所有字符对齐到路径，如图11-59所示。

- 字母上缘：沿字母上边缘对齐。
- 字母下缘：沿字母下边缘对齐。
- 居中：沿字母上、下边缘间的中心点对齐。
- 基线：沿基线对齐。这是默认设置。

11.2.4　使用直排文字工具创建文本

使用直排文字工具创建的文本会从上至下进行排布；在换行时，下一行文字会排布在该行的左侧。

单击工具箱中的"直排文字工具"按钮，然后在要创建文字的位置上单击并输入文字，即可创建点文本，如图11-60所示。

若要创建区域文本，在要创建文字的区域上拖动鼠标，创建一个矩形的文本框；然后在其中输入文本；最后使用选择工具选择文本对象，即可完成文字的输入，回到图像的编辑状态，如图11-61所示。

图11-60　　　　　　　　　　　图11-61

11.2.5　使用直排区域文字工具创建文本

直排区域文字工具与区域文字工具的使用方法基本相同，只是文字方向为直排。单击工具箱中的"星形工具"按钮，在画板上绘制一个星形；然后单击工具箱中的"直排区域文字工具"按钮，将封闭路径转换为文字区域；在此文字区域中即可输入与编辑文字，如图11-62所示。

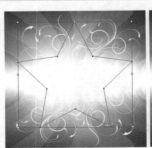 

图11-62

11.2.6　使用直排路径文字工具创建文本

直排路径文字工具的用法与路径文字工具相似，只是输入的文字方向与路径平行。单击工具箱中的"多边形工具"按钮

第11章 文字

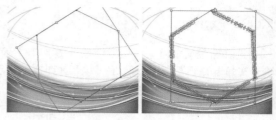

图 , 在画板上绘制一个多边形；单击工具箱中的"直排路径文字工具"按钮 , 将路径转换为直排文字路径；在此文字路径上即可输入与编辑文字，如图11-63所示。

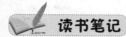

图11-63

11.2.7 串接对象之间的文本

当创建区域文本或路径文本时，输入的文本信息超出区域或路径的容纳量时，可以通过文本串接，将未显示完全的文字显示在其他区域，并且两个区域内的文字仍处于相互关联的状态。另外，也可以将现有的两段文字进行串接，但其文本必须为区域文本或路径文本，而不是点文本。

理论实践——串接文本

步骤01 使用选择工具选择区域文本对象，然后单击所选文本对象的输入连接点或输出连接点 ，光标会变成已加载文本效果 ，如图11-64所示。

步骤02 若要链接现有对象，需要将光标置于第一段文本对象的输出连接点上，当其变为 形状时单击；当光标变为 形状时移至第二个文本对象的输入连接点上，单击即可链接对象，如图11-65所示。

步骤03 也可以选择需要串接的对象，执行"文字>串接文本>建立"命令，如图11-66所示。

步骤04 若要链接新对象，需要将光标置于第一段文本对象的输出连接点上，当其变为 形状时单击；当光标变为 形状时在画板上的空白部分单击，可以创建与原始对象具有相同大小和形状的对象，在画板上的空白部分拖动则可创建任意大小的矩形对象，如图11-67所示。

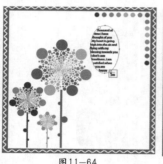

图11-64

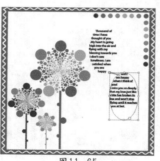

图11-65

图11-66

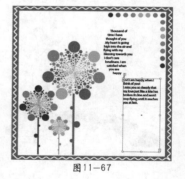

图11-67

理论实践——删除或中断串接

若要中断对象间的串接，选择链接的文字对象，双击串接任一端的连接点，即可断开文字串接，并且将文本排列到第一个对象中，如图11-68所示。

图11-68

要从文本串接中释放对象，可以通过执行"文字>串接文本>释放所选文字"命令，将文本排列到下一个对象中，如图11-69所示。

图11-69

技巧提示

若要删除所有串接，可执行"文字>串接文本>移去串接文字"命令，文本将保留在原位置。

11.2.8 创建文本绕排

在Illustrator中，可以制作文字与图片紧密结合的效果。通过"文本绕排"功能可以将区域文本绕排在任何对象的周围，其中包括文本对象、导入的图像以及在 Illustrator 中绘制的对象。如果绕排对象是嵌入的位图图像，Illustrator 则会在不透明或半透明的像素周围绕排文本，而忽略完全透明的像素。如图11-70所示为使用该功能制作的作品。

图11-70

理论实践——绕排文本

步骤01 单击工具箱中的"圆形工具"按钮，在画板上绘制一个正圆；然后单击工具箱中的"区域文字工具"按钮，再单击对象路径上的任意位置，将路径转换为文字区域；接着从插入点开始输入文字，直到区域内全部充满文字，如图11-71所示。

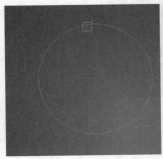
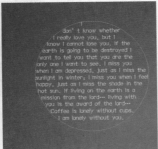

图11-71

步骤02 将矢量图形移动到文字中，调整至合适大小，并将其放置在文字的上层；单击工具箱中的"选择工具"按钮，将文字和图像全部选中；执行"对象>文本绕排>建立"命令，在弹出的对话框中单击"确定"按钮，如图11-72所示。

图11-72

步骤03 使用选择工具选中图形并拖动鼠标，可以将图形放置在文本的任何位置。随着图形位置的变化，文本排列方式也将发生变化，如图11-73所示。

图11-73

理论实践——设置文本绕排选项

可以在绕排文本之前或之后设置绕排选项。首先选择绕排对象，然后执行"对象>文本绕排>文本绕排选项"命令，在弹出的"文本绕排选项"对话框中设置相应的参数，单击"确定"按钮，如图11-74所示。

- 位移：指定文本和绕排对象之间的间距大小。可以输入正值或负值。
- 反向绕排：围绕对象反向绕排文本。

图11-74

实例练习——使用路径文本与区域文本排版

案例文件	实例练习——使用路径文本与区域文本排版.ai
视频教学	实例练习——使用路径文本与区域文本排版.flv
难易指数	★★★★★
知识掌握	文字工具、"段落"命令、钢笔工具、路径文字工具、区域文字工具

案例效果

本例将使用路径文本和区域文本排版，最终效果如图11-75所示。

图11-75

操作步骤

步骤01 执行"文件>打开"命令，在弹出的"打开"对话框中选择要打开的文件，单击"打开"按钮，如图11-76所示。

图11-76

步骤02 执行"文件>置入"命令，置入一幅美女图像，并调整到适当大小，如图11-77所示。

图11-77

步骤03 单击工具箱中的"椭圆工具"按钮 ，在美女图像上方单击并拖动鼠标，绘制一个椭圆形，如图11-78所示。

步骤04 单击工具箱中的"添加锚点工具"按钮 ，在椭圆形适当的位置上单击，添加锚点，如图11-79所示。

图11-78   图11-79

步骤05 单击工具箱中的"删除锚点工具"按钮 ，将椭圆形下面的锚点删除，如图11-80所示。

图11-80

步骤06 单击工具箱中的"选择工具"按钮 ，框选图像和不规则图形，单击鼠标右键选择，在弹出的快捷菜单中"建立剪切蒙版"命令，如图11-81所示。

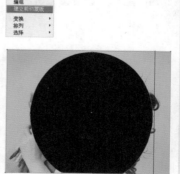 

图11-81

步骤07 单击工具箱中的"文字工具"按钮 T，在黄色色块上方单击鼠标左键，在控制栏中设置合适的字体和大小，输入文字"Buena Mesa"并填充为黑色，如图11-82所示。

图11-82

步骤08 保持文字工具的选中状态，在题目文字的右上方拖动鼠标创建文字区域，在控制栏中设置合适的字体和大小，输入文字并填充为黑色，如图11-83所示。

图11-83

步骤09 执行"窗口>文字>段落"命令，打开"段落"面板，设置段落样式为"右对齐"，如图11-84所示。

图11-84

步骤10 单击工具箱中的"钢笔工具"按钮 ，在画板上绘制一条路径。单击工具箱中的"路径文字工具"按钮 ，将光标放置在路径上，在控制栏中设置合适的字体和大小，单击鼠标左键输入文字并填充黑色，如图11-85所示。

步骤11 单击工具箱中的"文字工具"按钮 T，选中英文字母"O"。执行"窗口>颜色"命令，打开"颜色"面板，设置填充色为黄色，如图11-86所示。

图11-85

图11-86

步骤12 使用相同的方法将字母"A"的颜色改为橘色，如图11-87所示。

步骤13 使用钢笔工具，在现有的路径文本下方绘制另一条路径；单击工具箱中的"路径文字工具"按钮 ，将光标设置在路径上，在控制栏中设置合适的字体和大小，输入文字并填充为黑色，如图11-88所示。

图11-87   图11-88

步骤14 按照上述相同的方法继续绘制多段路径文本，如图11-89所示。

步骤15 单击工具箱中的"钢笔工具"按钮 ，在美女图像的左边绘制一个不规则图形，如图11-90所示。

图11—89　　　　　　　图11—90

图11—91　　　　　　　图11—92

步骤16 单击工具箱中的"区域文字工具"按钮 ![T]，将光标放到闭合路径中，在控制栏中设置合适的字体和大小，单击鼠标左键输入文本，并填充为黑色，如图11-91所示。

步骤17 单击工具箱中的"文字工具"按钮 ![T]，在控制栏中设置合适的字体和大小。在段落文本下方单击鼠标左键，输入文字并填充为黑色，如图11-92所示。

步骤18 保持文字工具的选中状态，选中要改变颜色的英文字母，执行"窗口>颜色"命令，在弹出的"颜色"面板中设置填充色为绿色，如图11-93所示。

图11—93

11.3 编辑文字

　　Adobe Illustrator具有强大的文字编辑功能，可以方便地在平面设计中制作多种多样的文字效果。如图11-94所示为包含文字元素的设计作品。

图11—94

11.3.1 更改字体

　　字体是由一组具有相同粗细、宽度和样式的字符（字母、数字和符号）构成的完整集合，通过对相应的字符定义不同的字体，可以表现出不同的风格，如图11-95所示。

图11-98

执行"文字>最近使用的字体"命令，在弹出的子菜单中可以看到最近使用过的字体列表，如图11-98所示。从中选择任一字体，即可快速调用该字体，非常方便。

图11-95

选择文字后，在控制栏的字体下拉列表框中可以选择需要的字体，如图11-96所示。

图11-96

也可以执行"文字>字体"命令，在弹出的子菜单中选择需要的字体，如图11-97所示。

图11-97

 技巧提示

要更改"最近使用的字体"子菜单中显示字体数目，执行"编辑>首选项"命令，在弹出的"首选项"对话框左上角的下拉列表框中选择"文字"选项，然后设置"最近使用的字体数目"选项即可，如图11-99所示。

图11-99

11.3.2 更改大小

选择要更改的字符或文字对象，执行"文字>大小"命令，在弹出的子菜单中选择所需大小，即可更改其字号。如果选择"其他"命令，则可以在"字符"面板中输入新的字号，如图11-100所示。

也可以在"字符"面板或控制栏中设置字号，如图11-101所示。

图11-100

图11-101

技巧提示

如果更改字号前没有选择任何文本，则所设置字号会应用于创建的新文本。

11.3.3 字形

作为一种特殊形式的字符，字形是由具有相同整体外观的字体构成的集合，如 Adobe Garamond。执行"窗口>文字>字形"命令，打开"字形"面板，从中可以查看所选字体中的字形，并在文档中插入特定的字形，如图11-102所示。

图11-102

步骤01 在左下角的"字体"下拉列表框中可以选择系统安装的所有字体。选择任一字体后，在中间的列表框中将显示当前字体的所有字符和符号。

步骤02 底部中间的"字形"下拉列表框中，可以选择该字体的变形字体，如斜体、粗体、粗斜体等。

步骤03 通过单击"放大"按钮和"缩小"按钮，可以调整列表框中字符的显示尺寸。

步骤04 每一种字体中的字符和符号都非常多，不可能在"字形"面板中间时显示。此时可以在"显示"下拉列表框中选择要使用的字符类型。

步骤05 如果在文档中选择了任何字符，可通过从面板顶部的"显示"下拉列表框中选择"当前所选字体的替代字"来显示替代字符，如图11-103所示。

图11-103

步骤06 通过拖动右侧的滑块，可以查看未完整显示的其他字符和符号；找到所需字符或符号后，双击即可将其输入到插入符的位置上。

11.3.4 复合字体

可以将日文字体和西文字体中的字符混合起来，用做一种复合字体。复合字体显示在字体列表的起始处。复合字体必须基于日文字体。例如，无法创建包含中文或韩文字体的字体，也无法使用从其他应用程序复制的基于中文或韩文的复合字体。

理论实践——创建复合字体

执行"文字>复合字体"命令，弹出"复合字体"对话框，如图11-104所示。

- 新建：单击该按钮，弹出"新建复合字体"对话框，如图11-105所示。在"名称"文本框中输入复合字体的名称，然后单击"确定"按钮，即可新建复合字体。

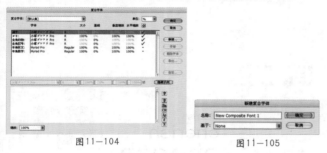

图11-104   图11-105

- 复合字体：如果此前存储了一些复合字体，则可以从该下拉列表框中选择一种复合字体，以将其作为新复合字体的基础。
- 单位：指定字体属性要使用的单位：% 或 Q（级）。
- 显示示例：若要查看复合字体的示例，单击"显示示例"按钮即可。可使用下列方式更改示例：单击示例右侧的按钮以显示或隐藏代表"表意字框"字、"全角字框"字、"基线"Ba、"大写字母高度"CH、"最大上缘/下缘"Ap、"最大字母上缘"d 和"X 高度"X的线段。
- 缩放：从"缩放"选项弹出的菜单中，选择一个放大比例。
- 存储：单击该按钮，以存储复合字体的设置。

理论实践——设置复合字体的字体属性

在"复合字体"对话框中，可对复合字体的如下属性进行设置，如图11-106所示。

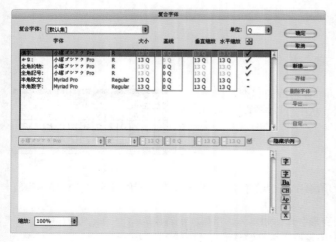

图11-106

- 大小：字符相对于日文汉字字符的大小。即使使用相同等级的文字大小，不同字体的文字大小仍可能不同。
- 基线：基线相对于日文汉字字符基线的位置。
- 垂直缩放和水平缩放：这两项指的是字符的缩放程度。可以缩放假名字符、半角假名字符、日文汉字字符、半角罗马字符和数字。
- （从中心缩放）：缩放假名字符。选中该按钮时，字符会从中心进行缩放。取消选择该按钮时，字符会从罗马基线缩放。

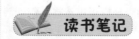
读书笔记

11.3.5 避头尾法则设置

避头尾法则用于指定中文或日文文本的换行方式（不能位于行首或行尾的字符被称为避头尾字符）。Illustrator 具有严格避头尾集和宽松避头尾集；而Photoshop 具有弱避头尾集和最大避头尾集。宽松避头尾集或弱避头尾集均忽略长音符号和小平假名字符。

理论实践——创建避头尾集

执行"文字>避头尾法则设置"命令，在弹出的"避头尾法则设置"对话框中可以对"不能位于行首或行尾的字符"以及"不可拆分的字符"进行设置，如图11-107所示。

步骤01 单击"新建集"按钮，弹出"新建避头尾法则集"对话框，如图11-108所示。在"名称"文本框中输入避头尾法则集的名称，然后在"基于"下拉列表框中指定新集将基于的现有集，单击"确定"按钮，即可新建避头尾法则集。

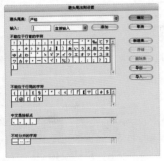

图11-107

图11-108

步骤02 若要在"不能位于行首字符"、"不能位于行尾的字符"、"中文悬挂标点"和"不可分开的字符"列表框中添加字符，可在"输入"文本框中输入字符，然后单击"添加"按钮；也可在"输入"文本框右侧的下拉列表框中指定代码系统（Shift JIS、JIS、Kuten 或 Unicode），然后输入代码并单击"添加"按钮。

步骤03 若要删除某一列表框中的字符，选择该字符并单击"删除"按钮即可，如图11-109所示。

理论实践——指定避头尾换行选项

在文字段落中使用避头尾设置时，会将避头尾中涉及的符号或字符放置在行尾或行首。使用文字工具选中需要设置避头尾间断的文字，然后从"段落"面板菜单中执行"避头尾法则类型"命令，在子菜单中设置合适的方式即可，如图11-112所示。

图11-112

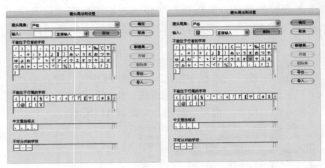

图11-109

步骤04 若要检查字符代码，可在"输入"文本框右侧的下拉列表框中选择 Shift JIS、JIS、Kuten 或 Unicode，然后选择所需字符，即可在"输入"文本框中显示其相应代码，如图11-110所示。

步骤05 单击"存储"或"确定"按钮，可以存储设置；如果不想存储设置，可以单击"取消"按钮，如图11-111所示。

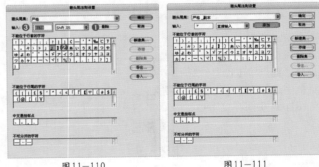

图11-110　　　　　　　图11-111

- 先推入：将字符向上移到前一行，以防止禁止的字符出现在一行的结尾或开头。

- 先推出：将字符向下移到下一行，以防止禁止的字符出现在一行的结尾或开头。

- 只推出：不会尝试推入，而总是将字符向下移到下一行，以防止禁止的字符出现在一行的结尾或开头。

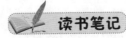
读书笔记

11.3.6 标点挤压设置

利用"标点挤压设置"命令可以设置亚洲字符、罗马字符、标点符号、特殊字符、行首、行尾和数字之间的间距，确定中文或日文排版方式。

理论实践——创建新的标点挤压

步骤01 执行"文字>标点挤压设置"命令，或者在"段落"面板的"标点挤压集"下拉列表框中选择"标点挤压设置"选项，弹出如图11-113所示的"标点挤压设置"对话框。

步骤02 单击"新建"按钮，弹出"新建标点挤压"对话框，在"名称"文本框中输入新标点挤压集的名称，在"基于"下拉列表框中指定新的标点挤压集将基于的现有标点挤压集，然后单击"确定"按钮，如图11-114所示。

步骤03 在"名称"文本框中右侧的单位下拉列表框中选择"%"（使用百分比）或"全角空格"选项，如图11-115所示。

步骤04 为各选项指定"所需值"、"最小值"和"最大值"（"最小值"用于压缩避头尾文本行；"最大值"用于扩展两端对齐的文本行），然后单击"存储"或"确定"按钮以存储设置，如图11-116所示。

图11-113

图11-114

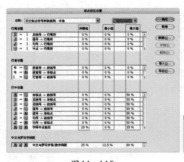
图11-115

图11-116

理论实践——使用标点挤压集

步骤01 执行"文字>标点挤压设置"命令，在弹出的"标点挤压设置"对话框中进行相应的设置，如图11-117所示。

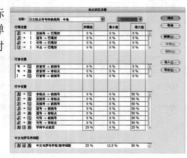
图11-117

步骤02 若要导出标点挤压集，单击"导出"按钮，在弹出的如图11-118所示的"导出标点挤压设置"对话框中选择文件保存位置，输入文件名，然后单击"保存"按钮，Illustrator就会将该文件存储为MJK格式。

若要导入标点挤压集，单击"导入"按钮，在弹出的"导入中外文间距组设置"对话框中选择一个MJK文件，然后单击"打开"按钮，如图11-119所示。

要删除某个标点挤压集，可以从"段落"面板的"标点挤压集"下拉列表框中选择该标点挤压集，然后单击"删除"按钮。在此要注意的是，预定义的标点挤压设置不能删除。

图11-118

图11-119

11.3.7 适合标题

单击工具箱中的"文字工具"按钮 **T**，然后单击要对齐文字区域两端的段落，执行"文字>适合标题"命令，如图11-120所示。

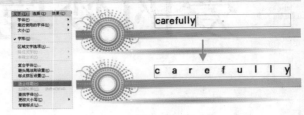

图11-120

11.3.8 创建轮廓

将文字转换为轮廓就是将文字对象转换为普通的图形对象，使文字丧失原有的文字属性，但是可以对其进行锚点路径级别的编辑和处理，就像任何其他图形对象一样。将要转换的文字对象选中，执行"文字>创建轮廓"命令或按Shift+Ctrl+O键，即可将文字对象转换为图形对象，如图11-121所示。

图11-121

实例练习——制作唯美艺术文字

案例文件	实例练习——制作唯美艺术文字.ai
视频教学	实例练习——制作唯美艺术文字.flv
难易指数	★★★★★
知识掌握	文字工具、"创建轮廓"命令、"路径查找器"面板、钢笔工具

案例效果

本例将利用文字工具、"创建轮廓"命令、"路径查找器"面板、钢笔工具等制作唯美艺术文字，最终效果如图11-122所示。

图11-122

操作步骤

步骤01 ▶ 按Ctrl+N键，在弹出的"新建文档"对话框中设置相应参数，单击"确定"按钮，创建一个新文档，如图11-123所示。

图11-123

步骤02 ▶ 单击工具箱中的"文字工具"按钮 **T**；在"字符"面板中设置字体为"华文中宋"，字号大小为75pt；在空白处单击，输入文字"爱的梦境"，如图11-124所示。

图11-124

步骤03 ▶ 单击工具箱中的"选择工具"按钮，选中文字；执行"对象>扩展"命令，打开"扩展"对话框，选中"扩展"和"填充"复选框，单击"确定"按钮，如图11-125所示。

图11-125

步骤04 ▶ 单击鼠标右键，在弹出的快捷菜单中执行"取消编组"命令，可以看到文字被解组，形成独立的对象，如图11-126所示。

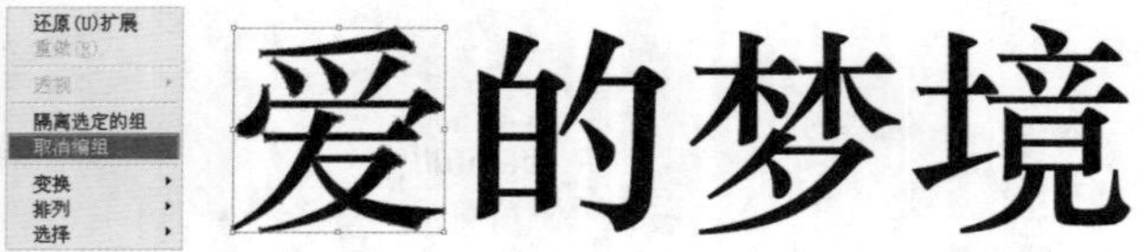

爱 的 梦 境

图11-126

步骤05 单击工具箱中的"选择工具"按钮 ，框选文字"爱"。此时可以看到其周围出现一个定界框，将光标放置到定界框的右上角，按住Shift+Ctrl键的同时向外拖动鼠标，等比例放大文字对象，如图11-127所示。

步骤06 以相同的方法改变另外3个文字对象的大小，并调整其位置，如图11-128所示。

图11-127 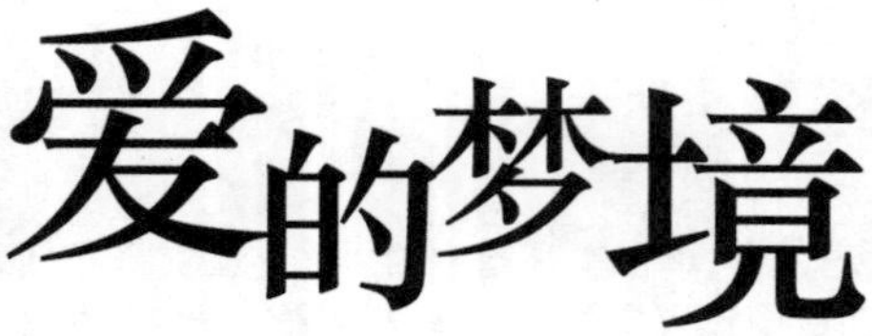　　　　　　　　图11-128

步骤07 单击工具箱中的"钢笔工具"按钮 ，在空白处绘制一个花边图形，并填充为黑色，如图11-129所示。

图11-129

步骤08 再复制出两个花纹副本，然后单击工具箱中的"选择工具"按钮 ，分别将花纹移动到不同的文字上，如图11-130所示。

图11-130

步骤09 单击工具箱中的"钢笔工具"按钮 ，在空白处绘制另一个花边图形，并填充为黑色，如图11-131所示。

步骤10 单击工具箱中的"选择工具"按钮 ，将上面的花边图形移至文字对象的边缘，如图11-132所示。

图11-131

图11-132

步骤11 使用选择工具框选所有的文字对象和花边对象，执行"窗口>路径查找器"命令，在打开的"路径查找器"面板中单击"合并"按钮 ，合并所有图形，如图11-133所示。

图11-133

步骤12 框选所有对象，单击鼠标右键，在弹出的快捷菜单中执行"编组"命令，如图11-134所示。

图11-135

图11-134

步骤13 执行"窗口>渐变"命令，打开"渐变"面板，编辑一种从粉色到紫色的渐变，设置"类型"为"线性"，如图11-135所示。

步骤14 导入背景素材文件，并将其放置在最底层，如图11-136所示。

图11-136

11.3.9 查找字体

选中要查找某种字体的文本，执行"文字>查找字体"命令，弹出"查找字体"对话框，如图11-137所示。

图11-137

步骤01 在"文档的字体"列表框中选择要查找的字体名称。

步骤02 从"替换字体来自"下拉列表框中选择一个选项，选择"文档"选项，将只列出文档中使用的字体；选择"系统"选项，将列出计算机上的所有字体。

步骤03 单击"更改"按钮只更改当前选定的文字。

步骤04 单击"全部更改"按钮更改所有使用该字体的文字。

步骤05 如果文档中不再有使用这种字体的文字，其名称将会从"文档中的字体"列表框中删除。

 技巧提示

在使用"查找字体"命令替换字体时，其他文字属性仍会保持原样。

11.3.10 更改大小写

选择要更改大小写的字符或文字对象，执行"文字>更改大小写"命令，在弹出的子菜单中选择"大写"、"小写"、"词首大写"、或"句首大写"命令即可，如图11-138所示。

图11-138

● **大写**：将所有字符全部更改为大写。

● **小写**：将所有字符全部更改为小写。

● **词首大写**：将每个单词的首字母大写。

● **句首大写**：将每个句子的首字母大写。

 读书笔记

11.3.11 智能标点

利用"智能标点"命令可搜索键盘标点字符，并将其替换为相同的印刷体标点字符。此外，如果字体包括连字符和分数符号，可以使用智能标点统一插入连字符和分数符号。如果要替换特定文本中的字符，而不是文档中的所有文本，可选择所需的文本对象或字符，执行"文字>智能标点"命令，在弹出的"智能标点"对话框中进行相应的设置，如图11-139所示。

图11-139

● ff，fi，ffi连字：将ff、fi或ffi字母组合转换为连字。

● ff，fi，ffi连字：将ff、fi或ffi字母组合转换为连字。

● 智能引号：将键盘上的直引号改为弯引号。

● 智能空格：消除句号后的多个空格。

● 全角、半角破折号：用半角破折号替换两个键盘破折号，用全角破折号替换3个键盘破折号。

● 省略号：用省略点替换3个键盘句点。

● 专业分数符号：用同一种分数字符替换所有用来表示分数的各种字符。

● 替换范围：选中"仅所选文本"单选按钮，则仅替换所选文本中的符号；选中"整个文档"单选按钮可替换整个文档中的文本符号。

● 报告结果：选中该复选框，可看到所替换符号数的列表。

11.3.12 视觉边距对齐方式

利用"视觉边距对齐方式"命令可以控制是否将标点符号和某些字母的边缘悬挂在文本边距以外，以便使文字在视觉上呈现对齐状态。选中要对齐视觉边距的文本，执行"文字>视觉边距对齐方式"命令即可，如图11-140所示。

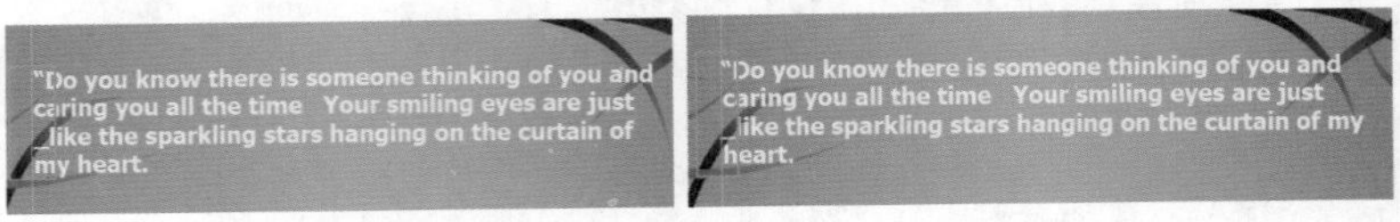

图11-140

11.3.13 显示隐藏字符

在设置文字格式和编辑文字时，执行"文字>显示隐藏字符"命令，可以将隐藏的字符（主要是非打印字符）显示出来，如图11-141所示。

图11-141

11.3.14 文字方向

将要改变方向的文本对象选中，然后执行"文字>文字方向>横排"命令，或执行"文字>文字方向>直排"命令，即可切换文字的排列方向，如图11-142所示。

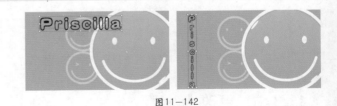

图11-142

11.3.15 旧版文字

使用"旧版文本"命令可以更新文档中的所有旧版文本。

● 打开文档后，执行"文字>旧版文本>更新所有旧版文本"命令。

● 要更新文本而不创建副本，可选择文本，然后执行"文字>旧版文本>更新所选的旧版文本"命令。

● 执行"文字>旧版文本>显示副本"或"隐藏副本"命令，可以显示或隐藏复制的文本对象。

● 执行"文字>旧版文本>选择副本"命令，可以选择复制的文本对象。

● 执行"文字>旧版文本>删除副本"命令，可以删除复制的文本对象。

Illustrator CS5 从入门到精通

11.3.16 查找/替换文本

选中要进行查找和替换操作的文本，执行"编辑>查找和替换"命令，在弹出的"查找和替换"对话框中输入要查找或替换的文本。单击"查找"和"替换为"下拉列表框右侧的▶按钮，在弹出的菜单中可以选择各种特殊字符，如图11-143所示。

图11-143

- 区分大小写：选中该复选框，将仅搜索大小写与"查找"框中所输入文本的大小写完全匹配的文本字符串。

- 全字匹配：选中该复选框，将只搜索与"查找"框中所输入文本匹配的完整单词。

- 向后搜索：选中该复选框，将从堆栈顺序的最下方向最上方搜索文件。

- 检查隐藏图层：选中该复选框，将搜索隐藏图层中的文本。

- 检查锁定图层：选中该复选框，将搜索锁定图层中的文本。

- 查找：单击该按钮，将开始搜索。

- 替换：单击该按钮，可以替换文本字符串，然后单击"查找下一个"查找下一个实例。

- 替换和查找：单击该按钮，可以替换文本字符串并查找下一个实例。

- 全部替换：单击该按钮，可以替换文档中文本字符串的所有实例。

- 完成：关闭对话框。

11.3.17 拼写检查

在Illustrator中，可以进行文本拼写的检查错误，并且能够根据用户需要自行编辑拼写词典。

理论实践——使用拼写检查

选中要进行拼写检查的文本，执行"编辑>拼写检查"命令，在弹出的"拼写检查"对话框中进行相应设置，然后单击"开始"按钮，即可开始进行拼写检查，如图11-144所示。

图11-144

- 单击"忽略"或"全部忽略"按钮，将继续进行拼写检查，而不更改特定的单词。

- 从"建议单词"列表框中选择一个单词，或在顶部的列表框中输入正确的单词，然后单击"更改"按钮，可以只更改出现拼写错误的单词。

- 单击"全部更改"按钮，将更改文档中所有出现拼写错误的单词。

- 单击"添加"按钮，可将Illustrator可接受但未识别出的单词存储到词典中，以便在以后的操作中不再将其判断为拼写错误。

理论实践——编辑拼写词典

将要进行拼写检查的文本选中，执行"编辑>编辑自定词典"命令，弹出如图11-145所示"编辑自定词典"对话框。

- 若要将词语添加到词典中，在"词条"文本框中输入词语，然后单击"添加"按钮。

- 若要从词典中删除单词，选择列表框中的单词，并单击"删除"按钮。

- 若要修改词典中的单词，选择列表框中的单词，然后在"词条"文本框中输入新单词，并单击"更改"按钮。

图11-145

11.3.18 清理空文字

如果无意中单击了"文字工具"按钮，然后又选择了另一种工具，就会在图稿中创建空文字。对于这些无用的文字对象，应及时清理，以让图稿打印更加顺畅，并减小文件大小。执行"对象>路径>清理"命令，在弹出的"清理"对话框中选中"空文本路径"复选框，然后单击"确定"按钮即可，如图11-146所示。

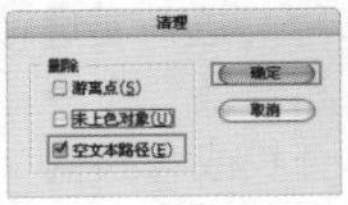

图11-146

实例练习——可爱风格LOGO设计

案例文件	实例练习——可爱风格LOGO设计.ai
视频教学	实例练习——可爱风格LOGO设计.flv
难易指数	★★★★★
知识掌握	文字工具、"扩展"命令、"渐变"工具、"描边"命令

案例效果

本例将利用文字工具、"扩展"命令、"渐变"工具和"描边"命令等设计一个可爱的LOGO，最终效果如图11-147所示。

图11-147

操作步骤

步骤01 按Ctrl+N键，在弹出的"新建文档"对话框中进行相应的设置，然后单击"确定"按钮，创建一个新文档，如图11-148所示。

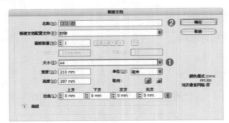

图11-148

步骤02 单击工具箱中的"文字工具"按钮 T，在控制栏中设置合适的字体和大小，然后在空白区域单击，输入文字"笛子娃娃"，如图11-149所示。

图11-149

步骤03 单击工具箱中的"选择工具"按钮 ，选中文字；执行"窗口>颜色"命令，打开"颜色"面板，设置描边颜色为黑色；再次执行"窗口>描边"命令，打开"描边"面板，设置"粗细"为2pt，如图11-150所示。

图11-150

步骤04 执行"对象>扩展"命令，打开"扩展"对话框，选中"对象"和"填充"复选框，单击"确定"按钮，如图11-151所示。

图11-151

步骤05 单击工具箱中的"直接选择工具"按钮 ，框选扩展后的文字图形；单击工具箱中的"删除锚点工具"按钮 ，单击并删除文字图形中封闭图形的锚点，如图11-152所示。

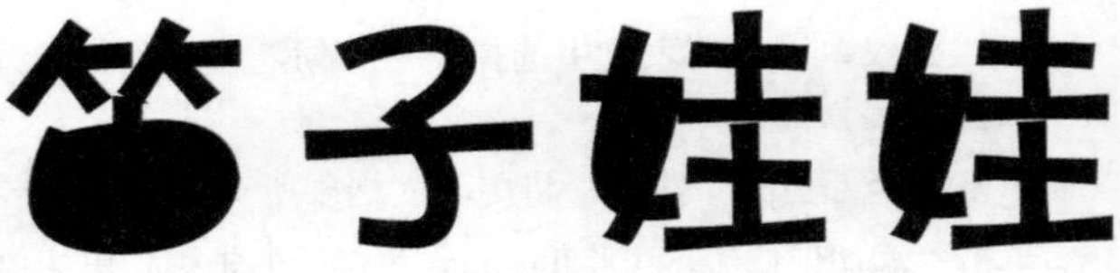

图11-152

 答疑解惑——如何删除多余的锚点？

❶ 单击工具箱中的"删除锚点工具"按钮 ，再单击所要删除的锚点，如图11-153所示。

Illustrator CS5 从入门到精通

② 按照相同的方法依次单击所要删除的锚点，如图11-154所示。

图11-153

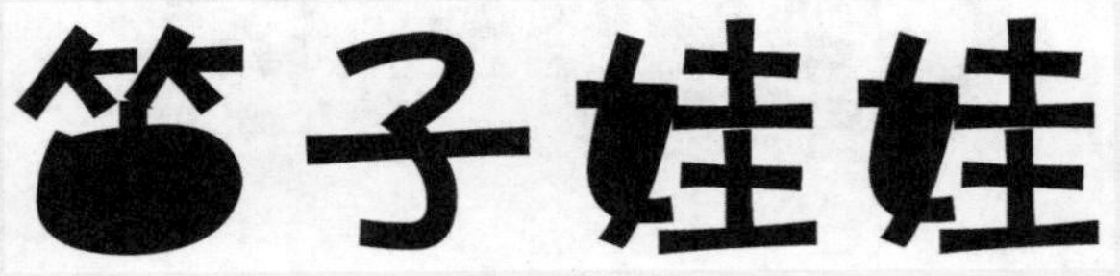

图11-154

步骤06 单击工具箱中的"选择工具"按钮，选中文字图形，然后单击鼠标右键，在弹出的快捷菜单中执行"取消编组"命令，将各文字分离为独立的个体，如图11-155所示。

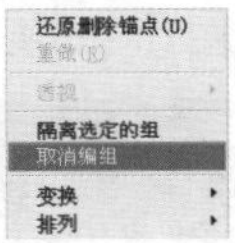

图11-155

步骤07 选中单个文字，通过拖动，将其错位摆放，如图11-156所示。

步骤08 单击工具箱中的"转换锚点工具"按钮，再单击文字的每一个锚点，将尖角转换为圆角，如图11-157所示。

图11-156

图11-157

答疑解惑——如何创建曲线？

① 单击工具箱中的"转换锚点工具"按钮，再单击要转换为曲线锚点的锚点对象，拖动鼠标将曲线调整到所要的状态，如图11-158所示。

② 按照相同的方法依次单击所要转换的锚点，如图11-159所示。

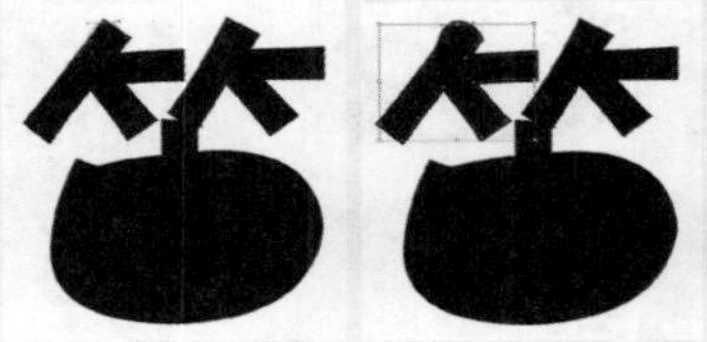

图11-158   图11-159

步骤09 单击工具箱中的"选择工具"按钮，框选这几个文字图形；然后执行"窗口>渐变"命令，打开"渐变"面板，编辑一种黄色到白色的渐变，如图11-160所示。

图11-160

步骤10 单击工具箱中的"选择工具"按钮，框选所有的文字图形；然后单击鼠标右键，在弹出的快捷菜单中执行"编组"命令，如图11-161所示。

图11-161

步骤11 将编组后的文字图形进行复制并在原位置粘贴；然后设置填充色为深绿色，描边"粗细"为10pt；接着将其置于底层；再全部选中并旋转合适的角度，如图11-162所示。

图11-162

图11-164

步骤12 单击工具箱中的"圆角矩形工具"按钮□，在空白区域单击鼠标左键，在弹出的"圆角矩形"对话框中设置"宽度"为11mm，"高度"为6mm，"圆角半径"为10mm，单击"确定"按钮，绘制一个圆角矩形并填充为深绿色，如图11-163所示。

图11-165

步骤15 导入背景素材文件，并将其放置在最底层，效果如图11-166所示。

图11-163

步骤13 单击工具箱中的"选择工具"按钮，选中深绿色圆角矩形，然后在按住Alt键的同时拖动鼠标，复制出几个圆角矩形，并将其放到适当的位置，如图11-164所示。

步骤14 单击工具箱中的"选择工具"按钮，选择深绿色的文字组；然后在按住Alt键的同时拖动鼠标，复制出3个副本，并将其置于底层；接着向下位移，依次增大并分别填充为绿色、白色和灰色，如图11-165所示。

图11-166

实例练习——使用直排文字工具制作中式招贴

案例文件	实例练习——使用直排文字工具制作中式招贴.ai
视频教学	实例练习——使用直排文字工具制作中式招贴.flv
难易指数	★★★★★
知识掌握	直排文字工具、直线段工具、"高斯模糊"命令

案例效果

本例将利用直排文字工具、直线段工具和"高斯模糊"命令等制作中式招贴，最终效果如图11-167所示。

图11-167

操作步骤

步骤01 按Ctrl+N键，在弹出的"新建文档"对话框中进行相应的设置，单击"确定"按钮，创建一个新文档，如图11-168所示。

图11-168

步骤02 单击工具箱中的"矩形工具"按钮▢，在画板的左上方单击并拖动鼠标至画板的右下角，绘制一个矩形，如图11-169所示。

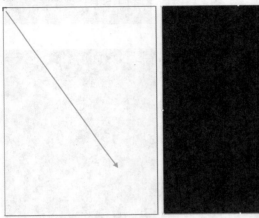

图11-169

步骤03 单击工具箱中的"选择工具"按钮▸，选中矩形；然后执行"窗口>渐变"命令，打开"渐变"面板，从中编辑一种红色到深红色的渐变，设置"类型"为"径向"，如图11-170所示。

图11-170

步骤04 执行"文件>置入"命令，置入矢量素材作为底纹，并调整至画板大小，如图11-171所示。

步骤05 使用选择工具选中这个矢量花纹，然后执行"窗口>透明度"命令，打开"透明度"面板，设置"不透明度"为20%，如图11-172所示。

图11-171

图11-172

步骤06 单击工具箱中的"矩形工具"按钮▢，在画板的左侧绘制一个与画板等高的长条矩形。执行"窗口>颜色"命令，打开"颜色"面板，设置填充色为红色，如图11-173所示。

图11-173

步骤07 单击工具箱中的"选择工具"按钮▸，选中这个长条矩形。按住Shift和Alt键的同时向右拖动鼠标，复制出一个相同的图形，如图11-174所示。

图11—174

图11—177

步骤08 单击工具箱中的
"矩形工具"按钮 ，在两
个长条矩形中间绘制一个与
画板等高的长条矩形。执行
"窗口>颜色"命令，打开
"颜色"面板，设置填充色
为红色，如图11-175所示。

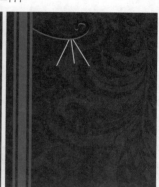

图11—175

步骤09 单击工具箱中的
"选择工具"按钮 ，框
选3个红色长条矩形，然后
单击鼠标右键，在弹出的快
捷菜单中执行"编组"命
令，如图11-176所示。

图11—178

步骤12 单击工具箱中的"椭圆工具"按钮 ，在适当的
位置绘制一个椭圆形；执行"窗口>颜色"命令，打开"颜
色"面板，设置填充色为米色；然后将椭圆形放置在灯笼的
下一层中，如图11-179所示。

图11—176

步骤13 执行"效果>模糊>高斯模糊"命令，打开"高斯模
糊"对话框，设置"半径"为13.0像素，然后单击"确定"
按钮，如图11-180所示。

步骤10 使用选择工具选中编组后的长条矩形，按住Shift
和Alt键的同时向右拖动鼠标进行复制，如图11-177所示。

步骤11 使用钢笔工具和直线段工具在画板的左边适当位置
绘制灯笼的形状，如图11-178所示。

图11-179　　　　　　　　图11-180

步骤14 使用选择工具框选灯笼以及黄色光圈；然后单击鼠标右键，在弹出的快捷菜单中执行"编组"命令；接着按住Shift和Alt键的同时向右拖动鼠标，复制出一个相同的灯笼，并进行镜像操作，如图11-181所示。

图11-181

步骤15 单击工具箱中的"直排文字工具"按钮 **T**，在控制栏中设置合适的字体和大小，然后在画板中适当的位置单击鼠标左键，输入文字，如图11-182所示。

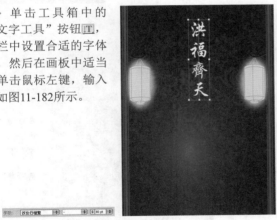

图11-182

步骤16 执行"对象>扩展"命令，打开"扩展"对话框，选中"对象"和"填充"复选框，单击"确定"按钮，如图11-183所示。

步骤17 使用选择工具选中文字后，单击鼠标右键，在弹出的快捷菜单中执行"取消编组"命令，将文字分离为独立的个体；然后使用选择工具调整每个文字的位置和大小，如图11-184所示。

图11-183

图11-184

步骤18 执行"窗口>渐变"命令，打开"渐变"面板，在其中编辑一种红色到深红色的渐变，"类型"为"径向"，描边色为黄色；然后执行"窗口>描边"命令，打开"描边"面板，设置"粗细"为1pt，如图11-185所示。

图11-185

步骤19 执行"效果>风格化>投影"命令，在弹出的"投影"对话框中，设置相应参数，然后单击"确定"按钮，如图11-186所示。

图11-186

步骤20 单击工具箱中的"文字工具"按钮 T，在控制栏中设置合适的字体和大小，然后在适当的位置单击并输入文字，如图11-187所示。

图11—187

步骤21 单击工具箱中的"直排文字工具"按钮 T，在控制栏中设置合适的字体和大小，然后在适当的位置单击并拖动鼠标，创建一个矩形的文本区域并输入文字，如图11-188所示。

图11—188

步骤22 单击工具箱中的"直线段工具"按钮 ╲，在竖排文字两侧绘制直线段。设置填充色为白色，描边色为黄色，描边"粗细"为0.25pt，如图11-189所示。

图11—189

步骤23 执行"文件>置入"命令，置入荷花素材文件，并将其放置在底部，最终效果如图11-190所示。

图11—190

11.4 "字符"面板

执行"窗口>文字>字符"命令或按Ctrl+T键，即可打开"字符"面板。该面板专门用来定义页面中字符的属性，如图11-191所示。

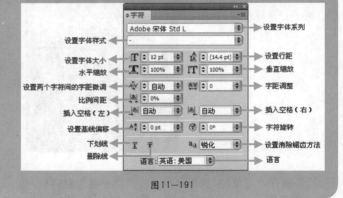

图11—191

技巧提示

默认情况下，"字符"面板中只显示一些最常用的选项。要显示所有选项，可以单击右上角的 ≡ 按钮，在弹出的菜单中选择"显示选项"命令，如图11-192所示。

图11—192

- 设置字体系列：在该下拉列表中可以选择文字的字体。
- 设置字体样式：设置所选字体的字体样式。
- 设置字体大小：在该下拉列表中可以选择字号，也可以输入自定义数字。
- 设置行距：用于设置字符行之间的大小。
- 水平缩放：用于设置文字的水平缩放百分比。
- 垂直缩放：用于设置文字的垂直缩放百分比。
- 设置两个字符间的字距微调：设置两个字符间的间距。
- 字距调整：用于设置所选字符的间距。
- 插入空格（左）：用于设置如何在字符左端插入空格。

- 比例间距：用于设置日语字符的比例间距。
- 插入空格（右）：用于设置如何在字符右端插入空格。
- 设置基线偏移：用来设置文字与文字基线之间的距离。
- 字符旋转：用于设置字符的旋转角度。
- 下划线：单击该按钮，可为所选文字添加下划线。
- 删除线：单击该按钮，可为所选文字添加删除线。
- 设置消除锯齿方法：在该下拉列表框中，可选择文字消除锯齿的方式。
- 语言：用于设置文字的语言类型。

11.5 "段落" 面板

执行"窗口>文字>段落"命令或按Ctrl+Alt+T键，即可打开"段落"面板。该面板主要用来更改段落的格式，如图11-193所示。

默认情况下，"段落"面板中只显示一些最常用的选项。要显示所有选项，可以单击右上角的 按钮，在弹出的菜单中选择"显示选项"命令，如图11-194所示。

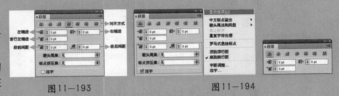

图11-193　　　　　　图11-194

11.5.1　对齐文本

当要对文本框中的一个段落进行对齐操作时，可以单击工具箱中的"文字工具"按钮 T，然后在要对齐的文字段落中单击，将插入符定位在该段落中，再在"段落"面板或控制栏中单击相应的对齐按钮，如图11-195所示。

图11-195

- 左对齐 ：单击该按钮时，文字将与文本框的左侧对齐，并在每一行中放置更多的单词，如图11-196所示。

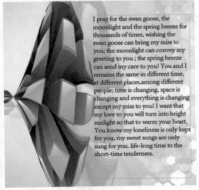

图11-196

- 居中对齐 ：单击该按钮时，文字将按照中心线的位置

和文本框对齐。这种方式将每一行的剩余空间分成两部分，分别放置到文本行的前面和后面，从而导致文本行的左右不整齐，如图11-197所示。

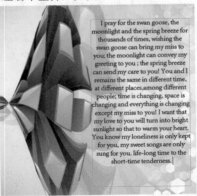

图11-197

- 右对齐▣：单击该按钮时，文字将与文本框的右侧对齐，并在每一行中放置更多的单词，如图11-198所示。
- 双齐末尾齐左▣：单击该按钮时，将在每行中尽量排入更多的文字，两端和文本框对齐，再将不能排入的文字放置在最后一行中，并和文本框的左侧对齐，如图11-199所示。

图11-198　　　　　　　图11-199

- 双齐末尾居中▣：单击该按钮时，将在每行中尽量排入更多的文字，两端和文本框对齐，再将不能排入的文字放置在最后一行中，并和文本框的中心线对齐，如图11-200所示。
- 双齐末尾齐右▣：单击该按钮时，将在每行中尽量排入更多的文字，两端和文本框对齐，再将不能排入的文字放置在最后一行中，并和文本框的右侧对齐，如图11-201所示。

图11-200　　　　　　　　　图11-201

- 全部强制齐行▣：单击该按钮时，文本框中的所有文字将按照文本框两侧进行对齐，中间通过添加字间距来填充，如图11-202所示。

图11-202

11.5.2　缩进文本

缩进是指文字和段落文本边界间的间距量。缩进只影响选中的段落文本，因此可以很容易地为多个段落设置不同的缩进，如图11-203所示。

使用文字工具单击要缩进的段落，然后在"段落"面板中设置适当的缩进值，如图11-204所示。

Thank to the god.Today I can still sit before the computer desk.I can get enough food and water.I am still alive .I am not gonna die of any disease or natural disaster.I can still enjoy your warm hug and the loving expression in your eyes.

左缩进

图11-203　　　　　　图11-204

- 要将整个段落缩进1pt，在"左缩进"数值框中输入一个值。
- 要将段落首行缩进1pt，在"首行左缩进"数值框中输入一个值。
- 要创建 1pt的悬挂缩进，在"左缩进"数值框中输入一个正值（如1p），然后在"首行左缩进"数值框中输入一个负值（如-1p）。

11.6 "字符样式" / "段落样式" 面板

字符样式是许多字符格式属性的集合，可应用于所选的文本范围。段落样式包括字符和段落格式属性，可应用于单个段落，也可应用于一定的段落范围。在文本中应用字符样式和段落样式可节省时间，还可确保格式的一致性。

11.6.1　创建字符或段落样式

　　如果要在现有文本的基础上创建新样式，首先选择文本，然后执行"窗口>文字>字符样式"（或"段落样式"）命令，打开"字符样式"面板（或"段落样式"面板）。要使用默认名称创建新样式，单击"创建新样式"按钮即可，如图11-205所示。

图11-205

　　若要使用自定义名称创建新样式，可单击右上角的  按钮，在弹出的菜单中选择"新建样式"命令，在弹出的对话框中输入新样式名称，然后单击"确定"按钮，如图11-206所示。

图11-206

11.6.2　编辑字符或段落样式

　　在"字符样式"（或"段落样式"）面板中选择需要编辑的样式，然后单击右上角的 按钮，在弹出的菜单中选择"字符样式选项"（或"段落样式选项"）命令，在弹出的"字符样式选项"（或"段落样式选项"）对话框中根据实际需要进行相应的设置，然后单击"确定"按钮即可，如图11-207所示。

图11-207

11.6.3　删除覆盖样式

　　"字符样式"面板或"段落样式"面板中，样式名称旁边的加号表示该样式具有覆盖样式，覆盖样式与当前样式所定义的属性不匹配。有多种方法可以删除样式优先选项：

　　要清除覆盖样式并将文本恢复到样式定义的外观，可重新应用相同的样式，或者从面板菜单中选择"清除优先选项"命令；要重新定义样式并保持文本的当前外观，至少选择文本中的一个字符，然后从面板菜单中选择"重新定义字符样式"命令，如图11-208所示。

图11-208

11.7 "制表符"面板

　　制表符定位点可应用于整个段落。在设置第一个制表符时，Illustrator会删除其定位点左侧的所有默认制表符定位点。设置更多的制表符定位点时，Illustrator会删除所设置的制表符间的所有默认制表符。

11.7.1　设置"制表符"面板

　　在段落中插入光标，或选择要为所有段落设置制表符定位点的文字对象，然后执行"窗口>文字>制表符"命令，打开"制表符"面板，从中设置段落或文字对象的制表符，如图11-209所示。

　　在"制表符"面板中，单击任一制表符对齐按钮，指定如何相对于制表符位置来对齐文本。

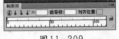

图11-209

- ● 左对齐制表符：靠左对齐横排文本，右边距可因长度不同而参差不齐。
- ● 居中对齐制表符：按制表符标记居中对齐文本。
- ● 右对齐制表符：靠右对齐横排文本，左边距可因长度不同而参差不齐。

- ● 小数点对齐制表符：将文本与指定字符对齐放置。在创建数字列时，此按钮尤为有用。

　　在X文本框中输入一个位置，然后按Enter键。如果选定了X值，按上、下方向键，可分别增加或减少制表符的值（增量为1点）。

前导符是制表符和后续文本之间的一种重复性字符模式（如一连串的点或虚线）。

单击"磁铁"图标 ，"制表符"面板将移到选定文本对象的正上方，并且零点与左边距对齐。如有必要，可以拖动面板右下角的"调整大小"按钮以扩展或缩小标尺。

11.7.2　重复制表符

"重复制表符"命令可根据制表符与左缩进，或前一个制表符定位点间的距离创建多个制表符。首先在段落中单击以设置一个插入点，然后在"制表符"面板中，从标尺上选择一个制表位，再从面板菜单中选择"重复制表符"命令，如图11-210所示。

图11-210

11.7.3　使用"制表符"面板来设置缩进

使用文字工具单击要缩进的段落，然后在"制表符"面板中拖动相应拖动最上方的标记，可以缩进首行文本；拖动下方的标记，可缩进除第一行之外的所有行；如果按住Ctrl键，拖动下方的标记可同时移动这两个标记并缩进整个段落，如图11-211所示。

 读书笔记

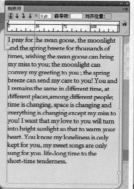 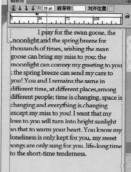

图11-211

11.8　OpenType选项

OpenType 采用一种适用于 Windows® 和 Macintosh® 计算机的字体文件，因此可以将文件从一个平台移到另一个平台，而不用担心字体替换或其他导致文本重新排列的问题。它们可能包含一些当前 PostScript 和 TrueType 字体所不具备的功能，如花饰字和自由连字。

OpenType也叫Type 2字体，是由Microsoft和Adobe公司联合开发的另外一种字体格式。它也是一种轮廓字体，只不过功能比TrueType更为强大，最明显的一个好处就是可以把PostScript字体嵌入到TrueType软件中，并且还支持多个平台，提供更大的字符集，以及版权保护。可以说，它是Type 1和TrueType的超集。OpenType标准还定义了OpenType文件名的后缀名，其中包含TrueType字体的OpenType文件后缀名为.ttf；包含PostScript字体的文件后缀名为.OTF；如果是包含一系列TrueType字体的字体包文件，那么其后缀名为.TTC。

OpenType的主要优点如下：
- 增强的跨平台功能。
- 更好地支持Unicode标准定义的国际字符集。
- 支持高级印刷控制。
- 生成的文件尺寸更小。
- 支持在字符集中加入数字签名，以保证文件的集成。

执行"窗口>文字>OpenType"命令，在打开的OpenType面板中可指定如何应用 OpenType 字体中的替代字符，如图11-212所示。

图11-212

- 数字：在该下拉列表框中选择数字的格式，其中"默认数字"为当前字体使用的默认样式；"定宽，全高"是使用宽度相同的全高数字；"变宽，全高"是使用宽度不同的全高数字；"变宽，变高"是使用宽度和高度均不同的数字；"定宽，变高"是使用高度不同而固定等宽的数字。
- 位置：在该下拉列表框中选择字符位置，其中包括"默认位置"、"上标"、"下标"、"分子"和"分母"。
- OpenType的特殊特征：标准连字、上下文替代字、自由连字、花饰字、文体替代字、标题替代字、序数字和分数字。

- 等比公制字：使用等比公制字字体复合字符。
- 水平或垂直样式字：切换日文平假名字体。平假名字体有不同的水平和垂直字形，如气音、双子音和语音索引等。
- 罗马斜体字：将半角字母与数字更改为斜体。

实例练习——制作彩色文字

案例文件	实例练习——制作彩色文字.ai
视频教学	实例练习——制作彩色文字.flv
难易指数	★★★★★
知识掌握	文字工具、"外观"面板、"图层样式"面板

案例效果

本例将利用文字工具、"外观"面板、"图层样式"面板等制作彩色文字，最终效果如图11-213所示。

图11-213

操作步骤

步骤01 选择"文件>新建"命令或按Ctrl+N键，在弹出的"新建文档"对话框中按照图11-214所示进行设置，然后单击"确定"按钮，新建一个文档。

图11-214

步骤02 单击工具箱中的"矩形工具"按钮□，绘制一个矩形；然后在控制栏中设置颜色为黄色，描边为无，制作出画板背景，如图11-215所示。

图11-215

步骤03 单击工具箱中的"文字工具"按钮 T，在画板上输入一个字母"E"，然后使用选择工具将其选中，如图11-216所示。

步骤04 执行"窗口>外观"命令，在弹出的"外观"面板中单击右上角的 ≡ 按钮，在弹出的菜单中选择"添加新填色"命令，如图11-217所示。

图11-216　　　　图11-217

步骤05 此时可以看到"外观"面板中多了一个"填色"，将其改为白色，如图11-218所示。

图11-218

步骤06 在"外观"面板中将"填色"拖拽至"字符"的下方，如图11-219所示。

图11-219

步骤07 执行"效果>路径>位移路径"命令，在弹出的"位移路径"对话框中设置"位移"为3mm，"连接"为"圆角"，"斜接限制"为4，然后单击"确定"按钮，如图11-220所示。

图11-220

步骤08 此时在"外观"面板中可以看到，新填色上包含了"位移路径"效果。将该"填色"再复制一个，并将其颜色改为蓝色，如图11-221所示。

图11-221

步骤09 在"填色"（蓝色）中，双击"位移路径"，在弹出的"位移路径"对话框中将"位移"改为6mm，如图11-222所示。

图11-222

步骤10 执行"窗口>图形样式"命令，打开"图形样式"面板。使用选择工具选中字母E，然后拖拽到"图层样式"面板中，创建出一种新的图层样式。至此，图形样式创建完成，下面就可以隐藏原始文字了，如图11-223所示。

图11-223

步骤11 单击工具箱中的"文字工具"按钮 T，然后执行"窗口>文字>字符"命令，打开"字符"面板，选择一种文字样式，设置文字大小为271.38pt，并在面板菜单中选择"全部大写字母"命令，如图11-224所示。

图11-224

步骤12 再次使用文字工具在底部创建文字，然后在"字符"面板中调整其样式作为装饰，如图11-225所示。

图11-225

步骤13 保持两部分文字对象的选中状态，然后在"图层样式"面板中单击新创建的图形样式，为文字应用该样式，如图11-226所示。

图11-226

步骤14 选择一个字母，执行"窗口>颜色"命令，打开"颜色"面板，从中设置文字颜色，如图11-227所示。

图11-227

步骤15 按照上述同样的方法将每个字母都填充为不同的色彩，效果如图11-228所示。

图11-228

步骤16 导入前景素材文件，并调整好大小和位置，如图11-229所示。

图11-229

实例练习——水晶质感描边文字

案例文件	实例练习——水晶质感描边文字.ai
视频教学	实例练习——水晶质感描边文字.flv
难易指数	★★★★★
知识掌握	文字工具、"路径查找器"面板、"透明度"面板

案例效果

本例将利用文字工具、"路径查找器"面板和"透明度"面板等制作水晶质感描边文字，最终效果如图11-230所示。

图11-230

操作步骤

步骤01 ▶ 选择"文件>新建"命令或按Ctrl+N键，在弹出的"新建文档"对话框中按照图11-231所示进行设置，然后单击"确定"按钮，新建一个文档。

图11-231

步骤02 ▶ 单击工具箱中的"文字工具"按钮 T；然后执行"窗口>文字>字符"命令，打开"字符"面板，从中选择一种文字样式，设置文字大小为350pt，再单击右上角的 按钮，在弹出的下拉菜单中选择"全部大写字母"命令；在画面中单击并输入文字，如图11-232所示。

图11-232

步骤03 ▶ 执行"文字>创建轮廓"命令或按Shift+Ctrl+O键，将文字对象转换为图形对象，如图11-233所示。

图11-233

步骤04 ▶ 执行"对象>路径>偏移路径"命令，在弹出的"位移路径"对话框中设置"位移"为2mm，"连接"为"斜接"，"斜接限制"为4，如图11-234所示。

图11-234

步骤05 ▶ 执行"对象>取消编组"命令，将上层文字保持选中状态，执行"窗口>渐变"命令，在弹出的"渐变"面板中，设置"类型"为"线性"，角度为-23.8°，然后拖动滑块调整颜色，使上层文字产生浅粉色到粉色渐变效果，如图11-235所示。

图11-235

步骤06 ▶ 选中下层文字，然后在"渐变"面板中设置"类型"为"线性"，角度为-27°，然后拖动滑块调整渐变颜色，使下层文字产生灰色渐变效果，如图11-236所示。

图11-236

步骤07 ▶ 在"图层"面板中选择上层文字，复制之后在原位置粘贴，如图11-237所示。

图11-237

步骤08 ▶ 单击工具箱中的"钢笔工具"按钮 ，在文字上方绘制一个不规则图形，如图11-238所示。

图11-238

步骤09 ▶ 打开"路径查找器"面板，选中不规则图形与顶层文字，单击"分割"按钮，如图11-239所示。

图11-239

步骤10 删除多余部分，并将剩余部分选中后填充为白色，如图11-240所示。

图11-240

步骤11 将白色部分选中，然后打开"透明度"面板，设置混合模式为"叠加"，"不透明度"为30%，如图11-241所示。

图11-241

步骤12 选中下层文字，执行"效果>风格化>阴影"命令，在弹出的"阴影"对话框中设置"模式"为"正片叠底"，"X位移"为2.47mm，"Y位移"为mm，"模糊"为2mm，"颜色"为黑色，如图11-242所示。

图11-242

步骤13 导入背景素材文件，放置在最底层，如图11-243所示。

图11-243

实例练习——使用文字工具进行杂志的排版

案例文件	实例练习——使用文字工具进行杂志的排版.ai
视频教学	实例练习——使用文字工具进行杂志的排版.flv
难易指数	★★★★★
知识掌握	文字工具、椭圆工具、柱形图工具、直线段工具

案例效果

本例将利用文字工具、椭圆工具、柱形图工具、直线段工具等进行杂志的排版，最终效果如图11-244所示。

 **读书笔记**

......

......

......

......

图11-244

操作步骤

步骤01 执行"文件>打开"命令，在弹出的"打开"对话框中选择要打开的文件，单击"打开"按钮，如图11-245所示。

图11-245

图11-248

步骤02 单击工具箱中的"矩形工具"按钮▣，在画板的左上方单击鼠标左键，然后拖动鼠标至画板的右下角，绘制一个矩形。执行"窗口>颜色"命令，打开"颜色"面板，设置填充色为白色，如图11-246所示。

步骤05 单击工具箱中的"矩形工具"按钮▣，在画板的中间绘制一个适当大小的矩形。执行"窗口>渐变"命令，打开"渐变"面板，编辑一种从灰色到透明的渐变，如图11-249所示。

图11-246

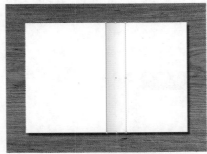

图11-249

步骤03 执行"效果>风格化>投影"命令，打开"投影"面板，设置相应参数后单击"确定"按钮，如图11-247所示。

步骤06 单击工具箱中的"文字工具"按钮 T.，在白色矩形的左上角单击鼠标左键，在控制栏中设置合适的字体和大小，输入文字；然后执行"窗口>颜色"命令，在弹出的"颜色"面板中设置填充色为黑色，如图11-250所示。

图11-247

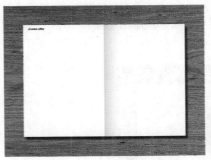

图11-250

步骤04 选中左侧矩形，按住Shift和Alt键的同时向右拖动，复制出一个副本并放置在右侧位置，如图11-248所示。

 答疑解惑——如何制作透明渐变？

如果要调整一个色标的透明度，只需选中该色标，将"不透明度"文本框下方的滑块向左拖动，如图11-251所示。

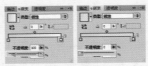

图11-251

步骤07 单击工具箱中的"矩形工具"按钮■，在文字下方适当的位置绘制一个矩形。执行"窗口>颜色"命令，打开"颜色"面板，设置填充色为粉色，如图11-252所示。

图11-252

步骤08 单击工具箱中的"文字工具"按钮 **T**，在控制栏中设置合适的字体和大小后，在粉色矩形上单击鼠标左键，输入文字；然后执行"窗口>颜色"命令，打开"颜色"面板，设置填充色为白色，如图11-253所示。

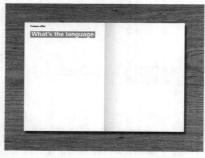

图11-253

步骤09 在粉色矩形下方单击鼠标左键，在控制栏中设置合适的字体和大小后，输入文字；然后执行"窗口>颜色"命令，打开"颜色"面板，设置填充色为黑色，如图11-254所示。

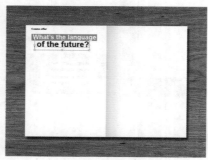

图11-254

步骤10 单击工具箱中的"文字工具"按钮 **T**，在控制栏中选择合适的字体和大小，设置颜色为黑色，创建一个矩形的文本区域，然后输入文字，如图11-255所示。

步骤11 将光标放到第二行首字母前面，按住空格键将第二排文字向右移动，如图11-256所示。

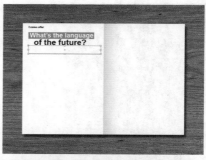

图11-255

图11-256

步骤12 执行"文件>置入"命令，置入一幅图像，并调整至合适的大小和位置，如图11-257所示。

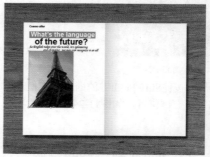

图11-257

步骤13 单击工具箱中的"矩形工具"按钮■，在图像上绘制一个矩形。单击工具箱中的"选择工具"按钮 ，框选图像和矩形，然后单击鼠标右键，在弹出的快捷菜单中执行"建立剪切蒙版"命令，如图11-258所示。

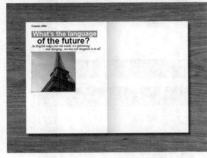

图11-258

步骤14 单击工具箱中的"文字工具"按钮 **T**，在控制栏中选择合适的字体和大小，设置填充色为白色，然后在图像右上角的位置创建一个矩形的文本区域，并输入文字，如图11-259所示。

图11-259

步骤15 执行"窗口>文字>段落"命令，打开"段落"面板，设置段落样式为"右对齐"，如图11-260所示。

图11-260

步骤16 单击工具箱中的"文字工具"按钮 **T**，在控制栏中选择合适的字体和大小，设置填充色为粉色，然后在图像右侧单击鼠标左键并输入文字，如图11-261所示。

图11-261

步骤17 保持文字工具的选中状态，在英文字母"N"的右侧创建一个矩形的文本区域；然后在控制栏中选择合适的字体和大小，设置填充色为黑色；接着在矩形文本区域中输入文字；以同样方法在其下方继续创建区域文本，如图11-262所示。

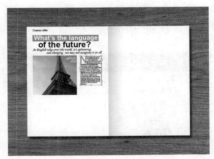

图11-262

步骤18 单击工具箱中的"椭圆工具"按钮 ○，在空白处单击鼠标左键，在弹出的"椭圆"对话框中设置"宽度"为1mm，"高度"为1mm，单击"确定"按钮，创建一个正圆。执行"窗口>颜色"命令，打开"颜色"面板，设置填充色为粉色，如图11-263所示。

图11-263

步骤19 单击工具箱中的"文字工具"按钮，在正圆左侧单击并拖动鼠标，创建一个矩形的文本区域；在控制栏中设置合适的字体和大小，输入文字；执行"窗口>颜色"命令，打开"颜色"面板，设置填充色为粉色，如图11-264所示。

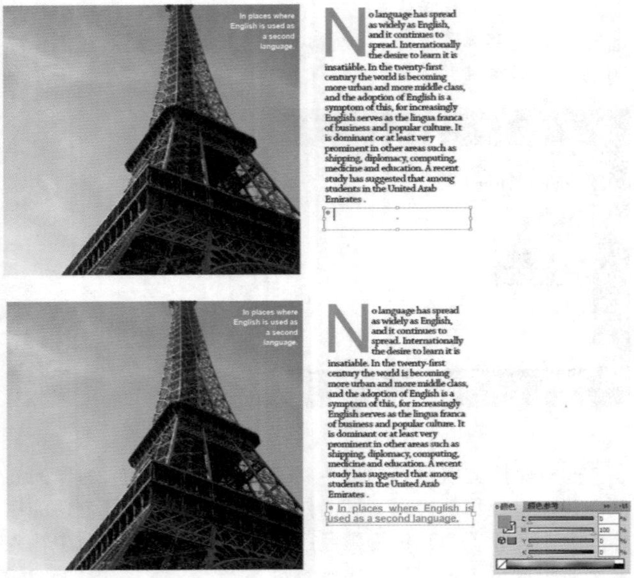

图11—264

步骤20 执行“文件>置入”命令，置入一幅图像，并调整至适当大小，如图11-265所示。

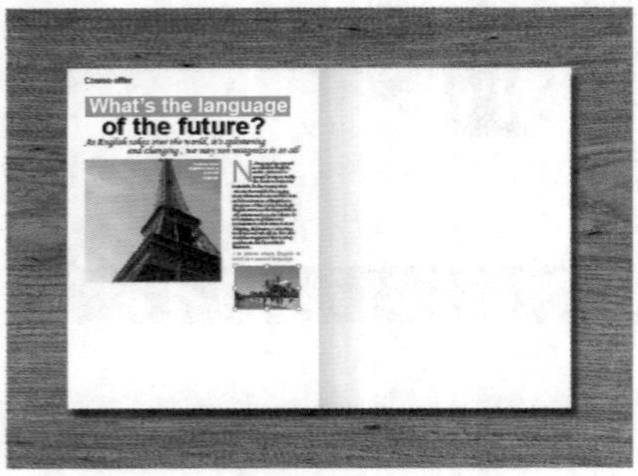

图11—265

步骤21 单击工具箱中的“矩形工具”按钮，在置入的图像上绘制一个稍大一些的白色矩形，并将其放置图像下层。执行“效果>风格化>投影”命令，在弹出的“投影”对话框中设置相关参数，然后单击“确定”按钮，如图11-266所示。

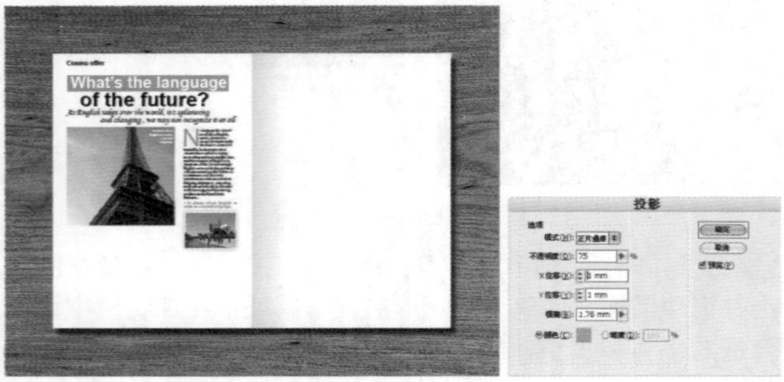

图11—266

步骤22 单击工具箱中的“选择工具”按钮，框选图像和矩形；单击鼠标右键，在弹出的快捷菜单中执行“编组”命令；再将光标放到定界框的边缘，单击鼠标左键将其旋转，如图11-267所示。

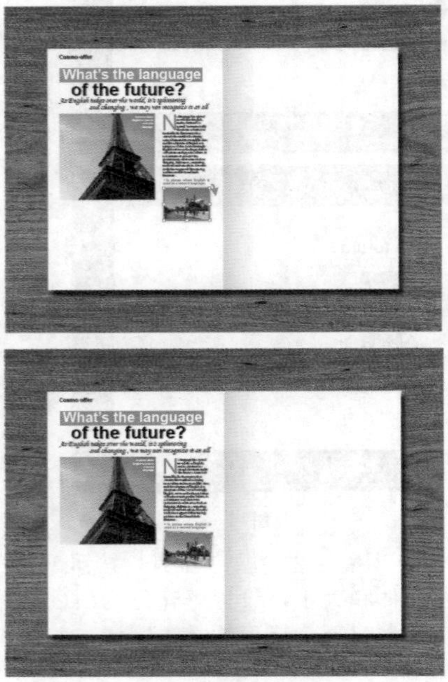

图11—267

步骤23 使用同样的方法导入另一幅图像，并绘制矩形边框以及投影效果，如图11-268所示。

步骤24 单击工具箱中的“柱形图工具”按钮，在空白处单击并向右下方拖动鼠标，松开鼠标左键后打开柱形图设置窗口，从中设置柱形图的相应参数，然后单击“应用”按钮，如图11-269所示。

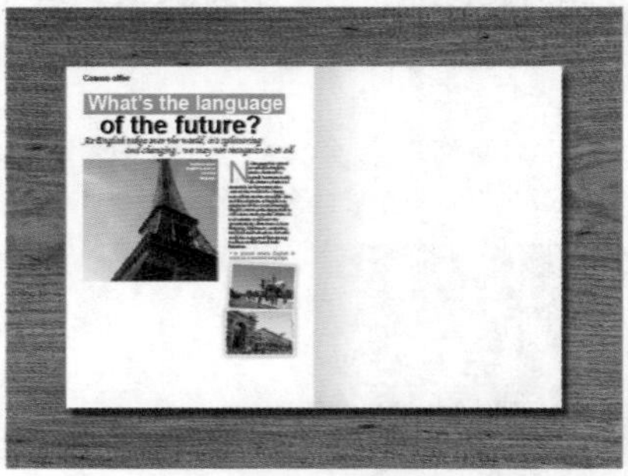

图11—268

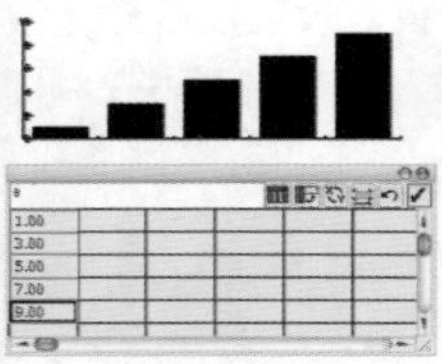

图11—269

步骤25 单击工具箱中的“选择工具”按钮，选择柱形图，设置填充色为蓝色，如图11-270所示。

步骤26 单击工具箱中的“文字工具”按钮，在柱形图下方单击鼠标左键，再在控制栏中设置合适的字体和大小，输入文字，如图11-271所示。

图11-270

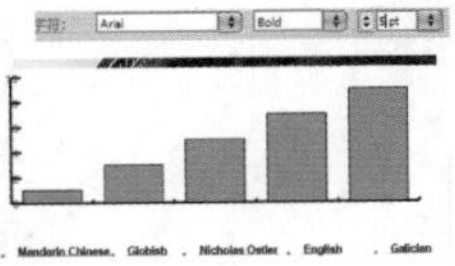

图11-271

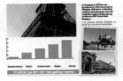

图11-274

步骤27 单击工具箱中的"矩形工具"按钮□，在文字下方适当的位置绘制一个矩形；然后执行"窗口>颜色"命令，打开"颜色"面板，设置填充色为粉色，如图11-272所示。

图11-272

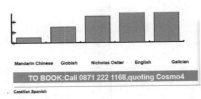

图11-275

步骤31 使用文字工具在底部空白处创建一个矩形的文本区域，再在控制栏中选择合适的字体和大小，设置填充色为黑色；然后输入文字，如图11-276所示。

步骤28 单击工具箱中的"文字工具"按钮 T，在粉色矩形上单击鼠标左键，再在控制栏中选择合适的字体和大小，设置填充色为白色，然后输入文字，如图11-273所示。

图11-273

步骤29 单击工具箱中的"直线段工具"按钮 ＼，在矩形框下方单击鼠标左键，然后按住Shift键向右拖动鼠标绘制一条直线。执行"窗口>颜色"命令，打开"颜色"面板，设置填充色为粉色，描边色为粉色。再次执行"窗口>描边"命令，打开"描边"面板，设置"粗细"为0.5pt，如图11-274所示。

步骤30 单击工具箱中的"文字工具"按钮，在空白处单击鼠标左键；再在控制栏中选择合适的字体和大小，设置填充色为黑色；然后输入文字，如图11-275所示。

图11-276

步骤32 执行"窗口>文字>段落"命令，打开"段落"面板，设置段首间距为32pt，如图11-277所示。

图11-277

步骤33 单击工具箱中的"文字工具"按钮 T，在下方空白处单击鼠标左键；再在控制栏中选择合适的字体和大小，设置填充色为黑色；然后输入文字，如图11-278所示。

步骤34 单击工具箱中的"钢笔工具"按钮 ，在画板右侧绘制一个形状；然后执行"窗口>颜色"命令，打开"颜色"面板，设置填充色为橙色，如图11-279所示。

图11-278

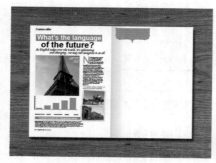

图11-279

图11-282

步骤35 ▶ 单击工具箱中的"文字工具"按钮,在橙色形状上单击鼠标左键;再在控制栏中设置合适的字体和大小;然后输入文字,如图11-280所示。

步骤38 ▶ 保持文字工具的选中状态,将要改变颜色和字体的文字选中,在控制栏中更改字体、字号和填充色,如图11-283所示。

图11-283

图11-280

步骤39 ▶ 按照上述相同的方法改变其他文字,效果如图11-284所示。

步骤40 ▶ 继续使用文字工具在下方空白处输入其他文字,如图11-285所示。

图11-284 图11-285

步骤36 ▶ 保持文字工具的选中状态,在空白处单击并拖动鼠标,创建一个矩形的文本区域;再在控制栏中选择合适的字体和大小,设置填充色为黑色;然后输入文字,如图11-281所示。

步骤41 ▶ 单击工具箱中的"直线段工具"按钮,在画板右侧单击鼠标左键,然后按住Shift键向下拖动鼠标,绘制一条直线;在控制栏中设置描边色为黑色,"粗细"为0.5pt,效果如图11-286所示。

图11-281

步骤37 ▶ 当文字输入过多时,在文本区域的右下角将出现⊞标记。将光标放到标记上并单击,再在文本区域右边拖动鼠标绘制一个新的文本区域,如图11-282所示。

图11-286

步骤42 单击工具箱中的"钢笔工具"按钮 ，在画板右侧绘制一个不规则图形。执行"窗口>颜色"命令，打开"颜色"面板，设置填充色为蓝色，如图11-287所示。

图11-287

步骤43 单击工具箱中的"文字工具"按钮 ，在不规则图形上单击鼠标左键，输入两组文字，如图11-288所示。

图11-288

步骤44 继续使用文字工具在图形下方输入3组装饰文字，如图11-289所示。

图11-289

步骤45 执行"文件>置入"命令，置一幅图像，并调整到适当大小。单击工具箱中的"钢笔工具"按钮 ，绘制一个四边形。单击工具箱中的"选择工具"按钮 ，框选图像和四边形，然后单击鼠标右键，在弹出的快捷菜单中执行"建立剪切蒙版"命令，如图11-290所示。

图11-290

步骤46 单击工具箱中的"椭圆工具"按钮 ，在图像的左侧绘制一个正圆，并填充为黑色，如图11-291所示。

图11-291

步骤47 使用文字工具在圆形上输入两组文字，如图11-292所示。

图11-292

步骤48 单击工具箱中的"矩形工具"按钮 ▭，在底部绘制一个适当大小的矩形，并填充为粉色，如图11-293所示。

步骤49 使用文字工具在矩形上单击鼠标输入文字，如图11-294所示。

图11-293　　　　　　　　　图11-294

步骤50 单击工具箱中的"选择工具"按钮，选中文字和矩形，然后将光标放置到定界框的边缘，旋转定界框，如图11-295所示。

图11-295

步骤51 使用选择工具选中左侧页面的页眉与页脚，按住Shift+Alt键的同时向右拖动进行复制，并摆放在合适位置，如图11-296所示。

图11-296

步骤52 至此，完成杂志的排版，最终效果如图11-297所示。

图11-297

读书笔记

Chapter 12
第12章

符号

　　在平面设计中经常会遇到需要在画面中出现大量重复对象的情况，如果使用"复制"、"粘贴"命令进行重复的制作不仅浪费时间，还会造成系统资源的浪费。在Illustrator中引入了"符号"这一概念，在这里符号是指在文档中可以重复使用的对象。每个"符号"实例都链接到"符号"面板中的符号或符号库。而将"符号"应用到画面中就需要使用到"符号喷枪"工具，"符号喷枪"工具就像一个粉雾喷枪，可快捷方便地将大量相同的对象添加到画板上。

本章学习要点：
- 熟悉"符号"面板与符号库的操作方法
- 掌握符号工具组的使用

12.1 了解Illustrator中的符号

在平面设计中经常会遇到需要在画面中出现大量重复对象的情况，如果使用"复制"、"粘贴"命令进行重复的制作不仅浪费时间，还会造成系统资源的浪费。在Illustrator中引入了"符号"这一概念，在这里符号是指在文档中可以重复使用的对象。每个"符号"实例都链接到"符号"面板中的符号或符号库。而将"符号"应用到画面中就需要使用到"符号喷枪"工具，"符号喷枪"工具就像一个粉雾喷枪，可快捷方便地将大量相同的对象添加到画板上。如图12-1所示为使用到符号工具进行制作的作品。

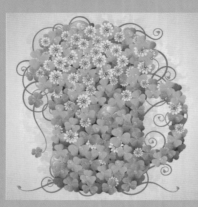

图12-1

12.2 认识"符号"面板

在应用符号对象时，必须要使用到的组件就是"符号"面板，该面板用于载入符号、创建符号、应用符号以及编辑符号。执行"窗口>符号"命令，或使用快捷键Shift+Ctrl+F11可打开该面板，在该面板中可以选择不同类型的符号，也可以对符号库类型进行更改，还可以对符号进行编辑，如图12-2所示。

图12-2

12.2.1 更改"符号"面板的显示效果

单击面板右侧的 ≡ 按钮，在面板菜单中包含3种可选的视图显示方式，即缩览图视图、小列表视图和大列表视图，如图12-3所示。

- 缩览图视图：使用该选项可以显示符号缩览图，也是默认的显示方式，如图12-4所示。

- 小列表视图：使用该选项显示带有小缩览图的命名符号的列表，如图12-5所示。

- 大列表视图：使用该选项显示带有大缩览图的命名符号的列表，如图12-6所示。

在面板菜单中选择"按名称排序"命令，则可以以按字母的顺序列出符号，如图12-7所示。

图12-3

图12-4

图12-5

图12-6

图12-7

12.2.2 使用"符号"面板置入符号

在"符号"面板或符号库中可以直接置入符号到文件中。从"符号"面板中选中某个符号，并单击该面板中的"置入符号实例"按钮，即可将所选符号置入画板的中心位置。也可以直接选择符号，将符号拖动到在画板上显示的位置，如图12-8所示。

图12-8

案例效果

案例效果如图12-9所示。

图12-9

操作步骤

步骤01 打开背景素材，执行"窗口>符号"命令，打开"符号"面板，从该面板中选中"长沙发"符号，并单击该面板中的"置入符号实例"按钮，即可将所选符号置入画板的中心位置，如图12-10所示。

图12-10

技巧提示

默认情况下，"符号"面板中显示的符号很少，可以单击"符号库菜单"按钮，在弹出的菜单中选择相应符号库的库，本案例中选取的是"提基"，在弹出的"提基"面板中单击所需符号缩览图，即可将该符号添加到"符号"面板中，如图12-11所示。

图12-11

步骤02 由于该"长沙发"符号默认的尺寸和放置位置与背景不符，所以需要将其选中并适当放大，然后移动到合适位置，如图12-12所示。

图12-12

步骤03 直接选择"马提尼酒"符号，并将该符号拖动到在画板上显示的位置，如图12-13所示。

图12-13

步骤04 选中"马提尼酒"符号，执行"编辑>复制"命令，再次执行"编辑>粘贴"命令，复制出另一个并适当缩放，然后摆放在附近，如图12-14所示。

图12-14

12.2.3 创建新符号

虽然Illustrator CS5中内置了丰富的"符号"素材，但是用户仍可以自行定义所需符号。首先选中要用作符号的图形，然后单击"符号"面板中的"新建符号"按钮或者将图稿拖动到"符号"面板，如图12-15所示。

弹出"符号选项"对话框，在这里可以对新建符号的名称、类型等参数进行相应的设置，接着在"符号"面板中会出现一个新符号，如图12-16所示。

- 名称：设置新符号的名称。

- 类型：选择作为影片剪辑或图形的符号类型。"影片剪辑"在Flash和Illustrator中是默认的符号类型。

图12-15

图12-16

- 套版色：在注册网格上指定要设置符号锚点的位置。锚点位置将影响符号在屏幕坐标中的位置。

- 如果要在 Flash 中使用 9 格切片缩放，选中"启用 9 格切片缩放的参考线"复选框。

- 选中"对齐像素网格"复选框，可以对符号应用像素对齐属性。

技巧提示

位图也可以被定义为符号，导入位图素材后，需要在控制栏中单击"嵌入"按钮，然后按照上述创建新符号的方式即可将位图定义为符号使用。

12.2.4 断开符号链接

在Illustrator中符号对象是不能够直接进行路径编辑的，当画面中包含符号对象时，断开符号链接即可将符号转换为可以编辑操作的路径。选择一个或多个符号实例，单击"符号"面板或"控制"面板中的"断开链接"按钮，或从面板菜单中选择"断开链接"选项，如图12-17所示。

另外，使用"扩展"命令也可以达到相同目的，选中对象后执行"对象>扩展"命令，并在"扩展"对话框中选择需要扩展的对象，单击"确定"按钮完成操作，如图12-18所示。

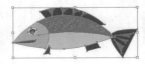 

图12-17

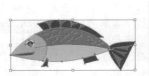 

图12-18

12.3 认识符号库

符号库是预设符号的集合。打开的符号库将被显示在新的面板中，而不是原有的"符号"面板中。打开"符号库"面板后可以在符号库中选择、排序和查看符号项目，其操作与在"符号"面板中的操作一样，如图12-19所示。

图12-19

● 单击"符号库菜单"按钮，在弹出的菜单中选择不同的选项，可以打开其他的符号库。

● 单击"加载上/下一个符号库"按钮，可以在相邻的符号库之间进行切换。

执行"窗口>符号库"命令，在子菜单中选择需要的符号库命令，即可打开相应的"符号库"面板。也可以单击"符号"面板上的"符号库菜单"按钮，并从显示的列表中选择一个库，如图12-20所示。

在该菜单中调出的符号库不可以进行任何的修改，单击符号库中的符号即可将该符号添加到"符号"面板中，添加到"符号"面板中即可对该符号进行修改或置入等操作。在"符号库"面板中也可以通过拖动的方式将符号置入到画面中，如图12-21所示。

图12-20

图12-21

 技巧提示

执行"窗口>符号库>其他库"命令或从"符号"面板菜单中选择"打开符号库>其他库"命令。然后选择要从中导入符号的文件，单击"打开"按钮，导入的符号将显示在"符号库"面板中，如图12-22所示。

图12-22

12.4 符号工具组

Illustrator中的"符号工具组"中包含8种工具，不仅用于将符号置入到画面上，还包括多种用于调整符号间距、大小、颜色、样式的工具。配合多种工具的使用能够制作出丰富多彩的画面效果。如图12-23所示为使用该工具组制作的作品以及符号工具组的工具。

图12-23

12.4.1 符号工具选项设置

在使用各种符号工具前一般要进行相应的设置。通过双击工具箱中的"符号工具"按钮，弹出"符号工具选项"对话框。"直径"、"强度"和"符号组密度"等常规选项即出现在对话框顶部。特定于某一工具的选项则出现在对话框底部。在该对话框中可以通过单击不同的工具按钮，对不同的符号工具进行调整，如图12-24所示。

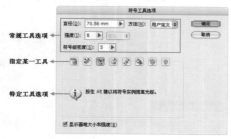

图12-24

- 直径：指定工具的画笔大小。
- 强度：指定更改的速率，值越大，更改越快。或选择"使用压感笔"以使用输入板或光笔的输入。
- 符号组密度：指定符号组的吸引值，值越大，符号实例堆积密度越大。
- 方法：指定"符号紧缩器"、"符号缩放器"、"符号旋转器"、"符号着色器"、"符号滤色器"和"符号样式器"工具调整符号实例的方式。
- 显示画笔大小和强度：使用工具时显示大小。

12.4.2 使用符号喷枪工具

在Illustrator软件中的符号喷枪工具，可以非常快捷地将相同或不同的符号实例放置到画板中，如图12-25所示。

图12-25

 读书笔记

Illustrator CS5 从入门到精通

技术拓展：符号喷枪工具参数设置

仅当选择"符号喷枪工具"时，符号喷枪选项才会显示在"符号工具选项"对话框的常规选项下，并控制新符号实例添加到符号集的方式。每个参数都包含两个选项：选择"平均"为添加一个新符号，具有画笔半径内现有符号实例的平均值；选择"用户定义"为每个参数应用特定的预设值，如图12-26所示。

图12-26

- "紧缩"预设为基于原始符号大小。
- "大小"预设为使用原始符号大小。
- "旋转"预设为使用鼠标方向（如果鼠标不移动则没有方向）。
- "滤色"预设为使用100%不透明度。
- "染色"预设为使用当前填充颜色和完整色调量。
- "样式"预设为使用当前样式。

步骤01 首先在"符号"面板中选择一个符号，然后单击工具箱中的"符号喷枪工具"按钮，在要进行放置符号实例出现的位置上单击或在此位置拖动鼠标。在所经过的位置上将按照相应的设置进行实例的摆放，如图12-27所示。

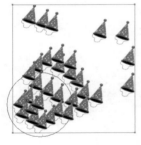

图12-27

步骤02 若要在现有组中添加或删除符号实例。选择现有符号集，然后单击工具箱中的"符号喷枪工具"按钮，并在"符号"面板中选择一个符号。当要添加符号实例时，单击或拖动新实例显示的位置，如图12-28所示。

图12-28

步骤03 当要删除符号实例时，在单击或拖动要删除实例的位置时按住Alt键即可删除光标行进路径上的符号，如图12-29所示。

按住Alt键单击/拖动光标

图12-29

12.4.3 使用符号移位器工具

使用符号移位器工具可以更改符号组中符号实例的位置和堆叠顺序。

步骤01 首先需要选中要调整的实例组，单击工具箱中的"符号移位器工具"按钮，然后单击并向希望符号实例移动的方向拖动鼠标即可，如图12-30所示。

图12-30

步骤03 ▶ 要将符号实例排列顺序后置，需要按住Alt键和Shift键并单击符号实例，如图12-32所示。

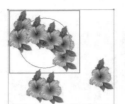

图12-31

图12-32

12.4.4 使用符号紧缩器工具

符号紧缩器工具主要用于调整符号分布的密度，也就是说，使用该工具可以使符号实例更集中或更分散。

首先选中要调整的符号实例组，单击工具箱中的"符号紧缩器工具"按钮 ，然后在希望距离靠近的符号实例的区域单击或拖动，即可使这部分符号实例靠近，如图12-33所示。

如果按住Alt键并单击或拖动，可以使这部分符号实例相互远离，如图12-34所示。

图12-33

图12-34

📖 读书笔记

12.4.5 使用符号缩放器工具

符号缩放器工具可以调整符号实例的大小。首先选中要调整的符号实例组，单击工具箱中的"符号缩放器工具"按钮 ，然后单击或拖动要增大符号实例大小的区域，即可将该部分符号增大。如果按住Alt键，并单击或拖动可以减小符号实例大小。按住Shift键单击或拖动可以在缩放时保留符号实例的密度，如图12-35所示。

图12-35

技术拓展：符号缩放器工具参数设置

仅在选择符号缩放器工具时，符号缩放器选项才会显示在"符号工具选项"对话框的常规工具选项下，如图12-36所示。

- 等比缩放：保持缩放时每个符号实例形状一致。
- 调整大小影响密度：放大时，使符号实例彼此远离；缩小时，使符号实例彼此靠拢。

图12-36

12.4.6　使用符号旋转器工具

符号旋转器工具可以旋转符号实例。保持要调整的实例组的选中状态，单击工具箱中的按钮，然后单击或拖动希望符号实例朝向的方向，如图12-37所示。

读书笔记

图12-37

12.4.7　使用符号着色器工具

符号着色器工具可以将文档中所选符号进行着色。根据单击的次数不同，着色的颜色深浅也会不同。单击次数越多，颜色变化越大，如果按住Alt键的同时单击则会减小颜色变化。如图12-38所示为使用该工具制作的作品。

保持要调整的实例组的选中状态，在"颜色"面板中选择要用作上色颜色的填充颜色。单击工具箱中的"符号着色器工具"按钮，单击或拖动要使用上色颜色着色的符号实例，上色量逐渐增加，符号实例的颜色逐渐更改为选定的上色颜色，如图12-39所示。

如果按住Alt键并单击或拖动可以减少着色量并显示更多原始符号颜色，如图12-40所示。

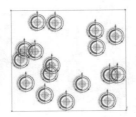

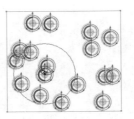

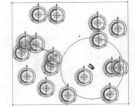

图12-38　　　　　　　　　　　　　　　　　　　　图12-39　　　　　　　　　　　　图12-40

12.4.8　使用符号滤色器工具

符号滤色器工具可以改变文档中所选符号的不透明度。保持要调整的实例组的选中状态，单击工具箱中的"符号滤色器工具"按钮，在符号上单击或拖动即可增加符号透明度，使其变为透明效果，如图12-41所示。

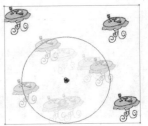

图12-41

如果按住Alt键并单击或拖动，可以减少符号透明度，使其变得更不透明，如图12-42所示。

图12-42

12.4.9 使用符号样式器工具

符号样式器工具可以配合"图形样式"面板使用在符号实例上来添加或删除图形样式。

步骤01 执行"窗口>图形样式"命令，打开"图形样式"面板，保持要调整的实例组的选中状态，如图12-43所示。

步骤02 单击工具箱中的"符号样式器工具"按钮，然后在"图形样式"面板中选择一个图形样式，如图12-44所示。

步骤03 在要进行附加样式的符号实例对象上单击并按住鼠标左键，即可在符号中出现样式效果，如图12-45所示。

图12-43

图12-44

图12-45

实例练习——使用符号工具制作大树

案例文件	实例练习——使用符号工具制作大树.ai
视频教学	实例练习——使用符号工具制作大树.flv
难易指数	★★★★★
知识掌握	符号喷枪工具、符号移位器工具、符号紧缩器工具、符号旋转器工具、符号着色器工具

案例效果

案例效果如图12-46所示。

图12-46

操作步骤

步骤01 选择"文件>新建"命令或按Ctrl+N组合键新建一个文档，具体参数设置如图12-47所示。

图12-47

步骤02 执行"窗口>符号"命令，打开"符号"面板，单击"符号库菜单"按钮，在弹出的菜单中选择"自然"符号库，在弹出的"自然"符号库面板中单击"叶子3"符号缩览图，即可将该符号添加到"符号"面板中，如图12-48所示。

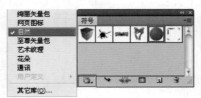

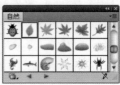

图12-48

步骤03 ▶ 单击工具箱中的"符号喷枪工具"按钮，拖动鼠标在画板上绘制出多个树叶符号，如图12-49所示。

步骤04 ▶ 单击工具箱中的"符号移位器工具"按钮，向希望树叶移动的方向拖动鼠标，调整树叶位置，如图12-50所示。

图12-49 　　　　　　　　　　图12-50

步骤05 ▶ 再使用"符号紧缩器工具"按钮，在需要使树叶聚集的区域单击，即可使这部分树叶分布得更紧密，如图12-51所示。

步骤06 ▶ 使用"符号缩放器工具"按钮，单击增大一些树叶，按住Alt键单击减小一些树叶，使树叶呈现出大小不同的效果，如图12-52所示。

图12-51 　　　　　　　　　　图12-52

步骤07 ▶ 使用"符号旋转器工具"按钮，拖动鼠标更改树叶旋转角度，如图12-53所示。

图12-53

步骤08 ▶ 执行"窗口>颜色"命令，打开"颜色"面板，选择深绿色。然后再保持要调整树叶的选中状态，使用"符号着色器工具"按钮，拖动鼠标进行上色，如图12-54所示。

图12-54

步骤09 ▶ 复制当前树叶符号集，并等比缩放摆在中心，增加树叶数量，如图12-55所示。

步骤10 ▶ 保持副本的选中状态，继续在"颜色"面板选择浅一些的绿色。使用"符号着色器工具"按钮拖动鼠标进行上色。此时树叶呈现多种颜色，增强了空间感，如图12-56所示。

图12-55 　　　　　　　　　　图12-56

步骤11 ▶ 采用同样的方法再次创建颜色更浅的树叶符号。至此，树冠上一个区域内的树叶就完成了，如图12-57所示。

图12-57

步骤12 ▶ 按照上述同样的方法制作多个区域树叶，再调整合适的大小和位置，摆放成完整的树冠形态。然后导入背景素材，最终效果如图12-58所示。

图12-58

Chapter 13
第13章

创建与编辑图表

为了获得更加精确、直观的效果，在对各种数据进行统计和比较时，经常运用图表的方式。Illustrator软件中提供了丰富的图表类型和强大的图表功能，使其在运用图表进行数据统计和比较时更加方便、快捷。

本章学习要点：

- 掌握图表工具的使用方法
- 掌握创建图表的使用方法
- 掌握自定义图表工具的使用方法

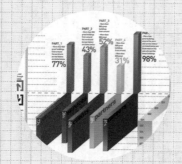

13.1 创建图表

为了获得更加精确、直观的效果，在对各种数据进行统计和比较时，经常运用图表的方式。Illustrator软件中提供了丰富的图表类型和强大的图表功能，使其在运用图表进行数据统计和比较时更加方便、快捷，如图13-1所示。

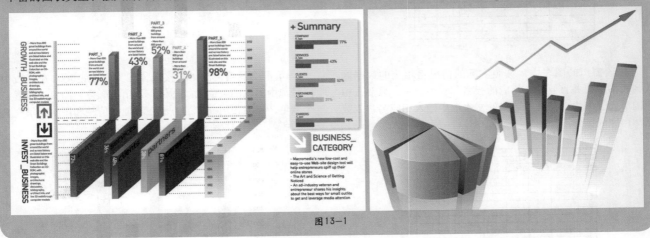

图13-1

13.1.1 输入图表数据

可以使用"图表数据"窗口来输入图表的数据。使用图表工具时会自动显示"图表数据"窗口，也可以执行"对象>图表>数据"命令，除非将其关闭，否则此窗口将保持打开状态，如图13-2所示。

- 单击将成为导入数据的左上单元格的单元格，然后单击"导入数据"按钮，并选择文本文件。
- 如果不小心输反图表数据（即在行中输入了列的数据，或者相反），则单击"换位"按钮以切换数据行和数据列。
- 要切换散点图的 X 轴和 Y 轴，单击"切换X/Y"按钮即可。
- 单击"应用"按钮，或者按住Enter键，以重新生成图表。

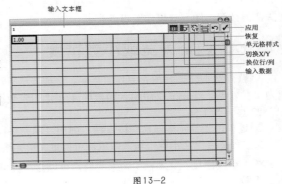

图13-2

理论实践——使用图表标签

标签是说明下面两方面的文字或数字，要比较的数据组和要比较的种类。对于柱形、堆积柱形、条形、堆积条形、折线、面积和雷达图，可以在工作表中输入标签。如果希望 Illustrator 为图表生成图例，那么需删除左上单元格的内容并保留此单元格为空白，如图13-3所示。

图13-3

13.1.2 创建图表

柱形图工具创建的图表可用垂直柱形来比较数值。单击工具箱中的"柱形图工具"按钮，在画板中拖动绘制出一个矩形，松开鼠标时，弹出"图表数据"窗口，该窗口用于输入图表的数据，如图13-4所示。

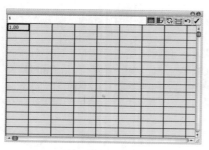

图13-4

在该窗口的图表中，按照实际的情况将相应的数据输入到表格中，并且要输入相应的行名称和列名称。只要在相应的单元上单击，并且在顶部的文本框中输入相应名称或数据即可完成操作，如图13-5所示。

图13-5

单击"图表数据"窗口中的"应用"按钮✓，并单击"关闭"按钮，图表效果如图13-6所示。

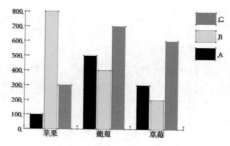

图13-6

单击工具箱中的"直接选择工具"按钮，在画板中同时选中黑色的数值轴及图例，调出"颜色"面板，设置一个颜色。然后使用同样的方法在其他数值轴和图例上填充其他颜色，如图13-7所示。

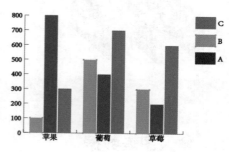

图13-7

13.1.3 调整列宽或小数精度

调整列宽不会影响图表中列的宽度。这种方法只可用来在列中查看更多或更少的数字。由于默认值为 2 位小数，在单元格中输入的数字 4 在"图表数据"窗口中显示为 4.00，在单元格中输入的数字 1.55823 显示为 1.56。

图13-8

通过单击"单元格样式"按钮，弹出"单元格样式"对话框，对其进行相应的设置，如图13-8所示。

🔘 在"列宽度"文本框中输入数值，可以定义单元格的位数宽度，设置完毕后单击"确定"按钮即可。

🔘 在"小数位数"文本框中输入数值，可以定义数值小数的位置，如果没有输入小数部分，软件将会自动添加相应位数的小数。

13.2 图表工具

使用图表工具可以可视方式交流统计信息。在 Adobe Illustrator 中，可以创建9种不同类型的图表并自定这些图表以满足需要。单击并按住"工具"面板中的图表工具，可查看创建的所有不同类型的图表，如图13-9所示。

图13-9

13.2.1 柱形图工具

柱形图是Illustrator默认的图表类型，它通过柱形图长度与数据数值成比例的垂直矩形，表示一组或多组数据之间的相互关系。柱形图可以将数据表中的每一行数据放在一起，供用户进行比较（如图13-6所示）。该类型的图表将事物随时间的变化趋势很直观地表现出来。

13.2.2　堆积柱形图工具

　　堆积柱形图工具创建的图表与柱形图类似，但是它将各个柱形堆积起来，而不是互相并列。这种图表类型可用于表示部分和总体的关系。单击工具箱中的"堆积柱形图工具"按钮，在画板中拖动绘制出一个矩形，松开鼠标时，弹出"图表数据"窗口，在该窗口的图表中输入相应的数据。然后单击"图表数据"窗口中的"应用"按钮，并使用"颜色"面板进行颜色调整，如图13-10所示。

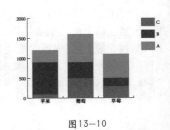

图13-10

13.2.3　条形图工具

　　条形图工具创建的图表与柱形图类似，但是水平放置条形而不是垂直放置柱形。单击工具箱中的"条形图工具"按钮，在画板中拖动绘制出一个矩形，松开鼠标时，弹出"图表数据"窗口，在该窗口的图表中输入相应的数据。然后单击"图表数据"窗口中的"应用"按钮，并使用"颜色"面板进行颜色调整，如图13-11所示。

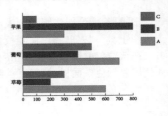

图13-11

13.2.4　堆积条形图工具

　　堆积条形图工具创建的图表与堆积柱形图类似，但是条形是水平堆积而不是垂直堆积。单击工具箱中的"堆积条形图工具"按钮，在画板中拖动绘制出一个矩形，松开鼠标时，弹出"图表数据"窗口，在该窗口的图表中输入相应的数据。然后单击"图表数据"窗口中的"应用"按钮，并使用"颜色"面板进行颜色调整，如图13-12所示。

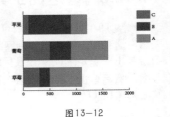

图13-12

13.2.5　折线图工具

　　折线图工具创建的图表使用点来表示一组或多组数值，并且对每组中的点都采用不同的线段来连接。这种图表类型通常用于表示在一段时间内一个或多个主题的趋势。单击工具箱中的"折线图工具"按钮，在画板中拖动绘制出一个矩形，松开鼠标时，弹出"图表数据"窗口，在该窗口的图表中输入相应的数据。然后单击"图表数据"窗口中的"应用"按钮，并使用"颜色"面板进行颜色调整，如图13-13所示。

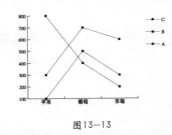

图13-13

13.2.6　面积图工具

　　面积图工具创建的图表与折线图工具类似，但是它强调数值的整体和变化情况。单击工具箱中的"面积图工具"按钮，在画板中拖动绘制出一个矩形，松开鼠标时，弹出"图表数据"窗口，在该窗口的图表中输入相应的数据。然后单击"图表数据"窗口中的"应用"按钮，并使用"颜色"面板进行颜色调整，如图13-14所示。

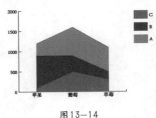

图13-14

13.2.7 散点图工具

散点图工具创建的图表沿 X 轴和 Y 轴将数据点作为成对的坐标组进行绘制。散点图可用于识别数据中的图案或趋势。它们还可表示变量是否相互影响。单击工具箱中的"散点图工具"按钮 ▦，在画板中拖动绘制出一个矩形，松开鼠标时，弹出"图表数据"窗口，在该窗口的图表中输入相应的数据。然后单击"图表数据"窗口中的"应用"按钮 ✓，并使用"颜色"面板进行颜色调整，如图13-15所示。

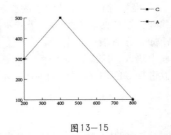

图13-15

13.2.8 饼图工具

饼图工具可创建圆形图表，它的楔形表示所比较的数值的相对比例。单击工具箱中的"饼图工具"按钮 ◉，在画板中拖动绘制出一个饼形，松开鼠标时，弹出"图表数据"窗口，在该窗口的图表中输入相应的数据。然后单击"图表数据"窗口中的"应用"按钮 ✓，并使用"颜色"面板进行颜色调整，如图13-16所示。

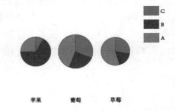

图13-16

13.2.9 雷达图工具

雷达图工具创建的图表可在某一特定时间点或特定类别上比较数值组，并以圆形格式表示。这种图表类型也称为网状图。单击工具箱中的"雷达图工具"按钮 ◉，在画板中拖动绘制出一个矩形，松开鼠标时，弹出"图表数据"窗口，在该窗口的图表中输入相应的数据。然后单击"图表数据"窗口中的"应用"按钮 ✓，并使用"颜色"面板进行颜色调整，如图13-17所示。

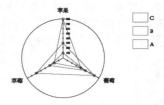

图13-17

实例练习——制作堆积柱形图和饼图

案例文件	实例练习——制作堆积柱形图和饼图.ai
视频教学	实例练习——制作堆积柱形图和饼图.flv
难易指数	★★★★★
知识掌握	堆积柱形图工具、饼图工具

案例效果

案例效果如图13-18所示。

图13-18

操作步骤

步骤01 执行"文件>新建"命令或按Ctrl+N组合键新建一个文档，具体参数设置如图13-19所示。

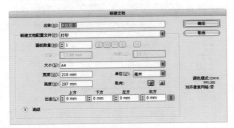

图13-19

步骤02 单击"堆积柱形图工具"按钮 🔢，在画板中拖动绘制堆积柱形图，松开鼠标时，弹出"图表数据"窗口，在该窗口的图表中输入相应的数据。然后单击"图表数据"窗口中的"应用"按钮 ✔，如图13-20所示。

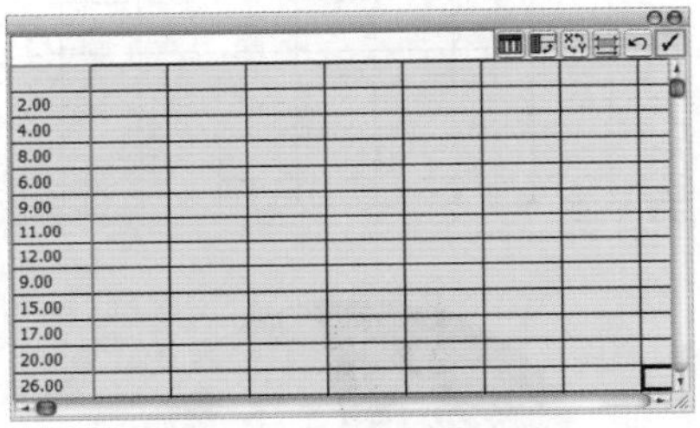

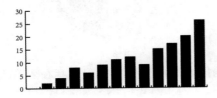

图13-20

步骤03 此时的堆积柱形图效果如图13-21所示。

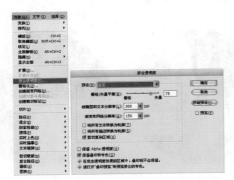

图13-21

步骤04 执行"对象>拼合透明度"命令，并在弹出的对话框中进行设置，单击"确定"按钮完成操作，如图13-22所示。

图13-22

步骤05 执行"对象>扩展"命令，并在弹出的对话框中单击"确定"按钮，如图13-23所示。

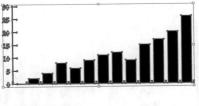

图13-23

步骤06 选择柱形图，并单击鼠标右键，在弹出的快捷菜单中执行"取消编组"命令，如图13-24所示。

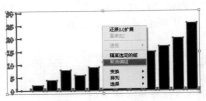

图13-24

步骤07 此时可以单独选择柱形图的每一个部分。选择每一个柱形的边框和柱形与柱形之间的小标志，并按Delete键删除，目的是使柱形看起来更整齐、简洁，如图13-25所示。

图13-25

步骤08 依次选择每一个柱形，并填充渐变颜色，如图13-26所示。

图13-26

步骤09 使用钢笔工具并绘制一条转折的路径。单击控制栏中的"描边"按钮，在打开的"描边"面板中设置"粗细"为0.7pt，并设置合适的箭头，如图13-27所示。

图13-27

步骤10 单击工具箱中的"饼图工具"按钮，在画板中拖动绘制出一个饼形，松开鼠标时，弹出"图表数据"窗口，在该窗口的图表中输入相应的数据。然后单击"图表数据"窗口中的"应用"按钮，如图13-28所示。

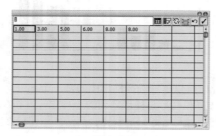

图13-28

步骤11 此时的饼形图效果如图13-29所示。

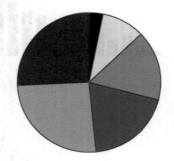

图13-29

步骤12 执行"对象>拼合透明度"命令，并在弹出的对话框中单击"确定"按钮，如图13-30所示。

图13-30

步骤13 执行"对象>扩展"命令，并在弹出的对话框中单击"确定"按钮，如图13-31所示。

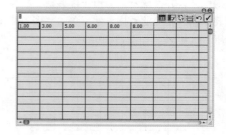

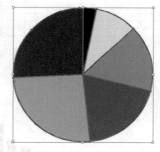

图13-31

步骤14 选择此时的饼形图，并单击鼠标右键，在弹出的快捷菜单中执行"取消编组"命令，如图13-32所示。

步骤15 此时可以单独选择每一部分饼形。选择每一部分饼形的边框，并按Delete键删除，目的是使柱形看起来更整齐、简洁，如图13-33所示。

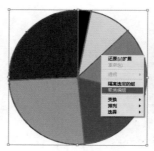

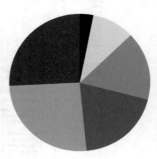

图13-32　　　　　　　　图13-33

步骤16 移动饼图中的每一个部分，使其出现缝隙效果，如图13-34所示。

步骤17 为饼图中的每一个部分填充渐变颜色，如图13-35所示。

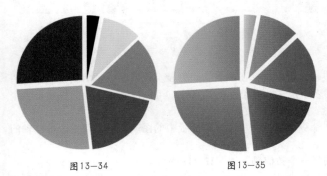

图13-34   图13-35

步骤18 使用钢笔工具绘制6条转折的路径，如图13-36所示。

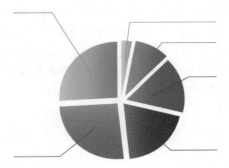

图13-36

步骤19 使用文字工具创建6组文字，如图13-37所示。

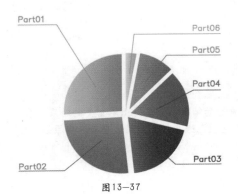

图13-37

步骤20 此时堆积柱形图和饼图效果如图13-38所示。

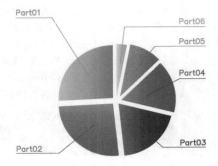

图13-38

步骤21 导入背景素材文件，并将其置于底层，如图13-39所示。

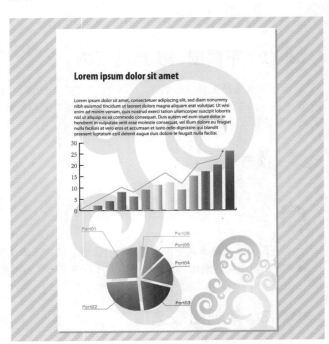

图13-39

13.3 编辑图表

创建图表后，可以使用多种方法来设置图表的格式，设置方法包括改变图表轴的外观和位置，添加投影、移动图例、组合显示不同的图表类型等。

13.3.1 定义坐标轴

除了饼图之外，所有的图表都有显示图表的测量单位的数值轴。可以选择在图表的一侧显示数值轴或者两侧都显示数值轴。条形、堆积条形、柱形、堆积柱形、折线和面积图也有在图表中定义数据类别的类别轴。可以控制每个轴上显示多少个刻度线，可以改变刻度线的长度，并将前缀和后缀添加到轴上的数字的相应位置。

首先使用选择工具选择图表，然后执行"对象>图表>类型"命令或者双击"工具"面板中的图表工具，要更改数值轴的位置，选择"数值轴"菜单中的选项，如图13-40所示。

要设置刻度线和标签的格式，从对话框顶部的弹出菜单中选择一个数值轴，如图13-41所示。

图13—40　　　　　　　　图13—41

- 刻度值：确定数值轴、左轴、右轴、下轴或上轴上的刻度线的位置。选中"忽略计算出的值"复选框，以手动计算刻度线的位置。创建图表时接受数值设置或者输入最小值、最大值和标签之间的刻度数量。
- 刻度线：确定刻度线的长度和刻度线/刻度的数量。
- 添加标签：确定数值轴、左轴、右轴、下轴或上轴上的数字的前缀和后缀。例如，可以将美元符号或百分号添加到轴数字。

13.3.2 不同图表类型的互换

通过使用选择工具选择图表，然后执行"对象>图表>类型"命令或者双击"工具"面板中的图表工具，在弹出的"图表类型"对话框中，单击与所需图表类型相对应的按钮，然后单击"确定"按钮，如图13-42所示。

图13—42

 读书笔记

 技巧提示

一旦用渐变的方式对图表对象进行上色，更改图表类型就会导致意外的结果。为了防止不需要的结果，需要到图表结束再应用渐变，或使用直接选择工具选择渐变上色的对象，并用印刷色上色这些对象，然后重新应用原始渐变。

13.3.3 常规图表选项

双击"工具"面板中的图表工具，在弹出的"图表类型"对话框中进行相应的设置，然后单击"确定"按钮，如图13-43所示。

- 数值轴：确定数值轴（此轴表示测量单位）出现的位置。
- 添加投影：为图表中的柱形、条形或线段后面以及整个饼图应用投影。

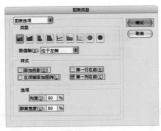

图13-43

● 在顶部添加图例：在图表顶部而不是图表右侧水平显示图例。

● 第一行在前："群集宽度"大于100%时，可以控制图表中数据的类别或群集重叠的方式。使用柱形图或条形图时，此选项最有帮助。

● 第一列在前：在顶部的"图表数据"窗口中放置与数据第一列相对应的柱形、条形或线段。该选项还可确定"列宽"大于100%时，柱形图和堆积柱形图中哪一列位于顶部；以及"条宽度"大于100%时，条形图和堆积条形图中哪一列位于顶部。

● 选项：在该选项组中，可以设置不同类型图表的参数。不同的图表类型，参数也不相同。

理论实践——添加投影

可以在图表中的柱形、条形或线段后面应用投影，也可以对整个饼图应用投影。使用选择工具选择图表，执行"对象>图表>类型"命令或者双击"工具"面板中的图表工具，在弹出的"图表类型"对话框中选中"添加投影"复选框，然后单击"确定"按钮，如图13-44所示。

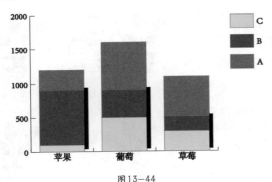

图13-44

读书笔记

13.4 自定义图表工具

可以用多种方式手动自定图表。可以更改底纹的颜色；可以更改字体和文字样式；可以移动、对称、切变、旋转或缩放图表的任何部分或所有部分，并自定列和标记的设计。可以对图表应用透明、渐变、混合、画笔描边、图表样式和其他效果。总之应该最后应用这些改变，因为重新生成图表将会删除它们。

13.4.1 改变图表中的部分显示

可以在一个图表中组合显示不同的图表类型。可以让一组数据显示为柱形图，而其他数据组显示为折线图。除了散点图之外，可以将任何类型的图表与其他图表组合。

选择绘制好的柱形图，单击工具箱中的"编组选择工具"按钮。然后单击要更改图表类型的数据的图例，在不移动图例的"编组选择工具"指针的情况下，再次单击选定用图例编组的所有柱形，如图13-45所示。

执行"对象>图表>类型"命令或者双击"工具"面板中的图表工具，在弹出的"图表类型"对话框中选择"折线图"，单击"确定"按钮，如图13-46所示。

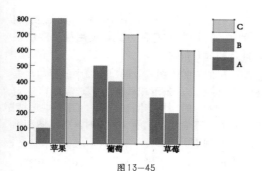

图13—45

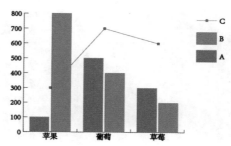

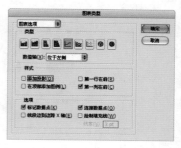

图13—46

 技巧提示

若要取消选择选定的组的部分，使用直接选择工具，并在按住Shift键的同时单击对象，即可取消对象。

13.4.2　定义图表图案

通过使用"符号"面板中的符号进行图表设计，使用原本单击的柱形图变换为更丰富的图案。

将"符号"面板调出，选择一个图案，然后按住鼠标左键不放将其拖拽到画板中，松开鼠标即可。使用选择工具选中符号，单击鼠标右键，在弹出的快捷菜单中执行"断开符号链接"命令，使符号变为一个图形，如图13-47所示。

图13—47

接着使用矩形工具绘制一个矩形框，该矩形是图表设计的边界，填充和描边为"无"。使用钢笔工具绘制一条水平线段来定义伸展或压缩设计的位置。选择设计的所有部分，包括水平线段。执行"对象>编组"命令，将设计分组，如图13-48所示。

图13—48　　　　图13—49

使用直接选择工具选择水平线段。执行"视图>参考线>建立参考线"命令，将水平线段转换为参考线。执行"视图>参考线>锁定参考线"命令，删除"锁定"旁边的勾选标记，这样可以解锁参考线。移动周围的设计以确保参考线和设计一起移动，如图13-49所示。

使用选择工具选择整个设计。执行"对象>图表>设计"命令，弹出"图表设计"对话框，单击"新建设计"按钮，所选设计的预览将会显示。单击"重命名"按钮将其重命名为"花盆"，如图13-50所示。

图13—50

13.4.3　使用图案来表现图表

图表图案定义完成后，将图案应用在图表中。双击任意一个图表工具，在画板中拖动绘制出一个矩形，松开鼠标时，弹出"图表数据"窗口，在该窗口的图表中输入相应的数据。然后单击"图表数据"窗口中的"应用"按钮✔，如图13-51所示。

使用选择工具选择图表，执行"对象>图表>柱形图"命令，弹出"图表列"对话框，在"选取列设计"列表框中选择"花盆"，在"列类型"下拉列表框中选择"局部缩放"选项，单击"确定"按钮，如图13-52所示。

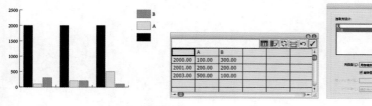

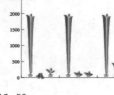

图13-51　　　　　　　　　　　　　　　　　　　　　　　　　图13-52

13.4.4　设计标记

在画板中选中要作为设计的图形对象，可以是任意对象，但是不能包含图表对象。执行"对象>图表>设计"命令，在弹出的"图表设计"对话框中单击"新建设计"按钮，所选设计的预览将会显示，单击"确定"按钮，如图13-53所示。

使用编组选择工具，选择要用设计取代的图表中的标记和图例。不要选择任何线段。执行"对象>图表>标记"命令，选择一个设计，然后单击"确定"按钮，如图13-54所示。

图13-53

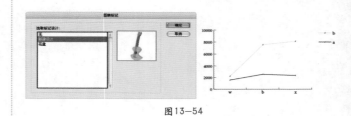

图13-54

技巧提示

若要取消选择选定的组的部分，使用直接选择工具，并在按住Shift键的同时单击对象，即可取消对象。

读书笔记

Chapter 14

第14章

图层与剪切蒙版

相对于传统绘画的"单一平面操作"模式而言，以Illustrator、Photoshop为代表的"多图层"模式数字制图大大地增强了图像编辑的扩展空间。在使用Illustrator制图时，使用图层可以快捷有效地管理图形对象。通过执行"窗口>图层"命令，可以调出"图层"面板，默认情况下，每个新建的文档都包含一个图层，而每个创建的对象都在该图层之下列出，并且用户可以根据需要创建新的图层。

本章学习要点：

- 熟悉"图层"面板的构成和功能
- 掌握图层的基本编辑方法
- 掌握合并、锁定、隐藏图层的方法
- 掌握图层剪切蒙版的使用方法

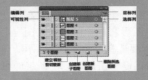

14.1 认识"图层"面板

相对于传统绘画的"单一平面操作"模式而言，以Illustrator、Photoshop为代表的"多图层"模式数字制图大大地增强了图像编辑的扩展空间。在使用Illustrator制图时，使用图层可以快捷有效地管理图形对象。通过执行"窗口>图层"命令，可以调出"图层"面板，默认情况下，每个新建的文档都包含一个图层，而每个创建的对象都在该图层之下列出，并且用户可以根据需要创建新的图层，如图14-1所示。

图14-1

- 可视性列：在这里显示当前图层的显示/隐藏状态以及图层的类型。例如，● 表示项目是可见的，■ 表示项目是隐藏的，■ 表示当前图层为模板图层，● 表示当前图层为轮廓图层。

- 编辑列：指示项目是锁定的还是非锁定的。● 为锁定状态，不可编辑；■ 为非锁定状态，可以进行编辑。

- 目标列：当按钮显示为 ○ 或 ● 时，表示项目已被选择，○ 则表示项目未被应用。单击该按钮可以快速定位当前对象。

- 选择列：指示是否已选定项目。当选定项目时，会显示一个颜色框。如果一个项目（如图层或组）包含一些已选定的对象以及其他一些未选定的对象，则会在父项目旁显示一个较小的选择颜色框。如果父项目中的所有对象均已被选中，则选择颜色框的大小将与选定对象旁的标记大小相同。

- 建立/释放剪切蒙版：用于创建图层中的剪切蒙版，图层中位于最顶部的图层将作为蒙版轮廓。

- 创建新子图层：在当前集合图层下创建新的子图层。

- 创建新图层：单击该按钮即可创建新图层，按住Alt键

单击该按钮即可弹出"图层选项"对话框。

- 删除所选图层：单击该按钮即可删除所选图层。

技术拓展：图层面板选项设置详解

在"图层"面板上单击 ■ 按钮，在菜单中执行"面板选项"命令，在弹出的"图层面板选项"对话框中可以进行"图层"面板显示的更改，如图14-2所示。

图14-2

选中"仅显示图层"复选框可隐藏"图层"面板中的路径、组和元素集。

对于"行大小"，选择一个选项，以指定行高度。

对于"缩览图"，选择图层、组和对象的一种组合，确定其中哪些项要以缩览图的预览形式显示。

14.2 编辑图层

图层的原理其实非常简单，就像分别在多个透明的玻璃上绘画一样，更改玻璃的排列顺序能够改变画面效果，移走某个玻璃即可隐藏处于其上的所有内容。在编辑比较复杂的文件时，使用图层进行对象的分类管理是非常方便的，同时对已有的图层进行编辑也并不复杂。如图14-3所示为图层原理示意图。

图14-3

14.2.1 选择图层

❶ 在对图层进行编辑之前首先需要选择图层，在Illustrator中可以选择一个或多个图层以便在上面工作。在"图层"面板中单击某一图层名称即可选择该图层，如图14-4所示。

❷ 要选择多个连续的图层，首先需要单击第一个图层，然后按住Shift键单击最后一个图层即可，如图14-5所示。

❸ 要选择多个不连续的图层，需要按住Ctrl键，并在"图层"面板中单击加选其他图层，如图14-6所示。

图14—4　　　　　图14—5　　　　　图14—6

读书笔记

14.2.2 选中图层中的对象

❶ 若要选中图层中的某个对象，只需展开一个图层，并找到要选中的对象，单击该选项即可将其选中。也可以使用选择工具，在画板上单击相应的对象，如图14-7所示。

❷ 若要将一个图层中的所有对象同时选中，在"图层"面板中单击相应图层选项右侧的"圆圈"标记，可以将该图层中所有对象同时选中，如图14-8所示。

图14—7　　　　图14—8

14.2.3 创建图层

❶ 执行"窗口>图层"命令，打开"图层"面板。如果想要在某个图层的上方新建图层，需要在"图层"面板中单击该图层的名称以选定图层，如图14-9所示。

❷ 若要在选定的图层之上添加新图层，可以直接单击"图层"面板中的"创建新图层"按钮，如图14-10所示。

❸ 若要在选定的图层内创建新子图层，可以单击"图层"面板中的"创建新子图层"按钮，如图14-11所示。

❹ 也可以在"图层"面板菜单中执行"新建图层"命令或"新建子图层"命令，随后会弹出"图层选项"对话框，在这里可以对新建图层的参数进行详细设置，如图14-12所示。

图14—9　　　　　图14—10

图14—11　　　　　　图14—12

14.2.4 复制图层

❶ 使用"图层"面板可快速复制图层、组或者对象。首先在"图层"面板中选择要复制的对象。然后在面板中将该项拖动到面板底部的"新建图层"按钮上即可，如图14-13所示。

❷ 也可以在"图层"面板菜单中执行"复制图层"命令，如图14-14所示。

图14—13

图14—14

14.2.5　删除图层

在Illustrator中删除图层的同时，该图层中包含的所有图稿以及子图层、组、路径和剪切组的图层都会被删除。

在"图层"面板中选择要删除的项目，然后单击"图层"面板底部的"删除"按钮即可删除所选图层。也可以直接将需要删除的图层名称拖动到面板的"删除"按钮上。或者执行"图层"面板菜单中的"删除图层"命令，如图14-15所示。

图14-15

14.2.6　调整图层顺序

位于"图层"面板顶部的图稿在顺序中位于前面，而位于"图层"面板底部的图稿在顺序中位于后面。同一图层中的对象也是按结构进行排序的。

拖动项目名称，在黑色的插入标记出现在期望位置时释放鼠标。黑色插入标记出现在面板中其他两个项目之间，或出现在图层或组的左边和右边。在图层或组之上释放的项目将被移动至项目中所有其他对象上方，如图14-16所示。

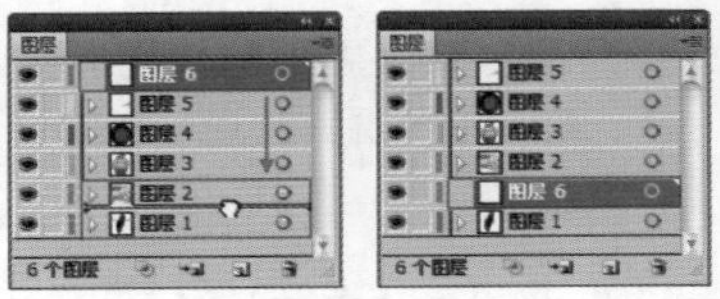

图14-16

14.2.7　编辑图层属性

每个图层的基本功能是相同的，调整图层的属性只是对图层的一些状态进行调整。在"图层"面板中选中要进行调整的图层，然后单击菜单选择"图层的属性"命令，在弹出的"图层选项"对话框中即可对基本属性进行修改，如图14-17所示。

图14-17

- 名称：指定项目在"图层"面板中显示的名称。
- 颜色：指定图层的颜色设置。可以从菜单中选择颜色，或双击颜色色板以选择颜色。
- 模板：使图层成为模板图层。
- 锁定：禁止对项目进行更改。
- 显示：显示画板图层中包含的所有图稿。
- 打印：使图层中所含的图稿可供打印。
- 预览：以颜色而不是按轮廓来显示图层中包含的图稿。
- 变暗图像至：将图层中所包含的链接图像和位图图像的强度降低到指定的百分比。

14.3　合并图层与拼合图稿

合并图层的功能与拼合图稿的功能类似，二者都可以将对象、组和子图层合并到同一图层或组中。使用合并功能，可以选择要合并哪些项目。使用拼合功能，则将图稿中的所有可见项目都合并到同一图层中。

14.3.1　合并图层

调出"图层"面板，将要进行合并的图层同时选中，然后从"图层"面板菜单中执行"合并所选图层"命令，即可将所选图层合并为一个图层，如图14-18所示。

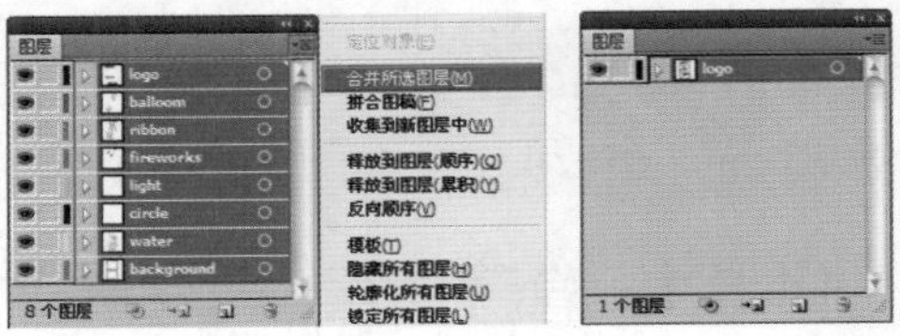

图14-18

14.3.2 拼合图稿

　　与合并图层不同，拼合图稿功能能够将当前文件中的所有图层拼合到指定的图层中。首先选择即将合并到的图层，然后在"图层"面板菜单中执行"拼合图稿"命令，如图14-19所示。

图14—19

14.4 锁定与解锁图层

　　所有锁定图层的功能都使该图层中的对象不被选择和编辑，而且只需锁定父图层，即可快速锁定其包括的多个路径、组和子图层。使用全部解锁命令可以快速将全部锁定的图层解锁。

14.4.1 锁定图层

　　在"图层"面板的"编辑列"中可以对图层进行锁定与解锁的操作。当编辑列显示为🔒时为锁定状态，不可编辑；显示为▉时则是非锁定状态，可以进行编辑。

❶ 在"图层"面板中单击要锁定的图层对应的方框▉，使其变为🔒，即可锁定该图层，如图14-20所示。
❷ 用鼠标指针单击并拖过多个编辑列按钮可一次锁定多个项目，如图14-21所示。
❸ 若要锁定除所选对象或组所在图层以外的所有图层，需要首先选中该图层，然后执行"对象>锁定>其他图层"命令，或在"图层"面板菜单中执行"锁定其他图层"命令即可，如图14-22所示。

图14—20

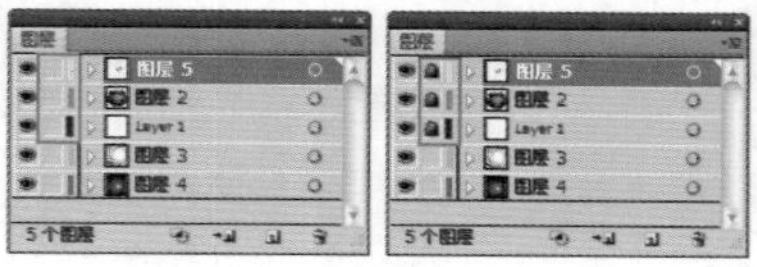

图14—21

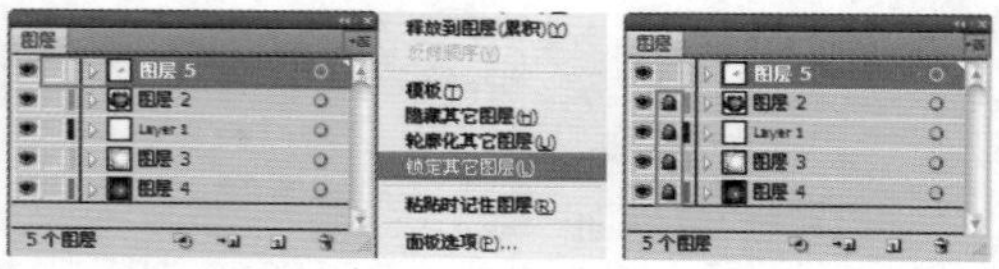

图14—22

14.4.2 解锁图层

步骤01 ▶ 若要解锁对象，在"图层"面板中单击要锁定的图层对应的🔒，使其变为▉，即可解锁该图层，如图14-23所示。

图14—23

步骤02 ▶ 在"图层"面板菜单中执行"解锁所有图层"命令，可以一次性解锁所有锁定的图层，如图14-24所示。

图14—24

14.5 显示与隐藏图层

14.5.1 隐藏图层

　　在"图层"面板中，单击要隐藏的项目旁边的👁图标，使其变为▉即可隐藏该图层。再次单击▉，使其变为👁即可重

Illustrator CS5 从入门到精通

新显示项目。如果隐藏了图层或组，则图层或组中的所有项目都会被隐藏。将鼠标拖过多个 👁 图标，可一次隐藏多个项目，如图14-25所示。

若要隐藏除某一图层以外的所有其他图层，执行"对象>隐藏>其他图层"命令。也可以按住Alt键，单击要显示的图层对应的 👁 图标即可将其他图层快速隐藏，如图14-26所示。

图14-25

图14-26

14.5.2 显示图层

若要显示所有图层和子图层，在"图层"面板菜单中执行"显示所有图层"命令。该命令只会显示被隐藏的图层，不会显示被隐藏的对象，如图14-27所示。

图14-27

14.6 剪切蒙版

剪切蒙版是一个可以用其形状遮盖其他图稿的对象，使用它只能看到蒙版形状内的区域。从效果上来说，就是将图稿裁剪为蒙版的形状。剪切蒙版和遮盖的对象称为剪切组合。可以通过选择的两个或多个对象或者一个组或图层中的所有对象来建立剪切组合，如图14-28所示。

图14-28

对象级剪切组合在"图层"面板中组合成一组。如果创建图层级剪切组合，则图层顶部的对象会剪切下面的所有对象。对对象级剪切组合执行的所有操作（如变换和对齐）都基于剪切蒙版的边界，而不是未遮盖的边界。在创建对象级的剪切蒙版之后，只能通过使用"图层"面板、直接选择工具，或隔离剪切组来选择剪切的内容。

14.6.1 创建剪切蒙版

❶ 需要创建用于蒙版的剪切路径对象，可以是基本图形、绘制的复杂图形或者文字等矢量图形，如图14-29所示。

图14-29

❷ 将剪切路径对象移动到想要遮盖的对象的上方，需要遮盖的对象可以是矢量对象，也可以是位图对象，如图14-30所示。

图14-30

❸ 选择剪切路径以及想要遮盖的对象，执行"对象>剪切蒙版>建立"命令，或单击鼠标右键，在弹出的快捷菜单中执行"建立剪切蒙版"命令，可以看到文字部分的颜色信息消失，位图只显示出文字内部的区域，如图14-31所示。

图14-31

❹ 也可以通过"图层"面板创建剪切蒙版。首先需要将要作为蒙版的路径置于图层的最顶层，选择该图层后单击"图层"面板底部的"建立/释放剪切蒙版"按钮 即可，如图14-32所示。

图14-32

14.6.2 编辑剪切蒙版

一个剪切组合中既可对剪切路径进行编辑，也可对被遮盖的对象进行编辑，选中剪切蒙版直接进行编辑则是针对剪切路径进行的操作，如图14-33所示。

如果想要对被遮盖的内容进行编辑，则需要在"图层"面板中选择并定位剪切路径，或者选择剪切组合并执行"对象>剪切蒙版>编辑蒙版"命令，或者选择剪切蒙版并在控制栏中单击"编辑内容"按钮 ，即可对蒙版内容进行编辑，如图14-34所示。

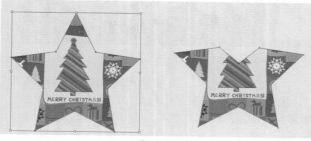

图14-33

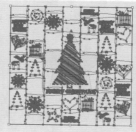

图14-34

14.6.3 释放剪切蒙版

❶ 要释放剪切蒙版，首先需要选择该剪切蒙版，然后单击鼠标右键，在弹出的快捷菜单中执行"释放剪切蒙版"命令，或者执行"对象>剪切蒙版>释放"命令，如图14-35所示。

❷ 在"图层"面板中单击包含剪切蒙版的组或图层，然后单击该面板底部的"建立/释放剪切蒙版"按钮，也可完成剪切蒙版的释放，如图14-36所示。

图14-35

图14-36

 技巧提示

由于为剪切蒙版指定的填充或描边值都为"无"，因此被释放的剪切蒙版路径是不可见的。

实例练习——使用剪切蒙版制作完整画面

案例文件	实例练习——使用剪切蒙版制作完整画面.ai
视频教学	实例练习——使用剪切蒙版制作完整画面.flv
难易指数	★★★★★
知识掌握	剪切蒙版

案例效果

案例效果如图14-37所示。

图14-37

操作步骤

步骤01 打开素材文件，从中可以看到作品四周有很多多余的背景部分，如图14-38所示。

图14-38

步骤02 单击工具箱中的"矩形工具"按钮，在图像中绘制一个矩形，在"图层"面板中可以看到汽车图层中刚才绘制的矩形位于最顶端，如图14-39所示。

图14—39

步骤03 选中该矩形所在的图层,单击"建立/释放剪切蒙版"按钮 ,此时在"图层"面板中可以看到矩形路径变为剪切路径,如图14-40所示。

图14—40

步骤04 图像中多余的部分被隐藏了,最终效果如图14-41所示。

图14—41

技巧提示

此时绘制的选框形状决定了最后保留区域的形状。

实例练习——使用剪切蒙版制作名片

案例文件	实例练习——使用剪切蒙版制作名片.ai
视频教学	实例练习——使用剪切蒙版制作名片.flv
难易指数	★★★★★
知识掌握	建立剪切蒙版、形状工具、文字工具

案例效果

案例效果如图14-42所示。

图14—42

操作步骤

步骤01 使用新建快捷键Ctrl+N创建新文档,如图14-43所示。

图14—43

步骤02 单击工具箱中的"文字工具"按钮 ,在控制栏中设置合适的字体和大小,并输入大写英文"S",如图14-44所示。

步骤03 单击工具箱中的"选择工具"按钮 ,选中英文,按住Ctrl+2组合键,将英文"S"锁定,如图14-45所示。

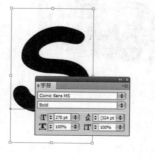

图14—44

图14—45

步骤04 单击工具箱中的"椭圆工具"按钮，在S上绘制出不同大小的圆，将其分别设置为不同的颜色，如图14-46所示。

图14-46

步骤05 单击工具箱中的"选择工具"按钮，框选所有圆形，执行"窗口>路径查找器"命令，在打开的"路径查找器"面板中单击"分割"按钮，完成后可以将所有重叠的部分分隔开，并改变其颜色，如图14-47所示。

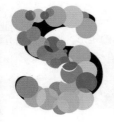

图14-47

步骤06 按下解除锁定快捷键Ctrl+Alt+2将锁定的S解锁。再次选中S，执行"对象>扩展"命令，在弹出的"扩展"对话框中选中"对象"和"填充"复选框，单击"确定"按钮完成操作，这时可以看到文字S被扩展成一个闭合路径，如图14-48所示。

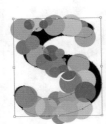 

图14-48

步骤07 选中S并单击鼠标右键，在弹出的快捷菜单中执行"排列>置于顶层"命令，将其移至顶层。再选中所有图

形，单击鼠标右键，在弹出的快捷菜单中执行"建立剪切蒙版"命令，完成操作，如图14-49所示。

图14-49

步骤08 单击工具箱中的"椭圆工具"按钮，在剪切后的S上方绘制出多个小正圆，并分别填充为不同的颜色，如图14-50所示。

步骤09 单击工具箱中的"文字工具"按钮，在控制栏中设置合适的字体和大小，继续在右下方输入文字，如图14-51所示。

图14-50 图14-51

步骤10 单击工具箱中的"矩形工具"按钮，绘制一个与卡片大小相同的矩形，如图14-52所示。

步骤11 在"图层"面板中展开"图层1"，在这里可以看到新绘制的矩形位于堆栈的顶端，选择这个图层，在"图层"面板中单击"创建剪切蒙版"按钮，为当前画面创建剪切蒙版，如图14-53所示。

图14-52 图14-53

步骤12 再使用"矩形工具"按钮，绘制一个与卡片大小相同的矩形，单击鼠标右键，在弹出的快捷菜单中执行"排列>置于底层"命令。将矩形填充为白色，并执行"效果>风格化>投影"命令，打开"投影"对话框，进行相应的设置，如图14-54所示。

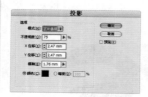

图14—54

步骤13 制作卡片背面。使用选择工具选择右下角文字，再按住Alt键移动复制出一个新的对象，并将其放置到左侧空白区域。然后按住Shift+Alt组合键向外拖动，将其等比例放大，如图14-55所示。

图14—55

步骤14 单击工具栏中的"自由变换工具"按钮，此时复制的文字"sylvia crystal"的周围出现了一个定界框，将鼠标指针放置到定界框的外侧，鼠标指针将变成状态，拖拽鼠标对对象进行旋转操作，如图14-56所示。

图14—56

步骤15 单击工具箱中的"文字工具"按钮，在控制栏中设置合适的字体、大小和颜色，在底部输入英文，如图14-57所示。

图14—57

步骤16 继续采用同样的方法，在卡片背面绘制与正面大小相同的矩形，并为其简历剪切蒙版，如图14-58所示。

图14—58

答疑解惑——如何释放剪切蒙版层？

选中剪切蒙版对象，并执行"对象>剪切蒙版>释放"命令，即可恢复原始状态，如图14-59所示。

图14—59

步骤17 选中卡片正面底部的带有阴影的矩形，将其复制并移动到左侧，如图14-60所示。

图14—60

步骤18 使用矩形工具绘制一个画布大小的矩形，然后在"渐变"面板中编辑一种灰色系的径向渐变，最终效果如图14-61所示。

图14—61

综合实例——制作输入法皮肤

案例文件	综合实例——制作输入法皮肤.ai
视频教学	综合实例——制作输入法皮肤.flv
难易指数	★★★★★
知识掌握	创建剪切蒙版、新建图层、图层锁定、路径查找器

案例效果

案例效果如图14-62所示。

图14-62

操作步骤

步骤01 执行"文件>打开"命令，打开背景素材文件，此时可以看到背景素材底部有多余的部分，如图14-63所示。

图14-63

步骤02 单击工具箱中的"矩形工具"按钮，在图像中绘制一个矩形，如图14-64所示。

图14-64

步骤03 选中该矩形所在图层，并在"图层"面板中单击"建立/释放剪切蒙版"按钮，此时可以看到图像中多余的部分被隐藏了，而且在"图层"面板中可以看到矩形路径变为剪切路径，如图14-65所示。

图14-65

步骤04 为了便于后面的操作，可以在"图层"面板中将背景图层锁定，然后单击"创建新图层"按钮，创建新的图层"图层2"，并在其中进行下一步的操作，如图14-66所示。

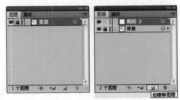

图14-66

步骤05 单击工具箱中的"圆角矩形工具"按钮，在画面中单击鼠标左键，在弹出的"圆角矩形"对话框中设置圆角矩形的宽度为250mm，高度为40mm，圆角半径为5mm，单击"确定"按钮完成操作，如图14-67所示。

图14-67

步骤06 单击工具箱中的"选择工具"按钮，选中这个圆角矩形，使用复制快捷键Ctrl+C与原位粘贴快捷键Ctrl+F，粘贴出一个新的圆角矩形。适当缩放后，执行"窗口>渐变"命令，打开"渐变"面板，在该面板中编辑一种黄绿色的渐变，如图14-68所示。

图14-68

步骤07▶ 执行"效果>风格化>投影"命令，打开"投影"对话框，设置模式为"正片叠底"，不透明度为75%，颜色为灰色，单击"确定"按钮，如图14-69所示。

图14-69

步骤08▶ 单击工具箱中的"圆角矩形工具"按钮，继续在黄绿渐变的圆角矩形图形中绘制一个小一点的圆角矩形，在"渐变"面板中编辑颜色稍深一些的绿色系渐变，如图14-70所示。

图14-70

步骤09▶ 选中所有的圆角矩形，单击鼠标右键，在弹出的快捷菜单中执行"编组"命令，将其编组，如图14-71所示。

图14-71

步骤10▶ 复制这个组对象到其上方，再单击工具箱中的"比例缩放工具"按钮，将鼠标放到定界框边缘，按住Shift键并拖拽鼠标，可以在保持对象原始的横纵比例的情况下缩放对象，如图14-72所示。

图14-72

步骤11▶ 使用工具栏中的"椭圆工具"按钮和"钢笔工具"按钮，绘制出一个爪子的形状，并填充为白色，如图14-73所示。

步骤12▶ 使用"选择工具"按钮，选中爪子图形，复制一个副本，并将其缩小放置在适当的位置，如图14-74所示。

图14—73

图14—74

步骤13 单击工具箱中的"文字工具"按钮 **T**，在控制栏中设置合适的字体及字号，在圆角矩形中输入文字，如图14-75所示。

图14—75

步骤14 单击工具箱中的"钢笔工具"按钮 ，在文字右侧绘制出两个三角形，如图14-76所示。

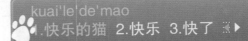

图14—76

步骤15 单击工具箱中的"选择工具"按钮 ，选择前一个三角形，执行"窗口>透明度"命令，打开"透明度"面板，设置不透明度为50%，如图14-77所示。

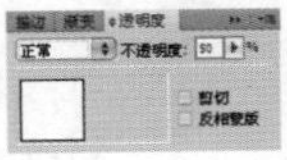

图14—77

步骤16 继续使用文字工具在另一个圆角矩形中输入文字，如图14-78所示。

图14—78

步骤17 单击工具箱中的"椭圆工具"按钮 ，在文字文本右侧绘制两个同等大小且相互错开的正圆形状，如图14-79所示。

图14—79

步骤18 选中两个正圆，执行"窗口>路径查找器"命令，在打开的"路径查找器"面板中单击"分割"按钮，完成后可以看到两个图形被分割为三份。再单击工具箱中的"选择工具"按钮 ，框选上面两个图形将其删除，只留下月牙形图形，如图14-80所示。

图14—80

步骤19 单击工具箱中的"文字工具"按钮 **T**，在月牙形状的右边输入标点。执行"对象>扩展"命令，在打开的"扩展"对话框中选中"对象"和"填充"复选框，单击"确定"按钮完成操作。将文字文本扩展成图形，如图14-81所示。

图14-81

步骤20 单击工具箱中的"矩形工具"按钮 ▢，在符号的右边绘制大小不同的矩形，如图14-82所示。

图14-82

步骤21 单击工具箱中的"选择工具"按钮 ▶，框选新绘制的所有矩形。再执行"窗口>路径查找器"命令，在打开的"路径查找器"面板中单击"减去顶层"按钮，将多余的部分删除，如图14-83所示。

 **读书笔记**

图14-83

步骤22 在"图层"面板中单击"新建图层"按钮，创建"图层2"，然后导入卡通小猫素材，将其放在适合的位置，最终效果如图14-84所示。

图14-84

图形样式

图形样式是一组可反复使用的外观属性。图形样式可以快速更改对象的外观，更改对象的填色和描边颜色，更改其透明度；还可以在一个步骤中应用多种效果。应用图形样式所进行的所有更改都是完全可逆的。

可以将图形样式应用于对象、组和图层。将图形样式应用于组或图层时，组和图层内的所有对象都将具有图形样式的属性。例如，现在有一个由 50% 的不透明度组成的图形样式。如果将此图形样式应用于一个图层，则此图层内固有的（或添加的）所有对象都将显示 50% 的不透明效果。不过，如果将对象移出该图层，则对象的外观将恢复其以前的不透明度。

本章学习要点：

- 掌握"图形样式"面板的使用方法
- 掌握创建图形样式的使用方法
- 掌握编辑图形样式的使用方法
- 掌握样式库面板的使用方法

15.1 关于图形样式

图形样式是一组可反复使用的外观属性。图形样式可以快速更改对象的外观，更改对象的填色和描边颜色，更改其透明度；还可以在一个步骤中应用多种效果。应用图形样式所进行的所有更改都是完全可逆的。

可以将图形样式应用于对象、组和图层。将图形样式应用于组或图层时，组和图层内的所有对象都将具有图形样式的属性。例如，现在有一个由 50% 的不透明度组成的图形样式。如果将此图形样式应用于一个图层，则此图层内固有的（或添加的）所有对象都将显示 50% 的不透明效果。不过，如果将对象移出该图层，则对象的外观将恢复其以前的不透明度，如图15-1所示。

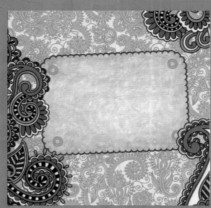

图15-1

15.2 "图形样式"面板

使用"图形样式"面板，可以方便地将图形样式应用到文档的对象。在实际操作时，可以将图形样式应用于单个对象，也可以将其应用于一个组或一个图层，从而使组或图层中的对象都能够同时应用于该图形样式。

15.2.1 "图形样式"面板概述

通过执行"窗口>图形样式"命令，可以调出"图形样式"面板，来创建、命名和应用外观属性集。创建文档时，该面板会列出一组默认的图形样式。当现用文档打开并处于现用状态时，随同该文档一起存储的图形样式显示在该面板中，如图15-2所示。

如果样式没有填色和描边（如仅适用于效果的样式），则缩览图会显示为带黑色轮廓和白色填色的对象。此外，会显示一条细小的红色斜线，指示没有填色或描边。

图15-2

15.2.2 更改面板中列出图形样式

调出"图形样式"面板，在面板菜单中选择一个视图大小选项。选择"缩览图视图"以显示缩览图，选择"小列表视图"显示带小型缩览图的命名样式列表，选择"大列表视图"将显示带大型缩览图的命名样式列表，如图15-3所示。

图15-3

在面板菜单中选择"使用正方形进行预览"，可在正方形或创建此样式的对象形状上查看此样式。选择"使用文本进行预览"可在字母 T 上查看此样式。此视图为应用于文本的样式提供了更准确的直观描述，如图15-4所示。

图15-4

15.3 创建图形样式

可以通过向对象应用外观属性来从头开始创建图形，也可以基于其他图形样式来创建图形样式。

15.3.1 创建图形样式

选中要进行外观编辑的对象，在"外观"面板中进行相应的调整，如图15-5所示。

然后调出"图形样式"面板，单击该面板中的"新建图形样式"按钮 。或者，在面板菜单中执行"新建图形样式"命令，在弹出的"图形样式选项"对话框的"样式名称"文本框中输入名称，然后单击"确定"按钮，如图15-6所示。

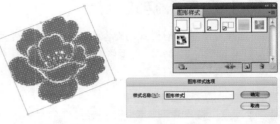

图15-5　　　　　　图15-6

 技巧提示

将缩览图从"外观"面板（或将对象从"插图"窗口）拖动到"图形样式"面板中，也可以创建出一个新的图层样式，如图15-7所示。

图15-7

15.3.2 基于现有图形样式来创建图形样式

按住Ctrl键单击以选择要合并的所有图形样式，然后在面板菜单中执行"合并图形样式"命令，如图15-8所示。

新建的图形样式包含了所选图形样式的全部属性，并将被添加到面板中图形样式列表的末尾，如图15-9所示。

图15-8　　　　　　　　图15-9

15.4 编辑图形样式

在"图形样式"面板中，可以更改视图或删除图形样式，断开与图形样式的链接以及替换图形样式属性。

15.4.1 复制图形样式

调出"图形样式"面板，在面板菜单中执行"复制图形样式"命令，或将图形样式拖动到"新建图形样式"按钮上。新创建的图形样式将出现在"图形样式"面板中的列表底部，如图15-10所示。

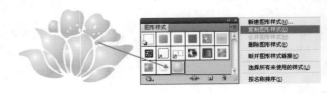

图15-10

331

15.4.2 删除图形样式

　　自定义的图形样式会随着文档进行保存，图形样式增多将直接导致文档的尺寸增大，如果文档中含有没有使用的图形样式，一定要将相应的图形样式删除。调出"图形样式"面板，在该面板中单击"菜单"按钮，在弹出的菜单中执行"选择所有未使用的样式"命令，如图15-11所示。

图15－11

　　在该面板中单击"删除图形样式"按钮，然后在弹出的Adobe Illustrator对话框中单击"是"按钮，将未使用的样式删除，如图15-12所示。

图15－12

15.4.3 断开样式链接

　　选择应用了图形样式的对象、组或图层。然后在"图形样式"面板菜单中执行"断开图形样式链接"命令，或单击该面板中的"断开图形样式链接"按钮，可以将样式的链接断开，如图15-13所示。

图15－13

15.5 样式库面板

　　图形样式库是一组预设的图形样式集合。当打开一个图形样式库时，会出现在一个新的面板（而非"图形样式"面板）中。

15.5.1 认识样式库面板

　　执行"窗口>图形样式"命令或使用快捷键Shift+F5，将"图形样式"面板调出，如图15-14所示。

　　在默认情况下，直接调用的"图形样式"面板中只有很少的样式选项可供选择。如果要使用更多的样式选项，可以单击"图层样式库菜单"按钮 ，也可以执行"窗口>图形样式库"命令，在弹出的菜单中选择不同的选项，调出不同的样式库面板，如图15-15所示。

图15－14

图15－15

15.5.2 使用样式库

　　当要将一个"样式"赋予到相应的对象上时，首先要选择需要赋予样式的对象，调出"图形样式"面板或相应的图层样式库面板，在相应的面板中选中所需要的样式即可，如图15-16所示。

图15－16

15.5.3 从其他文档导入所有图形样式

执行"窗口>图形样式库>其他库"命令或在"图形样式"面板菜单中执行"打开图形样式库>其他库"命令。然后选择要从中导入图形样式的文件,单击"打开"按钮。图形样式将出现在一个图形样式库面板（不是"图形样式"面板）中,如图15-17所示。

图15-17

15.5.4 保存图形样式库

调出"图形样式"面板,在"图形样式"面板菜单中执行"存储图层样式库"命令,在弹出的"将图层样式存储为库"对话框选中相应文件夹,并定义文件夹,然后单击"保存"按钮,如图15-18所示。

图15-18

实例练习——使用图形样式制作晶莹文字

案例文件	实例练习——使用图形样式制作晶莹文字.ai
视频教学	实例练习——使用图形样式制作晶莹文字.flv
难易指数	★★★★★
知识掌握	矩形工具、文字工具、效果、图层样式

案例效果

案例效果如图15-19所示。

图15-19

操作步骤

步骤01 选择"文件>新建"命令或按Ctrl+N组合键新建一个文档,具体参数设置如图15-20所示。

图15-20

步骤02 单击工具箱中的"矩形工具"按钮,绘制一个正方形。然后在控制栏中设置填充颜色为黄色,描边为无,如图15-21所示。

图15-21

步骤03 单击工具箱中的"文字工具"按钮 T ，选择一种文字样式，设置文字大小为230pt，在画布上输入文字，如图15-22所示。

图15-22

步骤04 保持文字对象的选中状态，执行"窗口>外观"命令，打开"外观"面板，在该面板菜单中执行"添加新填色"命令，如图15-23所示。

图15-23

步骤05 在新添加的"填色"中设置颜色为蓝色，如图15-24所示。

图15-24

步骤06 执行"效果>风格化>内发光"命令，设置模式为滤色，颜色为深蓝，不透明度为75%，模糊为1.76mm，选中"边缘"单选按钮，如图15-25所示。

图15-25

步骤07 在"外观"面板菜单中执行"添加新填色"命令，如图15-26所示。

图15-26

步骤08 把新添加的"填色"向下位移，在新添加的"填色"中设置颜色为蓝色。然后执行"效果>扭曲和变换>变换"命令，设置垂直为1mm，如图15-27所示。

图15-27

步骤09 再次新添颜色，在新添加的"填色"中设置颜色为白色。然后执行"效果>扭曲和变换>变换"命令，设置垂直为-2mm，如图15-28所示。

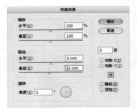

图15-28

步骤10 执行"窗口>图形样式"命令，打开"图形样式"面板。使用选择工具选中文字，然后将其拖拽到图层样式中，创建出一个新的图层样式，如图15-29所示。

图15-29

步骤11 单击工具箱中的"文字工具"按钮 T，在底部输入文字，如图15-30所示。

图15-31

步骤13 导入装饰素材文件，用同样的方法为其添加图形样式，如图15-32所示。

图15-30

步骤12 使文字保持选中状态，单击新添加的样式按钮，为底部文字添加图层样式，如图15-31所示。

图15-32

 **读书笔记**

Chapter 16
第16章

外观与效果的应用

"外观"面板是使用外观属性的入口,在该面板中还显示了已应用于对象、组或图层的填充、描边、图形样式以及效果。在"外观"面板中可以为对象编辑外观属性,也可以添加效果。

本章学习要点:

- 掌握"外观"面板的使用方法
- 掌握效果的添加与编辑方法
- 掌握Illustrator 效果的使用
- 掌握Photoshop效果的使用

16.1 "外观"面板

"外观"面板是使用外观属性的入口，在该面板中还显示了已应用于对象、组或图层的填充、描边、图形样式以及效果。在"外观"面板中可以为对象编辑外观属性，也可以添加效果。如图16-1所示为使用到"外观"面板制作的作品。

图16-1

16.1.1 认识"外观"面板

通过执行"窗口>外观"命令，打开"外观"面板来查看和调整对象、组或图层的外观属性。填充和描边将按堆栈顺序列出，面板中从上到下的顺序对应于图稿中从前到后的顺序。各种效果按其在图稿中的应用顺序从上到下排列，如图16-2所示。

 读书笔记

图16-2

执行"窗口>外观"命令，打开"外观"面板。选中要更改的对象，在"外观"面板中单击"填色"选项，在弹出的窗口中选择另外一种渐变填充，可以看到当前对象的属性发生了变化，如图16-3所示。

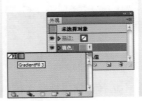

图16-3

展开"描边"和"填充"选项，还可以查看单独的某一项"描边"或"填充"的不透明度属性，单击即可在弹出的"透明度"面板中进行不透明度、混合模式等属性的调整，如图16-4所示。

如果没有对不透明度进行任何设置，将显示为"默认值"字样，如图16-5所示。

图16-4　　　　　　　图16-5

单击"不透明度"链接，可以对整个对象进行不透明度属性的调整，如图16-6所示。

图16-6

16.1.2　使用"外观"面板调整属性的层次

更改"外观"面板中属性的层次能够影响当前对象的显示效果。在"外观"面板中向上或向下拖动外观属性，当鼠标拖移外观属性的轮廓出现在所需位置时，释放鼠标即可，如图16-7所示。

读书笔记

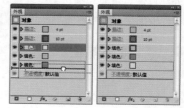

图16-7

16.1.3　使用"外观"面板编辑或添加效果

选中要添加新效果的对象，在"外观"面板中选中相应的填充或描边选项，单击"添加新效果"按钮 *fx*，在子菜单中选中某一效果命令，在弹出的相应效果对话框中进行参数设置后，单击"确定"按钮，即可为相应属性添加效果，如图16-8所示。

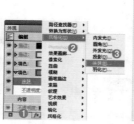
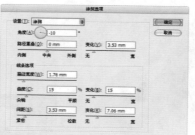

图16-8

选中要添加新效果的对象，在"外观"面板中不选择任何属性，直接单击"添加新效果"按钮 *fx*，可以为整个对象添加效果，如图16-9所示。

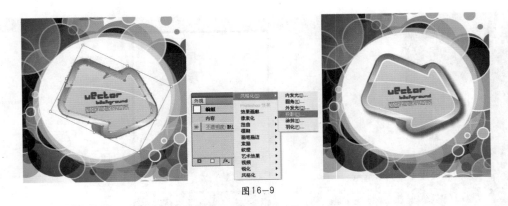

图16-9

16.1.4 使用"外观"面板复制属性

　　首先选中要复制属性的对象，在"外观"面板中选择一种属性选项，然后单击该面板中的"复制所选项目"按钮，即可复制当前属性；或从面板菜单中执行"复制项目"命令；也可以直接将需要复制的外观属性拖动到面板中的"复制所选项目"按钮上，如图16-10所示。

图16-10

16.1.5 删除"外观"属性

　　若要删除一个特定属性，可以在"外观"面板中选择该属性，然后单击"删除"按钮。或从"外观"面板菜单中执行"移去项目"命令，也可以将该属性拖到"删除"按钮上，如图16-11所示。

　　若要清除对象所有的外观属性，可以直接单击"外观"面板中的"清除外观"按钮，或从面板菜单中执行"清除外观"命令，如图16-12所示。

图16-11　　　　　　　　图16-12

16.1.6 使用"外观"面板隐藏属性

　　在Illustrator中可以快速地更改外观属性的显示或隐藏状态。要暂时隐藏应用于画板的某个属性，单击"外观"面板中的"可视性"按钮 。再次单击它可再次看到应用的该属性。如果要将所有隐藏的属性重新显示出来，可以单击该面板中的菜单，执行"显示所有隐藏的属性"命令，如图16-13所示。

图16-13

16.2 使用"效果"菜单命令

　　在Adobe Illustrator中包含多种效果，单击菜单栏中的"效果"按钮，在弹出的菜单中可以看到多种效果菜单命令。可以对某个对象、组或图层应用这些效果，以更改其特征。如图16-14所示为使用到效果菜单命令制作的作品。

　　Illustrator CS5中的效果主要包含两大类：Illustrator 效果和Photoshop效果。Illustrator 效果主要用于矢量对象，但是3D效果、SVG 效果、变形效果、变换效果、投影、羽化、内发光以及外发光效果也可以应用于位图对象。而Photoshop效果既可以应用于位图对象的编辑处理，也可以应用于矢量对象，如图16-15所示。

图16—14   图16—15

16.2.1　应用"效果"命令

　　首先选中要应用效果的对象，然后从"效果"命令菜单中选择一个命令。在弹出相应的对话框中设置相应选项，并且单击"确定"按钮，如图16-16所示。

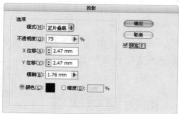

图16—16

 技巧提示

　　对位图对象应用效果时，如果对链接的位图应用效果，则此效果将应用于嵌入的位图副本，而非原始位图。若要对原始位图应用效果，必须将原始位图嵌入文档。

16.2.2　应用上次使用的效果

　　要应用上次使用的效果和设置，需要执行"效果>应用[效果名称]"命令，如图16-17所示。
　　要应用上次使用的效果并设置其选项，需要执行"效果>[效果名称]"命令，如图16-18所示。

图16—17　　　图16—18

16.2.3　栅格化效果

　　与能够使对象永久栅格化的"对象"菜单下的"栅格化"命令不同，"效果"菜单中的"栅格化"命令可以创建栅格化外观，而不更改对象的底层结构。执行"效果>栅格化"命令，在弹出的对话框中可以对栅格化选项进行设置，如图16-19所示。

图16-19

- **颜色模型**：用于确定在栅格化过程中所用的颜色模型。可以生成 RGB 或 CMYK 颜色的图像（这取决于文档的颜色模式）、灰度图像或 1 位图像（黑白位图或是黑色和透明色，这取决于所选的背景选项）。

- **分辨率**：用于确定栅格化图像中的每英寸像素数（ppi）。栅格化矢量对象时，选中"使用文档栅格效果分辨率"单选按钮，可以使用全局分辨率设置。

- **背景**：用于确定矢量图形的透明区域如何转换为像素。选中"白色"单选按钮可用白色像素填充透明区域，选中"透明"单选按钮可使背景透明。如果选中"透明"单选按钮，则会创建一个 Alpha 通道（适用于除 1 位图像以外的所有图像）。如果图稿被导出到 Photoshop 中，则 Alpha 通道将被保留。

- **消除锯齿**：应用消除锯齿效果，可以改善栅格化图像的锯齿边缘外观。设置文档的栅格化选项时，若取消选择"消除锯齿"选项，则保留细小线条和细小文本的尖锐边缘。栅格化矢量对象时，若选择"无"选项，则不会应用消除锯齿效果，而线稿图在栅格化时也将保留其尖锐边缘。选择"优化图稿"选项，可应用最适合无文字图稿的消除锯齿效果。选择"优化文字"选项，可应用最适合文字的消除锯齿效果。

- **创建剪切蒙版**：创建一个使栅格化图像的背景显示为透明的蒙版。如果已在"背景"选项组中选中"透明"单选按钮，则不需要再创建剪切蒙版。

- **添加环绕对象**：可以通过指定像素值，为栅格化图像添加边缘填充或边框。结果图像的尺寸等于原始尺寸加上"添加环绕对象"所设置的数值。

16.2.4 修改或删除效果

在"外观"面板中可以对已经添加的效果进行修改或删除效果。首先保持效果对象的选中状态，若要修改效果，在"外观"面板中单击它带下划线的蓝色名称，在效果的对话框中执行所需的更改，如图16-20所示。

若要删除效果，在"外观"面板中选择相应的效果列表，然后单击"删除"按钮，如图16-21所示。

图16-20

图16-21

16.3 3D效果组

3D效果组可以将路径或是位图对象从二维图稿转换为可以旋转、受光、产生投影的三维对象。而且可以通过高光、阴影、旋转及其他属性来控制3D对象的外观。还可以将图稿贴到3D对象中的每一个表面上。如图16-22所示为使用到3D效果组制作的作品。

图16-22

16.3.1 "凸出和斜角"效果

　　使用"凸出和斜角"效果可以沿对象的Z轴拉伸，使对象产生厚度，从而转化为三维图形。例如，一个矩形添加"凸出和斜角"效果，则会出现一个立方体，如图16-23所示。

　　执行"效果>3D>凸出和斜角"命令，在弹出的"3D凸出和斜角选项"对话框中进行相应的设置，如图16-24所示。

图16-23　　　　　　　　　　　　图16-24

● 位置：设置对象如何旋转以及观看对象的透视角度。在该下拉列表中提供预设位置选项，也可以通过右侧的3个文本框进行不同方向的旋转调整，还可以直接使用鼠标拖拽，如图16-25所示。

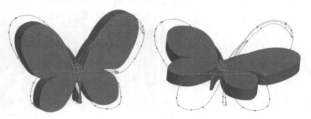

图16-25

● 透视：通过调整该选项中的参数来调整该对象的透视效果，数值为0°时没有任何效果，角度越大，透视效果越明显，如图16-26所示。

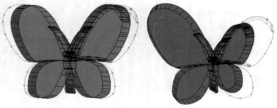

图16-26

● 凸出厚度：设置对象深度，使用介于 0 到 2000 之间的值。

● 端点：指定显示的对象是实心（打开端点 ●）还是空心（关闭端点 ●）对象，如图16-27所示。

图16-27

● 斜角：沿对象的深度轴（Z 轴）应用所选类型的斜角边缘。

● 高度：设置介于 1 到 100 之间的高度值。如果对象的斜角高度太大，则可能导致对象自身相交，产生意料之外的结果。

● 斜角外扩 ●：将斜角添加至对象的原始形状。

● 斜角内缩 ●：自对象的原始形状砍去斜角。

● 表面：表面底纹选项。"线框"绘制对象几何形状的轮廓，并使每个表面透明。"无底纹"不向对象添加任何新的表面属性。3D 对象具有与原始 2D 对象相同的颜色。"扩散底纹"使对象以一种柔和、扩散的方式反射光。"塑料效果底纹"使对象以一种闪烁、光亮的材质模式反射光，如图16-28所示。

图16-28

● 更多选项：单击"更多选项"按钮，可以查看完整的选项列表；或单击"较少选项"按钮，可以隐藏额外的选项，如图16-29所示。

图16-29

- 光源强度：在 0% 到 100% 之间控制光源强度。
- 环境光： 控制全局光照，统一改变所有对象的表面亮度。请输入一个介于 0% 到 100% 之间的值。
- 高光强度： 用来控制对象反射光的多少，取值范围在 0% 到 100% 之间。较小值产生暗淡的表面，而较大值则产生较为光亮的表面。
- 高光大小：用来控制高光的大小，取值范围由大（100%）到小（0%）。
- 混合步骤：用来控制对象表面所表现出来的底纹的平滑程度。请输入一个介于1到256之间的值。步骤数越多，所产生的底纹越平滑，路径也越多。
- 后移光源按钮 ：将选定光源移到对象后面。
- 前移光源按钮 ：将选定光源移到对象前面。
- 新建光源按钮 ：添加一个光源。默认情况下，新建光源出现在球体正前方的中心位置。拖动球体中的小图标可以改变光源的位置。
- 删除光源按钮 ：删除所选光源。
- 底纹颜色：控制对象的底纹颜色。
- 保留专色：保留对象中的专色，如果在"底纹颜色"下拉列表中选择"自定"选项，则无法保留专色。

- 绘制隐藏表面：显示对象的隐藏背面。如果对象透明，或是展开对象并将其拉开时，便能看到对象的背面。
- 贴图：将图稿贴到 3D 对象表面上。由于"贴图"功能是用符号来执行贴图操作，因此可以编辑一个符号实例，然后自动更新所有贴了此符号的表面，如图16-30所示。

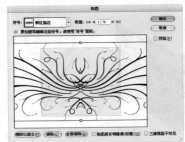

图16-30

- 预览： 选中"预览"复选框以在文档窗口中预览效果。

技巧提示

对象在"3D 选项"对话框中旋转，则对象的旋转轴将始终与对象的前表面相垂直，并相对于对象移动。

实例练习——使用凸出和斜角制作冰块

案例文件	实例练习——使用凸出和斜角制作冰块.ai
视频教学	实例练习——使用凸出和斜角制作冰块.flv
难易指数	★★★★
知识掌握	矩形工具、突出和斜角、"透明度"面板

案例效果

案例效果如图16-31所示。

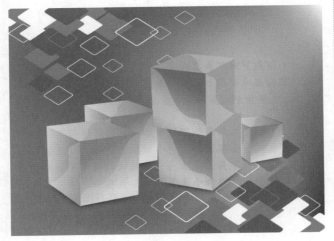

图16-31

操作步骤

步骤01 选择"文件>新建"命令或按Ctrl+N组合键新建一个文档，具体参数设置如图16-32所示。

图16-32

步骤02 单击工具箱中的"矩形工具"按钮 ，按住Shift键绘制一个正方形选框，将"颜色"设置为灰色，如图16-33所示。

图16-33

步骤03 执行"效果>3D>凸出和斜角"命令，在弹出的"3D凸出和斜角选项"对话框中设置位置为"自定旋转"，拖拽移动正方形，调整角度，设置透视为100°，凸出厚度为308pt，如图16-34所示。

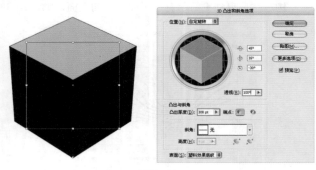

图16-34

步骤04 执行"对象>扩展外观"命令，如图16-35所示。

步骤05 保持对象的选中状态，然后单击鼠标右键，在弹出的快捷菜单中执行"取消编组"命令。选中正面，打开"渐变"面板为正面添加渐变效果，设置类型为"线性"，角度为64.04°，调整渐变颜色，如图16-36所示。

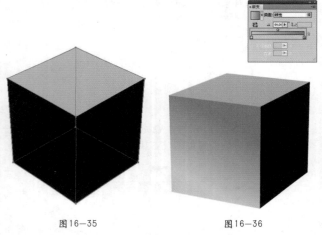

图16-35   图16-36

步骤06 采用同样的方法依次选择其他两个面，填充青色系渐变，如图16-37所示。

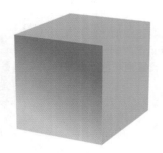

图16-37

步骤07 单击工具箱中的"钢笔工具"按钮，在立面勾出光泽区域的轮廓，然后打开"渐变"面板，设置类型为"线性"，角度为-127°，调整一种从白色到蓝色的渐变，如图16-38所示。

图16-38

步骤08 打开"透明度"面板，设置不透明度为34%，如图16-39所示。

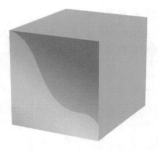

图16-39

步骤09 采用同样的方法制作出另外两个光泽区域，如图16-40所示。

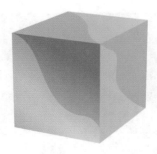

图16-40

步骤10 制作投影效果，使用钢笔工具在底部勾出一个三角形。执行"效果>风格化>投影"命令，在弹出的"投影"对话框中，设置模式为正常，不透明度为100%，X位移0mm，Y位移为2mm，模糊为2.82mm，颜色为黑色。按下快捷键Ctrl+]将投影放在方块下层，如图16-41所示。

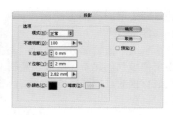

图16—41

步骤11 选中三角形，在"透明度"面板中设置混合模式为"正片叠底"，如图16-42所示。

步骤12 复制多个并更改颜色，如图16-43所示。

图16—42　　　　　　　图16—43

实例练习——制作立体动感齿轮

案例文件	实例练习——制作立体动感齿轮.ai
视频教学	实例练习——制作立体动感齿轮.flv
难易指数	★★★★★
知识掌握	凸出和斜角效果、钢笔工具、"渐变"面板、"描边"面板

案例效果

案例效果如图16-45所示。

图16—45

步骤13 导入背景素材文件，并将其放置在底层位置，如图16-44所示。

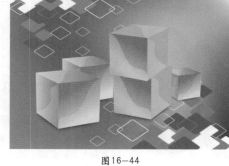

图16—44

读书笔记

_____

_____

_____

_____

操作步骤

步骤01 选择"文件>新建"命令或按Ctrl+N组合键新建一个文档。单击工具箱中的"钢笔工具"按钮 ◊ ，勾出齿轮轮廓。设置填充为橘色，如图16-46所示。

图16—46

步骤02 保持齿轮对象的选中状态，执行"效果>3D>突出和斜角"命令，在弹出的"3D凸出和斜角"选项对话框中设置"凸出厚度"为77pt，单击"确定"按钮，如图16-47所示。

图16—47

步骤03 ▶ 按住Alt键，复制出一个齿轮的副本。然后执行"对象>扩展外观"命令，使用直接选择工具选择侧面形状，打开"渐变"面板，设置从橘色到红色渐变，为侧面添加渐变效果，如图16-48所示。

图16-48

步骤04 ▶ 保持正面对象的选中状态，打开"渐变"面板，设置从白色到透明渐变，为正面添加渐变效果，如图16-49所示。

图16-49

步骤05 ▶ 单击工具箱中的"钢笔工具"按钮 ，在左侧亮部区域绘制出高光路径。设置"描边"为白色。接着打开"描边"面板，设置粗细为3pt，并设置合适的配置文件，如图16-50所示。

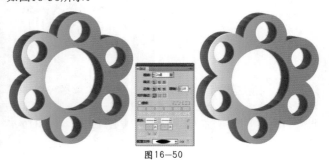

图16-50

步骤06 ▶ 采用同样的方法制作另外几个橘色光泽效果，如图16-51所示。

步骤07 ▶ 选中齿轮部分，执行"对象>编组"命令，并且将该图层拖拽到创建新图层按钮复制出多个副本，调整大小与角度进行摆放，如图16-52所示。

图16-51　　　　　　　　　图16-52

步骤08 ▶ 导入背景素材文件，并将其放置在底层位置，如图16-53所示。

图16-53

步骤09 ▶ 导入前景素材，并将其放置在顶层位置，效果如图16-54所示。

图16-54

实例练习——使用凸出和斜角制作3D星形

案例文件	实例练习——使用凸出和斜角制作3D星形.ai
视频教学	实例练习——使用凸出和斜角制作3D星形.flv
难易指数	★★★★★
知识掌握	星形工具、效果、"渐变"面板、扩展外观、钢笔工具

案例效果

案例效果如图16-55所示。

图16-55

操作步骤

步骤01 ▶ 选择"文件>新建"命令或按Ctrl+N组合键新建一个文档。单击工具箱中的"星形工具"按钮 ☆ ，绘制出一个星形选框，如图16-56所示。

步骤02 ▶ 打开"渐变"面板，设置类型为"线性"，角度为-25°，调整渐变颜色为白色到蓝色渐变。单击添加渐变颜色，如图16-57所示。

图16-56   图16-57

步骤03 ▶ 执行"效果>3D>凸出和斜角"命令，在弹出的"3D凸出和斜角选项"对话框中拖拽移动正方形，调整角度，设置位置为"离轴-前方"，透视为114°，凸出厚度为519pt，单击"确定"按钮，如图16-58所示。

图16-58

步骤04 ▶ 在"3D凸出和斜角选项"对话框中，单击"更多选项"按钮，会增加更多选项，底纹颜色为自定，颜色为蓝色，单击"确定"按钮，如图16-59所示。

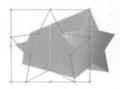
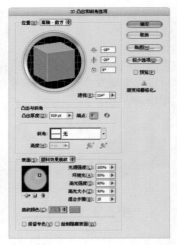

图16-59

步骤05 ▶ 执行"对象>扩展外观"命令，将3D效果进行扩展，如图16-60所示。

步骤06 ▶ 打开"渐变"面板，分别选中每个侧面，然后设置类型为"线性"，调整颜色从白色到蓝色渐变，为每个侧面单独添加渐变颜色效果，如图16-61所示。

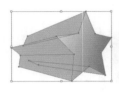

图16-60   图16-61

步骤07 ▶ 单击工具箱中的"星形工具"按钮 ☆ ，绘制出一个星形选框，打开"渐变"面板，填充粉色渐变效果。执行"效果>3D>凸出和斜角"命令，在弹出的"3D凸出和斜角选项"对话框中单击"更多选项"按钮进行扩展，拖拽移动正方形，并调整角度，设置位置为"离轴-前方"，透视为109°，凸出厚度为673pt，底纹颜色为"自定"，颜色为粉色，如图16-62所示。

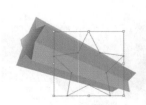
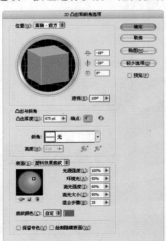

图16-62

步骤08 执行"对象>扩展外观"命令，将3D进行扩展。单击鼠标右键，在弹出的快捷菜单中执行"取消编组"命令，如图16-63所示。

步骤09 同样打开"渐变"面板，分别选中每个侧面，然后设置类型为"线性"，调整颜色从白色到粉色渐变，如图16-64所示。

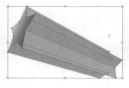

图16-63　　　　　　　　　　图16-64

步骤10 此时将制作完成的蓝色星形与粉色星形摆放在合适位置，如图16-65所示。

步骤11 单击工具箱中的"钢笔工具"按钮，勾出边缘路径，将描边设置为白色，如图16-66所示。

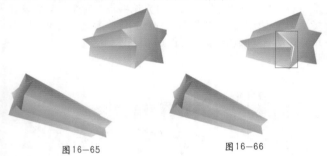

图16-65　　　　　　　　　　图16-66

步骤12 采用同样的方法为每个边角进行绘制，如图16-67所示。

步骤13 分别将蓝色星形与粉色星形进行编组，并且复制出多个来，调整大小与角度进行摆放，如图16-68所示。

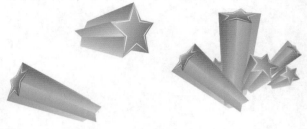

图16-67　　　　　　　　　　图16-68

步骤14 导入背景与前景，最终效果如图16-69所示。

图16-69

实例练习——立体文字放射海报

案例文件	实例练习——立体文字放射海报.ai
视频教学	实例练习——立体文字放射海报.flv
难易指数	★★★★★
知识掌握	文字工具、凸出和斜角命令、平均命令

案例效果

案例效果如图16-70所示。

图16-70

操作步骤

步骤01 使用新建快捷键Ctrl+N，创建新文档。单击工具箱中的"文字工具"按钮，在空白区域单击，输入文字"BUSINESS"，在控制栏中设置合适的字体和大小，如图16-71所示。

图16-71

步骤02 单击工具箱中的"选择工具"按钮，选中文字"BUSINESS"，执行"窗口>颜色"命令，打开"颜色"面板，选中一种蓝色，如图16-72所示。

图16-72

步骤03 单击工具箱中的"文字工具"按钮 **T**，在文字下面的空白区域单击，并输入文字"Creative"，在控制栏中设置合适的字体和大小，如图16-73所示。

图16-73

步骤04 再单击工具箱中的"选择工具"按钮 ，选中文字"Creative"，执行"窗口>颜色"命令，打开"颜色"面板，选中另一种淡蓝色，如图16-74所示。

图16-74

步骤05 使用"选择工具"选中上面的文字"BUSINESS"，执行"窗口>3D>凸出和斜角"命令，打开"3D 凸出和斜角选项"对话框，设置位置为"自定旋转"，透视为130°，凸出厚度为250pt，单击"确定"按钮完成操作，如图16-75所示。

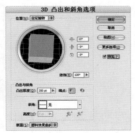

图16-75

步骤06 采用同样的方法制作下面的立体文字，如图16-76所示。

图16-76

步骤07 单击工具箱中的"钢笔工具"按钮 ，在文字图形的后面绘制一个箭头的形状，执行"窗口>透明度"命令，打开"透明度"面板，选择"正片叠底"选项，如图16-77所示。

图16-77

步骤08 执行"文件>置入"命令，打开"置入"面板，单击需要置入地球的图片，单击"确定"按钮完成操作，如图16-78所示。

图16-78

步骤09 单击工具箱中的"矩形工具"按钮 ，绘制一个正方形选框。设置描边颜色为蓝色，如图16-79所示。

图16-79

步骤10 执行"窗口>描边"命令或使用快捷键Ctrl+F10，打开"描边"面板，调整描边粗细为15pt，选中"虚线"复选框，设置虚线为15pt，如图16-80所示。

图16-80

步骤11 执行"对象>扩展"命令，在弹出的"扩展"对话框中选中"填充"和"描边"复选框，使每个正方形变为独立的形状，如图16-81所示。

图16-81

步骤12 单击工具箱中的"直接选择工具"按钮，框选其内侧的锚点，如图16-82所示。

图16-82

技巧提示

在框选锚点时，如有未被选中的锚点，可以按住Shift键单击选择锚点进行添加。

步骤13 执行"对象>路径>平均"命令或使用快捷键Ctrl+Alt+J，在弹出的"平均"对话框中单击选中"两者兼有"单选按钮，得到放射状效果，如图16-83所示。

图16-83

步骤14 保持放射对象的选中状态，执行"窗口>渐变"命令或使用快捷键Ctrl+F9，打开"渐变"面板，设置类型为"径向"，单击滑块调整颜色从浅蓝色到蓝色渐变，如图16-84所示。

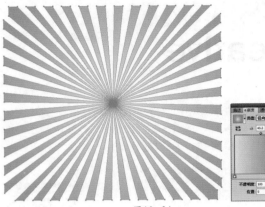

图16-84

步骤15 单击工具箱中的"选择工具"按钮，选中放射渐变，将其置入底层并放大，摆放在合适位置，如图16-85所示。

图16-85

步骤16 导入背景素材，最终效果如图16-86所示。

图16-86

16.3.2 "绕转"效果

"绕转"效果与"凸出和斜角"效果相似，都可以将平面的对象创建为立体的效果。"绕转"效果可以将图形沿自身的Y轴绕转成三维的立体对象，如图16-87所示。

选择对象执行"效果>3D>绕转"命令，在弹出的"3D绕转选项"对话框中可以进行相应的设置，如图16-88所示。

图16-87

图16-88

- 角度：设置 0 到 360°之间的路径绕转度数，如图16-89所示。
- 端点：指定显示的对象是实心（打开端点）还是空心（关闭端点）对象。
- 偏移：在绕转轴与路径之间添加距离。例如，可以创建一个环状对象，可以输入一个介于 0 到 1000 之间的值。
- 自：设置对象绕之转动的轴，可以是"左边缘"，也可以是"右边缘"。

图16-89

16.3.3 "旋转"效果

"绕转"效果和"旋转"效果可以对对象的外形、位置方面的属性进行调整。旋转效果可以让平面的对象产生带透视的扭曲效果，如图16-90所示。

图16-90

选择对象执行"效果>3D>旋转"命令，在弹出的"3D旋转选项"对话框中进行相应的设置，如图16-91所示。

- 位置：设置对象如何旋转以及观看对象的透视角度。
- 透视：要调整透视角度，在"透视"文本框中输入一个介于0和160之间的值。较小的镜头角度类似于长焦照

相机镜头，较大的镜头角度类似于广角照相机镜头。
- 更多选项：单击"更多选项"按钮，可以查看完整的选项列表；或单击"较少选项"按钮，可以隐藏额外的选项，如图16-92所示。
- 表面：创建各种形式的表面，从暗淡、不加底纹的不光滑表面到平滑、光亮，看起来类似塑料的表面。

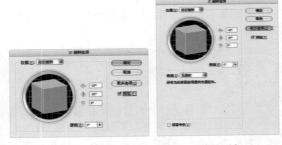

图16-91　　　　　图16-92

实例练习——使用"绕转"制作花瓶

案例文件	实例练习——使用"绕转"制作花瓶.ai
视频教学	实例练习——使用"绕转"制作花瓶.flv
难易指数	★★★★★
知识掌握	"绕转"效果、钢笔工具、"渐变"面板、"透明度"面板

案例效果

本例主要是通过"绕转"效果制作花瓶效果，如图16-93所示。

图16-93

操作步骤

步骤01 选择"文件>新建"命令或按Ctrl+N组合键新建一个文档,具体参数设置如图16-94所示。

步骤02 单击工具箱中的"钢笔工具"按钮 ,勾出花瓶横截面的轮廓。设置填充为灰色,如图16-95所示。

图16-94

图16-95

步骤03 执行"效果>3D>绕转"命令,在弹出的"3D绕转选项"对话框中拖拽移动正方形,调整角度,设置位置为"离轴-前方",角度为360°,端点选择实心外观,表面为"塑料效果底纹",单击"确定"按钮,如图16-96所示。

步骤04 单击工具箱中的"钢笔工具"按钮 ,按照3D花瓶勾出花瓶的外轮廓。然后打开"渐变"面板,设置类型为"径向",调整颜色从浅蓝色到蓝色渐变,单击添加渐变颜色,如图16-97所示。

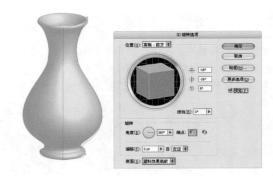

图16-96

步骤05 选中渐变层,打开"透明度"面板,设置混合模式为"正片底叠",调整不透明度为80%,如图16-98所示。

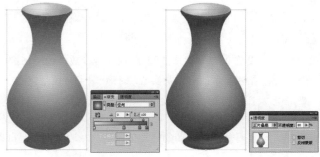

图16-97　　　　　　　　　　　图16-98

步骤06 导入前景花纹,并将其放置在花瓶上面,如图16-99所示。

步骤07 导入前景与背景素材,最终效果如图16-100所示。

图16-99　　　　　　　　　　　图16-100

16.4 使用"SVG效果"

　　"SVG效果"就是一系列描述各种数学运算的XML属性。生成的效果会应用于目标对象而不是源图形。"SVG效果"基于XML并且不依赖于分辨率,所以它与位图效果有所不同。Adobe Illustrator 提供了一组默认的 SVG 效果。可以用这些效果的默认属性,还可以编辑XML代码以生成自定效果,或者写入SVG效果,如图16-101所示。

图16-101

16.4.1 认识"SVG效果"

"SVG效果"效果是将图像描述为形状、路径、文本和效果的矢量格式。执行"效果>SVG效果"命令，可以打开一组效果，选择"应用SVG效果"效果，即可打开"应用SVG效果"对话框，在该对话框的列表框中可以选择所需要的效果，选中"预览"复选框可以查看相应的效果，单击"确定"按钮执行相应的SVG效果，如图16-102所示。

如图16-103所示为SVG效果的预览效果。

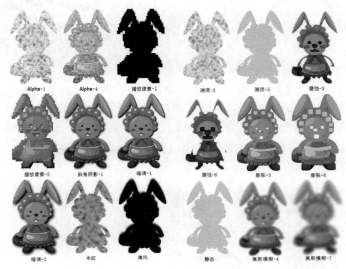

图16-103

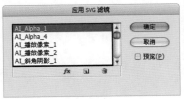

图16-102

16.4.2 编辑"SVG效果"

将要添加效果的对象选中，要应用具有自定设置的效果需要执行"效果>SVG 效果>应用 SVG 效果"命令。在弹出的"应用 SVG 效果"对话框单击"编辑 SVG 效果"按钮 *fx*，弹出"编辑 SVG 效果"对话框，在其中编辑默认代码，完成后单击"确定"按钮，即可回到"应用 SVG 效果"对话框中，如图16-104所示。

图16-104

16.4.3 自定义"SVG效果"

将要添加效果的对象选中，要创建并应用新效果需要执行"效果>SVG 效果>应用 SVG 效果"命令。在弹出的"应用SVG 效果"对话框中单击"新建 SVG 效果"按钮 ⬜，输入新代码，然后单击"确定"按钮，如图16-105所示。

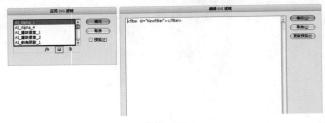

图16-105

16.5 "变形"效果

使用"变形"效果可以使对象的外观形状发生变化。"变形"效果是实时的，不会永久改变对象的基本几何形状，可以随时修改或删除效果。如图16-106所示为使用"变形"效果组制作的作品。

图16-106

首先将一个或多个对象同时选中，执行"效果>变形"命令，在菜单中选择相应的选项，弹出"变形选项"对话框，对其进行相应的设置，单击"确定"按钮，如图16-107所示。

- 样式：在该下拉列表中选择不同的选项，定义不同的变形样式，如图16-108所示。
- 水平和垂直：选中"水平"或"垂直"单选按钮时，将定义对象变形的方向是水平还是垂直，如图16-109所示。

图16-107

图16-108

图16-109

- 弯曲：调整该选项中的参数，定义扭曲的程度，绝对值越大，弯曲的程度越大。正值向左，负值向右。
- 水平：调整该选项中的参数，定义对象扭曲时在水平方向单独进行扭曲的效果，如图16-110所示。

- 垂直：调整该选项中的参数，定义对象扭曲时在垂直方向单独进行扭曲的效果，如图16-111所示。

图16-110

图16-111

16.6 "扭曲和变换"效果组

"扭曲和变换"效果组可以对路径、文本、网格、混合以及位图图像使用一种预定义的变形进行扭曲或变换。使用"扭曲和变换"效果组可以方便地改变对象的形状，但它不会永久改变对象的基本几何形状。"扭曲和变换"的效果是实时的，这就意味着可以随时修改或删除效果。效果组中分别为变换、扭拧、扭转、收缩和膨胀、波纹、粗糙化、自由扭曲。如图16-112所示为使用"扭曲和变换"效果组制作的作品。

图16-112

16.6.1 "变换"效果

"变换"效果可以通过调整对象大小、移动、旋转、镜像（翻转）和复制的方法来改变对象形状。选中要添加效果的对象，执行"效果>扭曲和变换>变换"命令，在弹出的"变换效果"对话框中进行相应的设置，单击"确定"按钮，如图16-113所示。

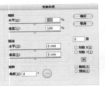

图16-113

- 缩放：在该选项组中分别调整"水平"和"垂直"文本框中的参数，定义缩放比例。如果不进行调整，则保持100%的参数。
- 移动：在该选项组中分别调整"水平"和"垂直"文本框中的参数，定义移动的距离。如果不进行调整，则保持0mm的参数。
- 角度：在该文本框中设置相应的数值，定义旋转的角度，也可以拖拽控制柄进行旋转。

- 份：在该文本框中设置相应的数值，对变换对象复制相应份数。
- 对称X和对称Y：选中该复选框时，可以对对象进行镜像处理。
- 定位器：在选项 区域中，可以变换的中心点。
- 随机：选中该复选框时，将对调整的参数进行随机变换，而且每一个对象的随机数值并不相同。
- 预览：选中该复选框以在文档窗口中预览效果。

16.6.2 "扭拧"效果

"扭拧"效果可以随机地向内或向外弯曲和扭曲路径段。使用绝对量或相对量设置垂直和水平扭曲，可以指定是否修改锚点、移动通向路径锚点的控制点。选中要添加效果的对象，执行"效果>扭曲和变换>扭拧"命令，在弹出的"扭拧"对话框中进行相应的设置，单击"确定"按钮，如图16-114所示。

图16-114

- 水平：在该文本框中输入相应的数值，可以定义对象在水平方向的扭拧幅度。
- 垂直：在该文本框中输入相应的数值，可以定义对象在垂直方向的扭拧幅度。
- 相对：选中该单选按钮时，将定义调整的幅度为原水平的百分比。
- 绝对：选中该单选按钮时，将定义调整的幅度为具体的尺寸。

- 锚点：选中该复选框时，将修改对象中的锚点。
- "导入"控制点：选中该复选框时，将修改对象中的导入控制点。
- "导出"控制点：选中该复选框时，将修改对象中的导出控制点。
- 预览：选中该复选框以在文档窗口中预览效果。

16.6.3 "扭转"效果

"扭转"效果可以旋转一个对象，中心的旋转程度比边缘的旋转程度大。输入一个正值将顺时针扭转，输入一个负值将逆时针扭转。选中要添加效果的对象，执行"效果>扭曲和变换>扭转"命令，在弹出的"扭转"对话框中进行相应的设置，单击"确定"按钮，如图16-115所示。

- 角度：在该文本框中输入相应的数值，定义对象扭转的角度。
- 预览：选中该复选框以在文档窗口中预览效果。

图16-115

16.6.4 "收缩和膨胀"效果

使用"收缩和膨胀"效果可以以对象中心点为基点，对对象进行收缩或膨胀的变形调整。选中要添加效果的对象，执行"效果>扭曲和变换>收缩和膨胀"命令，在弹出的"收缩和膨胀"对话框中进行相应的设置，单击"确定"按钮，如图16-116所示。

- 收缩/膨胀：在文本框输入相应的数值，对对象的膨胀或收缩进行控制，正值为膨胀，负值为收缩，如图16-117所示。

图16-116

- 预览：选中该复选框以在文档窗口中预览效果。

图16-117

16.6.5 "波纹"效果

"波纹"效果可以将对象的路径段变换为同样大小的尖峰和凹谷形成的锯齿和波形数组。使用绝对大小或相对大小可以设置尖峰与凹谷之间的长度。设置每个路径段的脊状数量，并在波形边缘或锯齿边缘之间作出选择。选中要添加效果的对象，执行"效果>扭曲和变换>波纹"命令，在弹出的"波纹效果"对话框中进行相应的设置，单击"确定"按钮，如图16-118所示。

- 大小：在该文本框中输入相应的数值，可以定义波纹效果的尺寸。
- 相对：选中该单选按钮时，将定义调整的幅度为原水平的百分比。

图16-118

- **绝对**：选中该单选按钮时，将定义调整的幅度为具体的尺寸。
- **每段的隆起数**：通过调整该选项中的参数，可以定义每一段路径出现波纹隆起的数量。

- **平滑**：选中该单选按钮时，将使波纹的效果比较平滑。
- **尖锐**：选中该单选按钮时，将使波纹的效果比较尖锐。
- **预览**：选中该复选框以在文档窗口中预览效果。

16.6.6 "粗糙化"效果

"粗糙化"效果可以将矢量对象的路径段变形为各种大小的尖峰和凹谷的锯齿数组。使用绝对大小或相对大小可以设置路径段的最大长度。设置每英寸锯齿边缘的密度，并在圆滑边缘和尖锐边缘（尖锐）之间作出选择。选中要添加效果的对象，执行"效果>扭曲和变换>粗糙化"命令，在弹出的"粗糙化"对话框中进行相应的设置，单击"确定"按钮，如图16-119所示。

图16-119

- **大小**：在该文本框中输入相应的数值，可以定义粗糙化效果的尺寸。
- **相对**：选中该单选按钮时，将定义调整的幅度为原水平的百分比。
- **绝对**：选中该单选按钮时，将定义调整的幅度为具体的尺寸。
- **细节**：通过调整该选项中的参数，可以定义粗糙化细节每英寸出现的数量。
- **平滑**：选中该单选按钮时，将使粗糙化的效果比较平滑。
- **尖锐**：选中该单选按钮时，将使粗糙化的效果比较尖锐。
- **预览**：选中该复选框以在文档窗口中预览效果。

16.6.7 "自由扭曲"效果

使用"自由扭曲"效果可以通过拖动四个角落任意控制点的方式来改变矢量对象的形状。选中要添加效果的对象，执行"效果>扭曲和变换>自由扭曲"命令，在弹出的"自由扭曲"对话框中拖拽四角上的控制点，从而调整对象的变形，单击"重置"按钮恢复原始效果，如图16-120所示。

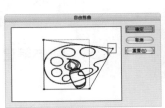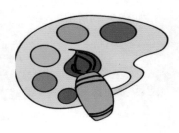

图16-120

16.7 裁剪标记

裁剪标记应用于选定的对象。除了指定不同画板以裁剪用于输出的图稿外，还可以在图稿中创建和使用多组裁剪标记。裁剪标记指示了所需的打印纸张剪切位置。当需要围绕页面上的几个对象创建标记时，常用裁剪标记。

当要为一个对象添加"裁剪标记"时，将该对象选中，执行"效果>裁切标记"命令，该对象将自动按照相应的尺寸创建裁剪标记，如图16-121所示。

要删除可编辑的裁切标记，选择该裁切标记，然后按Delete键即可。要删除裁切标记效果，选择"外观"面板中的裁切标记，然后单击"删除所选项目"按钮即可。

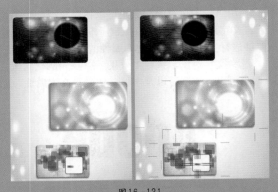

图16-121

16.8 "路径"效果组

"路径"效果组可以将对象路径相对于对象的原始位置进行偏移，将文字转化为如同任何其他图形对象那样可进行编辑和操作的一组复合路径，将所选对象的描边更改为与原始描边相同粗细的填色对象。可以执行"效果>路径"命令，在子菜单中为对象添加路径效果；还可以使用"外观"面板将这些命令应用于添加到位图对象上的填充或描边，如图16-122所示。

图16-122

16.8.1 "位移路径"效果

当要依次完成增粗路径的描边宽度和路径的轮廓化时，可以在选中该路径对象的同时，执行"对象>路径>位移路径"命令，如图16-123所示。

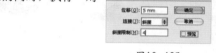

图16-123

- 位移：在该文本框中输入相应的数值，可以定义路径外扩的尺寸。

- 连接：在该下拉列表中选中不同的选项，可以定义路径转换后的拐角和包头方式。包括斜接、圆角和斜角，如图16-124所示。

- 斜接限制：当在"连接"下拉列表选择"斜接"选项时，可以在该文本框中输入相应的数值，过小的数值可以限制尖锐角的显示。

- 预览：选中该复选框以在文档窗口中预览效果。

 读书笔记

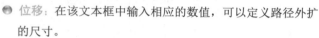

图16-124

16.8.2 "轮廓化对象"效果

使用"轮廓化对象"效果可以使对象得到轮廓化的效果，但不失去原始属性，例如想要对文字添加渐变效果时，默认情况下，文字对象是不能够直接赋予渐变填充的，只有将文字对象进行扩展后才可以。但是扩展后的文字不再具有文字属性，不能够进行字体、字号等文本属性的修改，这时就需要使用"轮廓化对象"效果。

选中文字对象，执行"效果>路径>轮廓化对象"命令，此时可以直接为文字填充渐变效果，如图16-125所示。

也可以更改字符以及字体、字号等文本属性，如图16-126所示。

图16-125　　　　　　　　　图16-126

16.8.3 "轮廓化描边"效果

在Illustrator中，对象的描边是不能够被赋予渐变的，如果对对象使用"轮廓化对象"效果，则可为描边添加渐变效果。在画板中选中要进行轮廓化的描边对象，然后执行"效果>路径>轮廓化描边"命令，如图16-127所示。

图16-127

16.9 "路径查找器"效果组

在前面的章节中曾经介绍过"路径查找器"面板的相关知识，这里的"路径查找器"效果组与"路径查找器"面板的功能与用法非常相似，但是使用"路径查找器"效果组对对象进行操作可以方便地创建对象组合，但它不会永久改变对象的基本几何形状，如图16-128所示。

图16-128

使用"路径查找器"效果组之前首先将要使用的对象编组到一起，然后选择该组。再执行"效果>路径查找器"命令，并选择一个路径查找器效果，如图16-129所示。

● 相加：描摹所有对象的轮廓，就像它们是单独的、已合并的对象一样。该选项产生的结果形状会采用顶层对象的上色属性，如图16-130所示。使对象处于选中状态。

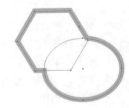

图16-129　　　　　　　图16-130

- ● **交集**：描摹被所有对象重叠的区域轮廓，如图16-131所示。
- ● **差集**：描摹对象所有未被重叠的区域，并使重叠区域透明。若有偶数个对象重叠，则重叠处会变成透明。而有奇数个对象重叠时，重叠的地方则会填充颜色，如图16-132所示。使对象处于选中状态。

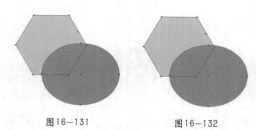

图16-131　　　　　　图16-132

- ● **相减**：从最后面的对象中减去最前面的对象。应用该选项，可以通过调整堆栈顺序来删除插图中的某些区域，如图16-133所示。
- ● **减去后方对象**：从最前面的对象中减去后面的对象。选择该选项，可以通过调整堆栈顺序来删除插图中的某些区域，如图16-134所示。

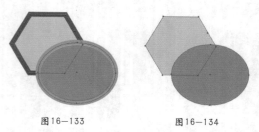

图16-133　　　　　　图16-134

- ● **分割**：将一份图稿分割为作为其构成成分的填充表面（表面是未被线段分割的区域），如图16-135所示。
- ● **修边**：用位于上方的对象修整位于下方的对象，如图16-136所示。

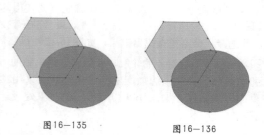

图16-135　　　　　　图16-136

- ● **合并**：删除已填充对象被隐藏的部分。选择该选项会删除所有描边，且会合并具有相同颜色的相邻或重叠的对象，如图16-137所示。
- ● **裁剪**：将图稿分割为作为其构成成分的填充表面，然后删除图稿中所有落在最上方对象边界之外的部分，而且还会删除所有描边，如图16-138所示。

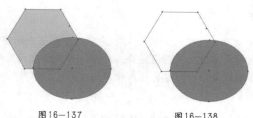

图16-137　　　　　　图16-138

- ● **轮廓**：将对象分割为其组件线段或边缘。当需要对叠印对象进行陷印的图稿时，该选项非常有用，如图16-139所示。
- ● **实色混合**：通过选择每个颜色组件的最高值来组合颜色。例如，如果颜色1为20%青色、66%洋红色、40%黄色和0%黑色；而颜色2为40%青色、20%洋红色、30%黄色和10%黑色，则产生的实色混合色为40%青色、66%洋红色、40%黄色和10%黑色，如图16-140所示。

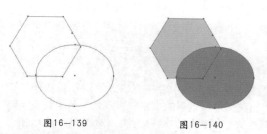

图16-139　　　　　　图16-140

- ● **透明混合**：使底层颜色透过重叠的图稿可见，然后将图像划分为其构成部分的表面。可以指定在重叠颜色中的可视性百分比，如图16-141所示。

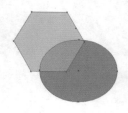

图16-141

- ● **陷印**：该选项通过识别较浅色的图稿并将其陷印到较深色的图稿中，为简单对象创建陷印。可以在"路径查找器"面板中选择"陷印"选项，或者将其作为效果进行应用。使用"陷印"效果的好处是可以随时修改陷印设置。在从单独的印版打印的颜色互相重叠或彼此相连处，印版套印不准会导致最终输出中的各颜色之间出现间隙。为补偿图稿中各颜色之间的潜在间隙，印刷商使用一种称为陷印的技术，在两个相邻颜色之间创建一个小重叠区域（称为陷印）。可用独立的专用陷印程序自动创建陷印，也可以用Illustrator手动创建陷印，如图16-142所示。

图16-142

技术拓展：**详解"陷印"**

- **粗细**：指定一个介于 0.01 和 5000 磅之间的描边宽度值。请与印刷商确认决定应使用的数值。
- **高度/宽度**：把水平线上的陷印指定为垂直线上陷印的一个百分数。通过指定不同的水平和垂直陷印值，可以补偿印刷过程中出现的异常情况，如纸张的延展。请联系印刷商，让其帮助确定此值。默认值 100% 使水平线和垂直线上的陷印宽度相同。若要增加水平线上的陷印粗细而不更改垂直陷印，请将高度/宽度设置为大于100%。要减小水平线上的陷印粗细而不更改垂直陷印，请将高度/宽度设置为小于 100%，如图16-143所示。

 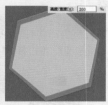

图16-143

- **色调减淡**：减小被陷印的较浅颜色的色调值；较深的颜色保持在100%。这个选项在陷印两个浅色对象时很有用，这种情况下，陷印线会透过两种颜色中的较深者显示出来，形成一个不美观的深色边框。例如，如果将一个浅黄色对象陷印到一个浅蓝色对象中，则可以在创建陷印的位置看到一个浅绿色的边框。请与印刷商联系，以找出最适合所用印刷机类型、油墨、纸料等的色调百分数。
- **印刷色陷印**：将专色陷印转换为等价的印刷色。该选项创建专色中较浅者的一个对象，然后对其进行叠印。
- **反向陷印**：将较深的颜色陷印到较浅的颜色中。该选项不能处理复色黑（即含有其他 CMY 油墨的黑色）。
- **精度**：（仅作为效果）影响对象路径的计算精度。计算越精确，绘图就越准确，生成结果路径所需的时间就越长。

16.10 "转换为形状"效果组

应用"转换为形状"效果组可以将对象转换为制定形状。"转换为形状"效果组包括"矩形"、"圆角矩形"和"椭圆"效果。如图16-144所示为使用"转换为形状"效果组制作出的作品。

图16-144

16.10.1 "矩形"效果

选中要添加效果的对象，执行"效果>转换为形状>矩形"命令，在弹出的"形状选项"对话框中进行相应的设置，单击"确定"按钮，即可将选中的对象转换为矩形，如图16-145所示。

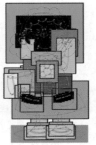

- 绝对：选中该单选按钮，在"宽度"和"高度"文本框中输入相应的数值，可以定义转换的矩形对象的绝对尺寸。
- 相对：选中该单选按钮，在"额外宽度"和"额外高度"文本框中输入相应的数值，可以定义该对象添加或减少的尺寸。

图16-145

16.10.2 "圆角矩形"效果

选中要添加效果的对象，执行"效果>转换为形状>圆角矩形"命令，在弹出的"形状选项"对话框中进行相应的设置，单击"确定"按钮，将选中的对象转换为圆角矩形，如图16-146所示。

- 绝对：选中该单选按钮，在"宽度"和"高度"文本框中输入相应的数值，可以定义转换的圆角矩形对象的绝对尺寸。
- 相对：选中该单选按钮，在"额外宽度"和"额外高度"文本框中输入相应的数值，可以定义该对象添加或减少的尺寸。
- 圆角半径：在该文本框中输入相应的数值，可以定义圆角半径的尺寸。

图16-146

16.10.3 "椭圆"效果

选中要添加效果的对象，执行"效果>转换为形状>椭圆"命令，在弹出的"形状选项"对话框中进行相应的设置，单击"确定"按钮，将选中的对象转换为椭圆形，如图16-147所示。

- 绝对：选中该单选按钮，在"宽度"和"高度"文本框中输入相应的数值，可以定义转换的椭圆形对象的绝对尺寸。
- 相对：选中该单选按钮，在"额外宽度"和"额外高度"文本框中输入相应的数值，可以定义该对象添加或减少的尺寸。

读书笔记

图16-147

案例文件	实例练习——使用外观制作卡通招牌.ai
视频教学	实例练习——使用外观制作卡通招牌.flv
难易指数	★★★★★
知识掌握	转换为形状效果、位移路径、"外观"面板

案例效果

案例效果如图16-148所示。

图16-148

操作步骤

步骤01 选择"文件>新建"命令或按Ctrl+N组合键新建一个文档，具体参数设置如图16-149所示。

图16-149

步骤02 单击工具箱中的"文字工具"按钮 **T**，在画板中输入文字，如图16-150所示。

图16-150

步骤03 将文字对象选中，调出"外观"面板，在该面板菜单中选择"添加新填色"命令，在新添加的"填色"中选择红色，如图16-151所示。

图16-151

步骤04 执行"效果>转换为形状>圆角矩形"命令，在弹出的"形状选项"对话框中，设置形状为"圆角矩形"。选中"相对"单选按钮，设置额外宽度为6.35mm，额外高度为6.35mm，圆角半径为3.175mm，如图16-152所示。

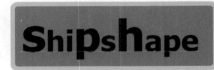

图16-152

步骤05 在"外观"面板菜单中选择"添加新填色"命令，在新添加的"填色"中选择灰色。执行"效果>路径>位移路径"命令，在弹出的"位移路径"对话框中设置位移为7mm，连接为"斜接"，斜接限制为4，调整所要的位移大小，如图16-153所示。

图16-153

步骤06 选择第一个黑色填色层，打开"渐变"面板，调整填色为渐变颜色，如图16-154所示。

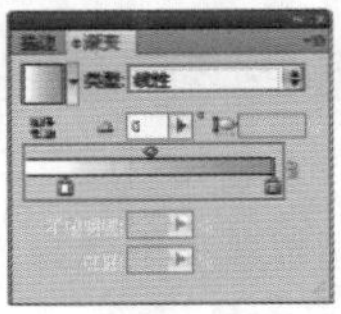

图16-154

步骤07 选择描边，在弹出的对话框中设置粗细为1pt，选中"虚线"复选框，设置为2pt，颜色为灰色，如图16-155所示。

图16-155

步骤08 执行"效果>路径>位移路径"命令，在弹出的"位移路径"对话框中设置位移为-1mm，连接为"斜接"，斜接限制为4，调整所要的位移大小，如图16-156所示。

图16-156

步骤09 在"外观"面板中将灰色渐变填充层拖拽到"复制所选项目"按钮 上，把下面的层填充为深灰色。单击不透明度，在弹出的面板中设置正片叠底，不透明度为34%。然后执行"效果>扭曲和变换>变换"命令，设置垂直为-2mm，如图16-157所示。

图16-157

步骤10 选择红色填充层，调出"渐变"面板，设置渐变为红色系渐变，如图16-158所示。

图16-158

步骤11 在"外观"面板菜单中选择"添加新描边"命令，在新添加的"描边"中选择描边，设置粗细为2pt，选中虚线，设置为2pt，颜色为黄色。然后执行"效果>转换为形状>圆角矩形"命令，在弹出的"形状选项"对话框中设置形状为圆角矩形，额外宽度为6.35mm，额外高度为6.35mm，圆角半径为3.175mm，如图16-159所示。

图16-159

步骤12 复制米黄色描边，描边颜色为深灰色，单击不透明度，在弹出的面板中设置正片叠底，不透明度为44%。然后执行"效果>扭曲和变换>变换"命令，设置垂直为-2mm，如图16-160所示。

图16-160

步骤13 执行"窗口>图形样式"命令，调出"图形样式"调板。使用选择工具选中文字，然后将其拖拽到图层样式中，创建出一个新的图层样式，如图16-161所示。

图16-161

步骤14 显示出背景文件，并将文字部分移动到房子的顶端，如图16-162所示。

图16-162

步骤15 采用同样的方法制作出另外两个广告牌，如图16-163所示。

图16-163

制作侧面的两个广告牌时，可以保持自行车图案处于选中状态，然后在"图层样式"面板中单击之前定义的样式，即可自动出现相应的效果。

16.11 "风格化"效果组

　　"风格化"效果组是较为常用的效果命令，通过使用"风格化"效果组中的效果，可以为图形添加非常逼真的特效，如图16-164所示。包括7个效果，分别为内发光、圆角、外发光、投影、涂抹、添加箭头和羽化效果。

图16-164

16.11.1 "内发光"效果

　　"内发光"效果可以按照图形的边缘形状添加内部的内发光效果。选中要添加效果的对象，执行"效果>风格化>内发光"命令，在弹出的"内发光"对话框中进行相应的设置，单击"确定"按钮，如图16-165所示。

图16-165

- 模式：指定发光的混合模式。
- 不透明度：指定所需发光的不透明度百分比。

- 模糊：指定要进行模糊处理之处到选区中心或选区边缘的距离。
- 中心：（仅适用于内发光）应用从选区中心向外发散的发光效果。
- 边缘：（仅适用于内发光）应用从选区内部边缘向外发散的发光效果。

 技巧提示

　　对使用内发光效果的对象进行扩展时，内发光本身会呈现为一个不透明蒙版；如果使用外发光的对象进行扩展，外发光会变成一个透明的栅格对象。

 读书笔记

第16章 外观与效果的应用

16.11.2 "圆角"效果

"圆角"效果可以将矢量对象的角落控制点转换为平滑的曲线。选中要添加效果的对象，执行"效果>风格化>圆角"命令，在弹出的"圆角"对话框中设置"半径"数值，然后单击"确定"按钮，如图16-166所示。

半径：在该文本框中输入相应的数值，可以定义对尖锐角圆润处理的尺寸。

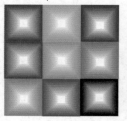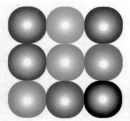

图16-166

16.11.3 "外发光"效果

"外发光"效果可以按照该图形的边缘形状，添加外部发光的效果。选中要添加效果的对象，执行"效果>风格化>外发光"命令，在弹出的"外发光"对话框中进行相应的设置，单击"确定"按钮，如图16-167所示。

图16-167

- 模式：指定发光的混合模式。
- 不透明度：指定所需发光的不透明度百分比。
- 模糊：指定要进行模糊处理之处到选区中心或选区边缘的距离。

实例练习——使用外观制作发光文字

案例文件	实例练习——使用外观制作发光文字.ai
视频教学	实例练习——使用外观制作发光文字.flv
难易指数	★★★★★
知识掌握	内发光效果、位移路径效果、"外观"面板

案例效果

案例效果如图16-168所示。

图16-168

操作步骤

步骤01 选择"文件>新建"命令或按Ctrl+N组合键新建一个文档，并创建一个底色。具体参数设置如图16-169所示。

图16-169

步骤02 单击工具箱中的"文字工具"按钮 T ，然后执行"窗口>文字>字符"命令，打开"字符"面板，选择一种文字样式，设置文字大小为213pt，在"字符"面板菜单中执行"全部大写字母"命令，如图16-170所示。

Illustrator CS5 从入门到精通

图16-170

步骤03 保持文字的选中状态，将字体颜色设置为无，如图16-171所示。

步骤04 调出"外观"面板，在"外观"面板菜单中执行"添加新填色"命令，如图16-172所示。

步骤05 在新添加的"填色"中设置颜色为白色。同样的方法，继续添加4个填色，如图16-173所示。

图16-171　　　　图16-172　　　　图16-173

步骤06 选中最后一个"填色"，然后执行"效果>路径>位移路径"命令，在弹出的"位移路径"对话框中设置位移为6mm，连接为"圆角"，斜接限制为4，调整所要的位移大小，如图16-174所示。

图16-174

步骤07 选中倒数第二个"填色"，执行"效果>路径>位移路径"命令，在弹出的"位移路径"对话框中设置位移为3mm，连接为"圆角"，斜接限制为4，调整所要的位移大小，如图16-175所示。

图16-175

步骤08 分别选择第二、三、四个"填色"，调出"渐变"面板，调整填色为渐变颜色，如图16-176所示。

图16-176

步骤09 选择最后一个"填色"，单击不透明度，在弹出的面板中设置不透明度为24%，如图16-177所示。

图16-177

步骤10 照此方法，选择倒数第二个"填色"，设置不透明度为70%，其他填色不变。然后再选择第二个"填色"，执行"效果>风格化>内发光"命令，设置模式为"滤色"，不透明度为55%，模糊为2.5mm，如图16-178所示。

图16-178

步骤11 导入素材文件，将"文字"图层放置在背景的上一层中，如图16-179所示。

图16-179

16.11.4 "投影"效果

　　"投影"效果可以按照图形边缘的形状添加投影效果。选中要添加效果的对象，执行"效果>风格化>投影"命令，在弹出的"投影"对话框中进行相应的设置，单击"确定"按钮，如图16-180所示。

图16-180

● 模式：指定投影的混合模式。

● 不透明度：指定所需的投影不透明度百分比。

● X位移和Y位移：指定希望投影偏离对象的距离。

● 模糊：指定要进行模糊处理之处距离阴影边缘的距离。Illustrator会创建一个透明栅格对象来模拟模糊效果。

● 颜色：指定阴影的颜色。

● 暗度：指定希望为投影添加的黑色深度百分比。在CMYK文档中，如果将此值定为100%，并与包含除黑色以外的其他填色或描边的所选对象一起使用，则会生成一种混合色黑影。如果将此值定为100%，并与仅包含黑色填色或描边颜色的所选对象一起使用，会创建一种100%的纯黑阴影。如果将此值定为0%，会创建一种与所选对象颜色相同的投影。

16.11.5 "涂抹"效果

"涂抹"效果可以按照该图形边缘形状添加手指涂抹的效果。选中要添加效果的对象，执行"效果>风格化>涂抹"命令，在弹出的"涂抹"对话框中进行相应的设置，单击"确定"按钮，如图16-181所示。

图16-181

● 设置：使用预设的涂抹效果，从"设置"菜单中选择一种。要创建一个自定涂抹效果，需从任意一种预设开始，在此基础上调整"涂抹"选项。

● 角度：用于控制涂抹线条的方向。可以单击"角度"图标中的任意点，围绕"角度"图标拖移角度线，或在文本框中输入一个介于-179到180之间的值。

● 路径重叠：用于控制涂抹线条在路径边界内部距路径边界的量或在路径边界外距路径边界的量。负值将涂抹线条控制在路径边界内部，正值则将涂抹线条延伸至路径边界外部。

● 变化：用于控制涂抹线条彼此之间的相对长度差异。

● 描边宽度：用于控制涂抹线条的宽度。

● 曲度：用于控制涂抹曲线在改变方向之前的曲度。

● 变化：用于控制涂抹曲线彼此之间的相对曲度差异大小。

● 间距：用于控制涂抹线条之间的折叠间距量。

● 变化：用于控制涂抹线条之间的折叠间距差异量。

16.11.6 "羽化"效果

"羽化"效果可以按照该图形的边缘形状，添加边缘虚化效果。选中要添加效果的对象，执行"效果>风格化>羽化"命令，在弹出的"羽化"对话框中进行相应的设置，单击"确定"按钮，如图16-182所示。

羽化半径：设置希望对象从不透明渐隐到透明的中间距离。

图16-182

 技巧提示

此效果组中还包括"添加箭头"效果，可以为对象添加不同样式的箭头效果。此效果使用比较简单，在此不做过多介绍。

16.12 Photoshop效果与"效果画廊"

Aodbe Illustrator CS5中的效果除了包含"Illustrator 效果"外,还包含"Photoshop效果"。"Photoshop效果"与Adobe Photoshop中的效果非常相似,而且"效果画廊"与Photoshop中的"效果库"也大致相同。如图16-183所示为使用Photoshop效果制作的作品。

图16-183

效果画廊是一个集合了大部分常用效果的对话框。在效果画廊中,可以对某一对象应用一个或多个效果,或对同一图像多次应用同一效果,还可以使用其他效果替换原有的效果。选中要添加效果的对象,执行"效果>效果画廊"命令,在弹出的对话框中进行相应的设置,单击"确定"按钮,如图16-184所示。

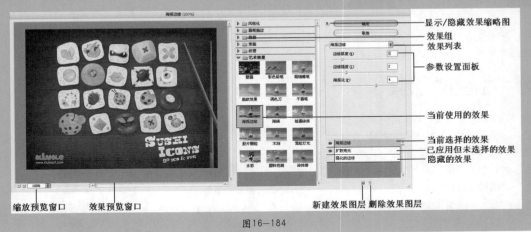

图16-184

⬤ 效果预览窗口:用来预览效果的效果。

⬤ 缩放预览窗口:单击▬按钮,可以缩小显示比例;单击▬按钮,可以放大预览窗口的显示比例。另外,还可以在缩放列表中选择预设的缩放比例。

⬤ 显示/隐藏效果缩略图▣:单击该按钮,可以隐藏效果缩略图,以增大预览窗口。

⬤ 效果列表:在该列表中可以选择一个效果。这些效果是按名称汉语拼音的先后顺序排列的。

⬤ 参数设置面板:单击效果组中的一个效果,可以将该效果应用于图像,同时在参数设置面板中会显示该效果的参数选项。

⬤ 当前使用的效果:显示当前使用的效果。

⬤ 效果组:效果库中共包含6组效果,单击效果组前面的▶图标,可以展开该效果组。

⬤ 新建效果图层▣:单击该按钮,可以新建一个效果图层,在该图层中可以应用一个效果。

⬤ 删除效果图层▣:选择一个效果图层以后,单击该按钮可以将其删除。

16.13 "像素化"效果组

"像素化"效果是基于栅格的效果，无论何时对矢量对象应用这些效果，都将使用文档的栅格效果设置。

16.13.1 "彩色半调"效果

"彩色半调"效果可以模拟在图像的每个通道上使用放大的半调网屏的效果。首先选中要添加效果的对象，执行"效果>像素化>彩色半调"命令，在弹出的"彩色半调"对话框中进行相应的设置，单击"确定"按钮，如图16-185所示。

图16-185

● **最大半径**：在该文本框中输入相应的数值，系统默认该度量单位是"像素"，取值范围是4～127之间。

● **网角**：在文本框中输入相应的数值，设定图像每一种原色通道网屏角度。所谓通道即CMYK（4个）通道或RGB通道（3个）。

● **默认**：对调整的设置不满意，单击该按钮即可恢复原默认值。

 技巧提示

若要使用效果，设置半调网点的最大半径为一个以像素为单位的值（介于 4 到 127 之间），再为一个或多个通道输入一个网屏角度值。对于灰度图像，只使用通道 1。对于 RGB 图像，使用通道 1、2 和 3，分别对应于红色通道、绿色通道与蓝色通道。对于 CMYK 图像，使用全部4个通道，分别对应于青色通道、洋红色通道、黄色通道以及黑色通道。

16.13.2 "晶格化"效果

"晶格化"效果可以使图像中颜色相近的像素结块形成多边形纯色。选中要添加效果的对象，执行"效果>像素化>晶格化"命令，在弹出的"晶格化"对话框中进行相应的设置，单击"确定"按钮，如图16-186所示。

单元格大小：用来设置每个多边形色块的大小。

图16-186

16.13.3 "点状化"效果

"点状化"效果可以将图像中的颜色分解为随机分布的网点，如同点状化绘画一样，并使用背景色作为网点之间的画布区域。选中要添加效果的对象，执行"效果>像素化>点状化"命令，在弹出的"点状化"对话框中进行相应的设置，单击"确定"按钮，如图16-187所示。

单元格大小：用来设置每个多边形色块的大小。

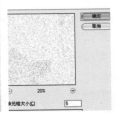

图16—187

16.13.4 "铜版雕刻" 效果

"铜版雕刻" 效果可以将图像转换为黑白区域的随机图案或彩色图像中完全饱和颜色的随机图案。选中要添加效果的
对象，执行 "效果>像素化>铜版雕刻" 命令，从 "铜版雕刻"
对话框的 "类型" 弹出式菜单中选择一种网点图案，单击 "确
定" 按钮，如图16-188所示。

　　类型：分别为精细点、中等点、粒状点、粗网点、短线中
　　长直线、长线短描边、中长描边和长边。

图16—188

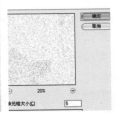

16.14 "扭曲" 效果组

　　"扭曲" 命令可能会占用大量内存。这些效果是基于栅格的效果，无论何时对矢量对象应用这些效果，都将使用文档
的栅格效果设置。

16.14.1 "扩散亮光" 效果

　　"扩散亮光" 效果可以向图像中添加白色杂色，并从图像中心向外渐隐高光，使图像产生一种光芒漫射的效果。如图
16-189所示为原始图像、应用 "扩散亮光" 效果以后的效果以及参数面板。

● **粒度**：用于设置在图像中添加的颗粒的数量。

● **发光量**：用于设置在图像中生成的亮光的强度。

● **清除数量**：用于限制图像中受到 "扩散亮光" 效果影响的范围。数值越大， "扩散亮光" 效果影响的范围就越小。

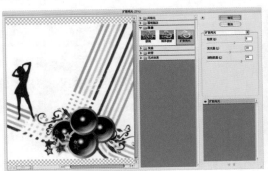

图16—189

16.14.2 "海洋波纹"效果

"海洋波纹"效果可以将随机分隔的波纹添加到图像表面，使图像看上去像是在水中一样。如图16-190所示为原始图像、应用"海洋波纹"效果以后的效果以及参数面板。

● 波纹大小：用来设置生成的波纹的大小。

● 波纹幅度：用来设置波纹的变形幅度。

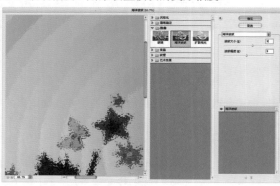

图16—190

16.14.3 "玻璃"效果

"玻璃"效果可以使图像产生透过不同类型的玻璃进行观看的效果。如图16-191所示为原始图像、应用"玻璃"效果以后的效果以及参数面板。

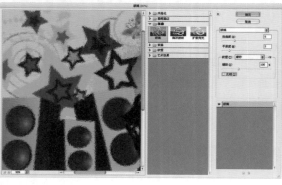

图16—191

● 扭曲度：用于设置玻璃的扭曲程度。

● 平滑度：用于设置玻璃质感扭曲效果的平滑程度。

● 纹理：用于选择扭曲时产生的纹理类型，包含"块状"、

"画布"、"磨砂"和"小镜头"4种类型。

● 缩放：用于设置所应用纹理的大小。

● 反相：选中该复选框，可以反转纹理效果。

16.15 "模糊"效果组

"效果"菜单的"模糊"子菜单中的命令是基于栅格的，无论何时对矢量对象应用这些效果，都将使用文档的栅格效果设置。

16.15.1 "径向模糊"效果

"径向模糊"效果用于模拟缩放或旋转相机时所产生的模糊，产生的是一种柔化的模糊效果。如图16-192所示为原始图像、应用"径向模糊"效果以后的效果以及"径向模糊"对话框。

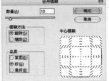

图16-192

图16-193

- 中心模糊：将光标放置在设置框中，使用鼠标左键拖拽可以定位模糊的原点，原点位置不同，模糊中心也不同，如图16-193所示分别为不同原点的旋转模糊效果。

- 数量：用于设置模糊的强度。数值越大，模糊效果越明显。

- 模糊方法：选中"旋转"单选按钮时，图像可以沿同心圆环线产生旋转的模糊效果；选中"缩放"单选按钮时，可以从中心向外产生反射模糊效果。

- 品质：用来设置模糊效果的质量。"草图"的处理速度较快，但会产生颗粒效果；"好"和"最好"·的处理速度较慢，但是生成的效果比较平滑。

16.15.2 "特殊模糊"效果

"特殊模糊"效果可以精确地模糊图像。如图16-194所示为原始图像、应用"特殊模糊"效果以后的效果以及"特殊模糊"对话框。

图16-194

- 半径：用来设置要应用模糊的范围。

- 阈值：用来设置像素具有多大差异后才会被模糊处理。

- 品质：设置模糊效果的质量，包含"低"、"中等"和"高"3种。

- 模式：选择"正常"选项，不会在图像中添加任何特殊效果；选择"仅限边缘"选项，将以黑色显示图像，以白色描绘出图像边缘像素亮度值变化强烈的区域；选择"叠加边缘"选项，将以白色描绘出图像边缘像素亮度值变化强烈的区域，如图16-195所示。

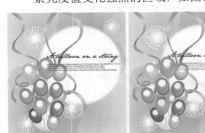

图16-195

16.15.3 "高斯模糊"效果

"高斯模糊"效果以可调的量快速模糊选区。该效果将移去高频出现的细节，并产生一种朦胧的效果。如图16-196所示为原始图像、应用"高斯模糊"效果以后的效果以及"高斯模糊"对话框。

图16-196

16.16 "画笔描边" 效果组

"画笔描边" 效果是基于栅格的效果，无论何时对矢量对象应用该效果，都将使用文档的栅格效果设置。

16.16.1 "喷色" 效果

"喷色" 效果模拟喷溅喷枪的效果。增加选项值可以简化整体效果。如图16-197所示为原始图像、应用"喷色"效果以后的效果以及参数面板。

- 喷色半径：用于处理不同颜色的区域。数值越大，颜色越分散。
- 平滑度：用于设置喷射效果的平滑程度。

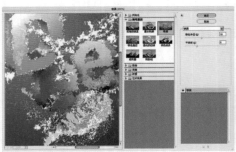

图16-197

16.16.2 "喷色描边" 效果

"喷色描边" 效果可以通过图像中的主导色用成角的、喷溅的颜色线条重新绘制图像，以生成飞溅效果。如图16-198所示为原始图像，应用"喷色描边"效果以后的效果以及参数面板。

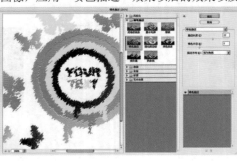

图16-198

- 描边长度：用于设置笔触的长度。

- 喷色半径：用于控制喷色的范围。
- 描边方向：用于设置笔触的方向。

16.16.3 "墨水轮廓" 效果

"墨水轮廓" 效果可以以钢笔画的风格，用细细的线条在原始细节上绘制图像。如图16-199所示为原始图像、应用"墨水轮廓"效果以后的效果以及参数面板。

- 描边长度：用于设置图像中生成的线条的长度。
- 深色强度：用于设置线条阴影的强度。数值越大，图像越暗。
- 光照强度：用于设置线条高光的强度。数值越大，图像越亮。

图16-199

16.16.4 "强化的边缘"效果

"强化的边缘"效果可以强化图像边缘。当"边缘亮度"控制设置为较大的值时，强化效果看上去像白色粉笔。当它设置为较小的值时，强化效果看上去像黑色油墨。如图16-200所示为原始图像、应用"强化的边缘"效果以后的效果以及参数面板。

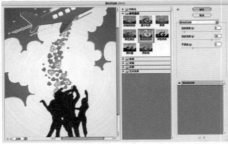

图16-200

- 边缘宽度：用来设置需要强化的边缘的宽度。
- 边缘亮度：用来设置需要强化的边缘的亮度。数值越大，强化效果就越类似于白色粉笔；数值越小，强化

效果就越类似于黑色油墨。

- 平滑度：用于设置边缘的平滑程度。数值越大，图像效果越柔和。

16.16.5 "成角的线条"效果

"成角的线条"效果可以使用对角描边重新绘制图像，用一个方向上的线条绘制亮部区域，用反方向上的线条来绘制暗部区域。如图16-201所示为原始图像、应用"成角的线条"效果以后的效果以及参数面板。

图16-201

- 方向平衡：用于设置对角线的倾斜角度，取值范围为0～100。
- 描边长度：用于设置对角线的长度，取值范围为3～50。

- 锐化程度：用于设置对角线的清晰程度，取值范围为0～10。

16.16.6 "深色线条"效果

"深色线条"效果可以用短而绷紧的深色线条绘制暗区，用长而白的线条绘制亮区。如图16-202所示为原始图像、应用"深色线条"效果以后的效果以及参数面板。

- 平衡：用于控制绘制的黑白色调的比例。
- 黑色/白色强度：用于设置绘制的黑色调和白色调的强度。

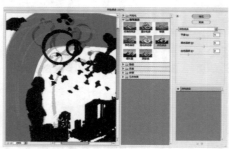

图16-202

16.16.7 "烟灰墨"效果

"烟灰墨"效果像是用蘸满油墨的画笔在宣纸上绘画，可以使用非常黑的油墨来创建柔和的模糊边缘。如图16-203所示为原始图像、应用"烟灰墨"效果以后的效果以及参数面板。

图16-203

- 描边宽度/压力：用于设置笔触的宽度和压力。
- 对比度：用于设置图像效果的对比度。

16.16.8 "阴影线"效果

"阴影线"效果可以保留原始图像的细节和特征，同时使用模拟的铅笔阴影线在图像中添加纹理，并使彩色区域的边缘变粗糙。如图16-204所示为原始图像、应用"阴影线"效果的效果以及参数面板。

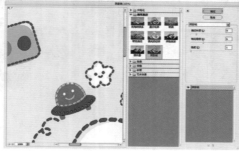

图16-204

- 描边长度：用于设置线条的长度。
- 锐化程度：用于设置线条的清晰程度。
- 强度：用于设置线条的数量和强度。

16.17 "素描" 效果组

许多"素描"效果都使用黑白颜色来重绘图像。这些效果是基于栅格的效果，无论何时对矢量图形应用这些效果，都将使用文档的栅格效果设置。

16.17.1 "便条纸" 效果

"便条纸"效果可以创建类似于手工制作的纸张构建的图像效果。如图16-205所示为原始图像、应用"便条纸"效果以后效果以及参数面板。

- 图像平衡：用来调整高光区域与阴影区域面积的大小。
- 粒度：用来设置图像中生成颗粒的数量。
- 凸现：用来设置颗粒的凹凸程度。

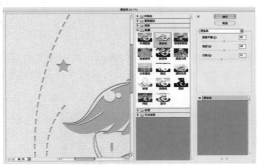

图16-205

16.17.2 "半调图案" 效果

"半调图案"效果可以在保持连续的色调范围的同时模拟半调网屏效果。如图16-206所示为原始图像、应用"半调图案"效果以后的效果以及参数面板。

- 大小：用来设置网格图案的大小。
- 对比度：用来设置前景色与图像的对比度。
- 图案类型：用来设置生成的图案的类型，包含"圆形"、"网点"和"直线"3种类型，如图16-207所示。

图16-207

 读书笔记

图16-206

16.17.3 "图章" 效果

"图章"效果可以简化图像，常用于模拟橡皮或木制图章效果（该效果用于黑白图像时效果最佳）。如图16-208所示为原始图像、应用"图章"效果以后的效果以及参数面板。

图16—208

⊙ 明/暗平衡：用来设置前景色和背景色之间的混合程度。

⊙ 平滑度：用来设置图章效果的平衡程度。

16.17.4 "基底凸现"效果

"基底凸现"效果可以通过变换图像，使其呈现浮雕的雕刻状和突出光照下变化各异的表面，其中图像的暗部区域呈现为前景色，而浅色区域呈现为背景色。如图16-209所示为原始图像、应用"基底凸现"效果以后的效果以及参数面板。

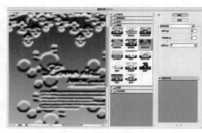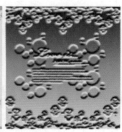

图16—209

⊙ 细节：用来设置图像细节的保留程度。　　　　　　⊙ 光照：用来设置凸现效果的光照方向。

⊙ 平滑度：用来设置凸现效果的光滑度。

16.17.5 "塑料效果"效果

"塑料效果"效果可以对图像进行类似塑料的塑模成像，然后使用黑色和白色为结果图像上色。暗区凸起，亮区凹陷。如图16-210所示为原始图像、应用"塑料效果"效果以后的效果以及参数面板。

图16—210

⊙ 图像平衡：用来设置前景色和背景色之间的混合程度。　　⊙ 光照：用来设置凸现效果的光照方向。

⊙ 平滑度：用来设置凸现效果的光滑度。

16.17.6 "影印" 效果

"影印"效果可以模拟影印图像效果。如图16-211所示为原始图像、应用"影印"效果以后的效果以及参数面板。

- 细节：用来控制图像细节的保留程度。
- 暗度：用来控制图像暗部区域的深度。

图16-211

16.17.7 "撕边" 效果

"撕边"效果可以重建图像，使之呈现由粗糙、撕破的纸片状组成，再使用前景色与背景色为图像着色。如图16-212所示为原始图像、应用"撕边"效果以后的效果以及参数面板。

- 图像平衡：用来设置前景色和背景色的混合比例。数值越大，前景色所占的比例越大。
- 平滑度：用来设置图像边缘的平滑程度。
- 对比度：用来设置图像的对比程度。

图16-212

16.17.8 "水彩画纸" 效果

"水彩画纸"效果可以利用有污点的画笔在潮湿的纤维纸上绘画，使颜色产生流动效果并相互混合。如图16-213所示为原始图像、应用"水彩画纸"效果以后的效果以及参数面板。

图16-213

- 纤维长度：用来控制在图像中生成的纤维的长度。
- 亮度/对比度：用来控制图像的亮度和对比度。

16.17.9 "炭笔"效果

"炭笔"效果可以产生色调分离的涂抹效果，其中图像中的主要边缘以粗线条进行绘制，而中间色调则用对角描边进行素描。另外，炭笔采用前景色，背景采用纸张颜色。如图16-214所示为原始图像、应用"炭笔"效果以后的效果以及参数面板。

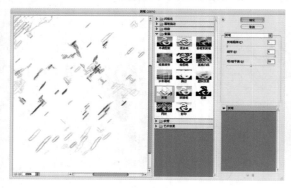

图16-214

● 炭笔粗细：用来控制炭笔笔触的粗细程度。

● 细节：用来控制图像细节的保留程度。

● 明/暗平衡：用来设置前景色和背景色之间的混合程度。

16.17.10 "炭精笔"效果

"炭精笔"效果可以在图像上模拟出浓黑和纯白的炭精笔纹理，在暗部区域使用前景色，在亮部区域使用背景色。如图16-215所示为原始图像、应用"炭精笔"效果后的效果以及参数面板。

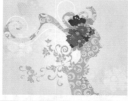

图16-215

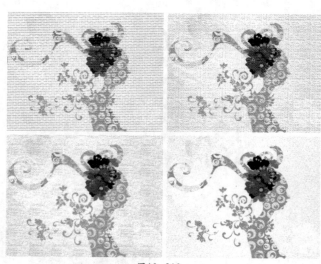

图16-216

● 前景/背景色阶：用来控制前景色和背景色之间的平衡关系。

● 纹理：用来选择生产纹理的类型，包括"砖形"、"粗麻布"、"画布"和"砂岩"4种，如图16-216所示。

● 缩放：用来设置纹理的缩放比例。

● 凸现：用来设置纹理的凹凸程度。

● 光照：用来控制光照的方向。

● 反相：选中该复选框后，可以反转纹理的凹凸方向。

16.17.11 "粉笔和炭笔"效果

"粉笔和炭笔"效果可以制作粉笔和炭笔效果，其中炭笔使用前景色绘制，粉笔使用背景色绘制。如图16-217所示为原始图像、应用"粉笔和炭笔"效果以后的效果以及参数面板。

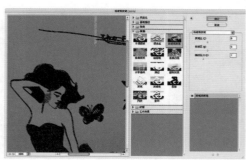

图16-217

- 炭笔区：用来设置炭笔涂抹的区域大小。
- 粉笔区：用来设置粉笔涂抹的区域大小。

- 描边压力：用来设置画笔的笔触大小。

16.17.12 "绘图笔"效果

"绘图笔"效果可以使用细线状的油墨描边以捕捉原始图像中的细节。如图16-218所示为"绘图笔"对话框。

图16-218

- 描边长度：用来设置笔触的描边长度，即生成的线条的长度。
- 明/暗平衡：用来调节图像的亮部与暗部的平衡。
- 描边方向：用来设置生成的线条的方向，包含"右对角线"、"水平"、"左对角线"和"垂直"4个方向，如图16-219所示。

图16-219

 读书笔记

16.17.13 "网状"效果

"网状"效果可以用来模拟胶片乳胶的可控收缩和扭曲来创建图像，使图像在阴影区域呈现为块状，在高光区域呈现为颗粒。如图16-220所示为原始图像、应用"网状"效果以后的效果以及参数面板。

- 浓度：用来设置网眼的密度。数值越大，网眼越密集。
- 前景/背景色阶：用来控制前景色和背景色的色阶。

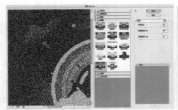
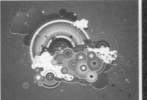
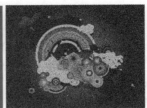

图16—220

实例练习——使用 Photoshop效果制作欧美海报

案例文件	实例练习——使用 Photoshop效果制作欧美海报.ai
视频教学	实例练习——使用 Photoshop效果制作欧美海报.flv
难易指数	★★★★★
知识掌握	矩形工具、"渐变"面板、外观、效果

案例效果

本例主要是通过效果制作编织文字效果，如图16-221所示。

操作步骤

步骤01 执行"文件>打开"命令，打开"打开"面板，选中将要打开的文件，单击"打开"按钮完成操作，如图16-222所示。

步骤02 执行"文件>置入"命令，打开"置入"面板，置入人像素材文件，如图16-223所示。

图16—221

图16—222

图16—223

步骤03 选择"人像"对象，进行复制，对顶层的人像执行"效果>素描>半调图案效果"命令，打开"半调图案"对话框。设置大小为2，对比度为8，图案类型为"网点"，并打开"透明度"面板，设置不透明度为50%，如图16-224所示。

图16—224

步骤04 执行"文件>置入"命令，打开"置入"面板，置入另一个人像素材文件，并将其放置在左侧位置，如图16-225所示。

步骤05 创建一个副本，然后执行"效果>素描>半调图案效果"命令，打开"半调图案"对话框。设置大小为2，对比度为2，图案类型为"直线"。同样打开"透明度"面板，设置不透明度为50%，如图16-226所示。

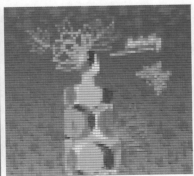

图16-225　　　　　　　　　　　　图16-226　　　　　　　　　　　　图16-227

16.18 "纹理"效果组

"纹理"效果是基于栅格的效果，无论何时对矢量图形应用这些效果，都将使用文档的栅格效果设置。

16.18.1 "拼缀图"效果

"拼缀图"效果可以将图像分解为用图像中该区域的主色填充的正方形。如图16-228所示为原始图像、应用"拼缀图"效果以后的效果以及参数面板。

- 方形大小：用来设置方形色块的大小。
- 凸现：用来设置色块的凹凸程度。

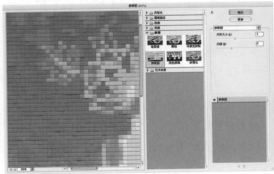

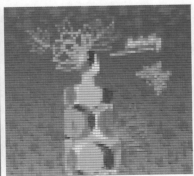

图16-228

16.18.2 "染色玻璃"效果

"染色玻璃"效果可以将图像重新绘制成用前景色勾勒的单色的相邻单元格色块。如图16-229所示为原始图像、应用"染色玻璃"效果以后的效果以及参数面板。

- 单元格大小：用来设置每个玻璃小色块的大小。
- 边框粗细：用来控制每个玻璃小色块的边界的粗细程度。
- 光照强度：用来设置光照的强度。

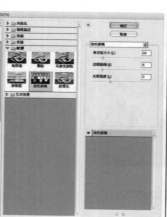

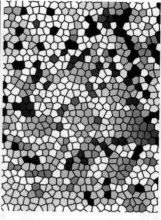

图16-229

16.18.3 "纹理化"效果

"纹理化"效果可以将选定或外部的纹理应用于图像。如图16-230所示为原始图像、应用"纹理化"效果后的效果以及参数面板。

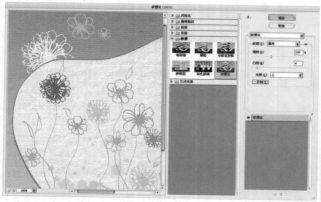
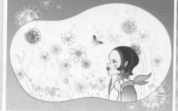

图16-230

- 纹理：用来选择纹理的类型，包括"砖形"、"粗麻布"、"画布"和"砂岩"4种（单击右侧的 图标，可以载入外部的纹理），如图16-231所示。
- 缩放：用来设置纹理的尺寸大小。

- 凸现：用来设置纹理的凹凸程度。
- 光照：用来设置光照的方向。
- 反相：用来反转光照的方向。

图16-231

Illustrator CS5 从入门到精通

16.18.4 "颗粒"效果

"颗粒"效果可以模拟多种颗粒纹理效果。如图16-232所示为原始图像、应用"颗粒"效果后的效果以及参数面板。

图16-232

- 强度：用于设置颗粒的密度。数值越大，颗粒越多。
- 对比度：用于设置图像中颗粒的对比度。

- 颗粒类型：用于选择颗粒的类型，包括"常规"、"柔和"、"喷洒"、"结块"、"强反差"、"扩大"、"点刻"、"水平"、"垂直"和"斑点"。

16.18.5 "马赛克拼贴"效果

"马赛克拼贴"效果可以将图像用马赛克碎片拼贴起来。如图16-233所示为原始图像、应用"马赛克拼贴"效果以后的效果以及参数面板。

- 拼贴大小：用来设置马赛克拼贴碎片的大小。
- 缝隙宽度：用来设置马赛克拼贴之间的缝隙宽度。
- 加亮缝隙：用来设置马赛克拼贴缝隙的亮度。

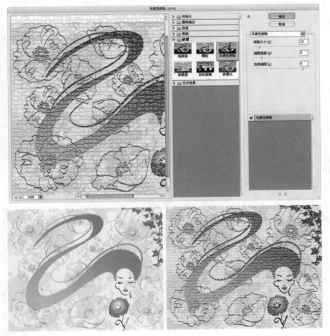

图16-233

读书笔记

16.18.6 "龟裂缝"效果

"龟裂缝"效果可以将图像应用在一个高凸现的石膏表面上，以沿着图像等高线生成精细的网状裂缝。如图16-234所示为原始图像、应用"龟裂缝"效果以后的效果以及参数面板。

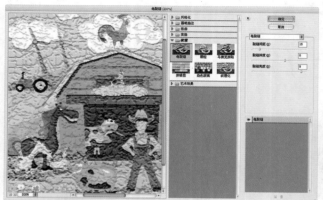

- 裂缝间距：用于设置生成的裂缝的间隔。
- 裂缝深度：用于设置生成的裂缝的深度。
- 裂缝亮度：用于设置生成的裂缝的亮度。

图16-234

16.19 "艺术效果"效果组

"艺术效果"是基于栅格的效果，无论何时对矢量对象应用这些效果，都将使用文档的栅格效果设置。

16.19.1 "塑料包装"效果

"塑料包装"效果可以在图像上涂上一层光亮的塑料，以表现出图像表面的细节。如图16-235所示为原始图像、应用"塑料包装"效果以后的效果以及参数面板。

- 高光强度：用来设置图像中高光区域的亮度。
- 细节：用来调节作用于图像细节的精细程度。数值越大，"塑料包装"效果越明显。
- 平滑度：用来设置"塑料包装"效果的光滑程度。

图16-235

16.19.2 "壁画"效果

"壁画"效果可以使用一种粗糙的绘画风格来重绘图像。如图16-236所示为原始图像，应用"壁画"效果以后的效果以及参数面板。

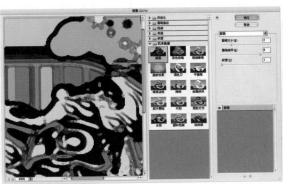

图16—236

● 画笔大小：用来设置画笔笔触的大小。

● 画笔细节：用来设置画笔刻画图像的细腻程度。

● 纹理：用于设置添加的纹理的数量。

16.19.3 "干画笔"效果

"干画笔"效果可以使用干燥的画笔来绘制图像边缘。如图16-237所示为原始图像、应用"干画笔"效果以后的效果以及参数面板。

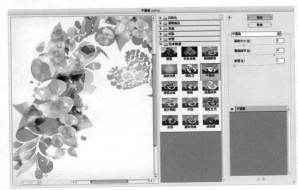

图16—237

● 画笔大小：用来设置干画笔的笔触大小。

● 画笔细节：用来设置绘制图像的细腻程度。

● 纹理：用来设置画笔纹理的清晰程度。

 读书笔记

16.19.4 "底纹效果"效果

"底纹效果"效果可以在带纹理的背景上绘制底纹图像。如图16-238所示为原始图像、应用"底纹效果"效果以后的效果以及参数面板。

● 画笔大小：用来设置底纹纹理的大小。

● 纹理覆盖：用来设置笔触的细腻程度。

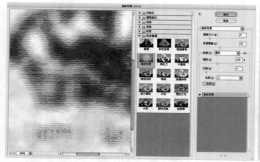

图16-238

16.19.5 "彩色铅笔"效果

"彩色铅笔"效果可以使用彩色铅笔在纯色背景上绘制图像，并且可以保留图像的重要边缘。如图16-239所示为原始图像、应用"彩色铅笔"效果以后的效果以及参数面板。

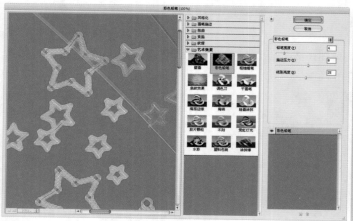

图16-239

- 铅笔宽度：用来设置铅笔笔触的宽度。数值越大，铅笔线条越粗糙。
- 描边压力：用来设置铅笔的压力。数值越大，线条越粗糙。
- 纸张亮度：用来设置背景色在图像中的明暗程度。数值越大，背景色就越明显。

读书笔记

16.19.6 "木刻"效果

"木刻"效果可以将高对比度的图像处理成剪影效果，将彩色图像处理成由多层彩纸组成的效果。如图16-240所示为原始图像、应用"木刻"效果以后的效果以及参数面板。

- 色阶数：用来设置图像中的色彩层次。数值越大，图像的色彩层次越丰富。
- 边缘简化度：用来设置图像边缘的简化程度。数值越小，边缘越明显。
- 边缘逼真度：用来设置图像中所产生痕迹的精确度。数值越小，图像中的痕迹越明显。

图16-240

16.19.7 "水彩"效果

"水彩"效果可以用水彩风格绘制图像，当边缘有明显的色调变化时，该效果会使颜色更加饱满。如图16-241所示为原始图像、应用"水彩"效果以后的效果以及参数面板。

图16-241

- 画笔细节：用来设置画笔在图像中刻画的细腻程度。
- 阴影强度：用来设置画笔在图像中绘制暗部区域的范围。
- 纹理：用来调节水彩的材质肌理。

16.19.8 "海报边缘"效果

"海报边缘"效果可以减少图像中的颜色数量（对其进行色调分离），并查找图像的边缘，在边缘上绘制黑色线条。如图16-242所示为原始图像、应用"海报边缘"效果以后的效果以及参数面板。

- 边缘厚度：用来控制图像中黑色边缘的宽度。
- 边缘强度：用来控制图像边缘的绘制强度。
- 海报化：用来控制图像的渲染效果。

图16—242

16.19.9 "海绵"效果

　　"海绵"效果使用颜色对比度比较强烈、纹理较重的区域绘制图像，以模拟海绵效果。如图16-243所示为原始图像、应用"海绵"效果以后的效果以及参数面板。

　　● 清晰度：用来设置海绵的清晰程度。

　　● 平滑度：用来设置图像的柔化程度。

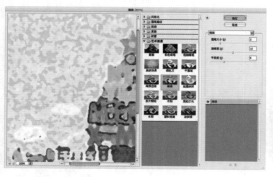

图16—243

16.19.10 "涂抹棒"效果

　　"涂抹棒"效果可以使用较短的对角描边涂抹暗部区域，以柔化图像。如图16-244所示为原始图像、应用"涂抹棒"效果以后的效果以及参数面板。

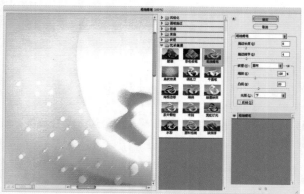

图16—244

- 描边长度：用来设置画笔笔触的长度。数值越大，生成的线条的长度越长。
- 高光区域：用来设置图像高光区域的大小。
- 强度：用来设置图像的明暗对比程度。

16.19.11 "粗糙蜡笔"效果

"粗糙蜡笔"效果可以在带纹理的背景上应用粉笔描边。在亮部区域，粉笔效果比较厚，几乎观察不到纹理；在深色区域，粉笔效果比较薄，而纹理效果非常明显。如图16-245所示为原始图像、应用"粗糙蜡笔"效果后的效果以及参数面板。

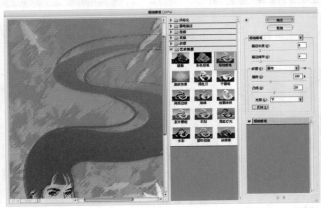

图16-245

- 描边长度：用来设置蜡笔笔触的长度。
- 描边细节：用来设置在图像中刻画的细腻程度。
- 纹理：选择应用于图像中的纹理类型，包含"砖形"、"粗麻布"、"画布"和"砂岩"4种类型，如图16-246

所示。单击右侧的 ≡ 图标，可以载入外部的纹理。

- 缩放：用来设置纹理的缩放程度。
- 凸现：用来设置纹理的凸起程度。
- 光照：用来设置光照的方向。

图16-246

16.19.12 "绘画涂抹"效果

"绘画涂抹"效果可以使用6种不同类型的画笔来进行绘画。如图16-247所示为原始图像、应用"绘画涂抹"效果后的效果以及参数面板。

- 锐化程度：用来设置画笔涂抹的锐化程度。数值越大，绘画效果越明显。

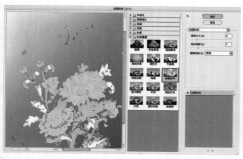

图16—247

⚪ **画笔类型**：用来设置绘画涂抹的画笔类型，包含"简单"、"未处理光照"、"未处理深色"、"宽锐化"、"宽模糊"和"火花"6种类型，如图16-248所示。

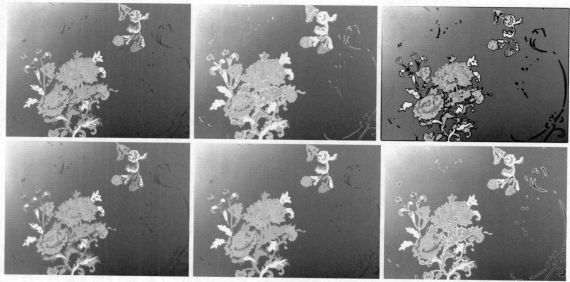

图16—248

16.19.13 "胶片颗粒"效果

"胶片颗粒"效果可以将平滑图案应用于阴影和中间色调上。如图16-249所示为原始图像、应用"胶片颗粒"效果以后的效果以及参数面板。

图16—249

- 颗粒：用来设置颗粒的密度。数值越大，颗粒越多。
- 高光区域：用来控制整个图像的高光范围。
- 强度：用来设置颗粒的强度。数值越大，图像的阴影部分显示为颗粒的区域越多；数值越小，将在整个图像上显示颗粒。

16.19.14 "调色刀"效果

"调色刀"效果可以减少图像中的细节，以生成淡淡的描绘效果。如图16-250所示为原始图像、应用"调色刀"效果以后的效果以及参数面板。

图16—250

- 描边大小：用来设置调色刀的笔触大小。
- 描边细节：用来设置图像的细腻程度。
- 软化度：用来设置图像边缘的柔和程度。数值越大，图像边缘就越柔和。

16.19.15 "霓虹灯光"效果

"霓虹灯光"效果可以将霓虹灯光效果添加到图像上，该效果可以在柔化图像外观时为图像着色。如图16-251所示为原始图像、应用"霓虹灯光"效果以后的效果以及参数面板。

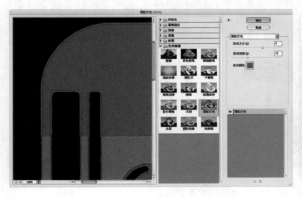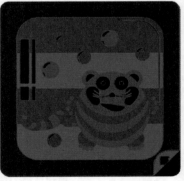

图16—251

- 发光大小：用来设置霓虹灯的照射范围。数值越大，照射的范围越广。
- 发光亮度：用来设置灯光的亮度。
- 发光颜色：用来设置灯光的颜色。单击右侧的颜色图标，可以在弹出的"拾色器"对话框中设置灯光的颜色。

16.20 "视频" 效果组

"视频" 效果组包含两种效果：NTSC颜色和逐行。这两个效果可以处理以隔行扫描方式的设备中提取的图像。

16.20.1 "NTSC 颜色" 效果

"NTSC颜色" 效果可以将色域限制在电视机重现可接受的范围内，以防止过饱和颜色渗到电视扫描行中。

16.20.2 "逐行" 效果

"逐行" 效果可以移去视频图像中的奇数或偶数隔行线，使在视频上捕捉的运动图像变得平滑。如图16-252所示是 "逐行" 对话框以及应用逐行效果的前后对比效果。

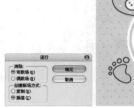  

图16-252

- 消除：用来控制消除逐行的方式，包括 "奇数场" 和 "偶数场" 两种。

- 创建新场方式：用来设置消除场以后用何种方式来填充空白区域。选中 "复制" 单选按钮，可以复制被删除部分周围的像素来填充空白区域；选中 "插值" 单选按钮，可以利用被删除部分周围的像素，通过插值的方法进行填充。

16.21 "锐化" 效果组

"效果" 菜单的 "锐化" 子菜单中的 "USM 锐化" 命令通过增加相邻像素的对比度来聚焦模糊图像。这种效果是基于栅格的效果，无论何时对矢量图形应用这种效果，都将使用文档的栅格效果设置。

"USM 锐化" 效果可以查找图像中颜色发生显著变化的区域，然后将其锐化。使用 "USM 锐化" 效果可以调整边缘细节的对比度，在边缘的每一边产生一条较亮的线和一条较暗的线。该效果可以强调边缘并创建效果较为锐利的图像。如图16-253所示为原始图像、应用 "USM锐化" 效果以后的效果以及 "USM锐化" 对话框。

图16-253

- 数量：用来设置锐化效果的精细程度。
- 半径：用来设置图像锐化的半径范围大小。
- 阈值：只有相邻像素之间的差值达到所设置的 "阈值" 数值时才会被锐化。该值越大，被锐化的像素就越少。

16.22 "风格化"效果组

　　"照亮边缘"效果是基于栅格的效果，无论何时对矢量图形应用这种效果，都将使用文档的栅格效果设置。选中要添加效果的对象，执行"效果>风格化>照亮边缘"命令，在弹出的"照亮边缘"对话框中进行相应的设置，单击"确定"按钮，如图16-254所示。

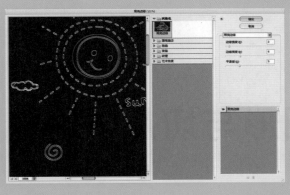

图16-254

- 边缘宽度/亮度：用来设置发光边缘线条的宽度和亮度。
- 平滑度：用来设置边缘线条的光滑程度。

 读书笔记

Chapter 17

第17章

Web图形与切片

设计Web 图形时，所要关注的问题与设计印刷图形截然不同。例如，使用Web 安全颜色、平衡图像品质和文件大小以及为图形选择最佳文件格式。Web 图形可充分利用切片、图像映射的优势，并可使用多种优化选项，同时可以和Device Central 配合，以确保文件在网页上的显示效果良好。

本章学习要点：

- 掌握Web页面输出设置
- 掌握安全色的转化
- 掌握切片工具的使用方法

Web 图形

设计Web 图形时，所要关注的问题与设计印刷图形截然不同。例如，使用 Web 安全颜色、平衡图像品质和文件大小以及为图形选择最佳文件格式。Web 图形可充分利用切片、图像映射的优势，并可使用多种优化选项，同时可以和 Device Central 配合，以确保文件在网页上的显示效果良好，如图17-1所示。

图17—1

执行"文件>存储为 Web 和设备所用格式"命令或使用快捷键Shift+Ctrl+ Alt +S，在弹出的"存储为 Web 和设备所用格式"对话框的"预设"下拉列表中可以选择软件预设的压缩选项，通过直接选中相应的选项，可以快速对图像质量进行设置，如图17-2所示。

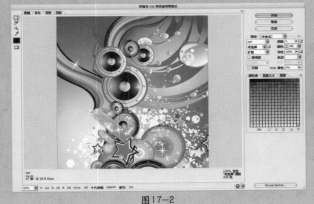

图17—2

17.1.1　Web图形输出设置

不同的图形类型需要存储为不同的文件格式，以便以最佳方式显示，并创建适用于 Web 的文件大小。可供选择的Web图形的优化格式包括GIF格式、JPEG格式、PNG-8格式、PNG-24和WBMP格式。

理论实践——保存为GIF格式

GIF是用于压缩具有单调颜色和清晰细节的图像的标准格式，它是一种无损的压缩格式。GIF文件支持8位颜色，因此它可以显示多达256种颜色。如图17-3所示是GIF格式的设置选项。

图17—3

● 设置文件格式：设置优化图像的格式。

● 减低颜色深度算法/颜色：设置用于生成颜色查找表的方法，以及在颜色查找表中使用的颜色数量。如图17-4所示分别是设置"颜色"为8和128时的优化效果。

图17-4

- 仿色算法/仿色："仿色"是指通过模拟计算机的颜色来显示提供的颜色的方法。较大的仿色百分比可以使图像生成更多的颜色和细节，但是会增加文件的大小。
- 透明度/杂边：设置图像中的透明像素的优化方式。选中"透明度"复选框，并设置"杂边"颜色为橘黄色时的图像效果；选中"透明度"复选框，但没有设置"杂边"颜色时的图像效果；取消选中"透明度"复选框，并设置"杂边"颜色为橘黄色时的图像效果。
- 交错：当正在下载图像文件时，在浏览器中显示图像的低分辨率版本。
- Web靠色：设置将颜色转换为最接近Web面板等效颜色的容差级别。数值越大，转换的颜色越多，如图17-5所示是设置Web靠色分别为100%和20%时的图像效果。

图17-5

- 损耗：扔掉一些数据来减小文件的大小，通常可以将文件减小5%～40%，设置5～10的"损耗"值不会对图像产生太大的影响。如果设置的"损耗"值大于10，文件虽然会变小，但是图像的质量会下降。如图17-6所示是设置"损耗"值为100与10时的图像效果。

图17-6

理论实践——保存为PNG-8格式

PNG-8格式与GIF格式一样，可以有效地压缩纯色区域，同时保留清晰的细节。PNG-8格式也支持8位颜色，因此它可以显示多达256种颜色。如图17-7所示是PNG-8格式的参数选项。

图17-7

理论实践——保存为JPEG格式

JPEG格式是用于压缩连续色调图像的标准格式。将图像优化为JPEG格式的过程中，会丢失图像的一些数据，如图17-8所示是JPEG格式的参数选项。

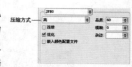

图17-8

- 压缩方式/品质：选择压缩图像的方式。后面的"品质"数值越大，图像的细节越丰富，但文件也越大，如图17-9所示是设置"品质"数值分别为0和100时的图像效果。

图17-9

- 连续：在Web浏览器中以渐进的方式显示图像。
- 优化：创建更小但兼容性更低的文件。
- 嵌入颜色配置文件：在优化文件中存储颜色配置文件。
- 模糊：创建类似于"高斯模糊"滤镜的图像效果。数值越大，模糊效果越明显，但会减小图像的大小，在实际工作中，"模糊"值最好不要超过0.5。如图17-10所示是设置"模糊"为0.5和2时的图像效果。
- 杂边：为原始图像的透明像素设置一个填充颜色。

图17-10

理论实践——保存为PNG-24格式

　　PNG-24格式可以在图像中保留多达256个透明度级别，适合于压缩连续色调图像，但它所生成的文件比JPEG格式生成的文件要大得多，如图17-11所示。

图17—11

理论实践——保存为WBMP格式

　　WBMP格式是用于优化移动设备图像的标准格式，其参数选项如图17-12所示。WBMP格式只支持1位颜色，即WBMP图像只包含黑色和白色像素，如图17-13所示分别是原始图像和WBMP图像。

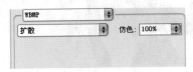

图17—12

图17—13

17.1.2　使用Web安全色

　　Web安全颜色是所有浏览器使用的216种颜色，与平台无关。如果选择的颜色不是Web安全颜色，则在"颜色"面板、拾色器或执行"编辑>编辑颜色>重新着色图稿"命令弹出的对话框中会出现一个警告方块。

　　由于网页会在不同的操作系统下或在不同的显示器中浏览，而不同操作系统的颜色都有一些细微的差别，不同的浏览器对颜色的编码显示也不同，为了确保制作出的网页颜色能够在所有显示器中显示相同的效果，在制作网页时就需要使用"Web安全色"。Web安全色是指能在不同操作系统和不同浏览器之中同时正常显示颜色，如图17-14所示。

图17—14

理论实践——将非安全色转化为安全色

　　在"拾色器"中选择颜色时，在所选颜色右侧出现警告图标，就说明当前选择的颜色不是Web安全色。单击该图标，即可将当前颜色替换为与其最接近的Web安全色，如图17-15所示。

读书笔记

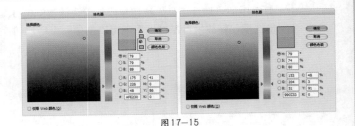

图17—15

理论实践——在安全色状态下工作

　　❶ 在"拾色器"中选择颜色时，在选中"只有Web颜色"复选框后可以始终在Wed安全色下工作，如图17-16所示。

图17—16

　　❷ 在使用"颜色"面板设置颜色时，可以在其菜单中执行"Web安全RGB"命令，"颜色"面板会自动切换为"Web安全RGB"模式，并且可选颜色数量明显减少，如图17-17所示。

图17—17

17.1.3　Web文件大小与质量

在 Web上发布图像，创建较小的图形文件非常重要。使用较小的文件，Web 服务器能够更高效地存储和传输图像，而用户能够更快地下载图像。可以在"存储为 Web 和设备所用格式"对话框中查看 Web 图形的大小和估计的下载时间，如图17-18所示。

读书笔记

图17—18

17.2　切片

基于对象的切片不需要修改——它们基本上是不用维护的切片。但如果用切片工具绘制切片，就可以使用切片选择工具编辑这些切片，该工具允许移动切片及调整它们的大小。切片选择工具也允许选择切片，以便可以应用到它们当中，如图17-19所示。

图17—19

17.2.1　使用切片工具

单击工具箱中的"切片工具"按钮██或使用快捷键Shift+K，与绘制选区的方法相似，在图像中单击鼠标左键并拖拽鼠标创建一个矩形选框，释放鼠标左键以后就可以创建一个用户切片，而用户切片以外的部分将生成自动切片，如图17-20所示。

图17—20

技巧提示

切片工具与矩形选框工具有很多相似之处，例如使用切片工具创建切片时，按住Shift键可以创建正方形切片；按住Alt键可以从中心向外创建矩形切片；按住Shift+Alt组合键，可以从中心向外创建正方形切片。

17.2.2　调整切片的尺寸

在切片创建后，可以使用切片选择工具对相应切片的尺寸和位置进行调整。

单击工具箱中的"切片选择工具"按钮██，若要移动切片，可以先选择切片，然后拖拽鼠标即可。若要调整切片的大小，可以拖拽切片定界点来调整大小，如图17-21所示。

图17-21

17.2.3 平均创建切片

划分切片命令可以沿水平方向、垂直方向或同时沿这两个方向划分切片。不论原始切片是用户切片还是自动切片，划分后的切片总是用户切片。单击工具箱中的"切片选择工具"按钮，在图像中单击鼠标左键，将整个图像切片选中，执行"对象>切片>划分切片"命令，在弹出的"划分切片"对话框中进行相应的设置，单击"确定"按钮，如图17-22所示。

图17-22

- 水平划分为：选中该复选框后，可以在水平方向上划分切片。
- 垂直划分为：选中该复选框后，可以在垂直方向上划分切片。
- 预览：选中该复选框，可以在画面中预览切片的划分结果。

17.2.4 删除切片

可以通过从对应图像删除切片或释放切片来移去这些切片。若要删除切片，可以使用切片选择工具，选择一个或多个切片以后，按Delete键删除切片。

如果切片是执行"对象>切片>建立"命令创建的，则会同时删除相应的图像。如果要保留对应的图像，则使用释放切片而不要删除切片。若要释放切片，选择该切片，然后执行"对象>切片>释放"命令；若要删除所有切片，执行"对象>切片>全部删除"命令。

17.2.5 定义切片选项

切片的选项确定了切片内容如何在生成的网页中显示，如何发挥作用。单击工具箱中的"切片选择工具"按钮，在图像中选中要进行定义的切片，然后执行"对象>切片>切片选项"命令，弹出"切片选项"对话框，如图17-23所示。

图17-23

- 切片类型：设置切片输出的类型，即在与HTML文件一起导出时，切片数据在Web中的显示方式。选择"图像"选项时，切片包含图像数据；选择"无图像"选项时，可以在切片中输入HTML文本，但无法导出图像，也无法在Web中浏览；选择"表"选项时，切片导出时将作为嵌套表写入到HTML文件中。

- 名称：用来设置切片的名称。
- URL：设置切片链接的Web地址（只能用于"图像"切片），在浏览器中单击切片图像时，即可链接到这里设置的网址和目标框架。
- 目标：设置目标框架的名称。
- 信息：设置哪些信息出现在浏览器中。
- 替代文本：输入相应的字符，将出现在非图像浏览器中的该切片位置上。
- 背景：选择一种背景色来填充透明区域或整个区域。

17.2.6　组合切片

　　使用"组合切片"命令，通过连接组合切片的外边缘创建的矩形来确定所生成切片的尺寸和位置，将多个切片组合成一个单独的切片。单击工具箱中的"切片选择工具"按钮，按住Shift键加选多个切片，然后执行"对象>切片>组合切片"命令，所选的切片即可组合为一个切片，如图17-24所示。

读书笔记

图17-24

17.2.7　保存切片

　　当要对图像进行"切片"方式的保存时，必须要使用"存储为 Web 和设备所用格式"命令，否则将只能按照整个图像进行保存。首先对图像进行相应的"切片"操作，然后执行"文件>存储为 Web 和设备所用格式"命令，弹出"存储为 Web 和设备所用格式"对话框，单击"存储"按钮，在弹出的"将优化结果存储为"对话框中选择保存文件的设置，如图17-25所示。

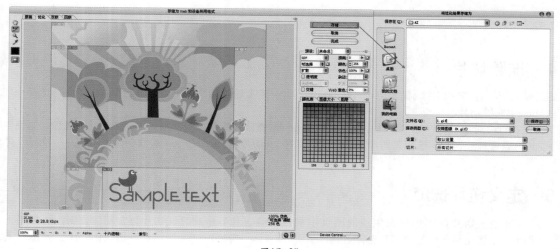

图17-25

读书笔记

Illustrator CS5 从入门到精通

Chapter 18

第18章

任务自动化与打印输出

在实际操作中，很多时候会需要对大量的图形文件进行同样的处理，这时就可以通过使用Adobe Illustrator中的批处理功能来完成大量重复的操作，提高工作效率并实现图像处理的自动化。

本章学习要点：

- 掌握"动作"面板的使用方法
- 掌握任务自动化的操作方法
- 掌握输出为Web图形的方法
- 掌握输出为PDF文件的方法
- 掌握打印的设置方法

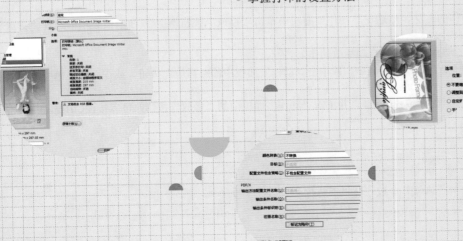

18.1 任务自动化

在实际操作中，很多时候会需要对大量的图形文件进行同样的处理，这时就可以通过使用Adobe Illustrator中的批处理功能来完成大量重复的操作，提高工作效率并实现图像处理的自动化。

18.1.1 认识"动作"面板

"动作"面板主要用于记录、播放、编辑和删除各个动作。执行"窗口>动作"菜单命令，打开"动作"面板，如图18-1所示。

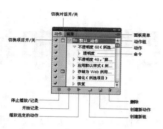

图18-1

- ● 切换项目开/关 ✔：如果动作组、动作和命令前显示有该图标，代表该动作组、动作和命令可以执行；如果没有该图标，代表不可以被执行。

- ● 切换对话开/关 ▣：如果命令前显示该图标，表示动作执行到该命令时会暂停，并打开相应命令的对话框，此时可以修改命令的参数，单击"确定"按钮可以继续执行后面的动作；如果动作组和动作前出现该图

标，并显示为红色 ▣，则表示该动作中有部分命令设置了暂停。

- ● 动作组/动作/命令：动作组是一系列动作的集合，而动作是一系列操作命令的集合。

- ● 停止播放/记录 ▪：用来停止播放动作和停止记录动作。

- ● 开始记录 ●：单击该按钮，可以开始录制动作。

- ● 播放选定的动作 ▶：选择一个动作后，单击该按钮可以播放该动作。

- ● 创建新组 ▭：单击该按钮，可以创建一个新的动作组，以保存新建的动作。

- ● 创建新动作 ▯：单击该按钮，可以创建一个新的动作。

- ● 删除 ▮：选择动作组、动作和命令后单击该按钮，可以将其删除。

- ● 面板菜单：单击 ▤ 图标，可以打开"动作"面板的菜单，如图18-2所示。

图18-2

理论实践——对文件播放动作

播放动作可以在活动文档中执行动作记录的命令。可以排除动作中的特定命令或只播放单个命令。如果动作包括模态控制，可以在对话框中指定值或在动作暂停时使用工具。如果需要，可以选择要对其播放动作的对象或打开文件。

若要播放一组动作，选择该组的名称，然后在"动作"面板中单击"播放"按钮 ▶，或在面板菜单中选择"播放"命令。

若要播放整个动作，选择该动作的名称，然后在"动作"面板中单击"播放"按钮 ▶，或在面板菜单中选择"播放"命令。

如果为动作指定了组合键，则按该组合键就会自动播放动作。

若要仅播放动作的一部分，选择要开始播放的命令，并单击"动作"面板中的"播放"按钮，或在面板菜单中选择"播放"命令。

若要播放单个命令，选择该命令，然后按住Ctrl键，并单击"动作"面板中的"播放"按钮；可以按住Ctrl键，并双击该命令。

技巧提示

在按钮模式下，单击一个按钮将执行整个动作，但不执行先前已排除的命令。

理论实践——指定回放速度

在“动作”面板的菜单中执行“回放选项”命令，打开“回放选项”对话框。在该对话框中可以设置动作的播放速度，也可以将其暂停，以便对动作进行调试，如图18-3所示。

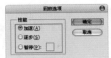

图18—3

- 加速：以正常的速度播放动作。

> **技巧提示**
> 在加速播放动作时，计算机屏幕可能不会在动作执行的过程中更新（即不出现应用动作的过程，而直接显示结果）。

- 逐步：显示每个命令的处理结果，然后再执行动作中的下一个命令。
- 暂停：选中该单选按钮，并在后面设置时间以后，可以指定播放动作时各个命令的间隔时间。

理论实践——记录动作

创建新动作时，所用的命令和工具都将添加到动作中，直到停止记录。为了防止出错，可以在副本中进行操作：动作开始时，在应用其他命令之前，执行“文件>存储副本”命令。

打开文件，在“动作 ”面板中单击“创建新动作”按钮，或从“动作”面板菜单中选择“新建动作”命令，在弹出的对话框中输入一个动作名称，选择一个动作集等相应设置，单击“确定”按钮，如图18-4所示。

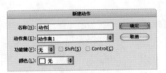

图18—4

- 功能键：为该动作指定一个键盘快捷键。可以选择功能键、Ctrl键和Shift键的任意组合（例如，Shift+Ctrl+F3），但有如下例外：在Windows中，不能使用F1键，也不能将F4或F6键与Ctrl键一起使用。
- 颜色：为按钮模式显示指定一种颜色。

在“动作”面板中单击“开始记录”按钮，其变为红色，如图18-5所示。

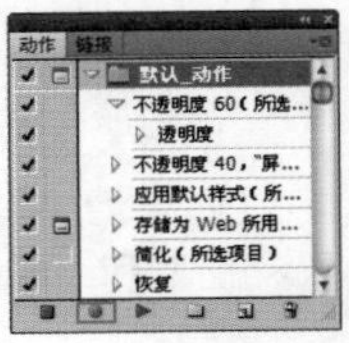

图18—5

> **技巧提示**
> 记录“存储为”命令时，不要更改文件名。如果输入新的文件名，每次运行动作时，都会记录和使用该新名称。在存储之前，如果浏览到另一个文件夹，则可以指定另一位置而不必指定文件名。

执行要记录的操作和命令。并不是动作中的所有任务都可以直接记录；不过，可以用“动作”面板菜单中的命令插入大多数无法记录的任务。

若要停止记录，单击“停止播放/记录”按钮， 或在“动作”面板菜单中选择“停止记录”命令。

若要在同一动作中继续开始记录，在“动作”面板菜单中选择“开始记录”命令。

18.1.2 批量处理

“批处理”命令可以用来对文件夹和子文件夹播放动作，也可以把带有不同数据组的数据驱动图形合成一个模板。

在“动作”面板中单击“动作菜单”按钮，执行“批处理”命令，如图18-6所示。

此时弹出“批处理”对话框，如图18-7所示。

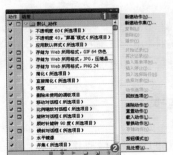

图18—6

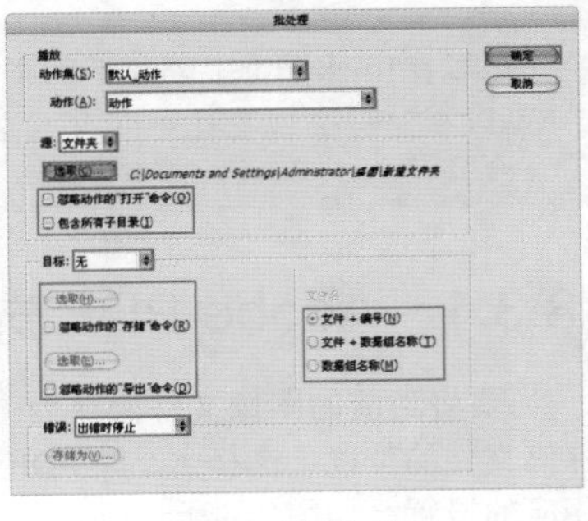

图18—7

● 播放：在"播放"选项组中定义要执行的动作，在"动作集"下拉列表中选中动作所在的文件夹，在"动作"下拉列表中选中相应的动作选项。

● 如果为"源"选择"文件夹"，定义要执行的目标文件。

● 忽略动作的"打开"命令：从指定的文件夹打开文件，忽略记录为原动作部分的所有"打开"命令。

● 包含所有子目录：处理指定文件夹中的所有文件和文件夹。

如果动作含有某些存储或导出命令，可以设置下列选项：

● 忽略动作的"存储"命令：将已处理的文件存储在指定的目标文件夹中，而不是存储在动作中记录的位置上。单击"选取"按钮以指定目标文件夹。

● 忽略动作的"导出"命令：将已处理的文件导出到指定的目标文件夹，而不是存储在动作中记录的位置上。单击"选取"按钮以指定目标文件夹。

如果为"源"选择"数据组"，可以设置一个在忽略"存储"和"导出"命令时生成文件名的选项。

● 文件 + 编号：生成文件名，方法是取原文档的文件名，去掉扩展名，然后缀以一个与该数据组对应的3位数字。

● 文件 + 数据组名称：生成文件名，方法是取原文档的文件名，去掉扩展名，然后缀以下划线加该数据组的名称。

● 数据组名称：取数据组的名称生成文件名。

技巧提示

使用"批处理"命令选项存储文件时，总是将文件以原来的文件格式存储。若要创建以新格式存储文件的批处理，执行"存储为"命令，其后是"关闭"命令，将此作为原动作的一部分。然后，在设置批处理时为"目标"选择"无"。

18.2 输出为Web图形

在"存储为Web和设备所用格式"对话框右上角的优化菜单中选择"编辑输出设置"命令，打开"输出设置"对话框，在这里可以对Web图形进行输出设置。直接在"输出设置"对话框中单击"确定"按钮即可使用默认的输出设置，也可以选择其他预设进行输出，如图18-8所示。

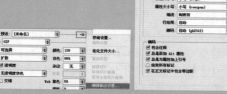

图18—8

18.3 输出为PDF文件

可以在Illustrator中创建不同类型的PDF文件。可以创建多页PDF、包含图层的PDF和PDF/X兼容的文件。包含图层的PDF可以存储一个包含在不同上下文中使用的图层的PDF。PDF/X兼容的文件可减少颜色、字体和陷印问题的出现。

18.3.1 Adobe PDF 选项

当要将当前的图像文件保存为一个PDF 文件时，执行"文件>存储为"或"文件>存储副本"命令。输入文件名，并选择存储文件的位置。选择 Adobe PDF (*.PDF) 作为文件格式，然后单击"保存"按钮，在弹出的"存储Adobe PDF"对话框进行相应的设置，如图18-9所示。

图18-9

● 从"Adobe PDF 预设"菜单选择一个预设，或从对话框左侧列表选择一个类别，然后自定选项。

● 标准：指定文件的 PDF 标准。

● 兼容性：指定文件的 PDF 版本。

● 常规：指定基本文件选项。

● 压缩：指定图稿是否应压缩和缩减像素取样。

● 标记和出血：指定印刷标记和出血及辅助信息区。尽管选项与"打印"对话框中相同，但计算存在微妙差别，因为 PDF 不是输出到已知页面大小。

● 输出：控制颜色和 PDF/X 输出目的配置文件存储在 PDF 文件中的方式。

● 高级：控制字体、压印和透明度存储在 PDF 文件中的方式。

● 安全性：增强 PDF 文件的安全性。

● 小结：显示当前 PDF 设置的小结。

18.3.2 设置输出选项卡

可以在"存储 Adobe PDF"对话框的"输出"部分进行相应的设置，"输出"选项间交互的更改取决于"颜色管理"打开还是关闭，以及选择的PDF标准，如图18-10所示。

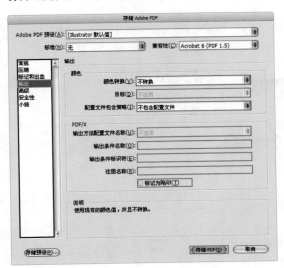

图18-10

● 颜色转换：指定如何在 Adobe PDF 文件中表示颜色信息。在将颜色对象转换为 RGB 或 CMYK 时，请同时从弹出式菜单中选择一个目标配置文件。所有专色信息在颜色转换过程中保留，只有印刷色等同的颜色转换为指定的色彩空间。

● "不转换"保留颜色数据原样。

● "转换为目标配置文件"（保留颜色值）保留同一色彩空间中未标记内容的颜色值作为目标配置文件（通过指定目标配置文件，而不是转换）。所有其他内容将转换为目标空间。如果颜色管理关闭，此选项不可用。是否包含该配置文件由配置文件包含策略决定。

● "转换为目标配置文件"将所有颜色转换为针对目标选择的配置文件。是否包含该配置文件由配置文件包含策略决定。

● 目标：说明最终 RGB 或 CMYK 输出设备的色域，例如显示器或 SWOP 标准。使用此配置文件，Illustrator 将文档的颜色信息转换为目标输出设备的色彩空间。

● 配置文件包含策略：决定文件中是否包含颜色配置文件。

● 输出方法配置文件名称：指定文档的特定印刷条件。创建 PDF/X 兼容的文件需要输出方法配置文件。此菜单仅在"存储 Adobe PDF"对话框中选择了 PDF/X 标准（或预设）时可用。可用选项取决于颜色管理打开还是关闭。例如，如果颜色管理关闭，菜单会列出可用的打印机配置文件；如果颜色管理打开，除其他预定义的打印机配置文件外，菜单还列出"目标配置文件"所选的相同配置文件（假定是 CMYK 输出设备）。

● 输出条件名称：说明要采用的印刷条件。此条目对要接收 PDF 文档的一方有用。

● 输出条件标识符：提供更多印刷条件信息的指针。标识符会针对 ICC 注册中包括的印刷条件自动输入。

● 注册名称：指定提供注册更多信息的 Web 地址。URL 会针对 ICC 注册名称自动输入。

● 标记为陷印：指定文档中的陷印状态。PDF/X 兼容性需要一个值：True（选择）或 False（取消选择）。任何不满足要求的文档将无法通过 PDF/X 兼容性检查。

18.4 打印设置

文件在打印之前需要对其印刷参数进行设置。执行"文件>打印"命令，打开"打印"对话框，在该对话框中可以预览打印作业的效果，并且可以对打印机、打印份数、输出选项和色彩管理等进行设置。

18.4.1 打印

执行"文件>打印"命令，打开"打印"对话框从"打印机"下拉列表中选择一种打印机。若要打印到文件而不是打印机，选择"Adobe PostScript® 文件"或Adobe PDF。若要在一页上打印所有内容，选中"忽略画板"复选框；若要分别打印每个画板，取消选中"忽略画板"复选框，并指定要打印所有画板，还是打印特定范围。最后单击"打印"按钮，如图18-11所示。

- ● 打印机：在该下拉列表中可以选择打印机。
- ● 份数：设置要打印的份数。
- ● 设置：单击该按钮，可以打开一个"打印首选项"对话框，在该对话框中可以设置纸张的方向、页面的打印，如图18-12所示。

图18-11

图18-12

18.4.2 "打印"对话框选项

在"打印"对话框中的每类选项，从"常规"选项到"小结"选项都是为了指导完成文档的打印过程而设计的。要显示一组选项，在对话框左侧选择该组的名称。其中的很多选项是由启动文档时选择的启动配置文件预设的，如图18-13所示。

读书笔记

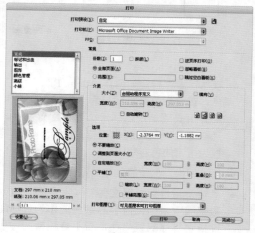

图18-13

- 常规：设置页面大小和方向、指定要打印的页数、缩放图稿，指定拼贴选项以及选择要打印的图层。
- 标记和出血：选择印刷标记与创建出血。
- 输出：创建分色。
- 图形：设置路径、字体、PostScript 文件、渐变、网格和混合的打印选项。
- 颜色管理：选择一套打印颜色配置文件和渲染方法。
- 高级：控制打印期间的矢量图稿拼合 （或可能栅格化）。
- 小结：查看和存储打印设置小结。

1. 常规

"常规"选项用于设置要打印的页面、打印的份数、打印的介质和打印图层的类型等选项，如图18-14所示。

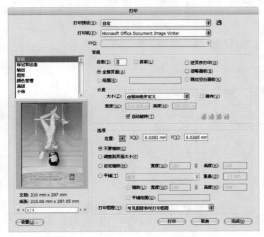

图18-14

2. 标记和出血

"标记和出血"选项用于设置打印页面的标记和出血应用的相关参数，如图18-15所示。

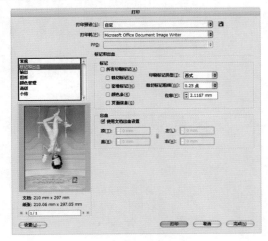

图18-15

3. 输出

"输出"选项用于设置图稿的输出方式、打印机分辨率、油墨属性等选项参数，如图18-16所示。

图18-16

4. 图形

"图形"选项用于设置路径的平滑度、文字字体选项、渐变、渐变网格打印的兼容性等选项，如图18-17所示。

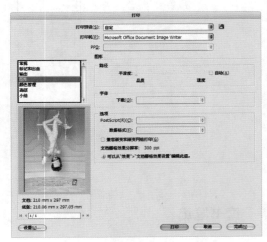

图18-17

5. 颜色管理

"颜色管理"选项用于设置打印时图像的颜色应用方法，包括颜色处理、打印机配置文件、渲染方法等设置，如图18-18所示。

6. 高级

"高级"选项用于控制打印图像为位图、图形叠印的方式、分辨率设置等选项，如图18-19所示。

图18-18　　　　　　　　　　　　　　　　　　图18-19

7. 小结

　　"小结"选项用于显示打印设置后的文件相关打印信息和打印图像中包括的警告信息，如图18-20所示。

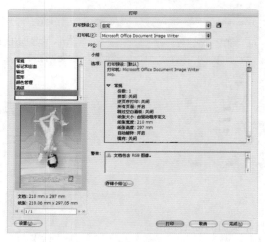

图18-20

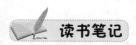

读书笔记

Chapter 19

第19章

企业VI设计

　　VI的全称是Visual Identity，即视觉识别，是企业形象设计的重要组成部分。进行VI设计，就是以标志、标准字、标准色为核心，创建一套完整的、系统的视觉表达体系，将企业理念、企业文化、服务内容、企业规范等抽象概念转换为具体记忆和可识别的形象符号，从而塑造出排他性的企业形象。

本章学习要点：

- 了解VI设计相关知识
- 了解企业VI画册的主要构成部分
- 了解VI设计的基本流程

19.1 VI设计相关知识

19.1.1 什么是VI

VI的全称是Visual Identity，即视觉识别，是企业形象设计的重要组成部分。进行VI设计，就是以标志、标准字、标准色为核心，创建一套完整的、系统的视觉表达体系，将企业理念、企业文化、服务内容、企业规范等抽象概念转换为具体记忆和可识别的形象符号，从而塑造出排他性的企业形象，如图19-1所示。

读书笔记

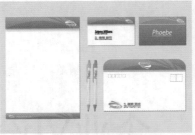 

图19-1

VI设计的主要内容可以分为基本要素系统和应用系统两大类。

❶ 基本要素系统

其中主要包括：

- 标志。
- 标准字。
- 标准色。
- 标志和标准字的组合。

❷ 应用系统

其中主要包括：

- 办公用品，如信封、信纸、便笺、名片、徽章、工作证、请柬、文件夹、介绍信、账票、备忘录、资料袋、公文表格等。
- 企业外部建筑环境，如建筑造型、公司旗帜、企业门面、企业招牌、公共标识牌、路标指示牌、广告塔、霓虹灯广告、庭院美化等。

- 企业内部建筑环境，如企业内部各部门标识牌、楼层标识牌、企业形象牌、旗帜、广告牌、POP广告、货架标牌等。
- 交通工具，如轿车、面包车、巴士、货车、工具车、油罐车、轮船、飞机等。
- 服装服饰，如经理制服、管理人员制服、员工制服、礼仪制服、文化衫、领带、工作帽、纽扣、肩章、胸卡等。
- 广告媒体，如电视广告、杂志广告、报纸广告、网络广告、路牌广告、招贴广告等。
- 产品包装，如纸盒包装、纸袋包装、木箱包装、玻璃容器包装、塑料袋包装、金属包装、陶瓷包装、包装纸等。
- 公务礼品，如T恤、领带、领带夹、打火机、钥匙牌、雨伞、纪念章、礼品袋等。
- 陈列展示，如橱窗展示、展览展示、货架商品展示、陈列商品展示等。
- 印刷品，如企业简介、商品说明书、产品简介、年历等。

19.1.2 VI设计的一般原则

VI设计的一般原则包括统一性、差异性和民族性。

● **统一性**：为了达成企业形象对外传播的一致性与一贯性，应该运用统一设计和统一大众传播，用完美的视觉一体化设计，将信息与认识个性化、明晰化、有序化，把各种形式传播媒介上的形象统一，创造可存储与传播的统一的企业理念与视觉形象，这样才能集中与强化企业形象，使信息传播更为迅速、有效，给社会大众留下强烈的印象与影响力。

● **差异性**：为了能获得社会大众的认同，企业形象必须是个性化的、与众不同的，因此差异性的原则十分重要。

● **民族性**：企业形象的塑造与传播应该依据不同的民族文化。例如，美、日等许多企业的崛起和成功，民族文化是其根本的驱动力。

19.2 综合实例——科技公司VI方案

案例文件	综合实例——科技公司VI方案.ai
视频教学	综合实例——科技公司VI方案.flv
难易指数	★★★★★
知识掌握	钢笔工具、文字工具、选择工具、矩形工具、椭圆工具、矩形网格工具

案例效果

本例将使用钢笔工具、文字工具、选择工具、矩形工具、椭圆工具、矩形网格工具等设计某科技公司VI方案，最终效果如图19-2所示。

图19-2

1．基本版式设计

案例效果

首先进行基本版式设计，最终效果如图19-3所示。

操作步骤

步骤01 按Ctrl+N键，在弹出的"新建文档"对话框中设置"画板数量"为12，"列数"为4，"大小"为A4，"取向"为横向，然后单击"确定"按钮，如图19-4所示。

图19-3

图19-4

步骤02 单击工具箱中的"矩形工具"按钮，在画板的左上方单击并拖动鼠标，绘制一个长条矩形。执行"窗口>渐变"命令，打开"渐变"面板，在其中编辑一种蓝色渐变，如图19-5所示。

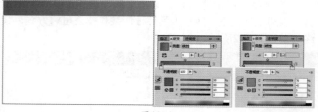

图19-5

步骤03 单击工具箱中的"矩形工具"按钮，在蓝色渐变矩形中绘制一个矩形。执行"窗口>渐变"命令，打开"渐变"面板，在其中编辑一种从白色到透明的渐变，如图19-6所示。

步骤04 单击工具箱中的"矩形工具"按钮，在半透明长条矩形左侧绘制一个矩形。执行"窗口>颜色"命令，打开"颜色"面板，设置填充色为"白色"。执行"窗口>透明度"命令，打开"透明度"面板，设置"不透明度"为50%，如图19-7所示。

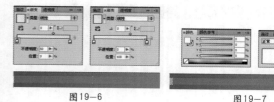

图19-6　　　　　　　　图19-7

步骤05 单击工具箱中的"文字工具"按钮，在控制栏中设置合适的字体和大小，在半透明长条矩形右侧单击并输入文字。执行"窗口>颜色"命令，打开"颜色"面板，设置填充色为白色，如图19-8所示。

步骤06 使用文字工具拖拽选中数字部分，在控制栏中设置另一种字体和大小，如图19-9所示。

图19-8　　　　　　　　图19-9

步骤07 单击工具箱中的"椭圆工具"按钮，在页面左上角绘制正圆形。执行"窗口>渐变"命令，打开"渐变"面板，在其中编辑一种蓝色渐变，如图19-10所示。

图19-10

步骤08 单击工具箱中的"文字工具"按钮，在控制栏中设置合适的字体和大小，在正圆形右侧单击并输入文字。执行"窗口>颜色"命令，打开"颜色"面板，设置填充色为黑色，如图19-11所示。

图19-11

步骤09 单击工具箱中的"文字工具"按钮，在控制栏中设置合适的字体和大小，在画板右下方通过拖动鼠标创建一个文本框，输入文字并设置填充色为黑色，如图19-12所示。

图19-12

步骤10 执行"窗口>文字>段落"命令，打开"段落"面板，设置段落样式为"右对齐"，如图19-13所示。

步骤11 单击工具箱中的"文字工具"按钮，在控制栏中设置合适的字体和大小。在段落文字右侧并输入文字，如图19-14所示。至此，VI画册的基本版式部分就制作完成了，在后面每个页面的制作过程中，只需复制该页面并对部分文字进行更改即可，如图19-14所示。

图19-13　　　　　　　　图19-14

2. 画册封面设计

案例效果

下面进行画册封面设计，最终效果如图19-15所示。

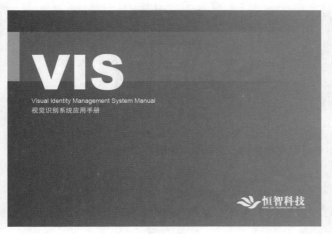

图19—18

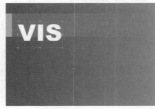

图19—15

图19—19

操作步骤

步骤05 使用同样的方法在主体文字的下方单击并输入其他文字，如图19-20所示。

步骤01 单击工具箱中的"矩形工具"按钮■，在画板的左上方单击并拖动鼠标至画板的右下角，绘制一个矩形。执行"窗口>渐变"命令，打开"渐变"面板，在其中编辑一种从深蓝色到蓝色的渐变，如图19-16所示。

步骤06 单击工具箱中的"选择工具"按钮，选中标志将其复制到画板右下方。执行"窗口>颜色"命令，打开"颜色"面板，设置填充色为白色。封面效果如图19-21所示。

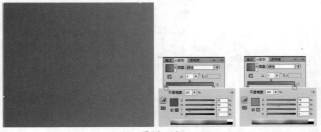

图19—16

步骤02 单击工具箱中的"矩形工具"按钮■，在上半部分绘制一个矩形。执行"窗口>渐变"命令，打开"渐变"面板，在其中编辑一种从白色到透明的渐变，如图19-17所示。

图19—20

图19—21

3. 基础部分——标志设计

标志设计在整个视觉识别系统中占有至关重要的位置，不仅可以体现企业的名称和定位，更能够主导整个视觉识别系统的色调和风格。

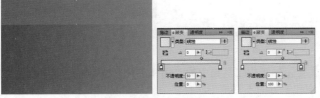

图19—17

案例效果

本例为设计标志，最终效果如图19-22所示。

步骤03 使用矩形工具在半透明长条矩形左侧绘制一个矩形；然后执行"窗口>颜色"命令，打开"颜色"面板，设置填充色为白色；再执行"窗口>透明度"命令，打开"透明度"面板，设置"不透明度"为50%，如图19-18所示。

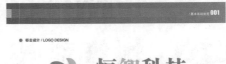

步骤04 单击工具箱中的"文字工具"按钮，在半透明长条矩形上单击鼠标左键，在控制栏中设置合适的字体和大小后输入文字。执行"窗口>颜色"命令，打开"颜色"面板，设置填充色为白色，如图19-19所示。

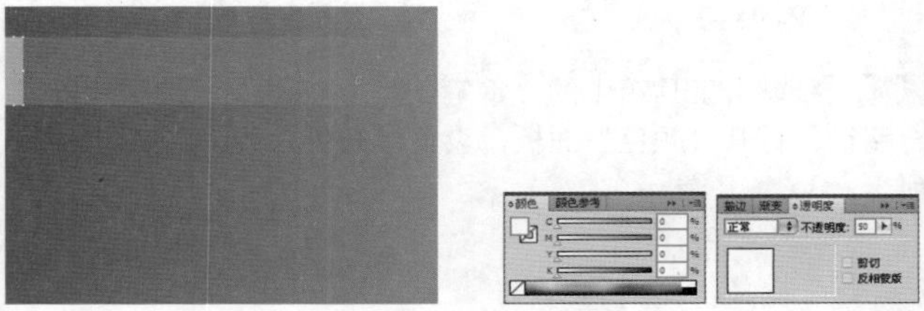

图19—22

操作步骤

步骤01 ▶ 单击工具箱中的"钢笔工具"按钮 ，绘制一条闭合路径。打开"颜色"面板，设置填充色为黄色，如图19-23所示。

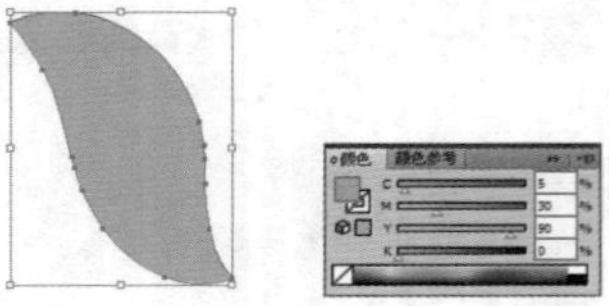

图19-23

步骤02 ▶ 使用同样的方法继续绘制出另外3条路径，设置填充色为蓝色，如图19-24所示。

图19-24

步骤03 ▶ 单击工具箱中的"文字工具"按钮，在控制栏中设置合适的字体和大小，在标志的右边单击并输入文字。执行"窗口>颜色"命令，打开"颜色"面板，设置填充色为蓝色，如图19-25所示。

图19-25

步骤04 ▶ 保持文字工具的选中状态，选中文字"智"，执行"窗口>颜色"命令，打开"颜色"面板，设置填充色为黄色，如图19-26所示。

图19-26

步骤05 ▶ 继续保持文字工具的选中状态，在控制栏中设置合适的字体和大小，在中文下方单击输入文字。执行"窗口>颜色"命令，打开"颜色"面板，设置填充色为蓝色，如图19-27所示。

图19-27

步骤06 ▶ 至此，标志的基本效果制作完成。复制一份，继续进行渐变效果标志的制作，如图19-28所示。

图19-28

步骤07 ▶ 单击工具箱中的"选择工具"按钮 ，选中所有的文字和图形；然后执行"对象>扩展"命令，在弹出的"扩展"对话框中选中"对象"和"填充"复选框，单击"确定"按钮，如图19-29所示。

图19-29

步骤08 ▶ 对标志和文字执行"编辑>复制"和"编辑>原位粘贴"命令，然后执行"窗口>颜色"命令，打开"颜色"面板，设置填充色为白色，如图19-30所示。

步骤09 ▶ 单击工具箱中的"钢笔工具"按钮，在文字上半部分绘制一个不规则形状。执行"窗口>渐变"命令，打开"渐变"面板，在其中编辑一种灰色的渐变，如图19-31所示。

图19-30   图19-31

步骤10 ▶ 单击工具箱中的"选择工具"按钮 ，选中白色文字和上方的不规则形状；然后执行"窗口>透明度"命令，在打开的"透明度"面板中单击右上角的 按钮，在弹出的菜单中执行"建立不透明蒙版"命令，如图19-32所示。

图19-32

步骤11 ▶ 继续使用钢笔工具在标志的上半部分绘制形状，并为其赋予灰色系渐变。选中白色标志和绘制的图形，在"透明度"面板菜单中执行"建立不透明蒙版"命令，如图19-33所示。

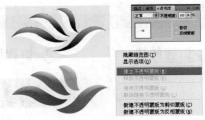

图19-33

步骤12 将带有渐变效果的标志和文字组合在一起，效果如图19-34所示。

步骤13 复制画册基本版式，并将其摆放在第二个画板上，如图19-35所示。

图19-34   图19-35

步骤14 单击工具箱中的"选择工具"按钮，选中两组标志并将其摆放在页面中合适的位置，如图19-36所示。

图19-36

4. 基础部分——组合规范应用

基本要素的组合方式包括横向组合、纵向组合、特殊组合等多种。根据具体媒体的规格与排列方向，可以设计横排、竖排、大小、方向等不同形式的组合方式。此外，还可以对企业标志同其他要素之间的比例尺寸、间距方向、位置关系等进行设计。标志同其他要素的常见组合方式如下：

- 标志同企业中文名称或略称的组合。
- 标志同品牌名称的组合。
- 标志同企业英文名称全称或略称的组合。
- 标志同企业名称或品牌名称及企业类型的组合。
- 标志同企业名称或品牌名称及企业宣传口号、广告语等的组合。

案例效果

本例按照一定的方式将标志与其他要素进行组合，最终效果如图19-37所示。

图19-37

操作步骤

步骤01 复制画册基本版式，并将其摆放在下一个画板上。单击工具箱中的"文字工具"按钮，选中页面中需要更改的文字，将其更改为适应当前页面的内容，如图19-38所示。

图19-38

步骤02 使用选择工具选中标志部分，将其复制到画板中央；然后选择文字部分，同样进行复制并适当缩放，摆放在标志下方。第一个标准组合如图19-39所示。

图19-39

步骤03 直接将渐变效果的标志复制到当前页面中，摆放在如图19-40所示的位置。

图19-40

步骤04 继续复制标志部分并适当缩放，摆放在画面右侧；单独复制每一个主体文字，并纵向排列；复制底部英文部分，将其顺时针旋转90°，摆放在主体文字的右侧，如图19-41所示。

图19-41

5. 基础部分——墨稿和反白稿

墨稿也就是黑白稿，主体里的线条、色块为黑色，也称为阳图；反白稿是指主体里的线条，色块为白色，也叫阴图。

案例效果

本例制作墨稿和反白稿，最终效果如图19-42所示。

图19-42

操作步骤

步骤01 复制画册基本版式，并摆放在下一个画板上。单击工具箱中的"文字工具"按钮，选中页面中需要更改的文字，将其更改为适应当前页面的内容，如图19-43所示。

图19-43

步骤02 单击工具箱中的"选择工具"按钮，选中基本标志，将其复制到当前页面中。执行"窗口>颜色"命令，打开"颜色"面板，设置填充色为黑色，如图19-44所示。

步骤03 单击工具箱中的"矩形工具"按钮 □，在画板的中下方单击并拖动鼠标，绘制一个长条矩形。执行"窗口>颜色"命令，打开"颜色"面板，设置填充色为黑色，如图19-45所示。

图19-44    图19-45

步骤04 复制标志部分，执行"窗口>颜色"命令，在打开的"颜色"面板中，设置填充色为白色，然后将其放置在下方的黑色矩形上，如图19-46所示。

图19-46

6. 基础部分——标准化制图

案例效果

本例将介绍如何进行标准化制图，最终效果如图19-47所示。

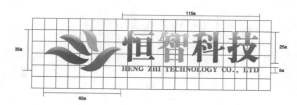

a=1mm   □=10mmx10mm

图19-47

操作步骤

步骤01 复制画册基本版式，并摆放在下一个画板上。单击工具箱中的"文字工具"按钮，选中页面中需要更改的文字，将其更改为适应当前页面的内容。复制标志，摆放在当前页面中央，如图19-48所示。

图19-48

步骤02 ▶ 单击工具箱中的"矩形网格工具"按钮 ▦，在空白处单击鼠标左键，在弹出的"矩形网格工具选项"对话框中设置"宽度"为225mm，"高度"为68mm，"水平分隔线数量"为5，"垂直分隔线数量"为19，单击"确定"按钮；然后将创建的网格移动到标志上，如图19-49所示。

图19-49

步骤03 ▶ 单击工具箱中的"直线段工具"按钮 ╲，在网格周边绘制标注线段，然后设置填充色为无，描边色为黑色，"粗细"为1pt，如图19-50所示。

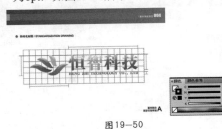

图19-50

步骤04 ▶ 单击工具箱中的"文字工具"按钮 T.，在控制栏中设置合适的字体和大小，在线段上单击并输入注释性文字，如图19-51所示。

步骤05 ▶ 保持文字工具的选中状态，在控制栏中设置合适的字体和大小，在网格下方单击并输入注释性文字，如图19-52所示。

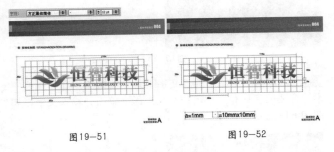

图19-51　　　　　　图19-52

🪨 7. 基础部分——标准色

标准色是指企业为塑造独特的企业形象而确定的某一特定的色彩或一组色彩系统，运用在所有的视觉传达媒体上，通过色彩特有的知觉刺激与心理反应，传达企业的经营理念和产品服务的特质。

案例效果

本例主要是进行标准色设计，最终效果如图19-53所示。

图19-53

操作步骤

步骤01 ▶ 复制画册基本版式，并摆放在下一个画板上。单击工具箱中的"文字工具"按钮，选中页面中需要更改的文字，将其更改为适应当前页面的内容，如图19-54所示。

图19-54

步骤02 ▶ 单击工具箱中的"矩形工具"按钮 ▢，在画板的中间单击并拖动鼠标，绘制一个长条矩形。执行"窗口>渐变"命令，打开"渐变"面板，在其中编辑一种蓝色渐变，如图19-55所示。

图19-55

步骤03 ▶ 单击工具箱中的"文字工具"按钮 T.，在控制栏中设置合适的字体和大小，在渐变矩形下方单击并输入注释性文字，如图19-56所示。

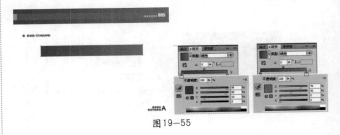

图19-56

步骤04 使用矩形工具在步骤03所输入文字的下方绘制一个矩形，然后执行"窗口>渐变"命令，打开"渐变"面板，在其中编辑一种黄色渐变，如图19-57所示。

图19-57

步骤05 单击工具箱中的"文字工具"按钮**T**，在控制栏中设置合适的字体和大小，在黄色渐变矩形下方单击并输入注释性文字，如图19-58所示。

图19-58

8. 应用部分——名片

案例效果

本例制作名片，最终效果如图19-59所示。

图19-59

操作步骤

步骤01 复制画册基本版式，并摆放在下一个画板上。单击工具箱中的"文字工具"按钮，选中页面中需要更改的文字，将其更改为适应当前页面的内容，如图19-60所示。

图19-60

步骤02 单击工具箱中的"矩形工具"按钮▢，在画板的中间单击并拖动鼠标，绘制一个矩形。执行"窗口>渐变"命令，打开"渐变"面板，在其中编辑一种蓝色渐变，如图19-61所示。

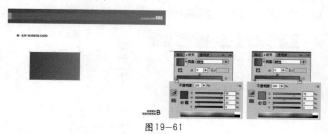

图19-61

步骤03 执行"效果>风格化>投影"命令，在弹出的"投影"对话框中设置相应参数，然后单击"确定"按钮，如图19-62所示。

图19-62

步骤04 单击工具箱中的"选择工具"按钮▶，选中标志，将其复制到渐变矩形右上方，并改变大小。执行"窗口>颜色"命令，打开"颜色"面板，设置填充色为白色，如图19-63所示。

图19-63

步骤05 单击工具箱中的"文字工具"按钮**T**，在控制栏中设置合适的字体和大小，在渐变矩形上单击并输入文字，如图19-64所示。

图19-64

步骤06 单击工具箱中的"选择工具"按钮▶，选中蓝色渐变矩形和上面的文字，按住Shift+Alt组合键的同时向右拖动，复制出一个图形，如图19-65所示。

图19-65

步骤07 单击工具箱中的"选择工具"按钮，选中文字。执行"窗口>颜色"命令，打开"颜色"面板，设置填充色为黑色，如图19-66所示。

图19-66

步骤08 复制彩色渐变标志到白色标志上，调整标志大小与白色标志相同，再将白色标志删除，如图19-67所示。

步骤09 单击工具箱中的"选择工具"按钮，选中蓝色渐变矩形。执行"窗口>颜色"命令，打开"颜色"面板，设置填充色为白色，如图19-68所示。

图19-67　　　　　　　图19-68

9. 应用部分——传真纸

案例效果

本例将对传真纸进行设计，最终效果如图19-69所示。

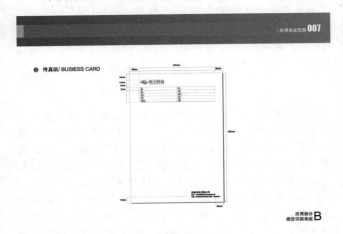

图19-69

步骤01 复制画册基本版式，并摆放在下一个画板上。单击工具箱中的"文字工具"按钮，选中页面中需要更改的文字，将其更改为适应当前页面的内容，如图19-70所示。

图19-70

步骤02 单击工具箱中的"矩形工具"按钮，在画板的中间单击并拖动鼠标，绘制一个矩形；然后设置填充色为白色，描边色为黑色，"粗细"为0.25pt，效果如图19-71所示。

图19-71

步骤03 执行"效果>风格化>投影"命令，在弹出的"投影"对话框中设置相应参数，然后单击"确定"按钮，如图19-72所示。

图19-72

步骤04 单击工具箱中的"直线段工具"按钮，在白色矩形内绘制虚线；然后执行"窗口>颜色"命令，打开"颜色"面板，设置填充色为透明，描边色为黑色；再执行"窗口>描边"命令，打开"描边"面板，设置"粗细"为0.25pt，描边为"虚线"，如图19-73所示。

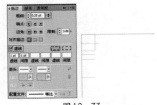

图19-73

步骤05 双击工具箱中的"矩形网格工具"按钮，在弹出的对话框中设置"宽度"为70mm，"高度"为15mm，"水平分隔线数量"为5，"垂直分隔线数量"为1，单击"确定"

按钮，创建出网格；然后设置填充色为透明，描边色为黑色，"粗细"为0.25pt，效果如图19-74所示。

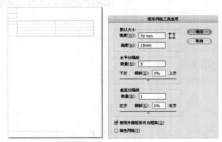

图19-74

步骤06 单击工具箱中的"文字工具"按钮 T，在控制栏中设置合适的字体和大小，在网格中单击并输入文字，如图19-75所示。

步骤07 单击工具箱中的"选择工具"按钮 ，选中标志并复制，放到传真纸的左上角，如图19-76所示。

TO 致数:	NO. 编号:
RE 事项:	PAGE 页数:
ATTN 收件人:	FROM 发件人:
COPY 抄送:	COPY 抄送:
FAX NO. 传真号码:	DATE 日期:

图19-75

图19-76

步骤08 单击工具箱中的"文字工具"按钮 T，在控制栏中设置合适的字体和大小，在传真纸的右下角单击并输入文字，如图19-77所示。

步骤09 单击工具箱中的"直线段工具"按钮 ，在传真纸周边绘制标注线段，然后设置描边色为黑，"粗细"为0.25pt，如图19-78所示。

图19-77　　　　　　图19-78

步骤10 单击工具箱中的"文字工具"按钮 T，在控制栏中设置合适的字体和大小，在线段上单击并输入注释性文字，如图19-79所示。

图19-79

10. 应用部分——信封

案例效果

本例将制作信封，最终效果如图19-80所示。

图19-80

操作步骤

步骤01 复制画册基本版式，并摆放在下一个画板上。单击工具箱中的"文字工具"按钮，选中页面中需要更改的文字，将其更改为适应当前页面的内容，如图19-81所示。

图19-81

步骤02 单击工具箱中的"矩形工具"按钮，在画板的中间单击并拖动鼠标，绘制一个矩形；执行"窗口>颜色"命令，打开"颜色"面板，设置填充色为白色；然后执行"效果>风格化>投影"命令，在弹出的"投影"对话框中，设置相应参数，单击"确定"按钮，如图19-82所示。

步骤03 单击工具箱中的"钢笔工具"按钮，在白色矩形上方绘制一个不规则形状。使用滴管工具吸取页面顶端的蓝色渐变，并赋予当前对象。执行"效果>风格化>投影"命令，在弹出的"投影"对话框中设置相应参数，然后单击"确定"按钮，如图19-83所示。

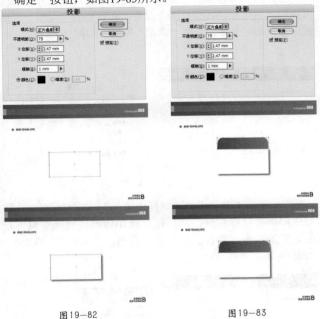

图19-82　　　　　　　图19-83

步骤04 单击工具箱中的"矩形工具"按钮▣，在信封左上方绘制6个正方形；执行"窗口>颜色"命令，打开"颜色"面板，设置填充色为透明，描边色为红色；再执行"窗口>描边"命令，打开"描边"面板，设置"粗细"为0.2pt，如图19-84所示。

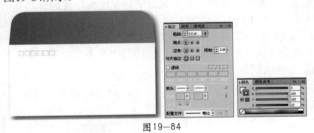

图19-84

步骤05 继续使用矩形工具在信封右上方绘制一个正方形；执行"窗口>颜色"命令，打开"颜色"面板，设置填充色为透明，描边色为黑色；再执行"窗口>描边"命令，打开"描边"面板，设置描边为"虚线"，"粗细"为0.25pt，如图19-85所示。

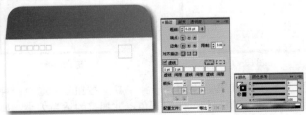

图19-85

步骤06 复制虚线框，在"描边"面板中取消选中"虚线"复选框，设置"粗细"为0.25pt，如图19-86所示。

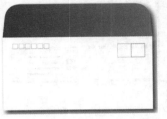

图19-86

步骤07 单击工具箱中的"文字工具"按钮 **T**，在控制栏中设置合适的字体和大小，在右侧正方形中单击并输入文字，如图19-87所示。

步骤08 单击工具箱中的"文字工具"按钮 **T**，在控制栏中设置合适的字体和大小，在信封的右下方单击并输入文字，如图19-88所示。

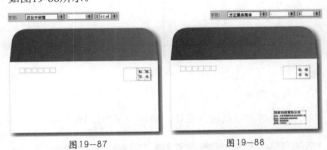

图19-87　　　　　　　图19-88

步骤09 单击工具箱中的"选择工具"按钮 ▶，选中原标志，复制到信封的左下角，并调整为适当大小，如图19-89所示。

步骤10 单击工具箱中的"选择工具"按钮 ▶，选中标志，将其复制到信封上方，旋转并改变大小。执行"窗口>颜色"命令，打开"颜色"面板，设置填充色为白色，如图19-90所示。

图19-89　　　　　　　图19-90

步骤11 单击工具箱中的"直线段工具"按钮 ╲，在信封顶部绘制一条线段；然后设置描边色为黑色；再执行"窗口>描边"命令，打开"描边"面板，选中"虚线"复选框，设置"粗细"为0.15pt，如图19-91所示。

图19-91

步骤12 单击工具箱中的"文字工具"按钮 **T**，在控制栏中设置合适的字体和大小，在信封上方单击并输入文字，如图19-92所示。

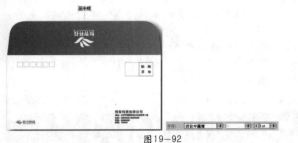

图19-92

11. 应用部分——信纸

案例效果

本例将对信纸进行设计，最终效果如图19-93所示。

图19-93

操作步骤

步骤01 复制画册基本版式，并摆放在下一个画板上。单击工具箱中的"文字工具"按钮，选中页面中需要更改的文字，将其更改为适应当前页面的内容，如图19-94所示。

图19-94

步骤02 单击工具箱中的"矩形工具"按钮 ，在画板的中间单击并拖动鼠标绘制一个矩形；然后设置填充色为白色；再执行"效果>风格化>投影"命令，在弹出的"投影"对话框中设置相应参数，单击"确定"按钮，如图19-95所示。

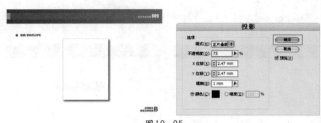

图19-95

步骤03 单击工具箱中的"直线段工具"按钮 ，在白色矩形中间单击鼠标左键，然后按住Shift键的同时拖动鼠标，创建多条线段；再设置描边色为黑色，"粗细"为0.5pt，如图19-96所示。

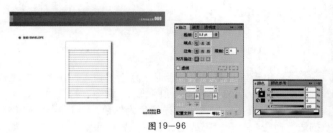

图19-96

步骤04 复制一种标志组合到信纸的左上角，并调整到合适大小，如图19-97所示。

步骤05 单击工具箱中的"文字工具"按钮 **T**，在控制栏中设置合适的字体和大小，在标志的右边单击并输入文字，如图19-98所示。

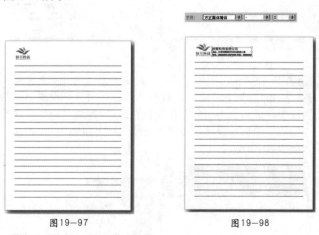

图19-97　　　　　　　　　图19-98

步骤06 单击工具箱中的"选择工具"按钮 ，选中一种标志组合，复制到信纸的右下角，并调整为适当大小，如图19-99所示。

图19-99

12. 应用部分——纸杯

案例效果

本例将对纸杯进行设计，最终效果如图19-100所示。

图19-100

操作步骤

步骤01 复制画册基本版式，并摆放在下一个画板上。单击工具箱中的"文字工具"按钮，选中页面中需要更改的文字，将其更改为适用于当前页面的内容，如图19-101所示。

图19-101

步骤02 单击工具箱中的"钢笔工具"按钮，在画板中间绘制纸杯的形状。执行"窗口>渐变"命令，打开"渐变"面板，在其中编辑一种灰白色渐变，如图19-102所示。

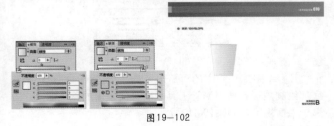

图19-102

步骤03 执行"效果>风格化>投影"命令，在弹出的"投影"对话框中设置相应参数，然后单击"确定"按钮，如图19-103所示。

图19-103

步骤04 单击工具箱中的"钢笔工具"按钮，在纸杯的下半部绘制一个四边形。执行"窗口>渐变"命令，打开"渐变"面板，在其中编辑一种蓝色渐变，如图19-104所示。

图19-104

步骤05 单击工具箱中的"选择工具"按钮，选中标志复制到纸杯的中间，并调整为适当大小，如图19-105所示。

图19-105

步骤06 选中纸杯部分，按住Shift+Alt键的同时向右拖动，复制出一个新的相同的纸杯底色，如图19-106所示。

图19-106

步骤07 复制另一种标志组合到纸杯的中间，并调整到合适大小，如图19-107所示。

● 纸杯 / ENVELOPE

应用部分B
视觉识别系统

图19—107

🔷 13．应用部分——手提袋

案例效果

本例设计手提袋，最终效果如图19-108所示。

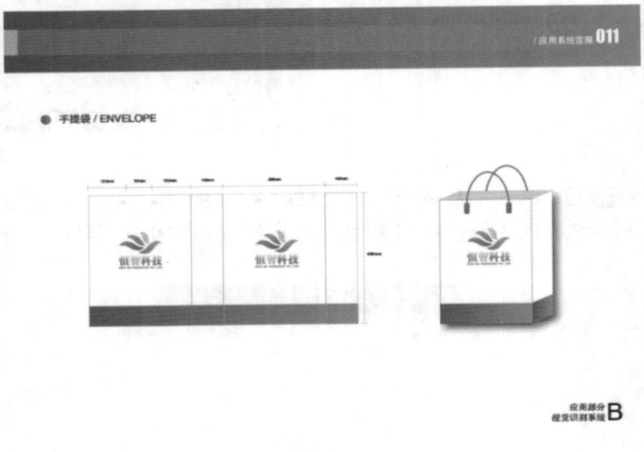

● 手提袋 / ENVELOPE

应用部分B
视觉识别系统

图19—108

操作步骤

步骤01 复制画册基本版式，并摆放在下一个画板上。单击工具箱中的"文字工具"按钮，选中页面中需要更改的文字，将其更改为适应当前页面的内容，如图19-109所示。

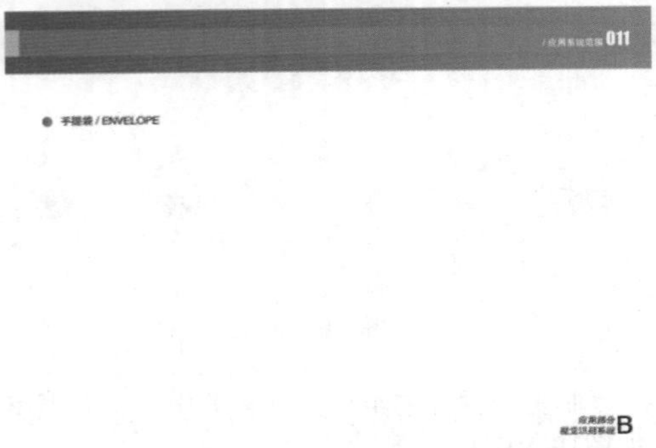

● 手提袋 / ENVELOPE

应用部分B
视觉识别系统

图19—109

步骤02 单击工具箱中的"矩形工具"按钮 ▭，在画板的中间单击并拖动鼠标，绘制多个等高的矩形；执行"窗口>颜色"命令，打开"颜色"面板，设置填充色为白色，描边色为黑色；再执行"窗口>描边"命令，打开"描边"面板，设置"粗细"为0.25pt，如图19-110所示。

● 手提袋 / ENVELOPE

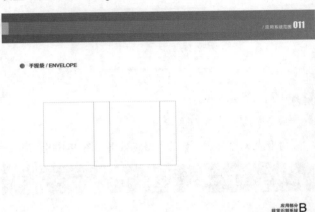

应用部分B
视觉识别系统

图19—110

步骤03 单击工具箱中的"椭圆工具"按钮 ◯，在矩形上绘制一个正圆形，并复制出另外3个，摆放在同一水平线上；执行"窗口>颜色"命令，打开"颜色"面板，设置填充色为白色，描边色为黑色；再执行"窗口>描边"命令，打开"描边"面板，设置"粗细"为0.25pt，如图19-111所示。

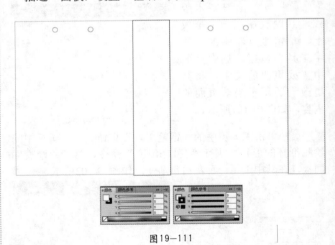

图19—111

步骤04 单击工具箱中的"矩形工具"按钮 ▭，在白色矩形底部绘制矩形。使用滴管工具吸取页面顶端的蓝色渐变，并赋予当前矩形，如图19-112所示。

Illustrator CS5 从入门到精通

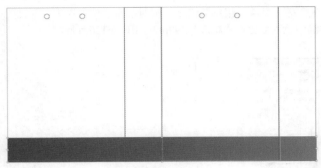

图19-112

步骤05 将一种标志基本组合复制当前页面中，分别摆放在手提袋的正、反两面，如图19-113所示。

图19-113

步骤06 单击工具箱中的"直线段工具"按钮，在手提袋周边绘制标注线段，然后设置描边色为黑，"粗细"为0.25pt，如图19-114所示。

图19-114

步骤07 单击工具箱中的"文字工具"按钮 **T**，在控制栏中设置合适的字体和大小，在线段上单击并输入注释性文字，如图19-115所示。

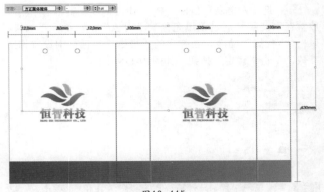

图19-115

步骤08 下面在右边绘制手提袋的立体效果。使用矩形工具绘制一个矩形选框，并设置填充色为灰色，描边色为黑色，"粗细"为0.25pt，如图19-116所示。

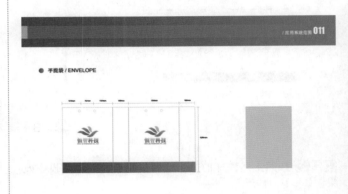

图19-116

步骤09 接下来绘制侧面。使用钢笔工具绘制一条闭合路径，并设置相同的填充色和描边色，如图19-117所示。

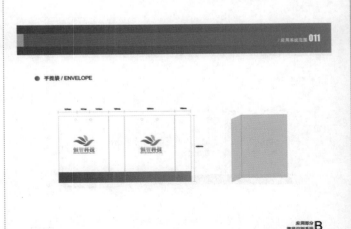

图19-117

步骤10 选中左侧灰色侧面，按住Alt键拖拽复制出一个副本放置在右侧；然后设置填充色为"白色"；再执行"效果>风格化>投影"命令，在弹出的"投影"对话框中设置相应参数，单击"确定"按钮，如图19-118所示。

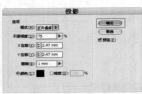

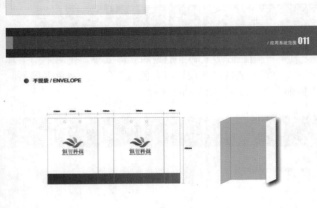

图19-118

步骤11 按照上述同样的方法绘制出正面，并添加投影效果，如图19-119所示。

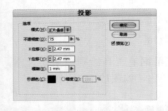

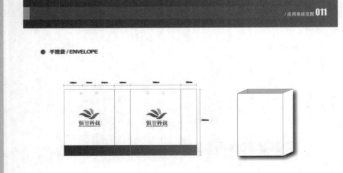

图19-119

步骤12 继续使用钢笔工具绘制两条路径作为提手，并设置描边色为蓝色，"粗细"为2pt，如图19-120所示。

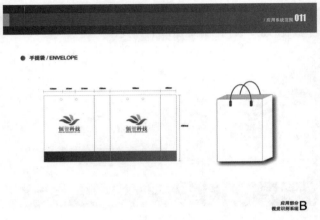

图19-120

步骤13 单击工具箱中的"矩形工具"按钮，在手提袋底部绘制一个矩形。使用吸管工具吸取手提袋平面图中的蓝色渐变，并赋予当前矩形。使用钢笔工具绘制右侧四边形，同样填充为蓝色系渐变，如图19-121所示。

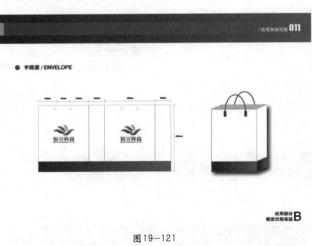

图19-121

步骤14 复制标志，放置到手提袋的正面部分，最终效果如图19-122所示。

● 手提袋 / ENVELOPE

应用部分
视觉识别系统 **B**

图19—122

📖 **读书笔记**

Chapter 20

第20章

招贴与插画设计

所谓招贴，又名"海报"或宣传画，属于户外广告，是广告艺术中比较大众化的一种体裁，用来完成一定的宣传鼓动任务，主要为报道、广告、劝喻和教育服务。分布于各处街道、影（剧）院、展览会、商业区、机场、码头、车站、公园等公共场所。在广告业飞速发展、新的媒体形式不断涌现的今天，招贴海报这种传统的宣传形式仍无法被取代。

本章学习要点：

- 掌握矢量插画的绘制方法
- 了解招贴海报的相关知识
- 掌握在招贴海报设计中图片的使用方法
- 掌握平面宣传单制作方法

20.1 关于招贴海报设计

所谓招贴，又名"海报"或宣传画，属于户外广告，是广告艺术中比较大众化的一种体裁，用来完成一定的宣传鼓动任务，主要为报道、广告、劝喻和教育服务。分布于各处街道、影（剧）院、展览会、商业区、机场、码头、车站、公园等公共场所。在广告业飞速发展、新的媒体形式不断涌现的今天，招贴海报这种传统的宣传形式仍无法被取代，如图20-1所示。

图20—1

20.1.1 招贴海报的分类

招贴海报的分类方式很多，通常可以分为非营利性的社会公共招贴、营利性的商业招贴与艺术招贴这三大类。按照招贴海报的应用可将其分为商业海报、公益海报、电影海报、文化海报、体育招贴、活动招贴、艺术招贴、观光招贴和出版招贴等。

 读书笔记

● 商业海报：商业海报是以促销商品、满足消费者需要等内容为题材，如产品宣传、品牌形象宣传、企业形象宣传、产品信息等，如图20-2所示。

图20—2

🔵 **公益海报**：公益海报带有一定思想性，它有特定的公众教育意义，其海报主题包括各种社会公益、道德宣传、政治思想宣传、弘扬爱心奉献以及共同进步精神等，如图20-3所示。

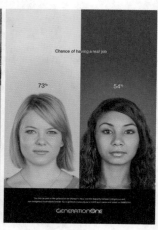

图20—3

🔵 **电影海报**：电影海报是海报的分支，主要起到吸引观众注意力与刺激电影票房收入的作用，与戏剧海报和文化海报有几分类似，如图20-4所示。

图20—4

● **文化海报**：文化海报是指各种社会文化娱乐活动及各类展览的宣传海报，展览的种类多种多样，不同的展览都有它各自的特点，设计师需要了解展览活动的内容才能运用恰当的方法来表现其内容和风格，如图20-5所示。

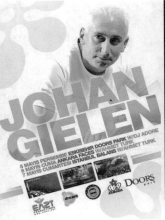

图20—5

● **艺术招贴**：以招贴形式传达纯美术创新观念的艺术品。其设计方式不受限制，如图20-6所示。

图20—6

● **体育招贴**：是体育活动的广告。视觉传达力高，幅面大，内容多表现充满青春、朝气、强劲等气氛，如图20-7所示。

图20—7

20.1.2 招贴海报设计表现技法

由于招贴海报通常需要张贴于公共场所，为了使来去匆忙的人们加深视觉印象，招贴海报必须具备尺寸大、远视强、艺术性高3个特点。当然，招贴海报设计必须有相当的号召力与艺术感染力，要调动形象、色彩、构图、形式感等因素形成强烈的视觉效果；它的画面应有较强的视觉中心，应力求新颖、单纯，还必须具有独特的艺术风格和设计特点。下面介绍几种招贴海报设计中常用的表现技法。

● 直接展示法：这是一种最常见的表现手法，主要是通过充分运用摄影或绘画等技巧的写实表现能力将主题直接展示在画面中，如图20-8所示。

图20-8

● 突出特征法：通过强调主题本身与众不同的特征，把主题鲜明地表现出来，使观众在接触言辞画面的瞬间即很快感受到，对其产生注意和发生视觉兴趣的目的，如图20-9所示。

图20-9

● 对比衬托法：对比是一种趋向于对立冲突的艺术美中最突出的表现手法。它把作品中所描绘的事物的性质和特点放在鲜明的对照和直接对比中来表现，借彼显此，互比互衬，从对比所呈现的差别中，达到集中、简洁、曲折变化的表现，如图20-10所示。

图20-10

● 合理夸张法：借助想象，对广告作品中所宣传的对象的品质或特性的某个方面进行相当明显的过分夸大，以加深或扩大这些特征的认识，如图20-11所示。

图20-11

● 以小见大法：在广告设计中对立体形象进行强调、取舍、浓缩，以独到的想象抓住一点或一个局部加以集中描写或延伸放大，以更充分地表达主题思想，如图20-12所示。

图20-12

● 运用联想法：在审美的过程中通过丰富的联想，能突破时空的界限扩大艺术形象的容量，加深画面的意境，如图20-13所示。

图20—13

○ 富于幽默法：幽默法是指广告作品中巧妙地再现喜剧性特征，抓住生活现象中局部性的东西，通过人们的性格、外貌和举止的某些可笑的特征表现出来，如图20-14所示。

图20—14

○ 以情托物法：在表现手法上侧重选择具有感情倾向的内容，以美好的感情来烘托主题，真实而生动地反映这种审美感情就能获得以情动人，发挥艺术感染人的力量，这是现代广告设计的文学侧重和美的意境与情趣的追求，如图20-15所示。

图20—15

○ 悬念安排法：悬念手法有相当高的艺术价值，它首先能加深矛盾冲突，吸引观众的兴趣和注意力，造成一种强烈的感受，产生引人入胜的艺术效果，如图20-16所示。

图20—16

○ 选择偶像法：这种手法是针对人们的这种心理特点运用的，它抓住人们对名人偶像仰慕的心理，选择观众心目中崇拜的偶像，配合产品信息传达给观众，如图20-17所示。

图20—17

20.2 综合实例——时尚促销广告

案例文件	综合实例——时尚促销广告.ai
视频教学	综合实例——时尚促销广告.flv
难易指数	★★★★★
知识掌握	钢笔工具、路径查找器、"透明度"面板、剪切蒙版

案例效果

案例效果如图20-18所示。

图20-18

操作步骤

步骤01 执行"文件>打开"命令，打开背景素材文件，如图20-19所示。

图20-19

步骤02 单击工具箱中的"椭圆工具"按钮 ◯ ，绘制出一个正圆形，设置填充色为白色。执行"窗口>透明度"命令，打开"透明度"面板，设置混合模式为"柔光"，并设置不透明度为100%，如图20-20所示。

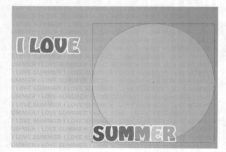

图20-20

 技巧提示

以圆心为中心绘制正圆时应同时按住Shift键和Alt键。

步骤03 多次复制圆形，缩放并摆放到合适位置，如图20-21所示。

步骤04 继续在适当的位置绘制出多个大小不同的白色的正圆形，打开"路径查找器"面板，单击 ◻ 按钮使之成为一个图形，如图20-22所示。

图20-21   图20-22

步骤05 复制一个该图形，适当缩小。选中底部的原图形设置填充色为深黄色，并在"透明度"面板中设置混合模式为"正片叠底"，不透明度为100%，如图20-23所示。

步骤06 继续使用圆形工具在白色区域内绘制一个紫色的正圆，如图20-24所示。

图20-23   图20-24

步骤07 单击工具箱中的"选择工具"按钮 ▶ ，选中新绘制的正圆，执行"编辑>复制"命令与"编辑>原位粘贴"命令，此时得到一个新的正圆形，将鼠标放到圆形定界框的右上角，按住Ctrl+Alt组合键的同时向外拖拽鼠标，以中心为原点进行等比放大，如图20-25所示。

图20-25

步骤08 执行"窗口>颜色"命令，打开"颜色"面板，设置填充色为蓝色，如图20-26所示。

步骤09 用同样的方法绘制出一系列的同心圆，并将其设置为不同的颜色，如图20-27所示。

图20—26　　　　　　　　　　图20—27

步骤10　选择这些同心圆形，单击鼠标右键，在弹出的快捷菜单中执行"编组"命令进行编组。然后使用复制和粘贴的快捷键（Ctrl+C、Ctrl+V）复制出一组，缩放并放置在适当的位置，如图20-28所示。

步骤11　同样的方法复制出另两组，摆放在右上角，如图20-29所示。

图20—28　　　　　　　　　　图20—29

步骤12　单击工具箱中的钢笔工具，在同心圆附近绘制出多个不规则形状，并填充颜色。在左下角绘制彩虹效果的弧形区域，如图20-30所示。

步骤13　单击工具箱中的"选择工具"按钮，选择右侧所有圆形组，单击鼠标右键，在弹出的快捷菜单中执行"编组"命令，如图20-31所示。

图20—30　　　　　　　　　　图20—31

步骤14　执行"窗口>透明度"命令，打开"透明度"面板，设置不透明度为45%，如图20-32所示。

图20—32

答疑解惑——如何在"透明度"面板中设置不透明度？

❶　执行"窗口>透明度"命令，打开"透明度"面板，如图20-33所示。

图20—33

❷　将鼠标移到"不透明度"右边的三角按钮▶，单击鼠标左键打开滑块，如图20-34所示。

图20—34

❸　单击滑块将其向前拖动，即可降低不透明度的数值，如图20-35所示。

图20—35

步骤15　复制底部白色图形，粘贴后出现在最顶层，如图20-36所示。

图20—36

步骤16　选择白色图形和彩色同心圆组，单击鼠标右键，在弹出的快捷菜单中执行"建立剪切蒙版"命令，如图20-37所示。

图20—37

步骤17 单击工具箱中的"文字工具"按钮 **T.**，在控制栏中设置字体为"汉仪综艺体简"，大小为37pt，在适当的位置单击并输入文字，如图20-38所示。

图20-38

步骤18 选中文字文本，执行"对象>扩展"命令，打开"扩展"对话框，设置扩展对象后单击"确定"按钮完成操作，如图20-39所示。

图20-39

步骤19 单击工具箱中的"自由变换工具"按钮 **，将鼠标移至定界框顶部控制点，先按住Ctrl键，再单击鼠标拖动界定框中点的位置，使文字呈现出透视效果，如图20-40所示。

图20-40

步骤20 同样的方法使用文字工具输入另外两组文字，扩展后分别进行变形，如图20-41所示。

图20-41

步骤21 单击工具箱中的"钢笔工具"按钮 **，在文字图形的外部绘制一个黑色的不规则图形，单击鼠标右键多次执行"排列>后移一层"命令，使黑框放置到文字后方，如图20-42所示。

步骤22 单击工具箱中的"圆角矩形工具"按钮 **，在文字图形的下方绘制一个圆角矩形，设置填充色为粉色，如图20-43所示。

图20-42　　　　　　　　图20-43

步骤23 继续单击工具箱中的"文字工具"按钮 **T.**，在圆角矩形中和下方输入文字，如图20-44所示。

步骤24 执行"文件>置入"命令，置入素材文件作为装饰，如图20-45所示。

图20-44　　　　　　　　图20-45

步骤25 绘制装饰蝴蝶。单击工具箱中的"钢笔工具"按钮 **，在页面要创建第一个锚点的位置上单击创建一个锚点，在创建曲线的第二个锚点的位置上单击，创建第二个锚点，如此重复创建第三个、第四个锚点，如图20-46所示。

步骤26 单击工具箱中的"转换锚点工具"按钮 **，再单击要转换为曲线锚点的锚点对象，拖动鼠标控制曲线，将趋向调整到所要的状态，如图20-47所示。

步骤27 再次单击工具箱中的钢笔工具，继续创建锚点，建立曲线，最后将其封闭，如图20-48所示。

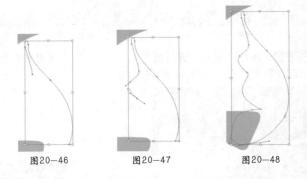

图20-46　　　　图20-47　　　　图20-48

步骤28 执行"窗口>颜色"命令，打开"颜色"面板，设置填充色为棕色，如图20-49所示。

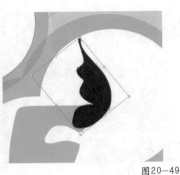

图20-49

步骤29 单击工具箱中的"选择工具"按钮 ，选择这个图形将其"复制"并"原位粘贴"，再向外拖动翅膀，如图20-50所示。

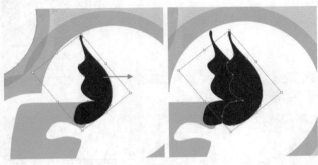

图20-50

步骤30 单击鼠标右键，在弹出的快捷菜单中执行"变换>对称"命令，打开"镜像"对话框，选中"垂直"单选按钮，角度为90°，单击"确定"按钮完成操作，如图20-51所示。

图20-51

步骤31 将鼠标移动到定界框边缘，旋转并移动这个图形到适当位置，如图20-52所示。

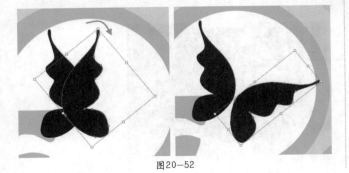

图20-52

步骤32 单击工具箱中的"椭圆工具"按钮 ，在翅膀上绘制出多个正圆图形，设置填充色为白色，如图20-53所示。

图20-53

步骤33 单击工具箱中的"选择工具"按钮 ，选择翅膀形状和多个正圆形。然后执行"窗口>路径查找器"命令，在打开的"路径查找器"面板中单击"分割"按钮 ，将图形分割后，删除原白色圆形，使蝴蝶翅膀呈现镂空效果，如图20-54所示。

图20-54

步骤34 用同样的方法绘制出另一只翅膀上的花纹，如图20-55所示。

步骤35 单击工具箱中的"钢笔工具"按钮 ，在翅膀中间绘制蝴蝶身体的形状，设置填充色为深蓝色，如图20-56所示。

图20-55　　　　　　　　　图20-56

步骤36 在翅膀上绘制翅膀花纹，设置填充色为粉色，如图20-57所示。

步骤37 将图形进行复制，并单击鼠标右键，在弹出的快捷菜单中执行"变换>对称"命令，打开"镜像"对话框，设置镜像轴为"垂直"，角度为90°，单击"确定"按钮完成操作。然后同时移动并旋转到适当位置，如图20-58所示。

图20—57　　　　　　　　图20—58

步骤38 单击工具箱中的"选择工具"按钮 ，选择蝴蝶图形的所有部分。然后单击鼠标右键，在弹出的快捷菜单中执行"编组"命令，复制出多个蝴蝶，并放置到其他位置，如图20—59所示。

图20—59

步骤39 单击工具箱中的"钢笔工具"按钮 ，在适当的地方绘制出花的形状，设置填充色为蓝色，如图20—60所示。

图20—60

步骤40 复制花朵，设置填充颜色为粉红色，并将其置于蓝色花朵的下一层，如图20—61所示。

图20—61

步骤41 按照上述方法绘制出其他层次的花瓣，并将其设置为不同颜色，如图20—62所示。

图20—62

步骤42 复制多个花朵摆放在画面中，并适当更改颜色，最终效果如图20—63所示。

图20—63

20.3 综合实例——音乐会宣传海报

案例文件	综合实例——音乐会宣传海报.ai
视频教学	综合实例——音乐会宣传海报.flv
难易指数	★★★★★
知识掌握	"透明度"面板、"渐变"面板、矩形工具、添加锚点工具

案例效果

案例效果如图20—64所示。

图20—64

操作步骤

步骤01 使用新建快捷键Ctrl+N创建新文档，设置大小为A4，取向为 🔲，如图20-65所示。

图20-65

步骤02 单击工具箱中的"矩形工具"按钮 🔲，在顶部绘制一个矩形。执行"窗口>渐变"命令，打开"渐变"面板，在该面板中编辑一种金色系的渐变，如图20-66所示。

图20-66

步骤03 单击工具箱中的"钢笔工具"按钮，在顶部金色矩形的右半部分绘制一个斜角四边形，同样为其填充渐变颜色，如图20-67所示。

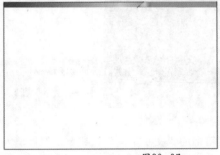

图20-67

步骤04 继续使用钢笔工具在右半部分绘制斜角四边形，填充黑色系渐变，如图20-68所示。

图20-68

步骤05 再次绘制并填充红色系渐变，如图20-69所示。

图20-69

步骤06 使用工具箱中的"矩形工具"按钮 🔲，在条形下方绘制出一个长条矩形。设置填充色为黑色，如图20-70所示。

图20-70

步骤07 继续使用矩形工具在页面下方绘制一个矩形。执行"窗口>渐变"命令，打开"渐变"面板，在该面板中编辑一种复杂的金属质感的棕色系的渐变，如图20-71所示。

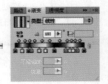

图20-71

步骤08 单击工具箱中的"添加锚点工具"按钮 🔲，在新绘制的矩形中间上下分别添加两个锚点。然后单击工具箱中的"直接选择工具"按钮 🔲，选择这两个新添加的锚点，按住Shift键单击鼠标左键向下拖拽，制作出弧线，如图20-72所示。

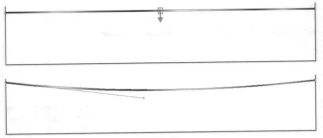

图20-72

步骤09 按照上述相同的方法绘制出另外几个相似的图形，如图20-73所示。

图20-73

步骤10 单击工具箱中的"矩形工具"按钮□，在底部绘制一个矩形。然后执行"窗口>渐变"命令，打开"渐变"面板，在该面板中编辑一种金色系的渐变，并将该图形放置在弧线的下层，如图20-74所示。

图20-74

步骤11 单击工具箱中的"添加锚点工具"按钮，在新绘制的矩形中间添加锚点。再单击工具箱中的"直接选择工具"按钮，选择新添加的锚点，按住Shift键将鼠标向下拖拽，使其弧度与曲线弧度相匹配，如图20-75所示。

图20-75

步骤12 执行"文件>置入"命令，打开"置入"面板，置入背景素材图片，并将其放置在底层，如图20-76所示。

图20-76

步骤13 单击工具箱中的"矩形工具"按钮□，在顶部绘制一个矩形，设置填充色为褐色。执行"窗口>透明度"命令，打开"透明度"面板，设置混合模式为"正片叠底"，不透明度为52%，如图20-77所示。

图20-77

步骤14 单击工具箱中的"文字工具"按钮 T，然后输入文本，在控制栏中设置合适的字体和大小。执行"对象>扩展"命令，打开"扩展"对话框，选中"对象"和"填充"复选框，单击"确定"按钮完成操作，如图20-78所示。

图20-78

步骤15 选择所有文字，按住Alt键的同时单击鼠标左键向左拖拽复制出副本。使之前的黑色文字变为阴影效果。执行"窗口>渐变"命令，打开"渐变"面板，在该面板中编辑一种金色系的渐变，如图20-79所示。

图20-79

步骤16 单击工具箱中"椭圆工具"按钮，在画面下半部分绘制一个椭圆形。执行"窗口>渐变"命令，打开"渐变"面板，编辑一种金色系的渐变，如图20-80所示。

图20-80

步骤17 选中椭圆形，将其"复制"并"原位粘贴"，再将鼠标放到定界框的边缘，单击鼠标左键向内拖拽，同时按住Shift+Alt组合键将其等比例缩小。执行"窗口>渐变"命令，打开"渐变"面板，编辑另一种金色系的渐变，如图20-81所示。

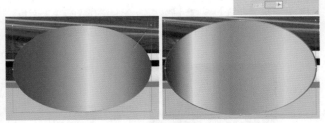

图20-81

 **技巧提示**

以中心为原点等比例缩放时按住Shift键和Alt键。

步骤18 使用相同的方法绘制出新的椭圆形，编辑另一种红色系的径向渐变，如图20-82所示。

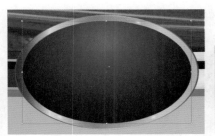

图20-82

步骤19 单击工具箱中"椭圆工具"按钮，在渐变的红色椭圆形上方绘制一个新的椭圆形。编辑灰黑色系的渐变。执行"窗口>透明度"命令，在"透明度"面板菜单中执行"建立不透明蒙版"命令，选中"剪切"复选框，如图20-83所示。

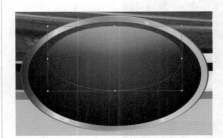

图20-83

步骤20 单击工具箱中的"文字工具"按钮，在控制栏中设置合适的字体和大小，然后输入文字。执行"对象>扩展"命令，打开"扩展"对话框，选中"对象"和"填充"复选框，单击"确定"按钮完成操作，如图20-84所示。

图20-84

步骤21 执行"窗口>渐变"命令，打开"渐变"面板，编辑一种灰黑色渐变，如图20-85所示。

图20-85

步骤22 导入金色彩带素材，并摆放在合适位置，如图20-86所示。

图20-86

步骤23 单击工具箱中的"文字工具"按钮 **T**，在底部单击鼠标左键拖动鼠标创建一个矩形的文本区域，然后在控制栏中设置合适的字体和大小，输入文字。执行"窗口>文字>段落"命令，打开"段落"面板，设置段落样式为"中对齐"，如图20-87所示。

图20-87

步骤24 对文字进行"扩展"操作，按住Alt键的同时单击鼠标左键向左拖拽，移动复制出副本。执行"窗口>渐变"命令，打开"渐变"面板，在该面板中编辑一种金色系的渐变，如图20-88所示。

图20-88

步骤25 继续绘制玻璃质感矩形块，单击工具箱中的"矩形工具"按钮 ，在适当的位置拖拽鼠标绘制矩形，设置填充色为白色。执行"窗口>透明度"命令，设置不透明度为7%，如图20-89所示。

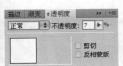

图20-89

步骤26 单击工具箱中的"椭圆工具"按钮 ，在矩形的左侧绘制椭圆形。在"渐变"面板中编辑黑白灰色的径向渐变。在"透明度"面板中设置混合模式为"正片叠底"，不透明度为69%，如图20-90所示。

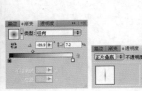

图20-90

步骤27 复制半透明椭圆，将其摆放在矩形的另外3个边上，如图20-91所示。

图20-91

步骤28 单击工具箱中的"矩形工具"按钮 ，在矩形左侧绘制长方矩形。执行"窗口>渐变"命令，打开"渐变"面板，在该面板中编辑一种黑白灰色系的渐变，如图20-92所示。

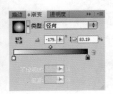

图20-92

步骤29 单击工具箱中的"选择工具"按钮 ，选中这个长条矩形。按住Shift+Alt组合键的同时向右拖动，复制出一个副本，如图20-93所示。

图20-93

步骤30 单击工具箱中的"钢笔工具"按钮 ，绘制出一个图形。在"渐变"面板中编辑一种黑白渐变，设置类型为"径向"。执行"窗口>透明度"命令，设置类型为"叠加"，不透明度为60%，如图20-94所示。

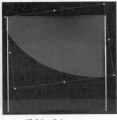

图20-94

步骤31 单击工具箱中的"椭圆工具"按钮 ，在矩形上绘制多个椭圆，填充黑白径向渐变，并在"透明度"面板中设置为"正片叠底"，不透明度为12%，如图20-95所示。

图20-95

步骤32 选中玻璃质感矩形的所有图形，单击鼠标右键，在弹出的快捷菜单中执行"编组"命令。执行"窗口>透明度"命令，设置不透明度为30%，如图20-96所示。

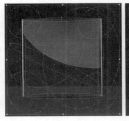

图20-96

步骤33 复制多个玻璃质感矩形，并摆放在画面的各处作为装饰，最终效果如图20-97所示。

图20-97

20.4 综合实例——快餐店宣传单

案例文件	综合实例——快餐店宣传单.ai
视频教学	综合实例——快餐店宣传单.flv
难易指数	★★★★★
知识掌握	投影效果、矩形工具、椭圆工具、钢笔工具、文字工具、旋转工具

案例效果

案例效果如图20-98所示。

图20-98

步骤01 执行"文件>打开"命令，打开背景素材，如图20-99所示。

图20-99

步骤02 单击工具箱中的"矩形工具"按钮 ，在画板的左边拖拽鼠标绘制一个矩形。然后执行"窗口>渐变"命令，打开"渐变"面板，在该面板中编辑一种黄色系的渐变，设置类型为"径向"，如图20-100所示。

图20-100

步骤03 执行"文件>置入"命令，置入网格底纹图片，并将其调整到适当的位置和大小，如图20-101所示。

图20-101

步骤04 制作标志部分。单击工具箱中的"椭圆工具"按钮 ，在顶部绘制一个适当大小的椭圆。设置填充色为粉色，描边色为白色，描边粗细为3pt，如图20-102所示。

图20-102

步骤05 执行"效果>风格化>投影"命令，打开"投影"对话框，进行相应的设置。单击"确定"按钮完成操作，如图20-103所示。

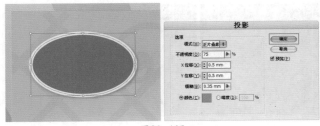

图20-103

步骤06 单击工具箱中的"钢笔工具"按钮 ，在椭圆形上绘制不规则光泽形状，打开"渐变"面板，编辑一种白色到透明的渐变，如图20-104所示。

图20-104

步骤07 单击工具箱中的"文字工具"按钮 T，在控制栏中设置合适的字体和大小，在椭圆上单击鼠标左键并输入文字，如图20-105所示。

图20-105

步骤08 对文字执行"对象>扩展"命令，设置填充色为黄色，描边色为白色，设置描边粗细为3pt，如图20-106所示。

图20-106

步骤09 执行"效果>风格化>投影"命令，打开"投影"对话框，进行相应的设置，单击"确定"按钮完成操作，如图20-107所示。

图20-107

步骤10 使用选择工具选中文字，然后单击鼠标右键，在弹出的快捷菜单中执行"排列>后移一层"命令，使文字位于光泽的下方，如图20-108所示。

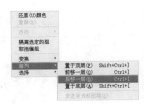

图20-108

步骤11 单击工具箱中的"钢笔工具"按钮 ，在文字下方绘制一个不规则形状。设置填充色为白色，描边色为黄色，粗细为0.5pt，如图20-109所示。

步骤12 继续在不规则形状上绘制弧形光泽形状，设置填充色为黄色，如图20-110所示。

图20-109 　　　　　　　　　图20-110

步骤13 单击工具箱中的"文字工具"按钮 T，在控制栏中设置合适的字体和大小，在椭圆上单击鼠标左键并输入文字，如图20-111所示。

图20-111

步骤14 执行"对象>扩展"命令，设置填充色为绿色，描边色为粉色，粗细为0.5pt，如图20-112所示。

图20-112

步骤15 在文字上单击鼠标右键，在弹出的快捷菜单中执行"取消编组"命令将其解组，如图20-113所示。

步骤16 单击工具箱中的"选择工具"按钮 ，选中单个文字图形将其移位并旋转。调整每个文字的角度，如图20-114所示。

图20-113 　　　　　　　　　　图20-114

步骤17 选中完整的标志部分，单击鼠标右键，在弹出的快捷菜单中执行"编组"命令。选中这个组，再单击工具箱中的"旋转工具"按钮 ，将标志旋转到一定角度，如图20-115所示。

图20-115

步骤18 单击工具箱中的"文字工具"按钮 T，在控制栏中设置合适的字体和大小，在椭圆上单击鼠标左键并输入文字。然后执行"对象>扩展"命令，如图20-116所示。

图20-116

步骤19 设置描边色为粉色，粗细为1pt。打开"渐变"面板，编辑一种黄白渐变，如图20-117所示。

图20-117

步骤20 单击工具箱中的"钢笔工具"按钮 ，在文字下方绘制文字外轮廓形状。设置填充色为黄色，描边色为绿色，粗细为2pt，如图20-118所示。

图20—118

步骤21 单击工具箱中的"钢笔工具"按钮 ，在文字下方绘制气泡图形，如图20-119所示。

图20—119

步骤22 单击工具箱中的"文字工具"按钮 **T.**，在控制栏中设置合适的字体和大小，在气泡上单击鼠标左键并输入文字，如图20-120所示。

图20—120

步骤23 单击工具箱中的"旋转工具"按钮 ，把鼠标放到文字上单击左键拖动鼠标，将文字旋转到一定角度，如图20-121所示。

图20—121

步骤24 执行"文件>置入"命令，打开"置入"面板，置入水果饮料素材文件，并调整至适当大小，如图20-122所示。

图20—122

步骤25 单击工具箱中的"钢笔工具"按钮 ，绘制四边形。执行"窗口>渐变"命令，打开"渐变"面板，编辑一种紫色渐变，如图20-123所示。

图20—123

步骤26 单击工具箱中的"文字工具"按钮 **T.**，在控制栏中设置合适的字体和大小，在四边形上单击鼠标左键输入文字。设置填充色为黄色，如图20-124所示。

图20—124

步骤27 执行"效果>风格化>投影"命令，打开"投影"面板，设置选项参数，单击"确定"按钮完成操作，如图20-125所示。

图20—125

步骤28 单击工具箱中的"旋转工具"按钮 ◯，把鼠标放到文字上单击鼠标左键拖动鼠标，将文字旋转到一定角度，如图20-126所示。

图20-126

步骤29 单击工具箱中的"选择工具"按钮 ▶，选中黄白色渐变的矩形，按住Shift+Alt组合键的同时向右拖动，复制出一个副本放置在右侧，作为宣传单的背面，如图20-127所示。

图20-127

步骤30 单击工具箱中的"矩形工具"按钮 ▢，在白黄色渐变矩形中绘制一个矩形。执行"窗口>颜色"命令，打开"颜色"面板，设置填充色为白色，如图20-128所示。

图20-128

步骤31 复制左侧页面上的底纹素材，并将其摆放在右侧页面，如图20-129所示。

图20-129

步骤32 使用工具箱中的"矩形工具"按钮 ▢，在顶部绘制一个矩形，设置填充色为黄色，如图20-130所示。

图20-130

步骤33 单击工具箱中的"直接选择工具"按钮 ▷，选择矩形右边的两点，单击鼠标左键，向上拖拽，如图20-131所示。

图20-131

步骤34 选中左侧的标志部分，按住Shift+Alt组合键的同时向右拖动，复制出一个标志，并将其放置在右侧页面上，如图20-132所示。

图20-132

步骤35 单击工具箱中的"文字工具"按钮 T，在图标下方单击鼠标左键，在控制栏中设置合适的字体和大小并输入文字，设置填充色为黄色。单击工具箱中的"旋转工具"按钮 ◯，把鼠标放到文字上单击鼠标左键拖动鼠标，将文字旋转到一定角度，如图20-133所示。

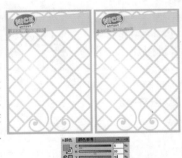

图20-133

步骤36 使用工具箱中的"文字工具"按钮 T，在黄色矩形条右边输入文字，并填充为白色，如图20-134所示。

图20-134

步骤37 执行"文件>置入"命令，置入食物素材图片，并将其调整到适当的位置和大小。执行"窗口>透明度"命令，打开"透明度"面板，设置不透明度为50%，如图20-135所示。

图20-135

步骤38 单击工具箱中的"文字工具"按钮 **T**，在适当的位置上按住鼠标左键拖动鼠标，创建一个矩形的文本区域，在控制栏中设置合适的字体和大小并输入文字，如图20-136所示。

图20-136

步骤39 执行"文件>置入"命令，置入音频和食物素材图片，并将其调整到适当的位置和大小，如图20-137所示。

图20-137

步骤40 单击工具箱中的"文字工具"按钮 **T**，在空白处输入文字并适当变形，如图20-138所示。

图20-138

步骤41 分别选中左侧页面与右侧页面进行欲编组，如图20-139所示。

图20-139

步骤42 使用"旋转工具"按钮 将两个页面进行适当旋转，最终效果如图20-140所示。

图20-140

Illustrator CS5 从入门到精通

450

20.5 关于插画设计

插画设计是平面设计中的重要组成部分，今天通行于国外市场的商业插画包括出版物插图、卡通吉祥物、影视与游戏美术设计和广告插画4种形式。现在插画已经遍布于平面和电子媒体、商业场馆、公众机构、商品包装、影视演艺海报、企业广告，甚至T恤、日记本、贺年片。插画艺术的发展有着悠久的历史，从世界最古老的插画洞窟壁画到日本江户时代的民间版画浮世绘，无一不演示着插画的发展，如图20-141所示。

图20—141

20.5.1 插画设计的几大要素

1. 布局

布局是指从全面考虑进行安排，通过插画的合理分布向观众展示出宣传的内容，为版面增添活力，减少了大量单一文字带来的枯燥感。使画面增加了可视性与趣味性，在满足了其多元化的印象的同时增加了丰富的视觉效果，如图20-142所示。

图20—142

2. 文字

文字在插画中占有重要的位置。文字本身的变化及文字的编排、组合，对插画版面来说极为重要。文字不仅是信息的传达，也是视觉传达最直接的方式，在版式设计中要运用好文字，首先要掌握的是字体、字号、字距和行距。

字体是文字的表现形式，不同的字体给人的视觉感受和心理感受不同，这就说明字体具有强烈的感情性格，设计者要充分利用字体的这一特性，选择准确的字体，有助于主题内容的表达；美的字体可以使读者感到愉悦，帮助阅读和理解。

- 文字类型：文字类型比较多，如印刷字体、装饰字体、书法字体、英文字体等，如图20-143所示。

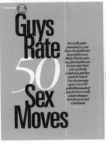

图20—143

- 文字大小：文字大小在插画设计中起到非常重要的作用，比如大的文字或大的首字母文字会有非常大的吸引力，常用在广告、杂志、包装等设计中，如图20-144所示。
- 文字位置：文字在画面中摆放位置的不同会产生不同的视觉效果，如图20-145所示。

图20—144

● **图形的形状**：图形的形状包括图在插画上的总体轮廓，也可以理解为图内部的形象。图形的形状在插画中，主要分为规则形和不规则形，如图20-147所示。

图20—147

图20—145

3. 图片

当一幅画面中同时有图片和文字时，那么我们第一眼看到的一定会是图片，其次才会是文字等。当然，一幅图像中可能有一个或多个图片。大小、数量、位置的不同，会产生不同的视觉冲击效果，如图20-146所示。

图20—146

4. 图形

插画中的图形，广义地说，一切含有图形因素的并与信息传播有关的形式，及一切被平面设计所运用、借鉴的形式，都可以称之为图形，如绘画、插图、图片、图案、图表、标志、摄影、文字等。狭义上讲，图形就是可视的"图画"。图形是平面设计中非常重要的元素，甚至可以说是平面设计作为视觉传达体系中独特的、不可或缺的。

● **图形的数量和面积**：一般学术性或者文学性的刊物版面上图形较少，普及性、新闻性的刊物图形较多。图形的数量并不是随意决定的，一般需要由插画的内容来决定，并需要精心安排，如图20-148所示。

图20—148

5. 色彩

色彩是平面作品中的灵魂，是设计师进行设计时最活跃的元素。它不仅为设计增添了变化和情趣，还增加了设计的空间感。如同字体能向我们传达出信息一样，色彩给我们的信息更多，如图20-149所示。

图20—149

20.5.2 插画的应用

插画艺术的发展有着悠久的历史，看似平凡简单的插画却有着很大的内涵，插画最早运用于宗教读物当中。后来，插画被广泛运用于自然科学书籍、文法书籍和经典作家等出版物中。社会发展到今天，插画被广泛地用于社会的各个领域，插画艺术不仅拓宽了我们的视野，丰富了我们的头脑，而且给我们以无限的想象空间，如图20-150所示。

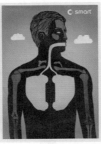

图20—150

- 出版物：插画可以应用于书籍的封面、书籍的内页、书籍的外套和书籍的内容辅助等，其中也包括报纸、杂志等出版物，如图20-151所示。

图20—151

- 商业宣传：广告类的插画包括报纸广告、杂志广告、招

牌、海报、宣传单、电视广告等，如图20-152所示。

图20—152

- 影视多媒体：影视剧、广告片、游戏、网络等方面的角色及环境美术设定或界面设计，凡是用来做"解释说明"用的都可以算做插画的范畴，如图20-153所示。

图20—153

20.6 综合实例——绘制可爱卡通娃娃

案例文件	综合实例——绘制可爱卡通娃娃.ai
视频教学	综合实例——绘制可爱卡通娃娃.flv
难易指数	★★★★★
知识掌握	钢笔工具、透明度、"颜色"面板、高斯模糊、铅笔工具

案例效果

本例主要制作卡通插画效果，如图20-154所示。

图20—154

操作步骤

步骤01 选择"文件>新建"命令或按Ctrl+N组合键新建一个文档，具体参数设置如图20-155所示。

图20—155

步骤02 绘制卡通娃娃的头部，单击工具箱中的"钢笔工具"按钮，勾出面部的轮廓，然后执行"窗口>颜色"命令，打开"颜色"面板。单击"填充色"按钮，调整颜色为较浅的肉色，作为皮肤的主色调，如图20-156所示。

步骤03 继续使用钢笔工具在面部的两侧绘制头发的形状，设置填充颜色为棕色，如图20-157所示。

步骤04 在头顶部分绘制闭合路径，在"颜色"面板中选取一个比两侧发色稍浅的颜色作为填充颜色，如图20-158所示。

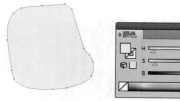

图20—156

图20—157

图20—158

步骤05 制作面部的阴影部分。使用钢笔工具沿顶部、右侧和右下处绘制边缘区域形状，并填充比肤色稍暗的颜色，如图20-159所示。

步骤06 制作头发的亮部区域。在左上角和头顶部分绘制两个较小的区域，并填充淡黄色，如图20-160所示。

图20—159

图20—160

步骤07 继续绘制头发的暗部区域。填充比头发颜色稍暗的棕色，使头发呈现出立体感，如图20-161所示。

步骤08 制作红色的心形发卡。使用钢笔工具绘制不规则心形图案，并填充为红色。使用钢笔工具在心形上绘制多条细线，设置描边颜色为肉色，描边大小为1pt，选择"宽度配置文件1"，如图20-162所示。

图20—161

图20—162

步骤09 制作眉毛部分。由于眉毛的形状也是两端细中间粗，所以仍然使用钢笔工具绘制出眉毛的细线，并设置合适的棕色，设置描边大小为1pt，选择"宽度配置文件1"，如图20-163所示。

步骤10 继续制作眼睛部分。为了使眼睛细节更丰富，在绘制的过程中需要由多个部分构成。首先使用钢笔工具绘制眼窝的区域，使用滴管工具吸取皮肤暗部的颜色并赋予给这部分，如图20-164所示。

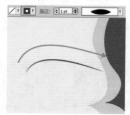

图20—163

图20—164

步骤11 继续使用钢笔工具绘制眼球的形状，填充头发为棕色，如图20-165所示。

步骤12 在眼球中绘制暗部形状，填充头发暗部区域的颜色，如图20-166所示。

图20—165   图20—166

步骤13 采用同样的方法继续绘制眼白区域与眼球的高光区域，如图20-167所示。

步骤14 复制眉毛部分，并将其摆放在眼球上方作为眼线，使用直接选择工具调整形状，如图20-168所示。

步骤15 制作眼球上的反光效果，首先使用钢笔工具在眼球的左下角绘制形状并填充浅棕色，如图20-169所示。

图20-167　　　　　图20-168　　　　　图20-169

图20-176　　　　　　　　　图20-177

步骤16 执行"效果>模糊>高斯模糊"命令，在弹出的"高斯模糊"对话框中设置半径为1像素，得到模糊的反光效果如图20-170所示。

步骤17 采用同样的方法制作右眼，如图20-171所示。

图20-170　　　　　　　　　　图20-171

步骤18 制作腮红部分。单击工具箱中的"椭圆工具"按钮，在脸颊绘制出一个椭圆形，颜色设置为肉粉色，如图20-172所示。

步骤19 执行"效果>模糊>高斯模糊"命令，在弹出的"高斯模糊"对话框中设置半径为5像素，得到模糊的腮红效果如图20-173所示。

图20-172　　　　　　　　　图20-173

步骤20 将腮红对象选中，按住Alt键移动复制出另外两个。将副本缩小，放置在右侧和鼻子位置。至此，卡通娃娃的头部制作完成，如图20-174所示。

步骤21 身体部分的制作方法与头部基本相同，都是使用钢笔工具勾画出形状，并依次填充合适的颜色，如图20-175所示。

图20-174　　　　　图20-175

步骤22 制作手臂部分的两部区域。首先使用钢笔工具在手臂的上部绘制形状，并填充为白色。然后在控制栏中设置不透明度为52%，如图20-176所示。

步骤23 使用钢笔工具沿左手臂的下方勾出一个轮廓，在控制栏中设置填充颜色为黄色，不透明度为52%，如图20-177所示。

步骤24 为卡通人物衣服添加装饰。单击工具箱中的"椭圆工具"按钮，在衣服上绘制白色圆形，设置不透明度为52%，并多次复制摆放在衣服与鞋子上，如图20-178所示。

图20-178

步骤25 制作卡通娃娃手中的红色苹果。使用钢笔工具绘制苹果的形状，以及苹果上的中间部、亮部和高光部分，并分别填充红色、粉色和白色，如图20-179所示。

图20-179

步骤26 复制红苹果，缩放到合适的大小时将其摆放在地面和卡通娃娃的裙子上，适当进行颜色和形状的调整，如图20-180所示。

步骤27 为了强化绘画效果，单击工具箱中的"铅笔工具"按钮，在卡通娃娃上绘制出描边效果，如图20-181所示。

图20-180　　　　　图20-181

步骤28 采用同样的方法制作卡通娃娃背后的小动物，如图20-182所示。

步骤29 导入前景素材与背景素材文件，将卡通娃娃放置在背景的上一层中，最终效果如图20-183所示。

图20—182　　　　　　　　　　　　　　　　　图20—183

20.7 综合实例——韩国风格时装插画

案例文件	综合实例——韩国风格时装插画.ai
视频教学	综合实例——韩国风格时装插画.flv
难易指数	★★★★★
知识掌握	钢笔工具、网格工具、渐变

案例效果

案例效果如图20-184所示。

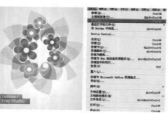

图20—184

操作步骤

 执行"文件>打
开"命令，打开"打开"
面板，选中将要打开的背
景文件，单击"打开"按
钮完成操作，如图20-185
所示。

 绘制人物的面部。单击工具箱中的"钢笔工具"按
钮，绘制一个封闭路径，如图20-186所示。

步骤03 执行"窗口>颜色"命令，打开"颜色"面板，设
置填充色为肉色，如图20-187所示。

步骤04 单击工具箱中的"选择工具"按钮，选中这个图
形，执行"编辑>复制"命令与"编辑>原位粘贴"命令，放置
到原图形的下方适当放大。设置填充色为浅棕色，如图20-188
所示。

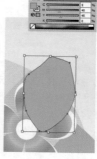

图20—186　　　　图20—187　　　　　图20—188

步骤05 制作眼睛部分。使用工具箱中的钢笔工具逐步绘制
出眼睛的不同部分，并在"颜色"面板中设置不同的填充颜
色，如图20-189所示。

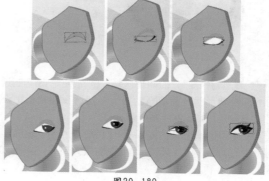

图20—185

图20—189

Illustrator CS5 人入门到精通

步骤06 采用同样的方法使用钢笔工具在左边的位置绘制另一只眼睛，如图20-190所示。

步骤07 使用钢笔工具在眼睛下面绘制一个封闭路径，单击工具箱中的"网格工具"按钮，在选中的对象上单击，创建渐变网格，如图20-191所示。

步骤08 单击工具箱中的"直接选择工具"按钮，选中网格中的点，然后执行"窗口>颜色"命令，打开"颜色"面板，设置网格点的填充颜色，制作出腮红效果，如图20-192所示。

图20-190　　　　　图20-191　　　　　图20-192

答疑解惑——如何建立网格、定义渐变网格的颜色

❶ 单击工具箱中的"选择工具"按钮，选中要添加渐变网格的对象。在图形要创建网格的位置上单击，即可创建一组行和列的网格线，如图20-193所示。

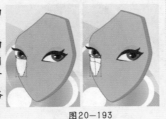

图20-193

❷ 单击工具箱中的"直接选择工具"按钮，将要定义颜色的网点选中。执行"窗口>颜色"命令，打开"颜色"面板，并选中要改变的颜色，如图20-194所示。

❸ 继续单击将要定义颜色的网点，使用同样的方法，将网格渐变的颜色调整到想要的效果，如图20-195所示。

图20-194　　　　　图20-195

步骤09 复制左侧的腮红，并将其放置在右侧面颊处，适当调整形状和颜色，如图20-196所示。

图20-196

步骤10 单击工具箱中的"钢笔工具"按钮，绘制鼻子的形状。设置填充颜色为浅棕色，如图20-197所示。

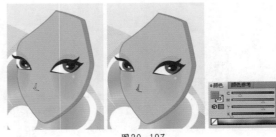

图20-197

步骤11 继续使用钢笔工具在鼻子的下方绘制嘴的形状，如图20-198所示。

步骤12 执行"窗口>渐变"命令，打开"渐变"面板，设置类型为"径向"，编辑粉色系渐变，如图20-199所示。

 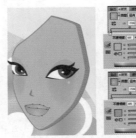

图20-198　　　　　　　　　图20-199

步骤13 继续使用钢笔工具在嘴唇中间绘制唇线轮廓。执行"窗口>颜色"命令，打开"颜色"面板，填充颜色，如图20-200所示。

图20-200

步骤14 在下唇的下方绘制出阴影，填充浅棕色，如图20-201所示。

图20-201

步骤15 执行"窗口>透明度"命令，打开"透明度"面板，设置底部阴影的不透明度为70%，如图20-202所示。

图20-202

步骤16 在下唇上绘制高光，设置填充颜色为白色，如图20-203所示。

步骤17 单击工具箱中的"钢笔工具"按钮，在眼睛上方绘制眼眉。设置填充颜色为棕色，如图20-204所示。

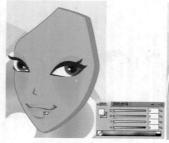

图20-203   图20-204

步骤18 制作头发部分。头发主要分为两部分进行制作：底色和发丝。首先使用钢笔工具绘制出头发的轮廓，设置填充颜色为棕色，流程如图20-205所示。

步骤19 继续在头发边缘绘制阴影，设置填充颜色为棕色，如图20-206所示。

步骤20 执行"窗口>透明度"命令，打开"透明度"面板，设置不透明度为75%，如图20-207所示。

图20-205

图20-206   图20-207

步骤21 制作发丝。使用钢笔工具在头发上绘制出发丝的线条，设置颜色为棕黄色，如图20-208所示。

步骤22 采用相同的方法在头发上绘制出多条发丝，如图20-209所示。

图20-208   图20-209

Illustrator CS5 从入门到精通

步骤23 制作头部的墨镜。首先使用钢笔工具在头发上面绘制一个墨镜的眼镜框，然后执行"窗口>颜色"命令，打开"颜色"面板，设置填充颜色为黑色，如图20-210所示。

图20-210

步骤24 继续使用钢笔工具绘制镜框以及镜片上的高光，设置填充颜色为白色。设置不透明度为35%，如图20-211所示。

图20-211

步骤25 继续绘制出眼镜片的形状，打开"渐变"面板，设置一种黄绿色渐变。设置不透明度为80%，如图20-212所示。

图20-212

步骤26 制作皮肤部分。单击工具箱中的"钢笔工具"按钮，在模特头的下方绘制出皮肤中间调以及暗部的形状，并分别填充与面部肤色接近的颜色，如图20-213所示。

步骤27 继续绘制出里面的衣服形状。执行"窗口>渐变"命令，打开"渐变"面板，设置一种红色渐变，如图20-214所示。

图20-213   图20-214

步骤28 单击工具箱中的"钢笔工具"按钮，在模特的上半身绘制出外衣的形状，然后执行"窗口>颜色"命令，打开"颜色"面板，设置填充颜色为棕色，如图20-215所示。

步骤29 在外衣上绘制衣服的暗部区域细节，设置填充颜色为稍深一些的棕色，如图20-216所示。

图20-215   图20-216

步骤30 继续绘制衣服上的亮部区域细节。打开"渐变"面板，编辑一组棕色的渐变色，如图20-217所示。

步骤31 再次绘制高光区域细节，填充渐变色，如图20-218所示。

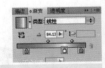

图20-217   图20-218

步骤32 单击工具箱中的钢笔工具按钮 ⒫，在模特的袖子下面绘制手的形状，设置填充颜色为肉色，如图20-219所示。

带上继续使用钢笔工具绘制细节部分，并填充相应的颜色，如图20-223所示。

图20-219

步骤33 继续绘制手上的暗部细节，使手的形态更加丰满，如图20-220所示。

图20-220

步骤34 单击工具箱中的"钢笔工具"按钮 ⒫，绘制裙子形状，并填充为灰绿色，如图20-221所示。

步骤35 使用钢笔工具在裙子上绘制一个封闭路径，单击工具箱中的"网格工具"按钮 ，在选中的对象上单击创建渐变网格，调整渐变网格的形状，使裙子上出现颜色变化，如图20-222所示。

图20-221　　　　图20-222

步骤36 使用钢笔工具绘制出腰带，并填充棕色渐变。在腰

图20-223

步骤37 为了使裙子更加立体，需要使用钢笔工具绘制出褶皱部分的形状并填充灰绿色渐变，如图20-224所示。

图20-224

步骤38 继续使用同样的方法绘制腿部以及靴子，需要注意的是肤色的协调以及靴子颜色的选取，如图20-225所示。

图20-225

步骤39 单击工具箱中的"矩形工具"按钮 ，在模特手

Illustrator CS5 从入门到精通

的下方绘制一个矩形，然后执行"窗口>渐变"命令，打开"渐变"面板，编辑粉色的渐变色，如图20-226所示。

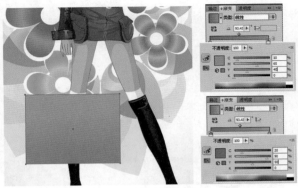

图20-226

步骤40 单击工具箱中的"钢笔工具"按钮🖊，在矩形上面绘制手提袋上方的不规则形状，设置填充色为紫红色，如图20-227所示。

图20-227

步骤41 使用钢笔工具绘制袋子的提手，并填充合适的颜色，如图20-228所示。

读书笔记

步骤42 继续使用钢笔工具绘制袋子上的装饰花，填充粉白色系的渐变。多次复制调整不同的大小摆放在袋子上，如图20-229所示。

图20-228   图20-229

步骤43 最终效果如图20-230所示。

图20-230

第20章 招贴与插画设计

461

Chapter 21
第21章

画册样本设计

    如果说画册是企业公关交往中的广告媒体，那么画册设计就是当代经济领域里的市场营销活动。研究宣传册设计的规律和技巧具有现实意义。画册按照用途和作用可分为形象画册、产品画册、宣传画册、年报画册和折页画册。

本章学习要点：

- 掌握画册杂志封面的设计方法
- 掌握多种风格画册的制作方法
- 掌握画册立体效果的制作方法

27.1 画册样本设计相关知识

如果说画册是企业公关交往中的广告媒体，那么画册设计就是当代经济领域里的市场营销活动。研究宣传册设计的规律和技巧具有现实意义。画册按照用途和作用可分为形象画册、产品画册、宣传画册、年报画册和折页画册。

形象画册的设计更注重体现企业的形象，在设计时可以适当应用创意展示企业的形象，加深用户对企业的了解。产品画册设计则要着重从产品本身的特点出发，分析产品要表现的特性及优势。宣传画册的设计需要根据实际宣传目的，有侧重地使用相应的表现形式来体现宣传的目的。年报画册一般是对企业本年度工作进程的整体展现，其设计一般都用大场面展现大事记，同时也要求设计师必须对企业有深刻的了解。折页画册包括常见的折页、两折页和三折页等类型，如图21-1所示。

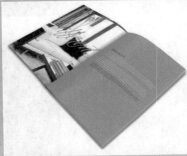

图21-1

27.2 综合实例——邀请函封面设计

案例文件	综合实例——邀请函封面设计.ai
视频教学	综合实例——邀请函封面设计.flv
难易指数	★★★★★
知识掌握	矩形工具、"透明度"面板、网格工具、文字工具

案例效果

案例效果如图21-2所示。

图21-2

操作步骤

步骤01 使用新建快捷键Ctrl+N创建新文档，如图21-3所示。

步骤02 单击工具箱中的"矩形工具"按钮，在空白区域单击鼠标左键，在弹出的"矩形"对话框中设置矩形的宽度

为225mm，高度为310mm，单击"确定"按钮完成操作，如图21-4所示。

图21-3　　　　　　　　　图21-4

步骤03 此时可以看到视图中出现一个矩形，设置填充颜色为红色，如图21-5所示。

图21-5

463

步骤04 单击工具箱中的"选择工具"按钮 ，选中这个红色矩形，同时按住Shift+Alt组合键，单击鼠标左键向右拖拽，如图21-6所示。

图21-6

步骤05 单击工具箱中的"矩形工具"按钮 ，在空白区域单击鼠标左键，在弹出的"矩形"对话框中设置矩形的宽度为45mm，高度为310mm，单击"确定"按钮完成操作，如图21-7所示。

图21-7

步骤06 此时可以看到视图中出现一个矩形，设置描边颜色为金色，粗细为2pt，如图21-8所示。

图21-8

步骤07 执行"窗口>渐变"命令，打开"渐变"面板，编辑填充色为一种红色系渐变，如图21-9所示。

图21-9

步骤08 执行"文件>置入"命令，导入底纹素材，并将其放置在红色矩形上方，如图21-10所示。

步骤09 单击工具箱中的"钢笔工具"按钮 ，在右侧位置绘制心形，如图21-11所示。

步骤10 单击工具箱中的"选择工具"按钮 ，选中要添加渐变网格的对象。接着单击工具箱中的"网格工具"按钮 ，在图形要创建网格的位置上单击，即可创建一组行和列交叉的网格线，如图21-12所示。

图21-10

图21-11　　　　　　图21-12

步骤11 反复使用网格工具在图形上进行单击，创建出要使用数量的渐变网格，如图21-13所示。

图21-13

步骤12 单击工具箱中的"直接选择工具"按钮 ，将要定义颜色的网点选中。执行"窗口>颜色"命令，打开"颜色"面板，并选中要改变的颜色。继续单击将要定义颜色的网点，使用同样的方法，将网格渐变的颜色调整到想要的效果，如图21-14所示。

图21-14

步骤13 单击工具箱中的"钢笔工具"按钮，在心形的左侧绘制光泽形状，设置填充色为白色，如图21-15所示。

图21-15

步骤14 单击工具箱中的"选择工具"按钮，选择心形和新绘制的白色不规则图形，单击鼠标右键，在弹出的快捷菜单中执行"编组"命令，如图21-16所示。

图21-16

步骤15 执行"文件>置入"命令，导入底纹素材，并将其放置在右侧。单击鼠标右键，在弹出的快捷菜单中执行"顺序>向下一层"命令，将其置于红色心形的下一层，如图21-17所示。

步骤16 执行"文件>置入"命令，导入"喜"字素材，并将其放置在左侧页面中央，如图21-18所示。

图21-17　　　　　图21-18

步骤17 复制"喜"字素材，并将其摆放到右侧页面的左下角。使用"矩形工具"绘制矩形，然后选中矩形和"喜"字素材，单击鼠标右键，在弹出的快捷菜单中执行"建立剪切蒙版"命令，如图21-19所示。

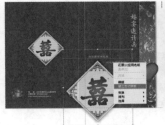

图21-19

步骤18 单击工具箱中的"文字工具"按钮，在画面中单击并输入相应的文字，在控制栏中设置合适的字体，如图21-20所示。

步骤19 单击工具箱中的"矩形工具"按钮，在左侧页面上绘制一个矩形，如图21-21所示。

图21-20　　　　　图21-21

步骤20 在"渐变"面板中为其设置一种从黑色到透明的渐变，如图21-22所示。

图21-22

步骤21 执行"窗口>透明度"命令，设置其混合模式为"正片叠底"，如图21-23所示。

图21-23

21.3 综合实例——杂志封面设计

案例文件	综合实例——杂志封面设计.ai
视频教学	综合实例——杂志封面设计.flv
难易指数	★★★★★
知识掌握	路径文字、变形文字、投影效果、"对齐"面板

案例效果

案例效果如图21-24所示。

图21-24

操作步骤

步骤01 使用新建快捷键Ctrl+N创建新文档，如图21-25所示。

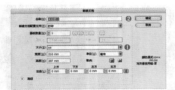

图21-25

步骤02 执行"文件>置入"命令，置入人像素材图片，并将其调整到适当的位置和大小，如图21-26所示。

图21-26

步骤03 单击工具箱中的"多边形工具"按钮◯，打开"多边形"对话框，设置半径为35mm，边数为6，单击"确定"按钮完成操作，如图21-27所示。

图21-27

步骤04 执行"窗口>透明度"命令，打开"透明度"面板，设置类型为"叠加"，不透明度为50%，如图21-28所示。

步骤05 复制多个六边形并调整大小，设置为不同的不透明度，如图21-29所示。

图21-28　　　　　　　　　　图21-29

步骤06 单击工具箱中的"矩形工具"按钮▢，在画板的左上方单击鼠标左键，同时拖动鼠标至画板的右下角，绘制矩形，如图21-30所示。

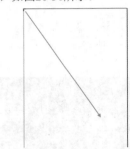

图21-30

步骤07 单击工具箱中的"选择工具"按钮▶，选择所有图片及矩形，单击鼠标右键，在弹出的快捷菜单中执行"建立剪切蒙版"命令，多余的部分就被隐藏了，如图21-31所示。

图21-31

步骤08 单击工具箱中的"文字工具"按钮 T，在画板右上方单击鼠标左键，在控制栏中设置合适的字体和大小，并输入文字。设置填充色为无，描边为白色，粗细为7pt，得到空心字，如图21-32所示。

Illustrator CS5 从入门到精通

图21-32

步骤09 执行"效果>风格化>投影"命令，打开"投影"对话框，设置参数选项后单击"确定"按钮完成操作，如图21-33所示。

步骤10 复制文字并原位置粘贴，在"外观"面板中单击"清除外观"按钮，然后执行"对象>扩展"命令。选中文字并在"渐变"面板中编辑一种蓝色渐变，如图21-34所示。执行"效果>风格化>投影"命令，打开"投影"对话框，设置参数后单击"确定"按钮完成操作。

图21-33 　　　　　　　　　图21-34

步骤11 单击工具箱中的"文字工具"按钮 **T**，在画板右上方单击鼠标左键，在控制栏中设置合适的字体和大小，并输入文字，如图21-35所示。

图21-35

步骤12 单击工具箱中的"旋转工具"按钮 ，按住Shift键将文字逆时针旋转90°，如图21-36所示。

图21-36

步骤13 单击工具箱中的"文字工具"按钮 **T**，在画板右上方单击鼠标左键，在控制栏中设置合适的字体和大小，并输入文字。执行"效果>风格化>投影"命令，打开"投影"对话框，设置参数后单击"确定"按钮完成操作，如图21-37所示。

图21-37

步骤14 继续使用工具箱中的文字工具制作其他的文字，如图21-38所示。

图21-38

步骤15 使用工具箱中的文字工具选中数字"5"，设置为其他字体、颜色和字号，如图21-39所示。

图21-39

步骤16 使用工具箱中的"文字工具"按钮 T，单击并拖动鼠标创建文字区域，在控制栏中设置合适的字体和大小，并输入文字，如图21-40所示。

图21-40

步骤17 制作路径文字，单击工具箱中的"钢笔工具"按钮 ，在人物的边缘绘制出一条路径。再单击工具箱中的"路径文字工具"按钮 ，在控制栏中设置合适的字体和大小，将光标放置在路径上单击鼠标左键输入文字，如图21-41所示。

图21-41

步骤18 单击工具箱中的"文字工具"按钮 T，在人物的左边单击鼠标左键，在控制栏中设置合适的字体和大小，并输入文字。执行"效果>风格化>投影"命令，打开"投影"对话框，设置参数后单击"确定"按钮完成操作，如图21-42所示。

图21-42

步骤19 使用工具箱中的"文字工具"按钮，在控制栏中设置合适的字体和大小，单击鼠标左键输入文字。执行"窗口>颜色"命令，打开"颜色"面板，设置填充色为黄色，描边色为白色。执行"窗口>描边"命令，打开"描边"面板，设置粗细为1pt，如图21-43所示。

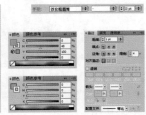

图21-43

步骤20 执行"效果>风格化>投影"命令，打开"投影"对话框，设置参数后单击"确定"按钮完成操作，如图21-44所示。

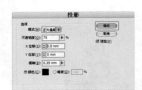

图21-44

步骤21 执行"文件>置入"命令，置入矢量素材，将其调整到适当的位置和大小后，放到文字右边。执行"效果>风格化>投影"命令，打开"投影"对话框，设置参数后单击"确定"按钮完成操作，如图21-45所示。

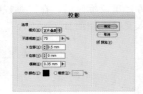

图21-45

步骤22 单击工具箱中的"椭圆工具"按钮 ，在左侧绘制一个正圆形。设置填充色为绿色，如图21-46所示。

图21-46

步骤23 单击工具箱中的"文字工具"按钮 T，在圆形上方单击鼠标左键，在控制栏中设置合适的字体和大小，并输入文字，如图21-47所示。

步骤24 执行"效果>变换>弧形"命令，打开"变形选项"对话框，设置参数后，如图21-48所示。

图21-47

图21-48

步骤25 单击工具箱中的"文字工具"按钮 T，在控制栏中设置合适的字体和大小，并输入文字，如图21-49所示。

图21-49

步骤26 选中文字和圆形并进行旋转，如图21-50所示。

图21-50

步骤27 执行"文件>置入"命令，置入其他矢量图形素材，并将其调整到适当的位置和大小，如图21-51所示。

图21-51

步骤28 单击工具箱中的"文字工具"按钮 T，在控制栏中设置合适的字体和大小，在左下角单击鼠标左键输入文字，设置填充色为黄色。执行"效果>风格化>投影"命令，打开"投影"对话框，设置参数后单击"确定"按钮完成操作，如图21-52所示。

图21-52

步骤29 继续执行"文件>置入"命令，置入矢量图形，将其放在文字右侧，如图21-53所示。

图21-53

步骤30 继续使用文字工具在下方输入黑色文字，如图21-54所示。

步骤31 单击工具箱中的"矩形工具"按钮，在文字下方绘制一个长条矩形。设置填充色为白色，如图21-55所示。

图21-54 图21-55

步骤32 单击工具箱中的"文字工具"按钮 T，在控制栏中设置合适的字体和大小，单击鼠标左键输入不同颜色的文字，如图21-56所示。

图21-56

步骤33 采用同样的方法输入剩余的几组文字，如图21-57所示。

图21-57

步骤34 单击工具箱中的"钢笔工具"按钮，在页面右下角绘制四边形，设置填充色为绿色，如图21-58所示。

步骤35 使用工具箱中的"钢笔工具"按钮，在右下角绘制三角形，设置填充色为黄色，如图21-59所示。

图21-58　　　　　　　图21-59

步骤36 使用文字工具在右下角输入几组文字。选中这几组文字，执行"窗口>对齐"命令，打开"对齐"面板，单击"水平居中对齐"按钮，如图21-60所示。

步骤37 单击工具箱中的"旋转工具"按钮，将文字旋转一定角度，如图21-61所示。

图21-60　　　　　　　图21-61

步骤38 单击工具箱中的"选择工具"按钮，选择所有图形，单击鼠标右键，在弹出的快捷菜单中执行"编组"命令，如图21-62所示。

图21-62

步骤39 单击工具箱中的"矩形工具"按钮，绘制矩形。执行"窗口>渐变"命令，打开"渐变"面板，编辑一种灰白色渐变，设置类型为"径向"，如图21-63所示。

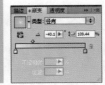

图21-63

步骤40 单击工具箱中的"选择工具"按钮，将封面编组移动到灰色矩形上。执行"对象>封套扭曲>用变形建立"命令，将图形变换成一定角度，如图21-64所示。

图21-64

步骤41 单击工具箱中的"钢笔工具"按钮，绘制出书的厚度，最终效果如图21-65所示。

图21-65

案例文件	综合实例——养生保健画册.ai
视频教学	综合实例——养生保健画册.flv
难易指数	★★★★★
知识掌握	矩形工具、钢笔工具、椭圆工具、旋转工具、文字工具、选择工具

案例效果

案例效果如图21-66所示。

图21-66

操作步骤

步骤01 使用新建快捷键Ctrl+N创建新文档，如图21-67所示。

步骤02 单击工具箱中的"矩形工具"按钮，绘制矩形。执行"窗口>渐变"命令，打开"渐变"面板，编辑一种灰白色渐变，设置类型为"径向"，如图21-68所示。

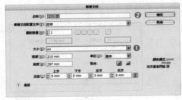

图21-67   图21-68

步骤03 单击工具箱中的"矩形工具"按钮，绘制一个白色矩形。执行"效果>风格化>投影"命令，打开"投影"对话框，进行相应的设置，单击"确定"按钮完成操作，如图21-69所示。

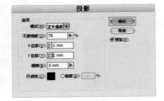

图21-69

步骤04 使用工具箱中的"矩形工具"按钮，在矩形中间绘制一个矩形。执行"窗口>渐变"命令，打开"渐变"面板，编辑一种灰色到透明的渐变，模拟出翻页的效果，如图21-70所示。

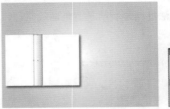

图21-70

步骤05 使用矩形工具绘制一个矩形，设置填充色为蓝色，如图21-71所示。

图21-71

步骤06 使用矩形工具在矩形中间绘制一个矩形。执行"窗口>渐变"命令，打开"渐变"面板，编辑从黄色到透明的渐变，如图21-72所示。

图21-72

步骤07 再次使用矩形工具在黄色渐变矩形中间绘制一个矩形，设置填充色为蓝色，如图21-73所示。

图21-73

步骤08 单击工具箱中的"钢笔工具"按钮，在黄色渐变下方绘制曲线路径。设置描边色为蓝色，粗细为0.5pt，如图21-74所示。

图21-74

步骤09 按照上述同样的方法继续绘制两条黄色曲线路径，如图21-75所示。

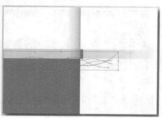

图21-75

步骤10 单击工具箱中的"椭圆工具"按钮○，在四条路径末端处绘制小圆形，如图21-76所示。

步骤11 单击工具箱中的"椭圆工具"按钮○，在适当的位置上绘制椭圆形。执行"窗口>颜色"命令，打开"颜色"面板，设置颜色，如图21-77所示。

图21-76 　　　　　　　　　图21-77

步骤12 单击工具箱中的"选择工具"按钮▶，选中这个椭圆形。再单击工具箱中的"旋转工具"按钮○，先将旋转点定义在如图21-78（a）所示的位置，再按住Alt键的同时单击鼠标左键拖动鼠标，以圆心为原点旋转并复制新的图形，如图21-78（b）所示。

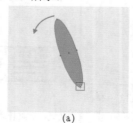

（a）　　　　　　（b）

图21-78

步骤13 使用快捷键Ctrl+D，复制并重复上一次变换，得到一层花瓣，如图21-79所示。

图21-79

步骤14 多次重复操作，并更换为不同颜色即可，如图21-80所示。

图21-80

步骤15 绘制好花朵图形后进行编组并摆放在页面右侧，如图21-81所示。

图21-81

步骤16 单击工具箱中的"矩形工具"按钮□，在图形上绘制适当大小的矩形。再单击工具箱中的"选择工具"按钮▶，选择矩形及绘制的花朵图形，单击鼠标右键，在弹出的快捷菜单中执行"建立剪切蒙版"命令，如图21-82所示。

图21-82

步骤17 按照上述同样的方法在书页的左上角绘制另一个类似的图形，如图21-83所示。

步骤18 单击工具箱中的"文字工具"按钮 **T**，在空白处单击鼠标左键输入文字，在控制栏中设置合适的字体和大小，设置颜色为绿色，如图21-84所示。

图21-83　　　　　　　　图21-84

步骤19 继续使用文字工具输入其他文字。至此，封面和封底制作完成，如图21-85所示。

步骤20 单击工具箱中的"选择工具"按钮 ，选择白色页面的阴影部分，按住Shift+Alt组合键同时向右拖动，复制出一个副本放置在右侧位置，如图21-86所示。

图21-85 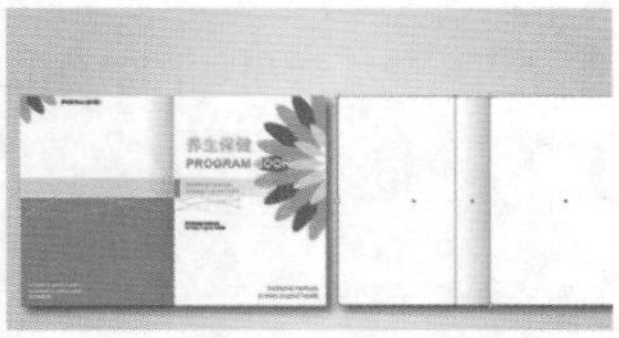　　　　　　　　图21-86

步骤21 执行"文件>置入"命令，置入两张素材图片，将其调整到适当大小，如图21-87所示。

步骤22 单击工具箱中的"文字工具"按钮 **T**，在图片下方单击鼠标左键输入文字，在控制栏中设置合适的字体和大小，设置描边色为绿色，如图21-88所示。

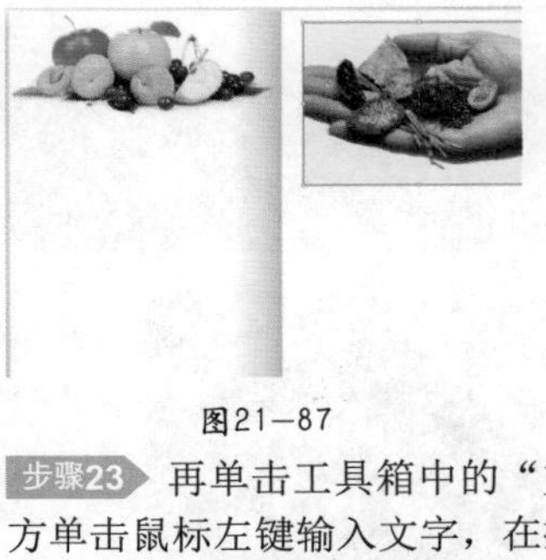

图21-87 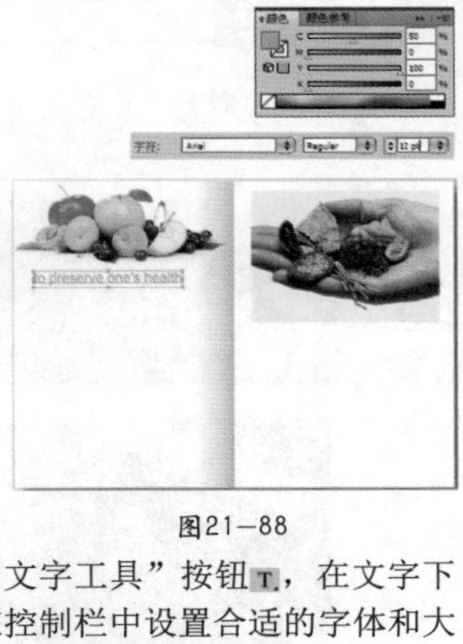　　　　　　　　图21-88

步骤23 再单击工具箱中的"文字工具"按钮 **T**，在文字下方单击鼠标左键输入文字，在控制栏中设置合适的字体和大小，设置颜色为蓝色，如图21-89所示。

步骤24 使用工具箱中的钢笔工具，在文字的下方绘制适当大小的多边形，设置颜色为绿色，如图21-90所示。

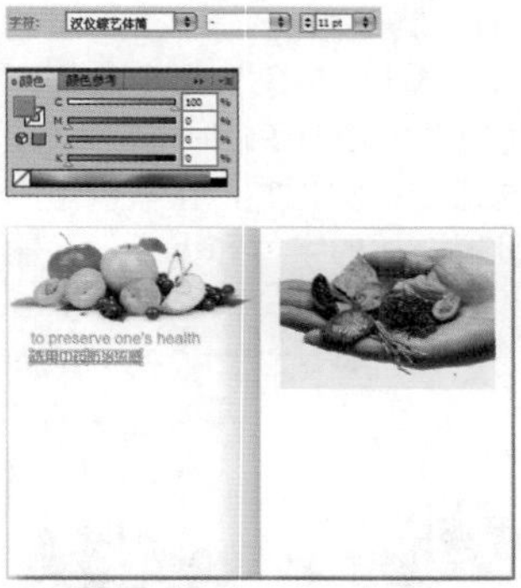

图21-89 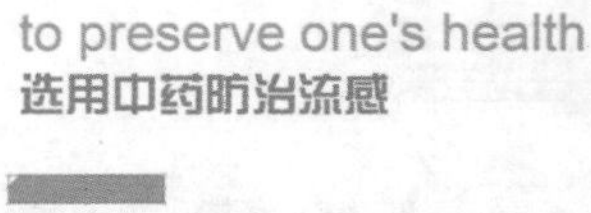　　　　　　　　图21-90

步骤25 单击工具箱中的"文字工具"按钮 **T**，在绿色不规则形状上单击鼠标左键输入文字，在控制栏中设置合适的字体和大小，设置描边色为白色，如图21-91所示。

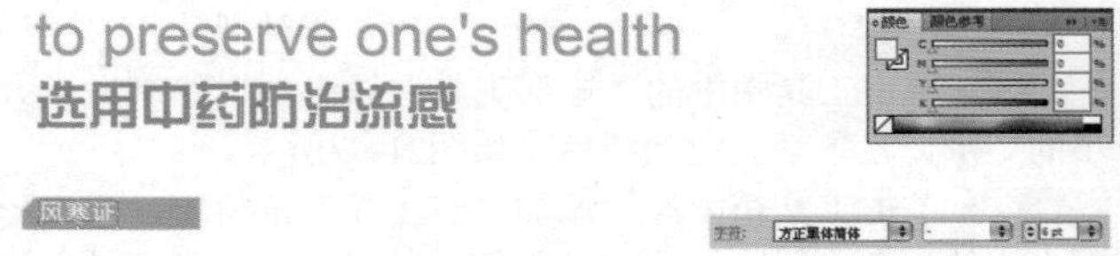

to preserve one's health
选用中药防治流感

图21-91

步骤26 单击工具箱中的"矩形工具"按钮 ，在文字的下方绘制适当大小的矩形，设置颜色为蓝色，如图21-92所示。

步骤27 单击工具箱中的"文字工具"按钮 ，在蓝色矩形上拖动鼠标创建文字区域，执行"窗口>文字>字符"命令，打开"字符"面板，设置字符大小与行间距。执行"窗口>文字>段落"命令，打开"段落"面板，设置段落样式为"两端对齐，末行左对齐"，如图21-93所示。

图21-92　　　　　　　　图21-93

步骤28 按照上述相同的方法绘制其他的图形及文字，如图21-94所示。

图21-94

步骤29 单击工具箱中的"矩形工具"按钮 ▢，在文字的下方绘制适当大小的矩形。执行"窗口>颜色"命令，打开"颜色"面板，设置描边色为蓝色，如图21-95所示。

步骤30 单击工具箱中的"文字工具"按钮 **T**，在蓝色矩形上单击鼠标左键，在控制栏中设置合适的字体和大小，并输入文字，如图21-96所示。

  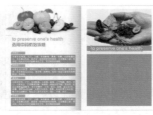

图21-95　　　　　　　　　图21-96

步骤31 单击工具箱中的"矩形工具"按钮 ▢，绘制适当大小的矩形，设置填充色为绿色，如图21-97所示。

步骤32 单击工具箱中的"添加锚点工具"按钮 ⬥，在矩形左上方绘制两个锚点。单击工具箱中的"删除锚点工具"按钮 ⬥，删除矩形左上角的锚点，如图21-98所示。

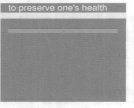

图21-97　　　　　　　　　图21-98

步骤33 单击工具箱中的"文字工具"按钮 **T**，在控制栏中设置合适的字体和大小，在绿色矩形上单击鼠标左键输入文字，如图21-99所示。

步骤34 执行"窗口>文字>字符"命令，打开"字符"面板，设置字号及行间距选项。再执行"窗口>文字>段落"命令，打开"段落"面板，设置段落样式为"两端对齐，末行左对齐"，如图21-100所示。

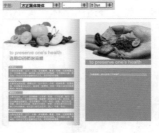

图21-99　　　　　　　　　图21-100

步骤35 使用文字工具在右侧页面上绘制文本框并输入正文文字，如图21-101所示。

图21-101

步骤36 最终效果如图21-102所示。

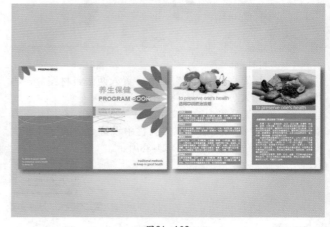

图21-102

(21.5) 综合实例——中餐厅菜谱样本设计

案例文件	综合实例——中餐厅菜谱样本设计.ai
视频教学	综合实例——中餐厅菜谱样本设计.flv
难易指数	★★★★★
知识掌握	投影效果、钢笔工具、自由变换工具、椭圆工具、文字工具

案例效果

案例效果如图21-103所示。

图21-103

操作步骤

使用新建快捷键Ctrl+N创建新文档,如图21-104所示。

图21-104

步骤02 执行"文件>置入"命令,打开"置入"面板,选择背景素材文件,单击"打开"按钮,如图21-105所示。

图21-105

步骤03 单击工具箱中的"钢笔工具"按钮,在适当的位置上绘制一个四边形。执行"窗口>渐变"命令,打开"渐变"面板,编辑一种红黑色渐变,如图21-106所示。

图21-106

步骤04 单击工具箱中的"钢笔工具"按钮,在四边形上绘制小一些的四边形形状。执行"窗口>渐变"命令,打开"渐变"面板,编辑一种红黑色渐变,如图21-107所示。

图21-107

步骤05 执行"效果>风格化>投影"命令,打开"投影"对话框,设置相关选项后,单击"确定"按钮完成操作,如图21-108所示。

步骤06 绘制另一个不规则形状,执行"窗口>渐变"命令,打开"渐变"面板,编辑一种红棕黑色渐变。单击鼠标

右键,多次执行"排列>后移一层"命令,将其置于前面绘制的红色四边形后方,如图21-109所示。

图21-108

图21-109

步骤07 执行"文件>置入"命令,置入矢量花纹素材,并将其放置在红色四边形上方。单击工具箱中的"自由变换工具"按钮,变换图形到适当的形状,如图21-110所示。

图21-110

步骤08 单击工具箱中的"钢笔工具"按钮,在四边形的右边绘制边缘形状。执行"窗口>渐变"命令,打开"渐变"面板,编辑一种金色渐变,如图21-111所示。

图21-111

第21章 画册样本设计

475

步骤09 继续使用钢笔工具在画册封面的边缘绘制多个形状，并按照上述相同的方法填充金色渐变，如图21-112所示。

图21-112

步骤10 单击工具箱中的"直排文字工具"按钮 T ，再按住鼠标左键拖动创建一个矩形的文本区域，再在控制栏中设置合适的字体和大小，并输入文字，如图21-113所示。

图21-113

步骤11 执行"对象>扩展"命令，打开"扩展"对话框，选中"对象"和"填充"复选框，单击"确定"按钮完成操作，如图21-114所示。

图21-114

步骤12 单击工具箱中的"选择工具"按钮 ，选中文字，单击鼠标右键，在弹出的快捷菜单中执行"取消编组"命令，将每个文字拆分为单独的个体。单击"直接选择工具"按钮，将每一个字放至相应的位置上，同时改变其大小，如图21-115所示。

图21-115

步骤13 单击工具栏中的"自由变换工具"按钮 ，将鼠标指针放置到定界框的外侧，鼠标指针将变成 状态，拖拽鼠标对对象进行旋转操作，如图21-116所示。

图21-116

步骤14 设置文字的填充色为土黄色。执行"窗口>透明度"命令，调出"透明度"面板，设置类型为"正片叠底"，不透明度为50%，如图21-117所示。

图21-117

步骤15 单击工具箱中的"钢笔工具"按钮 ，在图形的右边绘制四边形。再单击工具箱中的"选择工具"按钮 ，框选四边形和文字，单击鼠标右键，在弹出的快捷菜单中执行"建立剪切蒙版"命令，如图21-118所示。

图21-118

步骤16 单击工具箱中的"椭圆工具"按钮 ，在红色和金色交接的位置上绘制圆形。执行"窗口>颜色"命令，打开"颜色"面板，设置填充色为金色，如图21-119所示。

图21-119

步骤17 执行"效果>风格化>投影"命令，打开"投影"对话框，设置相关选项后，单击"确定"按钮完成操作，如图21-120所示。

图21-120

步骤18 单击工具箱中的"椭圆工具"按钮 ，在椭圆中间绘制同心圆。设置填充色为红色，如图21-121所示。

图21-121

步骤19 执行"文件>置入"命令，置入花纹素材，并将其放在红色圆形中。单击工具箱中的"自由变换工具"按钮 ，变换图形到适当的形状，如图21-122所示。

图21-122

步骤20 单击工具箱中的"文字工具"按钮 ，在控制栏中设置合适的字体和大小，在图形上单击鼠标左键输入文字。单击工具栏中的"自由变换工具"按钮 ，将鼠标指针放置到定界框的外侧，鼠标指针将变成 状态，拖拽鼠标对对象进行旋转操作，如图21-123所示。

图21-123

步骤21 制作菜谱的背面。使用选择工具按住Shift键选中菜谱主体部分，单击鼠标右键，在弹出的快捷菜单中执行"编组"命令。按住Shift键和Alt键的同时向左拖动，复制出一个图形并进行水平镜像，如图21-124所示。

图21-124

步骤22 单击工具箱中的"文字工具"按钮，在控制栏中设置合适的字体和大小，在图形上单击鼠标左键输入文字，并旋转到合适角度即可。最终效果如图21-125所示。

图21—125

✏️ **读书笔记**

Chapter 22

产品与包装设计

包装设计是指选用合适的包装材料，运用巧妙的工艺手段，对所销售的商品进行容器结构造型与美化装饰设计，从而达到在竞争激烈的商品市场中提高产品附加值、促进销售、扩大产品影响力等目的。近年来，包装设计得到了长足的发展，越来越多的设计工作者纷纷投入到这项兼具商业价值与艺术价值的活动中来。

本章学习要点：

- 掌握数码产品造型制作方法
- 掌握玻璃质感包装的制作方法
- 掌握膨化食品包装设计思路
- 掌握礼盒包装立体效果的制作

22.1 包装设计相关知识

　　包装设计是指选用合适的包装材料，运用巧妙的工艺手段，对所销售的商品进行容器结构造型与美化装饰设计，从而达到在竞争激烈的商品市场中提高产品附加值、促进销售、扩大产品影响力等目的。近年来，包装设计得到了长足的发展，越来越多的设计工作者纷纷投入到这项兼具商业价值与艺术价值的活动中来。如图22-1所示为几幅优秀的包装设计作品。

图22-1

　　包装的分类方法有多种，下面介绍几种常见的包装分类方法。

　　◎ 容器形状分类：可分为包装箱、包装桶、包装袋、包装包、包装筐、包装捆、包装坛、包装罐、包装缸、包装瓶等。如图22-2所示分别为包装罐、包装瓶和包装袋。

图22-2

Illustrator CS5 从入门到精通

● 包装材料分类：可分为木制品包装、纸制品包装、金属制品包装、玻璃包装、陶瓷制品包装和塑料制品包装等。如图22-3所示分别为玻璃制品包装、陶瓷制品包装和纸制品包装。

图22-3

● 货物种类分类：可分为食品包装、医药包装、轻工产品包装、针棉织品包装、家用电器包装、机电产品包装和果菜类包装等。 如图22-4所示分别为食品包装、轻工产品包装和家用电器包装。

图22-4

22.2 综合实例——MP3播放器

案例文件	综合实例——MP3播放器.ai
视频教学	综合实例——MP3播放器.flv
难易指数	★★★★★
知识掌握	圆角矩形工具、"渐变"命令、转换锚点工具、"透明度"面板、"高斯模糊"命令

案例效果

本例将利用圆角矩形工具、"渐变"命令、转换锚点工具、"透明度"面板、"高斯模糊"命令等制作MP3播放器，最终效果如图22-5所示。

操作步骤

步骤01 执行"文件>打开"命令，打开背景素材文件，如图22-6所示。

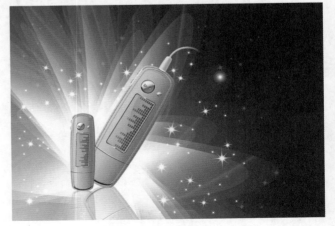

图22-5

图22-6

步骤02 单击工具箱中的"圆角矩形工具"按钮 ⬜，绘制一个圆角矩形。执行"窗口>渐变"命令，打开"渐变"面板，在其中编辑一种粉色系的渐变，如图22-7所示。

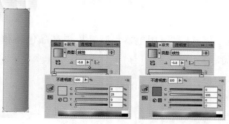

图22-7

步骤03 单击工具箱中的"转换锚点工具"按钮 ⬠，将圆角矩形的每个顶点都转换成圆滑的曲线，如图22-8所示。

步骤04 单击工具箱中的"选择工具"按钮 ▶，选中圆角矩形，将其复制并原位粘贴；然后将光标放到定界框的边缘，单击鼠标左键，在按住Shift+Alt键的同时向内拖动鼠标，将其等比例缩小，如图22-9所示。

图22-8   图22-9

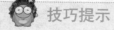

技巧提示

以中心为原点等比例缩放时需要按住Shift键和Alt键。

步骤05 按照上述同样的方法再次复制出另一个小一点的圆角矩形，如图22-10所示。

步骤06 单击工具箱中的"钢笔工具"按钮 ✑，在图形的中下部绘制一个弧线形状。执行"窗口>渐变"命令，打开"渐变"面板，在其中编辑一种灰色系的渐变。执行"窗口>透明度"命令，打开"透明度"面板，设置混合模式为"滤色"，"不透明度"为100%，如图22-11所示。

图22-10   图22-11

步骤07 单击工具箱中的"选择工具"按钮 ▶，选中弧线形状，单击并按住Alt键向下拖动鼠标，复制出一个。执行"窗口>颜色"命令，打开"颜色"面板，设置填充色为灰色，如图22-12所示。

步骤08 执行"窗口>透明度"命令，打开"透明度"面板，设置混合模式为"正片叠底"，"不透明度"为100%，如图22-13所示。

图22-12   图22-13

步骤09 单击工具箱中的"钢笔工具"按钮 ✑，在图形的边缘绘制一条路径；然后设置描边颜色为灰色，粗细为6pt，如图22-14所示。

图22-14

步骤10 执行"效果>模糊>高斯模糊"命令，在弹出的"高斯模糊"对话框中设置"半径"为3像素，单击"确定"按钮，如图22-15所示。

图22-15

步骤11 按照上述相同的方法绘制出其他的边缘线，如图22-16所示。

步骤12 单击工具箱中的"钢笔工具"按钮，在图形的上部绘制一个月牙形图形。然后执行"窗口>颜色"命令，打开"颜色"面板，设置填充色为深灰色，如图22-17所示。

图22-16

图22-17

步骤13 执行"窗口>透明度"命令，打开"透明度"面板，设置混合模式为"叠加"，"不透明度"为60%，如图22-18所示。

步骤14 按照上述相同的方法绘制另外的月牙形图形，如图22-19所示。

图22-18

图22-19

步骤15 单击工具箱中的"椭圆工具"按钮，在图形上部适当的位置绘制一个正圆。执行"窗口>渐变"命令，打开"渐变"面板，在其中编辑一种灰色系的渐变。执行"窗口>透明度"命令，打开"透明度"面板，设置混合模式为"滤色"，"不透明度"为100%，如图22-20所示。

图22-20

步骤16 单击工具箱中的"选择工具"按钮，选中这个圆形，将其复制并原位粘贴；然后将光标放到定界框的边缘，单击鼠标左键，在按住Shift+Alt键的同时向内拖动鼠标，将其等比例缩小，如图22-21所示。

图22-21

步骤17 执行"窗口>颜色"命令，打开"颜色"面板，设置填充色为灰色，如图22-22所示。

步骤18 按照上述同样的方法绘制出多个同心圆，并分别填充银灰色系的渐变，如图22-23所示。

图22-22

图22-23

步骤19 单击工具箱中的"钢笔工具"按钮，在正圆上绘制出按钮的形状；然后执行"窗口>渐变"命令，打开"渐变"面板，在其中编辑另一种灰色系的渐变，如图22-24所示。

图22-24

步骤20 在"颜色"面板中设置描边色为灰色，在"描边"面板中设置"粗细"为2pt，如图22-25所示。

图22-25

步骤21 按照上述同样的方法在大的圆形按钮右侧绘制一个小的圆形按钮，如图22-26所示。

图22-26

步骤22 下面开始制作侧面的按钮。单击工具箱中的"椭圆工具"按钮，在图形上部边缘绘制两个椭圆形，然后在"渐变"面板中编辑一种灰色系的径向渐变，如图22-27所示。

图22-27

步骤23 单击工具箱中的"钢笔工具"按钮 ，在椭圆形上方绘制不规则形状；然后执行"窗口>渐变"命令，打开"渐变"面板，在其中编辑另一种灰色系的渐变，如图22-28所示。

图22-28

步骤24 执行"窗口>透明度"命令，打开"透明度"面板，设置混合模式为"滤色"，"不透明度"为100%，如图22-29所示。

图22-29

步骤25 接下来制作屏幕。单击工具箱中的"圆角矩形工具"按钮 ，在图形中绘制一个圆角矩形；然后执行"窗口>渐变"命令，打开"渐变"面板，在其中编辑一种灰色系的径向渐变，如图22-30所示。

步骤26 单击工具箱中的"选择工具"按钮 ，选中这个圆角矩形，将其复制并原位粘贴；然后将其等比例缩小后填充灰色系金属质感渐变，如图22-31所示。

图22-30

图22-31

步骤27 按照相同的方法，再次复制出另一个小一些的圆角矩形，并填充为灰色，如图22-32所示。

步骤28 单击工具箱中的"钢笔工具"按钮 ，在灰色圆角矩形上方绘制反光；然后执行"窗口>渐变"命令，打开"渐变"面板，在其中编辑另一种从白色到透明的渐变，如图22-33所示。

图22-32

图22-33

答疑解惑——如何在"渐变"面板中设置透明渐变？

❶ 执行"窗口>渐变"命令，打开"渐变"面板，如图22-34所示。

图22-34

❷ 单击要设置为透明的渐变滑块，然后拖动不透明度的滑块，设置不透明度为0%，如图22-35所示。

图22-35

❸ 此时可以看到不透明度为0%的滑块成为透明，如图22-36所示。

图22-36

步骤29 单击工具箱中的"矩形工具"按钮 ，绘制一个较小的矩形。多次按住Alt键的同时拖动鼠标，复制出多个矩形，并依次排列在显示屏上。选中所有的小圆角矩形并单击鼠标右键，在弹出的快捷菜单中执行"编组"命令，如图22-37所示。

步骤30 执行"窗口>渐变"命令，打开"渐变"面板，在其中编辑一种紫色的渐变，如图22-38所示。

图22-37

图22-38

步骤31 单击工具箱中的"选择工具"按钮 ，选择所有图形；然后单击鼠标右键，在弹出的快捷菜单中执行"编组"命令，如图22-39所示。

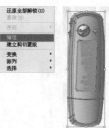

图22-39

步骤32 单击工具箱中的"选择工具"按钮，选择MP3播放器的主体，将其进行复制和粘贴操作。单击鼠标右键，在弹出的快捷菜单中执行"变换>对称"命令，在弹出的"镜像"对话框中选中"水平"单选按钮，设置"角度"为180°，选中"对象"复选框，然后单击"确定"按钮，如图22-40所示。

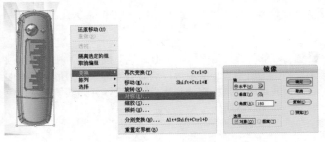

图22-40

步骤33 使用选择工具选中镜像后的图形，将其向下移动。执行"窗口>透明度"命令，打开"透明度"面板，设置"不透明度"为20%，如图22-41所示。

步骤34 单击工具箱中的"矩形工具"按钮■，在下方的图形上绘制一个矩形，如图22-42所示。

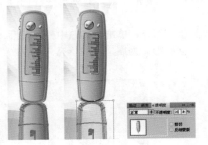

图22-41

图22-42

步骤35 单击工具箱中的"选择工具"按钮▶，选择新绘制的矩形和半透明的播放器部分，然后单击鼠标右键，在弹出的快捷菜单中执行"建立剪切蒙版"命令，完成播放器倒影效果的制作，如图22-43所示。

步骤36 选中播放器和倒影部分，按住Alt键的同时单击并向右拖动鼠标，复制出一个副本，然后按Shift+Alt键将其等比例扩大，如图22-44所示。

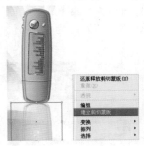

图22-43   图22-44

步骤37 分别将放大的播放器主体与倒影部分旋转到合适的角度，如图22-45所示。

图22-45

步骤38 在顶部使用钢笔工具绘制出耳机线，并填充渐变效果，最终效果如图22-46所示。

图22-46

22.3 综合实例——牛奶包装设计

案例文件	综合实例——牛奶包装设计.ai
视频教学	综合实例——牛奶包装设计.flv
难易指数	★★★★★
知识掌握	"路径查找器"面板、"建立剪切蒙版"命令、"透明度"面板

案例效果

本例将利用"路径查找器"面板、"建立剪切蒙版"命令、"透明度"面板等进行牛奶包装设计，最终效果如图22-47所示。

图22-47

操作步骤

步骤01 执行"文件>打开"命令，打开背景素材文件。执行"窗口>图层"命令，打开"图层"面板。可以看到当前背景素材文件中包含两个图层即"前景"与"背景"图层。在"背景"图层上方新建一个图层，并命名为"牛奶包装"，如图22-48所示。

图22-48

技巧提示

为了避免在绘制过程中移动到"前景"与"背景"图层中的内容，可以将这两个图层锁定。

步骤02 单击工具箱中的"钢笔工具"按钮，绘制一个牛奶盒形状（正面），并填充为青绿色，如图22-49所示。

步骤03 继续使用钢笔工具绘制牛奶盒内部侧面的细节，并为其填充一种白青色线性渐变，如图22-50所示。

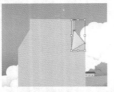

图22-49　　　　　　图22-50

步骤04 继续使用钢笔工具绘制侧面折口部分，并为其填充灰色的渐变，如图22-51所示。

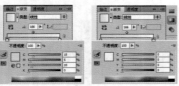

图22-51

步骤05 按照同样的方法继续绘制另一个折痕部分的细节，并填充渐变色。此时，可以看到包装的顶部已经变成立体的图形，如图22-52所示。

图22-52

步骤06 单击工具箱中的"矩形工具"按钮，在牛奶盒顶部绘制一个适当大小的矩形；然后将光标放到矩形定界框的边缘，通过拖动鼠标旋转到适当的角度，并为其填充灰白色渐变，如图22-53所示。

图22-53

步骤07 单击工具箱中的"圆角矩形工具"按钮，在顶部矩形中绘制一个圆角矩形，并填充与牛奶盒外形一样的颜色，如图22-54所示。

步骤08 制作牛奶包装的瓶盖部分。单击工具箱中的"椭圆工具"按钮，绘制一个椭圆形作为瓶口，并填充为白色，如图22-55所示。

图22-54　　　　　　　图22-55

步骤09 单击工具箱中的"选择工具"按钮，选中白色椭圆形；然后按住Alt键拖动鼠标，复制出一个相同的椭圆形，并移动到适当的位置如图22-56所示。

步骤10 选中两个椭圆形，然后执行"窗口>路径查找器"命令，在打开的"路径查找器"面板中单击"合并"按钮，将其合并成一个图形，如图22-57所示。

图22-56　　　　　　　图22-57

Illustrator CS5 从入门到精通

步骤11 单击工具箱中的"直接选择工具"按钮 ，选中合并后图形中间凹入的点，将其向外拖拽，如图22-58所示。

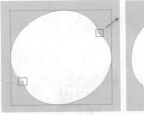 

图22-58

步骤12 单击工具箱中的"转换锚点工具"按钮 ，将拖拽后的两个点从"尖角"变成"圆角"，如图22-59所示。

图22-59

步骤13 执行"窗口>颜色"命令，打开"颜色"面板，设置填充色为灰色，然后在上方再次绘制一个白色椭圆形，如图22-60所示。

图22-60

步骤14 单击工具箱中的"钢笔工具"按钮 ，在白色椭圆下层绘制一个类似于椭圆的图形，设置填充色为浅橙色，如图22-61所示。

图22-61

步骤15 单击工具箱中的"矩形工具"按钮 ，在白色椭圆形下方绘制一个长条矩形。将光标移至长条矩形定界框的边缘，通过拖动鼠标将其旋转至合适的角度，如图22-62所示。

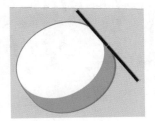

图22-62

步骤16 单击工具箱中的"选择工具"按钮 ，选中长条矩形；然后在按住Alt键的同时拖动鼠标，复制出一条长方矩形；接着将其全部选中，单击鼠标右键，在弹出的快捷菜单中执行"编组"命令，如图22-63所示。

图22-63

步骤17 选中白色椭圆和浅橙色的椭圆以及矩形组，执行"窗口>路径查找器"命令，在打开的"路径查找器"面板中单击"分割"按钮，分割图形，并删除多余的部分，如图22-64所示。

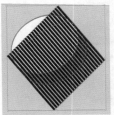 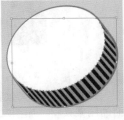

图22-64

步骤18 为矩形组填充棕红色系的渐变，然后为瓶盖的顶面填充橙色系渐变，如图22-65所示。

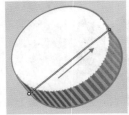

图22-65

步骤19 单击工具箱中的"钢笔工具"按钮 ，在顶部绘制一个梯形，并为其填充蓝白色渐变，然后将其放置在瓶盖的下一层，如图22-66所示。

图22-66

步骤20 按照上述相同的方法绘制出牛奶盒的正面和侧面，并依次填充相应渐变色，使包装更加立体，如图22-67所示。

图22-67

步骤21 执行"文件>打开"命令，打开牛奶包装正面的图案素材，如图22-68所示。

图22-68

步骤22 由于正面的图案素材比较大，所以需要使用钢笔工具绘制出牛奶包装的正面形状。选中该形状与正面图案素材，单击鼠标右键，在弹出的快捷菜单中执行"建立剪切蒙版"命令，即可看到多余部分被隐藏了，如图22-69所示。

图22-69

步骤23 再次导入标志素材，并将其放在包装上的合适位置，如图22-70所示。

图22-70

步骤24 单击工具箱中的"文字工具"按钮 **T.**，在控制栏中设置合适的字体及大小，然后在画面中单击并输入相应的文字，如图22-71所示。

图22-71

步骤25 将光标放到文字的定界框边缘，通过拖动鼠标将文字旋转到合适的角度，如图22-72所示。

图22-72

步骤26 单击工具箱中的"椭圆工具"按钮◎，在整体图形下方绘制一个渐变椭圆作为阴影；然后为其填充一种灰白色系的线性渐变，在"透明度"面板中设置其混合模式为"正片叠底"；再将该图形放置在最底层，如图22-73所示。

步骤28 复制出一个牛奶盒并放置在右边，然后将光标放到定界框的右上角，按住Shift键的同时向内拖拽鼠标，将其等比例缩小。最终效果如图22-75所示。

图22-73

步骤27 单击工具箱中的"选择工具"按钮▶，选择牛奶盒上的所有图形，单击鼠标右键，在弹出的快捷菜单中执行"编组"命令，如图22-74所示。

图22-74

图22-75

22.4 综合实例——化妆品包装设计

案例文件	综合实例——化妆品包装设计.ai
视频教学	综合实例——化妆品包装设计.flv
难易指数	★★★★★
知识掌握	矩形工具、添加锚点工具、转换锚点工具、"建立不透明蒙版"命令

案例效果

本例将利用矩形工具、添加锚点工具、转换锚点工具、"建立不透明蒙版"命令等设计化妆品包装，最终效果如图22-76所示。

图22-76

操作步骤

步骤01 按Ctrl+N键，在弹出的"新建文档"对话框中按照图22-77所示进行设置，然后单击"确定"按钮，创建一个新文档。

图22-77

步骤02 执行"文件>置入"命令，置入一幅图像作为底图，如图22-78所示。

图22-78

步骤03 单击工具箱中的"矩形工具"按钮，在空白处单击，绘制一个矩形。执行"窗口>渐变"命令，打开"渐变"面板，在其中编辑一种黑白色系的金属质感渐变，如图22-79所示。

图22-79

步骤04 单击工具箱中的"添加锚点工具"按钮，在矩形顶边中间单击鼠标左键添加锚点，如图22-80所示。

图22-80

步骤05 单击工具箱中的"直接选择工具"按钮，选中新建的锚点，单击并向上拖动鼠标。单击工具箱中的"转换锚点工具"按钮，在锚点上单击鼠标左键，将其转换为圆形，如图22-81所示。

图22-81

步骤06 单击工具箱中的"钢笔工具"按钮，在图形下方绘制月牙形状。执行"窗口>渐变"命令，打开"渐变"面板，在其中编辑一种玫红色系的渐变，如图22-82所示。

步骤07 单击工具箱中的"圆角矩形工具"按钮，在月牙形状下方绘制一个圆角矩形。执行"窗口>渐变"命令，打开"渐变"面板，在其中编辑一种红色系的渐变，如图22-83所示。

步骤08 单击工具箱中的"添加锚点工具"按钮 ✎，在圆角矩形顶边中间单击鼠标左键添加锚点，如图22-84所示。

图22-82

图22-83

图22-84

步骤09 单击工具箱中的"直接选择工具"按钮 ▸，选中新建的锚点，单击并向上拖动鼠标。单击工具箱中的"转换锚点工具"按钮 ⎰，在锚点上单击鼠标左键，将其转换为圆形，如图22-85所示。

图22-85

步骤10 单击工具箱中的"钢笔工具"按钮 ✎，在红色渐变瓶身的左侧绘制高光形状。执行"窗口>渐变"命令，打开"渐变"面板，在其中编辑一种白色到透明的渐变，如图22-86所示。

图22-86

步骤11 保持钢笔工具的选中状态，在白色到透明的高光形状上方绘制一个不规则形状作为高光。执行"窗口>渐变"命令，打开"渐变"面板，在其中编辑一种白色到透明的渐变，如图22-87所示。

图22-87

步骤12 继续使用钢笔工具在红色渐变瓶身的底部绘制瓶底形状，设置填充色为红色，如图22-88所示。

图22-88

步骤13 下面制作瓶子的倒影效果。将瓶身部分编组，复制红色瓶身部分，并向下移动，如图22-89所示。

图22-89

491

步骤14 单击鼠标右键，在弹出的快捷菜单中执行"变换>对称"命令，在弹出的"镜像"对话框中设置镜像轴为"水平"，如图22-90所示。

步骤15 单击工具箱中的"矩形工具"按钮 □，在倒影部分绘制一个矩形，然后在"渐变"面板中编辑一种黑白渐变，如图22-91所示。

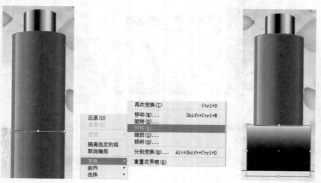

图22-90　　　　　图22-91

步骤16 单击工具箱中的"选择工具"按钮 ▶，选择黑白渐变的矩形和倒着的红色渐变瓶身组。执行"窗口>透明度"命令，在打开的"透明度"面板中单击右上角的 ≡ 按钮，在弹出的菜单中执行"建立不透明蒙版"命令。此时瓶底的倒影呈现出虚实结合的效果，如图22-92所示。

图22-92

步骤17 单击工具箱中的"文字工具"按钮 T，在控制栏中设置合适的字体和大小，在红色渐变瓶身上单击并输入文字。执行"对象>扩展"命令，打开"扩展"对话框，选中"对象"和"填充"复选框，然后单击"确定"按钮，如图22-93所示。

图22-93

步骤18 执行"窗口>渐变"命令，打开"渐变"面板，在其中编辑一种金色渐变。执行"效果>风格化>投影"命令，打开"投影"对话框，设置各项参数后单击"确定"按钮，如图22-94所示。

图22-94

步骤19 使用相同的方法在英文单词下方绘制另一组文字，作为装饰文字，如图22-95所示。

步骤20 执行"文件>置入"命令，置入矢量花纹素材，并调整到适当大小，装饰在文字附近，如图22-96所示。

步骤21 使用文字工具输入底部文字，扩展之后填充合适的金色系渐变，如图22-97所示。

图22-95　　　　图22-96　　　　图22-97

步骤22 单击工具箱中的"椭圆工具"按钮，在瓶身的高光处绘制两个细长的椭圆，重叠作为光线。执行"窗口>渐变"命令，打开"渐变"面板，在其中编辑一种金色到黑色的径向渐变。执行"窗口>透明度"命令，打开"透明度"面板，设置混合模式为"滤色"，将黑色部分滤除，如图22-98所示。

图22-98

图22-99

步骤23 继续使用椭圆工具在光线上绘制出正圆，填充金色到黑色的径向渐变，然后在"透明度"面板中设置混合模式为"滤色"。至此，一组光晕效果就制作完成了，如图22-99所示。

步骤24 复制多个光晕，调整为适当的大小，摆放在瓶子与背景上。其他化妆品包装的制作方法基本相同，直接复制制作好的包装，然后调整瓶盖和瓶身的大小比例即可，如图22-100所示。

图22-100

步骤25 复制瓶身上的标志部分，移动到画面右上角并适当放大，如图22-101所示。

图22-101

步骤26 执行"文件>置入"命令，置入前景花朵素材文件，然后调整到适当大小。最终效果如图22-102所示。

 读书笔记

图22-102

22.5 综合实例——薯片包装设计

案例文件	综合实例——薯片包装设计.ai
视频教学	综合实例——薯片包装设计.flv
难易指数	★★★★★
知识掌握	"外观"面板、"位移路径"命令、"透明度"面板、"高斯模糊"命令、"路径查找器"面板

案例效果

本例将利用"外观"面板、"位移路径"命令、"透明度"面板、"高斯模糊"命令、"路径查找器"面板等设计薯片包装，最终效果如图22-103所示。

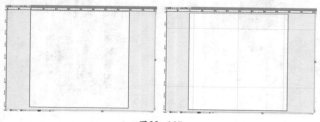

图22-103

操作步骤

步骤01 选择"文件>新建"命令或按Ctrl+N键，在弹出的"新建文档"对话框中按照图22-104所示进行设置，然后单击"确定"按钮，创建一个新文档。

图22-104

步骤02 执行"视图>标尺>显示标尺"命令，显示出标尺。将光标放在标尺上，拖动鼠标以建立参考线，并将其拖至适当位置，如图22-105所示。

图22-105

步骤03 单击工具箱中的"矩形工具"按钮□，在参考线中绘制两个矩形，然后在控制栏中设置填充色为绿色，如图22-106所示。

图22-106

步骤04 单击工具箱中的"钢笔工具"按钮，在左侧矩形上绘制出弧面的形状；然后打开"渐变"面板，设置"类型"为"线性"，角度为88.96°，编辑一种从橘色到黄色的渐变；在弧面形状上单击并添加渐变颜色，如图22-107所示。

图22-107

步骤05 单击工具箱中的"钢笔工具"按钮，勾勒出一个轮廓，并填充为白色，如图22-108所示。

图22-108

步骤06 继续使用钢笔工具勾勒出另一个轮廓，并填充为黑色；然后打开"透明度"面板，调整"不透明度"为44%；接着将该轮廓放置在白边的下一层中，如图22-109所示。

图22-109

步骤07 选中刚绘制的3个弧面，执行"对象>变换>对称"命令，在弹出的"镜像"对话框中设置"轴"为"垂直"，单击"复制"按钮，然后将副本放置在右侧，如图22-110所示。

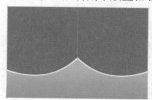

图22-110

Illustrator CS5 从入门到精通

步骤08 使用钢笔工具在底部绘制不规则形状，并填充为橘色，然后执行"效果>模糊>高斯模糊"命令，在弹出的"高斯模糊"对话框中设置"半径"为35像素，如图22-111所示。

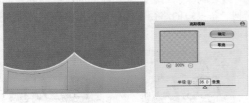

图22-111

步骤09 复制并移动，放置在右侧位置，如图22-112所示。

步骤10 导入绿色放射状素材文件，并将其放置在绿色区域中；然后打开"透明度"面板，设置混合模式为"叠加"，"不透明度"为69%，如图22-113所示。

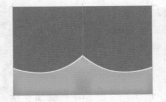 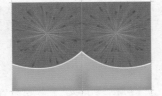

图22-112　　　　图22-113

步骤11 下面开始制作标志部分。单击工具箱中的"椭圆工具"按钮，在顶部绘制一个椭圆形；然后打开"渐变"面板，编辑一种渐变色；接着复制该椭圆形并适当缩放，如图22-114所示。

步骤12 选中两个椭圆形，打开"路径查找器"面板，从中单击"差集"按钮，得到椭圆形边框，如图22-115所示。

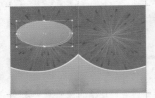 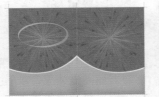

图22-114　　　　图22-115

步骤13 再次单击工具箱中的"椭圆工具"按钮，在椭圆形边框中央绘制出一个椭圆形。打开"渐变"面板，设置"类型"为"线性"，将渐变颜色调整为从黑色到透明，如图22-116所示。

步骤14 打开"透明度"面板，设置混合模式"正片叠底"，如图22-117所示。

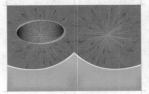 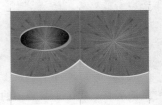

图22-116　　　　图22-117

步骤15 单击工具箱中的"文字工具"按钮T，选择一种文字样式，设置文字大小为300pt，在标志中央输入文字，如图22-118所示。

图22-118

步骤16 打开"外观"面板，单击右上角的按钮，在弹出的菜单中选择"添加新填色"命令。在新添加的"填色"中，设置颜色为黑色。执行"效果>路径>位移路径"命令，在弹出的"位移路径"对话框中设置"位移"为5mm，"连接"为"斜接"，"斜接限制"为4，如图22-119所示。

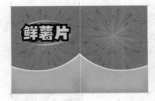

图22-119

步骤17 使用文字工具在文字"鲜薯片"的底部输入英文作为装饰文字，然后添加黑色描边，如图22-120所示。

步骤18 导入食品素材文件，并将其摆放在合适位置，如图22-121所示。

图22-120　　　　图22-121

步骤19 复制左侧页面上的标志，将其缩小并放置在右侧页面上，如图22-122所示。

步骤20 单击工具箱中的"文字工具"按钮T，在要创建文字的区域上拖动鼠标，创建一个矩形的文本框并输入文字，如图22-123所示。

图22-122　　　　　　　　　　　　图22-123

步骤21 接下来，制作营养含量的表格。双击工具箱中的"矩形网格工具"按钮 ▦，在弹出的"矩形网格工具"对话框中定义网格数量。单击工具箱中的"实时上色工具"按钮 ⯄，为每个区域添加颜色，如图22-124所示。

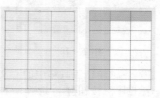

图22-124

步骤22 使用文字工具在每个网格内输入文字，然后将表格移动到右侧页面上，如图22-125所示。

图22-125

步骤23 导入右侧页面所需的食物素材文件，调整好位置和大小。至此，薯片包装的平面图就制作完成了，如图22-126所示。

步骤24 下面开始制作薯片包装的立体效果。首先将正面部分复制出来，如图22-127所示。

图22-126　　　　　　　　　　　　图22-127

步骤25 将绿色底面以外的所有图层隐藏，如图22-128所示。

步骤26 选中底色的矩形对象，单击工具箱中的"钢笔工具"按钮 ⯄，在边缘添加锚点，然后调整锚点的位置，使底色呈现出立体包装特有的边缘效果，如图22-129所示。

图22-128

图22-129

步骤27 以同样的方法编辑底部橙黄色系的底色形状，然后执行"对象>显示全部"命令，将其他装饰对象显示出来，如图22-130所示。

步骤28 接着制作包装袋顶部和底部的压痕部分。使用钢笔工具绘制一条很短的路径，然后复制出多条，排列在包装袋的两端，如图22-131所示。

图22-130　　　　　　　　　　图22-131

技巧提示

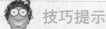

　　为了使复制出的压痕短路径均匀排列，在选中压痕路径后，可使用控制栏中的对齐与分布功能来调整，如图22-132所示。

图22-132

步骤29 接下来，制作包装袋上的暗部，以强化包装的立体感。单击工具箱中的"钢笔工具"按钮，在包装底部勾勒出一个轮廓；然后设置填充色为土黄色，在"透明度"面板中调整不透明度为63%，如图22-133所示。

步骤30 以同样的方法在底部的左侧和右侧分别绘制暗部形状并填充合适的颜色，如图22-134所示。

图22-133　　　　　　　　　　图22-134

步骤31 下面开始制作包装袋上的高光效果，以强化塑料包装的质感。使用钢笔工具在侧面绘制一个细长的不规则形状；然后在"渐变"面板中设置"类型"为"线性"，角度为-45°，编辑一种从白色到透明的渐变，如图22-135所示。

图22-135

步骤32 ▶ 打开"透明度"面板，调整"不透明度"为54%，如图22-136所示。

图22-136

步骤33 ▶ 继续使用钢笔工具在左侧区域绘制另外一个轮廓，并填充为白色。执行"效果>模糊>高斯模糊"命令，在弹出的"高斯模糊"对话框中设置"半径"为40像素，如图22-137所示。

步骤34 ▶ 采用同样的方法继续制作顶部、底部和右侧的高光部分，如图22-138所示。

图22-137　　　　　　　　图22-138

步骤35 ▶ 导入前景与背景素材，最终效果如图22-139所示。

图22-139

22.6 综合实例——制作白酒包装

案例文件	实例练习——制作白酒包装.ai
视频教学	实例练习——制作白酒包装.flv
难易指数	★★★★★
知识掌握	"封套扭曲"命令、直排文字工具、"渐变"面板

案例效果

本例将使用"封套扭曲"命令、直排文字工具和"渐变"面板等制作白酒包装，最终效果如图22-140所示。

图22-140

操作步骤

步骤01 ▶ 按Ctrl+N键，在弹出的"新建文档"对话框中按照图22-141所示进行设置，然后单击"确定"按钮，创建一个新文档。

图22-141

步骤02 ▶ 先来制作白酒包装盒的平面效果。单击工具箱中的"矩形工具"按钮，绘制两个矩形；然后执行"窗口>渐变"命令，打开"渐变"面板，在其中编辑一种红色系的渐变，如图22-142所示。

图22-142

步骤03 使用矩形工具在两个矩形的下方再绘制一个矩形，然后执行"窗口>渐变"命令，打开"渐变"面板，在其中编辑一种金色系的渐变。复制两个矩形，向下移动并缩放为很细的矩形，如图22-143所示。

图22-143

步骤04 复制顶部的红色矩形，向下移动并适当拉长，如图22-144所示。

步骤05 使用矩形工具在图形的中间单击并绘制矩形，然后执行"窗口>渐变"命令，打开"渐变"面板，在其中编辑一种金色系的渐变，如图22-145所示。

步骤06 继续使用矩形工具在中间单击并绘制一个矩形，然后在"渐变"面板中编辑一种红色系的渐变，如图22-146所示。

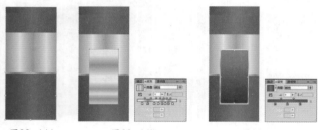

图22-144　　　　图22-145　　　　图22-146

技巧提示

　　由于整个白酒包装设计图中应用到的主要就是金色和红色的渐变，所以不必每次都对渐变颜色进行编辑，只要使用滴管工具吸取所需使用的渐变颜色，然后在此基础上进行编辑即可。

步骤07 执行"文件>置入"命令，置入矢量素材作为底纹，并调整到适当大小，如图22-147所示。

图22-147

步骤08 单击工具箱中的"直排文字工具"按钮 ，在控制栏中设置合适的字体和大小，在中间的红色渐变框中单击鼠标左键，输入文字并填充黑色，如图22-148所示。

图22-148

步骤09 执行"对象>扩展"命令，打开"扩展"对话框，选中"对象"和"填充"复选框，单击"确定"按钮，如图22-149所示。

图22-149

步骤10 单击工具箱中的"选择工具"按钮 ，选中文字，单击鼠标右键，在弹出的快捷菜单中执行"取消编组"命令；然后使用选择工具选中单个文字并改变大小，如图22-150所示。

图22-150

步骤11 单击工具箱中的"圆角矩形工具"按钮 ，在"绣"字的左边绘制一个适当大小的圆角矩形。执行"窗口>颜色"命令，打开"颜色"面板，设置填充色为黑色，如图22-151所示。

图22-151

步骤12 单击工具箱中的"圆角矩形工具"按钮 □，在步骤11绘制的圆角矩形中绘制一个适当大小的圆角矩形，设置填充色为白色，如图22-152所示。

图22-152

步骤13 单击工具箱中的"选择工具"按钮，选中两个圆角矩形。执行"窗口>路径查找器"命令，在打开的"路径查找器"面板中单击"分割"按钮。此时可以看到两个圆角矩形被分割为3个图形，如图22-153所示。

图22-153

步骤14 选中分割后的图形，单击鼠标右键，在弹出的快捷菜单中执行"取消编组"命令。选中白色的圆角矩形，将其删除，如图22-154所示。

图22-154

步骤15 单击工具箱中的"直排文字工具"按钮 T，在黑色圆角矩形框中单击并拖动鼠标，创建一个矩形的文本区域。在控制栏中设置合适的字体和大小，输入文字并填充为黑色，如图22-155所示。

图22-155

步骤16 单击工具箱中的"圆角矩形工具"按钮 □，在文字下方绘制一个小的圆角矩形，设置填充色为黑色，如图22-156所示。

图22-156

步骤17 单击工具箱中的"文字工具"按钮 T，在控制栏中设置合适的字体和大小，然后在圆角矩形上单击鼠标左键，输入文字并填充为白色，如图22-157所示。

图22-157

步骤18 执行"对象>扩展"命令，打开"扩展"对话框，选中"对象"和"填充"复选框，单击"确定"按钮，如图22-158所示。

图22-158

步骤19 单击工具箱中的"选择工具"按钮 ▶ ，选择圆角矩形和文字。执行"窗口>路径查找器"命令，在打开的"路径查找器"面板中单击"分割"按钮。此时可以看到两个图形被分割为3个，如图22-159所示。

图22-159

步骤20 选中分割后的对象，单击鼠标右键，在弹出的快捷菜单中执行"取消编组"命令。选中白色的文字，将其删除，如图22-160所示。

图22-160

步骤21 使用选择工具选择所有文字，单击鼠标右键，在弹出的快捷菜单中执行"编组"命令，如图22-161所示。

图22-161

步骤22 复制文字编组，向左移动2像素，然后导入金色底纹素材。选择底纹和文字组，单击鼠标右键，在弹出的快捷菜单中执行"建立剪切蒙版"命令。此时顶层文字有了黄金质感，而底层黑色文字作为阴影，增强了文字的立体感，如图22-162所示。

图22-162

步骤23 单击工具箱中的"矩形工具"按钮 ▢ ，在文字下方单击并绘制一个矩形，然后设置填充色为透明，描边色为黄色，描边"粗细"为1pt，如图22-163所示。

图22-163

步骤24 单击工具箱中的"文字工具"按钮 T ，在矩形上单击鼠标左键，在控制栏中设置合适的字体和大小，输入文字并填充黑色，如图22-164所示。

步骤25 使用文字工具在矩形框下方绘制其他装饰文字，如图22-165所示。

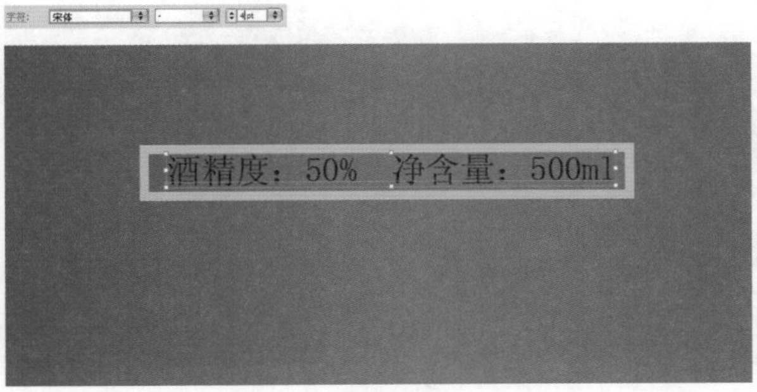

图22—164

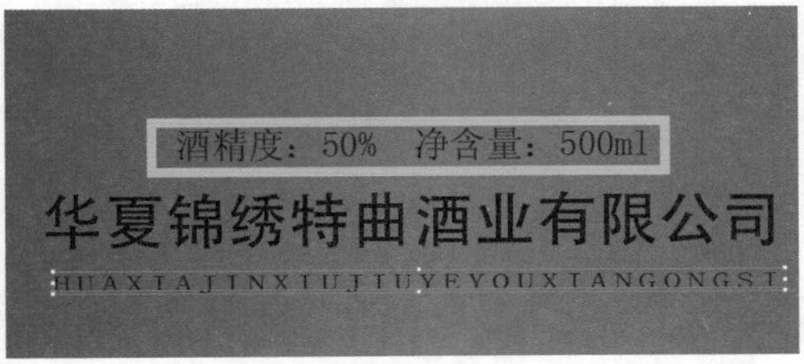

图22—165

步骤26 单击工具箱中的“矩形工具”按钮，在装饰文字中间单击并绘制一个长条矩形。执行“窗口>渐变”命令，打开“渐变”面板，在其中编辑一种金色系的渐变，如图22-166所示。

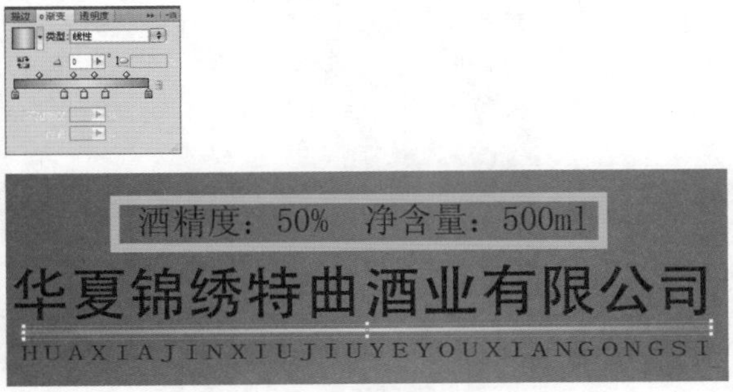

图22—166

步骤27 单击工具箱中的“选择工具”按钮，选择所有文字。执行“对象>扩展”命令，打开“扩展”对话框，选中“对象”和“填充”复选框，然后单击“确定”按钮，如图22-167所示。

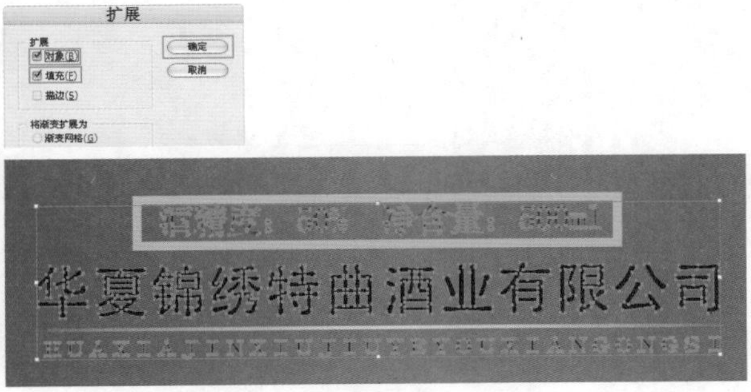

图22—167

步骤28 执行“窗口>渐变”命令，打开“渐变”面板，在其中编辑一个金色系的渐变，如图22-168所示。

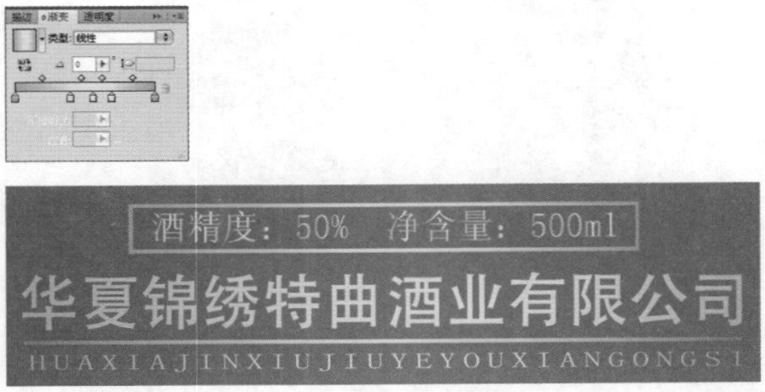

图22—168

步骤29 下面开始制作产品的标志。单击工具箱中的“椭圆工具”按钮，在文字商标上方绘制一个椭圆形。执行“窗口>渐变”命令，打开“渐变”面板，在其中编辑一种金色系的渐变，如图22-169所示。

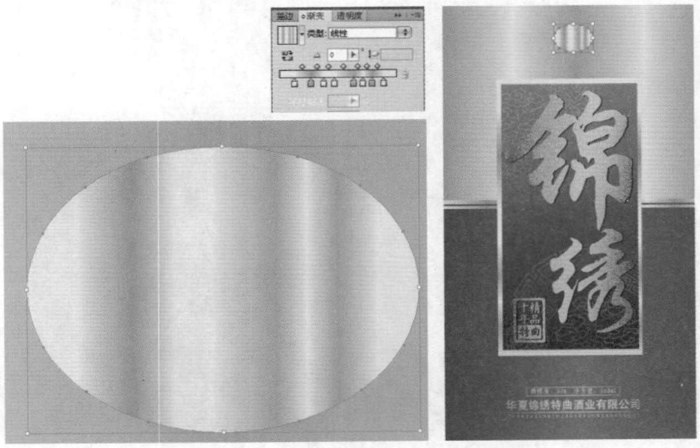

图22—169

步骤30 复制椭圆形并适当缩放，填充红色系渐变，如图22-170所示。

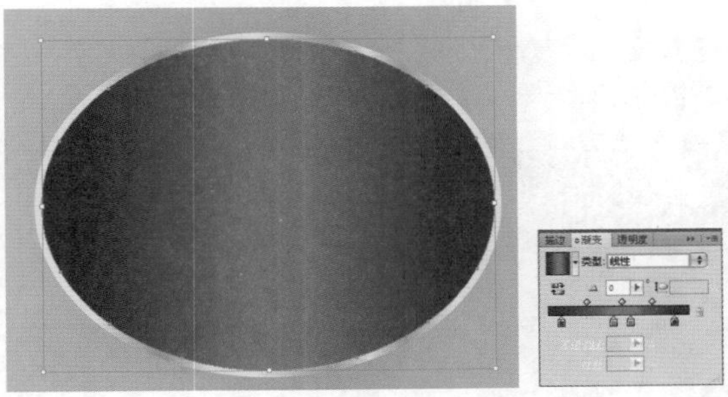

图22—170

步骤31 再次复制金色和红色椭圆形，继续缩放，如图22-171所示。

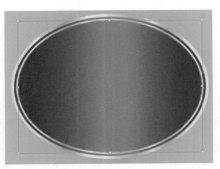

图22-171

步骤32 执行"文件>置入"命令，置入矢量花纹素材。输入文字并将其进行扩展，如图22-172所示。

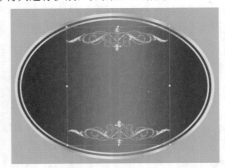

图22-172

步骤33 选择文字并复制，向左适当移动。选中顶层文字，在"渐变"面板中编辑一种金色系的渐变，如图22-173所示。

图22-173

步骤34 选中标志部分，执行"编组"命令。按住Shift+Alt键的同时向上拖动鼠标，复制出一个相同的标志，如图22-174所示。

图22-174

步骤35 将复制的标志放大并垂直翻转，如图22-175所示。

图22-175

步骤36 正面部分制作完成，下面开始制作侧面。单击工具箱中的"矩形工具"按钮，在右侧绘制多个矩形，然后在"渐变"面板中编辑一种红色系的渐变，如图22-176所示。

图22-176

步骤37 继续使用矩形工具在右侧绘制矩形，并设置填充色为透明，描边色为黄色，"粗细"为1pt，如图22-177所示。

图22-177

步骤38 复制标志部分，适当缩放后移动到右侧。单击工具箱中的"旋转工具"按钮 ○ ，将光标放到文字上，单击并拖动鼠标，将图形旋转到一定角度，如图22-178所示。

图22-178

步骤39 单击工具箱中的"文字工具"按钮 T ，在适当的位置单击并拖动鼠标，创建一个矩形的文本区域，然后在控制栏中设置合适的字体和大小，输入文字，如图22-179所示。

步骤40 单击工具箱中的"旋转工具"按钮 ○ ，将光标放到文字上，按住Shift键的同时拖动鼠标，将文字旋转90°，如图22-180所示。

图22-179　　　　　　图22-180

步骤41 使用同样的方法制作出另外两个面。至此，白酒包装的平面图就制作完成了，如图22-181所示。

图22-181

步骤42 下面开始制作立体效果。执行"文件>置入"命令，置入背景素材文件，如图22-182所示。

图22-182

步骤43 将包装的正面部分编组，然后执行"对象>封套扭曲>用变形建立"命令，将图形变换一定角度，如图22-183所示。

图22-183

步骤44 以同样的方法，使用封套扭曲制作左侧的立面，如图22-184所示。

图22-184

步骤45 为了使包装盒更有立体感，需要压暗左侧立面部分。单击工具箱中的"钢笔工具"按钮，绘制一个与左侧立面形状相同的四边形。执行"窗口>渐变"命令，打开"渐变"面板，在其中编辑一种黑色到透明的渐变，如图22-185所示。

图22-185

步骤46 使用同样的方法在正面绘制另一个四边形，然后执行"窗口>渐变"命令，打开"渐变"面板，在其中编辑一种白色到透明的渐变，增强正面受光感，如图22-186所示。

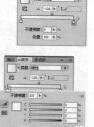

图22-186

步骤47 执行"文件>置入"命令，置入酒瓶素材，如图22-187所示。

图22-187

步骤48 复制标志并将其移动到瓶子上。执行"对象>封套扭曲>用变形建立"命令，将图形变换一定角度，如图22-188所示。

图22-188

步骤49 至此，完成白酒包装的制作，最终效果如图22-189所示。

图22-189

22.7 综合实例——茶叶礼盒包装设计

案例文件	综合实例——茶叶礼盒包装设计.ai
视频教学	综合实例——茶叶礼盒包装设计.flv
难易指数	★★★★★
知识掌握	"投影"命令、"透明度"面板、"路径查找器"面板

案例效果

本例将利用"投影"命令、"透明度"面板、"路径查找器"面板等设计礼盒包装，最终效果如图22-190所示。

图22-190

操作步骤

步骤01 按Ctrl+N键，在弹出的"新建文档"对话框中按照图22-191所示进行设置，然后单击"确定"按钮，创建一个新文档。

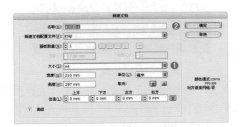

图22-191

步骤02 单击工具箱中的"矩形工具"按钮 ，在画板的左上方单击并拖动鼠标至画板的右下角，绘制一个矩形，如图22-192所示。

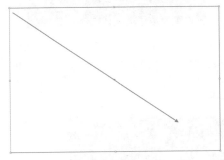

图22-192

步骤03 执行"窗口>渐变"命令，打开"渐变"面板，在其中编辑一种灰白色系的渐变，设置"类型"为"径向"，如图22-193所示。

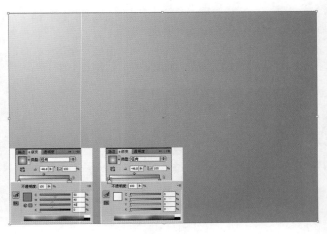

图22-193

步骤04 下面制作礼盒的盒盖部分。单击工具箱中的"矩形工具"按钮，在适当的位置绘制一个矩形；然后执行"窗口>颜色"命令，在打开的"颜色"面板中设置填充色，如图22-194所示。

图22-194

步骤05 单击工具箱中的"选择工具"按钮，选中矩形后进行复制与原位粘贴。执行"窗口>渐变"命令，打开"渐变"面板，在其中编辑一种金色系的渐变，如图22-195所示。

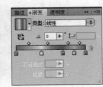

图22-195

步骤06 复制金色系渐变矩形，再将光标移到定界框的边缘并单击，然后在按住Shift+Alt键的同时向内拖动鼠标，将其等比例缩小，如图22-196所示。

图22-196

步骤07 单击工具箱中的"选择工具"按钮，选择两个金色矩形；执行"窗口>路径查找器"命令，在打开的"路径查找器"面板中单击"分割"按钮，可以看到两个图形被分割为3个；再选中中间的矩形，将其删除，如图22-197所示。

图22-197

步骤08 单击工具箱中的"矩形工具"按钮，在右半部分绘制一个矩形；然后执行"窗口>渐变"命令，打开"渐变"面板，在其中编辑一种绿色渐变，如图22-198所示。

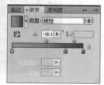

图22-198

步骤09 继续使用矩形工具在绿色矩形上绘制一个矩形，然后在"渐变"面板中编辑一种棕色渐变，如图22-199所示。

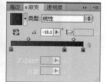

图22-199

步骤10 使用矩形工具在棕色矩形上方绘制一个长条矩形，设置填充色为土黄色，如图22-200所示。

图22-200

步骤11 用相同的方法绘制另一个长条矩形，设置填充色为墨绿色，如图22-201所示。

图22-201

步骤12 单击工具箱中的"选择工具"按钮，选择这两个长条矩形；然后在按住Shift+Alt键的同时向下拖动鼠标进行复制，并将其摆放在棕色矩形底部，如图22-202所示。

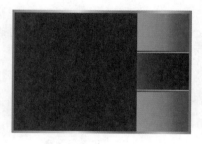

图22-202

步骤13 执行"文件>置入"命令，置入矢量素材作为底纹，摆放在右半部分，并调整至适当大小，如图22-203所示。

图22-203

步骤14 执行"窗口>透明度"命令，打开"透明度"面板，设置混合模式为"正片叠底"，"不透明度"为80%，如图22-204所示。

图22-204

步骤15 继续置入图片素材，然后使用矩形工具围绕需要保留的图片素材区域绘制一个矩形。选择图片和矩形，单击鼠标右键，在弹出的快捷菜单中执行"建立剪切蒙版"命令，如图22-205所示。

图22-205

步骤16 单击工具箱中的"文字工具"按钮 **T.**，在图片上单击鼠标左键，在控制栏中设置合适的字体和大小，输入文字"山茶饮"，如图22-206所示。

图22-206

步骤17 单击工具箱中的"椭圆工具"按钮 **○**，在图片左下角绘制多个正圆。执行"窗口>颜色"命令，打开"颜色"面板，设置填充色为红色，如图22-207所示。

图22-207

步骤18 单击工具箱中的"文字工具"按钮 **T.**，在控制栏中设置合适的字体和大小，在正圆中单击并输入文字，如图22-208所示。

图22-208

步骤19 选中文字，对其文字进行"对象>扩展"操作；选择文字和正圆，执行"窗口>路径查找器"命令，在打开的"路径查找器"面板中单击"分割"按钮，可以看到两个图

形被分割为3个；再选中中间的文字，将其删除，如图22-209所示。

图22-209

步骤20 单击工具箱中的"文字工具"按钮 **T.**，在控制栏中设置合适的字体和大小，在下方单击并输入文字，如图22-210所示。

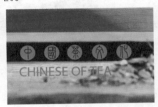

图22-210

步骤21 单击工具箱中的"文字工具"按钮，在控制栏中设置合适的字体和大小，在右侧的棕色矩形上单击并输入文字；然后设置填充色为暗红色，描边色为白色，"粗细"为0.25pt，如图22-211所示。

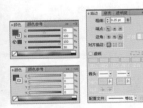

图22-211

步骤22 保持文字工具的选中状态，在控制栏中设置合适的字体和大小，在"品味"的右下方输入装饰文字，如图22-212所示。

图22-212

步骤23 至此，盒子的顶面制作完成。将其全部选中后，单击鼠标右键，在弹出的快捷菜单中执行"编组"命令，如图22-213所示。

图22-213

步骤24 选中顶面组，单击工具箱中的"自由变换工具"按钮，将其进行适当旋转，如图22-214所示。

图22-214

步骤25 接下来，为盒盖部分制作受光的效果。使用钢笔工具绘制一个与盒盖大小相同的四边形，然后执行"窗口>渐变"命令，打开"渐变"面板，在其中编辑一种白色到透明的渐变，如图22-215所示。

图22-215

步骤26 继续使用钢笔工具绘制一个盒盖立体形状的外轮廓，设置填充色为深灰色，并置于底端，如图22-216所示。

图22-216

步骤27 执行"效果>风格化>投影"命令，在弹出的"投影"对话框中进行相应的设置，然后单击"确定"按钮，如图22-217所示。

图22-217

步骤28 继续使用钢笔工具绘制盒盖部分的两个立面形状，分别填充深绿色系的渐变，如图22-218所示。

图22-218

步骤29 执行"文件>置入"命令，再次置入底纹素材，并将其放在下方的立面上，如图22-219所示。

图22-219

步骤30 使用选择工具选中这个矢量花纹，执行"窗口>透明度"命令，打开"透明度"面板，设置混合模式为"正片叠底"，"不透明度"为70%。至此，盒盖部分制作完成，如图22-220所示。

图22-220

步骤31 单击工具箱中的"钢笔工具"按钮，绘制茶叶礼盒底面形状；然后执行"窗口>颜色"命令，打开"颜色"面板，设置填充色为深灰色，如图22-221所示。

图22-221

步骤32 执行"效果>风格化>投影"命令，在弹出的"投影"对话框中设置相关参数，然后单击"确定"按钮，如图22-222所示。

图22-222

步骤33 使用钢笔工具在下半部分绘制立面的四边形，并填充为土黄色到棕色的渐变，如图22-223所示。

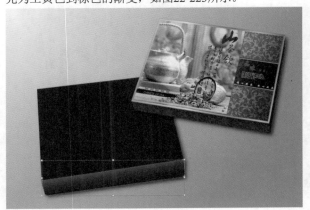

图22-223

步骤34 继续使用钢笔工具绘制平面部分的四边形，填充浅棕色，如图22-224所示。

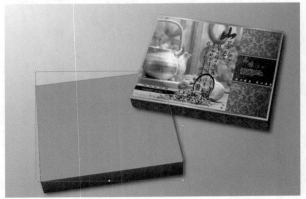

图22-224

步骤35 使用钢笔工具在下半部分绘制一个较细的矩形，并填充为浅褐色渐变，如图22-225所示。

图22-225

步骤36 继续使用钢笔工具绘制一个比浅棕色四边形小一些的四边形，并填充为米黄色，如图22-226所示。

图22-226

步骤37 复制米黄色矩形，适当缩放后填充为褐色系渐变，如图22-227所示。

图22-227

步骤38 为了制作出盒子内陷的效果，需要在4个边角处添加阴影效果。分别绘制合适大小的形状，然后在"渐变"面板中分别设置合适角度的从黑色到透明的渐变，如图22-228所示。

图22-228

读书笔记

图22-229

步骤39 执行"文件>置入"命令，置入竹片所绘置素材，使用椭圆工具绘制若干内圆的圆形状，然后将其与竹片图层建立剪切蒙版，并再制出内侧矩形选区中并行"建立剪切蒙版"命令，如图22-229所示。

图22-230

步骤40 导入素材中绘置素材，并将其摆放在瓶子中，最终效果如图22-230所示。